光伏发电站技术监督标准汇编

中国华能集团公司　编著

内 容 提 要

为规范和加强光伏发电技术监督工作，指导光伏发电技术监督工作规范、科学、有效开展，保证光伏发电站及电网安全、可靠、经济运行，预防人身和设备故障的发生，中国华能集团公司依据《中国华能集团公司电力技术监督管理办法》和国家、行业相关标准、规范，经充分调研与深入论证，组织编写了光伏发电站绝缘、继电保护及安全自动装置、电测、电能质量、监控自动化、能效等六项专业监督标准和光伏发电站检修与维护导则、运行导则等两项导则。光伏发电站六项专业监督标准规定了光伏发电相关设备和系统在设计选型、安装调试、运行、检修维护过程中的相关监督范围、项目、内容、指标等技术要求，光伏发电站检修与维护导则、运行导则包含光伏发电站运行、检修与维护工作的人员配备、运行操作及巡视检查内容和方法、检修项目与周期、检修质量标准等内容。

本标准（导则）汇编适用于中国华能集团公司并网光伏发电站的监督管理、运行、检修与维护等工作，也可作为光伏发电行业电站设计、安装调试、运行维护等工作的参考标准。

图书在版编目（CIP）数据

光伏发电站技术监督标准汇编 / 中国华能集团公司编著. —北京：中国电力出版社，2016.12（2022.2重印）
ISBN 978-7-5198-0119-9

Ⅰ. ①光… Ⅱ. ①中… Ⅲ. ①光伏电站–技术监督–标准–汇编–中国 Ⅳ. ①TM615-65

中国版本图书馆 CIP 数据核字（2016）第 297360 号

中国电力出版社出版、发行
（北京市东城区北京站西街 19 号 100005 http://www.cepp.sgcc.com.cn）
三河市航远印刷有限公司印刷
各地新华书店经售
*
2016 年 12 月第一版 2022 年 2 月北京第二次印刷
787 毫米×1092 毫米 16 开本 31 印张 760 千字
印数 2001—3000 册 定价 **120.00** 元

前　言

截至2015年底，全国光伏发电累计并网容量达到4158万kW，成为全球光伏并网容量最大的国家，其中光伏发电站3712万kW，分布式606万kW，年发电量392亿kW•h，平均利用小时1133h。2015年底，中国华能集团公司光伏并网容量为117万kW。

为了规范光伏发电站建设、生产管理工作，加强光伏发电站规划、设计、设备选型、制造、安装、运行、检修维护全过程技术监督工作，建立和完善光伏发电技术监督管理制度和标准体系，提高光伏发电站技术监督管理水平，指导光伏发电站生产运行、检修与维护工作标准、科学、有效开展，进一步促进光伏发电设备安全、可靠、经济运行，避免人身安全、火灾等恶性事故的发生。中国华能集团公司组织集团公司安生部、西安热工研究院、青海公司、新疆公司等产业、区域子公司及所属光伏发电站等单位，经充分调研与深入论证，编写了光伏发电站绝缘、继电保护及安全自动装置、电测、电能质量、监控自动化、能效等六项专业监督标准和光伏发电站检修与维护导则、运行导则等两项导则。其中《光伏发电站绝缘监督标准》由南江、永胜、李帆、付渊等主编，《光伏发电站继电保护及安全自动装置监督标准》由舒进、都劲松、马晋辉、李育文、赵平顺、董洪良、王金龙等主编，《光伏发电站电测监督标准》由舒进、王靖程、赵平顺、李帆、田占华等主编，《光伏发电站电能质量监督标准》由舒进、李育文、马亮、王建峰、邢伟琦等主编，《光伏发电站监控自动化监督标准》由牛瑞杰、王靖程、陈仓、姚玲玲、王建峰、杜洪杰等主编，《光伏发电站能效监督标准》由汪俊波、王靖程、马晋辉、陈仓、牛瑞杰、姚玲玲、邓安洲、杜洪杰等主编，《光伏发电站检修与维护导则》由南江、刘祥、马晋辉、陈仓、邓安洲、董洪良、王建峰、马亮等主编，《光伏发电站运行导则》由牛瑞杰、杜洪杰、马晋辉、陈仓、王靖程、赵平顺、付渊、李帆等主编。

六项专业监督标准规定了光伏发电相关设备和系统在设计选型、安装调试、运行、检修维护过程中的相关监督范围、项目、内容、指标等技术要求；光伏发电站检修与维护导则、运行导则包含光伏发电站运行、检修与维护工作的人员要求，工作项目和周期要求，工作质量控制等内容。本套标准在编写过程中力求严格依据光伏发电现行有效的标准规范，总结实际生产经验，内容全面，便于理解和操作执行。由于编者水平有限，编写的光伏发电行业首套监督标准（导则），难免存在疏漏和不当之处，敬请广大读者批评指正。

本标准（导则）在编写过程中得到了中国华能集团公司、华能新能源公司、华能澜沧江公司、华能陕西公司、华能宁夏公司、华能甘肃公司、华能新疆公司、华能青海公司领导及专业技术人员的大力帮助和支持，在此表示衷心的感谢！

编　者

2016 年 8 月

目 录

中国华能集团公司
CHINA HUANENG GROUP

中国华能集团公司光伏发电站技术监督标准汇编
Q/HN-1-0000.08.058—2016

技术标准篇

光伏发电站绝缘监督标准

2016－09－14 发布
2016－09－14 实施

目　次

前 言

为加强中国华能集团公司光伏发电站技术监督管理，保证光伏发电站高压电器设备的安全可靠运行，特制定本标准。本标准依据国家和行业有关标准、规程和规范，以及中国华能集团公司光伏发电站的管理要求，结合国内外光伏发电站的新技术、监督经验制定。

本标准是中国华能集团公司所属光伏发电站绝缘技术监督工作的主要依据，是强制性企业标准。

本标准由中国华能集团公司安全监督与生产部提出。

本标准由中国华能集团公司安全监督与生产部归口并解释。

本标准起草单位：西安热工研究院有限公司、华能新能源股份有限公司、华能澜沧江水电股份有限公司、华能青海发电有限公司。

本标准主要起草人：南江、永胜、李帆、付渊。

本标准审核单位：中国华能集团公司、华能新能源股份有限公司、华能澜沧江水电股份有限公司、西安热工研究院有限公司。

本标准主要审核人：赵贺、罗发青、杜灿勋、蒋宝平、马晋辉、申一洲、郭俊文、柯于进、陈仓、张杰、李红勇。

本标准审定单位：中国华能集团公司技术工作管理委员会。

本标准批准人：叶向东。

光伏发电站绝缘监督标准

1 范围

本标准规定了中国华能集团公司（以下简称“集团公司”）所属光伏发电站高低压电气设备绝缘监督的基本原则、监督范围、监督内容和相关的技术管理要求。

本标准适用于集团公司光伏发电站高低压电气设备的监督工作，其他类型光伏发电站（项目）可参照执行。

2 规范性引用文件

下列文件对于本文件的应用是必不可少的。凡是注日期的引用文件，仅注日期的版本适用于本文件。凡是不注日期的引用文件，其最新版本（包括所有的修改单）适用于本文件。

GB 311.1 绝缘配合 第1部分：定义、原则和规则

GB/T 311.2 绝缘配合 第2部分：使用导则

GB 1094.1 电力变压器 第1部分：总则

GB 1094.2 电力变压器 第2部分：液浸式变压器的温升

GB 1094.3 电力变压器 第3部分：绝缘水平、绝缘试验和外绝缘空气间隙

GB 1094.5 电力变压器 第5部分：承受短路的能力

GB/T 1094.6 电力变压器 第6部分：电抗器

GB 1094.11 电力变压器 第11部分：干式变压器

GB 1984 高压交流断路器

GB/T 4109 交流电压高于1000V的绝缘套管

GB/T 6451 油浸式电力变压器技术参数和要求

GB 7251.1 低压成套开关设备和控制设备 第1部分：总则

GB/T 7595 运行中变压器油质量

GB 7674 额定电压72.5kV及以上气体绝缘金属封闭开关设备

GB/T 8349 金属封闭母线

GB/T 8905 六氟化硫电气设备中气体管理和检测导则

GB/T 10228 干式电力变压器技术参数和要求

GB/T 11022 高压开关设备和控制设备标准的共用技术要求

GB 11023 高压开关设备六氟化硫气体密封试验方法

GB 11032 交流无间隙金属氧化物避雷器

GB/T 11017.1 额定电压110kV（U_m=126kV）交联聚乙烯绝缘电力电缆及其附件 第1部分：试验方法和要求

GB/T 11017.2 额定电压110kV（U_m=126kV）交联聚乙烯绝缘电力电缆及其附件 第2部分：电缆

GB/T 11017.3　额定电压 110kV（U_m=126kV）交联聚乙烯绝缘电力电缆及其附件　第 3 部分：电缆附件

GB/T 12022　工业六氟化硫

GB/T 12706.3　额定电压 1kV（U_m=1.2kV）到 35kV（U_m=40.5kV）挤包绝缘电力电缆及附件　第 3 部分：额定电压 35kV（U_m=40.5kV）电缆

GB/T 12706.4　额定电压 1kV（U_m=1.2kV）到 35kV（U_m=40.5kV）挤包绝缘电力电缆及附件　第 4 部分：额定电压 6kV（U_m=7.2kV）到 35kV（U_m=40.5kV）电力电缆附件试验要求

GB/T 13499　电力变压器应用导则

GB 14048.1　低压开关设备和控制设备　第 1 部分：总则

GB/T 14542　运行变压器油维护管理导则

GB 17467　高压/低压预装式变电站

GB/T 17468　电力变压器选用导则

GB 18802.1　低压电涌保护器（SPD）　第 1 部分：低压配电系统的电涌保护器　性能要求和试验方法

GB/T 18802.12　低压电涌保护器（SPD）第 12 部分：低压配电系统的电涌保护器　选择和使用导则

GB 20840.1　互感器　第 1 部分：通用技术要求

GB 20840.2　互感器　第 2 部分：电流互感器的补充技术要求

GB 20840.3　互感器　第 3 部分：电磁式电压互感器的补充技术要求

GB/T 20840.5　互感器　第 5 部分：电容式电压互感器的补充技术要求

GB/T 26218.1　污秽条件下使用的高压绝缘子的选择和尺寸确定　第 1 部分：定义、信息和一般原则

GB/T 26218.2　污秽条件下使用的高压绝缘子的选择和尺寸确定　第 2 部分：交流系统用瓷和玻璃绝缘子

GB/T 26218.3　污秽条件下使用的高压绝缘子的选择和尺寸确定　第 3 部分：交流系统用复合绝缘子

GB/T 30427　并网光伏发电专用逆变器技术要求和试验方法

GB/T 50065　交流电气装置的接地设计规范

GB 50147　电气装置安装工程　高压电器施工及验收规范

GB 50148　电气装置安装工程　电力变压器、油浸电抗器、互感器施工及验收规范

GB 50149　电气装置安装工程　母线装置施工及验收规范

GB 50150　电气装置安装工程　电气设备交接试验标准

GB 50168　电气装置安装工程　电缆线路施工及验收规范

GB 50169　电气装置安装工程　接地装置施工及验收规范

GB 50217　电力工程电缆设计规范

GB 50227　并联电容器装置设计规范

GB 50254　电气装置安装工程　低压电器施工及验收规范

GB 50794　光伏发电站施工规范

GB/T 50796　光伏发电工程验收规范

GB 50797　光伏发电站设计规范
DL/T 266　接地装置冲击特性参数测试导则
DL/T 303　电网在役支柱绝缘子及瓷套超声波检验技术导则
DL/T 342　额定电压 66kV～220kV 交联聚乙烯绝缘电力电缆接头安装规程
DL/T 343　额定电压 66kV～220kV 交联聚乙烯绝缘电力电缆 GIS 终端安装规程
DL/T 344　额定电压 66kV～220kV 交联聚乙烯绝缘电力电缆户外终端安装规程
DL/T 401　高压电缆选用导则
DL/T 402　交流高压断路器订货技术条件
DL/T 403　12kV～40.5kV 高压真空断路器订货技术条件
DL/T 404　3.6kV～40.5kV 交流金属封闭开关设备和控制设备
DL/T 475　接地装置特性参数测量导则
DL/T 486　高压交流隔离开关和接地开关
DL/T 537　高压/低压预装箱式变电站选用导则
DL/T 572　电力变压器运行规程
DL/T 573　电力变压器检修导则
DL/T 574　变压器分接开关运行维修导则
DL/T 593　高压开关设备和控制设备标准的共用技术要求
DL/T 596　电力设备预防性试验规程
DL/T 603　气体绝缘金属封闭开关设备运行及维护规程
DL/T 604　高压并联电容器装置使用技术条件
DL/T 615　高压交流断路器参数选用导则
DL/T 617　气体绝缘金属封闭开关设备技术条件
DL/T 618　气体绝缘金属封闭开关设备现场交接试验规程
DL/T 620　交流电气装置的过电压保护与绝缘配合
DL/T 627　绝缘子用常温固化硅橡胶防污闪涂料
DL/T 628　集合式高压并联电容器订货技术条件
DL/T 664　带电设备红外诊断应用规范
DL/T 722　变压器油中溶解气体分析和判断导则
DL/T 725　电力用电流互感器使用技术规范
DL/T 726　电力用电磁式电压互感器使用技术规范
DL/T 727　互感器运行检修导则
DL/T 728　气体绝缘金属封闭开关设备选用导则
DL/T 729　户内绝缘子运行条件　电气部分
DL/T 804　交流电力系统金属氧化物避雷器使用导则
DL/T 865　126kV～550kV 电容式瓷套管技术规范
DL/T 911　电力变压器绕组变形的频率响应分析法
DL/T 984　油浸式变压器绝缘老化判断导则
DL/T 1000.3　标称电压高于 1000V 架空线路用绝缘子使用导则　第 3 部分：交流系统用棒形悬式复合绝缘子

DL/T 1001　复合绝缘高压穿墙套管技术条件
DL/T 1054　高压电气设备绝缘技术监督规程
DL/T 1093　电力变压器绕组变形的电抗法检测判断导则
DL/T 1251　电力用电容式电压互感器使用技术规范
DL/T 1253　电力电缆线路运行规程
DL/T 1267　组合式变压器使用技术条件
DL/T 1359　六氟化硫电气设备故障气体分析和判断方法
DL/T 1364　光伏发电站防雷技术规程
DL/T 1474　标称电压高于1000V交、直流系统用复合绝缘子憎水性测量方法
DL/T 5092　（110～500）kV架空送电线路设计技术规程
DL/T 5352　高压配电装置设计技术规程
JB/T 10496　交流三相组合式无间隙金属氧化物避雷器
JB/T 10609　交流三相组合式有串联间隙金属氧化物避雷器
NB/T 32004　光伏发电并网逆变器技术规范
CNCA/CTS 0001—2011A　光伏汇流设备技术规范
CNCA/CTS 0004—2010　并网光伏发电系统工程验收基本要求
CEEIA B218.1—2012　光伏发电系统用电缆　第1部分：一般要求
CEEIA B218.2—2012　光伏发电系统用电缆　第2部分：交直流传输电力电缆
国能安全〔2014〕161号　防止电力生产事故的二十五项重点要求
华能安〔2007〕421号　防止电力生产事故重点要求

3　总则

3.1　绝缘监督是保证光伏发电站安全稳定运行的重要基础工作，应坚持“安全第一、预防为主”的方针，实行全过程监督。

3.2　绝缘监督的目的：对光伏发电站高低压电气设备绝缘状况和影响到绝缘性能的污秽状况、接地装置状况、过电压保护系统状况等进行全过程监督，以确保设备在良好绝缘状态下运行，防止绝缘事故的发生。

3.3　本标准规定了光伏发电站高低压电气设备从设计选型和审查、监造和出厂验收、安装和投产验收、运行维护、检修的全过程监督的标准，规定了绝缘监督管理要求、评价与考核标准，它是光伏发电站绝缘监督工作的基础，也是建立绝缘监督体系的依据。

3.4　电站应按照集团公司《华能电厂安全生产管理体系要求》《电力技术监督管理办法》中有关技术监督管理和本标准的要求，结合电站的实际情况，制定电站绝缘监督管理标准；依据国家和行业有关标准和规范，编制、执行运行规程、检修规程和检验及试验规程等相关支持性文件；以科学、规范的监督管理，保证绝缘监督工作目标的实现和持续改进。

3.5　绝缘监督范围：光伏汇流设备、低压电器设备（器件）、光伏并网逆变器、箱式变电站、电力变压器、互感器、开关设备、套管、绝缘子、电力电缆、金属氧化物避雷器、母线、防雷接地装置等。

3.6　从事绝缘监督的人员，应熟悉和掌握本标准及相关标准和规程中的规定。

4 监督技术标准

4.1 光伏汇流设备、低压电器设备及光伏并网逆变器监督

4.1.1 设计选型审查

4.1.1.1 光伏汇流设备、低压电器设备设计选型应符合 GB 7251.1、GB 14048.1、CNCA/CTS 0001—2011A 的规定，光伏并网逆变器（以下简称“逆变器”）应符合 GB/T 30427、NB/T 32004 的规定。设备选型应符合 GB 50797 的要求，选择通过国家批准的认证机构认证的产品。

4.1.1.2 光伏汇流设备应设置防雷保护装置，应具有防逆流及过流保护功能。对于多级汇流光伏发电系统，如前级已有防逆流保护，则后级可不做防逆流保护。宜选用带有监测功能的智能型光伏汇流设备。户外型光伏汇流设备箱体防护等级应达到 IP65。

4.1.1.3 户内型逆变器、低压电器设备外壳防护等级应不低于 IP20；户外型逆变器、低压电器设备应不低于 IP54；组串式逆变器应达到 IP65。

4.1.1.4 湿热地区、工业污秽严重和沿海滩涂地区使用的逆变器应考虑潮湿、污秽及盐雾的影响；荒漠、沙地环境使用的逆变器应考虑散热并防尘的要求；海拔高度 2000m 及以上高原地区使用的逆变器，应选用高原型产品或采取降容使用措施。

4.1.2 出厂验收

4.1.2.1 出厂验收范围

光伏汇流设备、逆变器宜进行出厂验收。

4.1.2.2 出厂验收内容

a） 光伏汇流设备的出厂试验应符合 CNCA/CTS 0001—2011A 的要求，项目包括外观和结构检查、电气间隙和爬电距离、耐受电压、绝缘电阻、通信显示（对智能型汇流设备）测试。

b） 逆变器的出厂试验应符合 NB/T 32004 的要求。

4.1.3 安装和投产验收

4.1.3.1 安装监督重点

4.1.3.1.1 光伏汇流设备、逆变器的安装应符合 GB 50794 的规定；低压电器的安装符合 GB 50254 的规定。

4.1.3.1.2 光伏汇流设备、逆变器的安装监督重点要求：

a） 光伏汇流设备安装前应确认箱内开关、熔断器处于断开状态；汇流箱内光伏组件串的电缆接引前，必须确认光伏组件侧和逆变器侧均有明显断开点。

b） 逆变器交流侧和直流侧电缆接线前应检查电缆绝缘，校对电缆相序和极性；逆变器直流侧电缆接线前必须确认汇流箱侧有明显断开点。

c） 各设备电气连接应可靠，连接件应能承受所规定的电、热、机械和振动的影响。

d） 电缆敷设等隐蔽工程应在隐蔽前进行验收；电缆接引完毕后，预留孔洞及电缆管口应进行防火封堵。

4.1.3.1.3 光伏汇流设备、逆变器的调试应符合 GB 50794、GB/T 50796 的规定，监督重点要求：

a） 设备及系统调试，宜在天气晴朗、太阳辐照强度不低于 400W/m^2 的条件下进行。

b） 光伏汇流设备内测试光伏组串的极性应正确。

c） 逆变器在运行状态下，严禁断开无灭弧能力的光伏汇流设备总开关、熔断器或逆变器侧的直流转换开关。

4.1.3.2 投产验收

安装调试完成后，应按照 GB/T 50796 进行工程交接验收，监督重点要求：

a） 安全无故障连续并网试运行时间不应少于光伏组件接收总辐射量累计达 60kW · h/m^2 的时间。

b） 光伏组件的外观、接线盒、连接器不应有损坏。

c） 光伏发电工程主要设备各项试验应全部完成且合格，记录齐全完整。

d） 验收时，应移交基建阶段的全部技术资料和文件，包括但不限于光伏发电系统全套竣工图纸，关键设备说明书、图纸、操作手册、维护手册，关键设备出厂检验记录，设备安装调试、交接记录。

4.1.4 运行监督

4.1.4.1 光伏汇流设备、低压电器设备、光伏并网逆变器中各关键设备应处于良好运行状态，应定期对各关键设备进行检查，降低故障发生率，各关键设备的运行记录应以书面或电子文档的形式妥善保存。

4.1.4.2 运行中对光伏组件的检查内容应包括：

a） 接线盒是否出现变形、扭曲、开裂、老化及烧毁等。

b） 导线是否连接牢靠、有无破损，导线管是否出现破损。

c） 铭牌、警告标识应平整，字体清晰可见。

d） 光伏组件的金属边框、组件支架是否牢固接地。

4.1.4.3 运行中对光伏汇流设备、低压电器设备的检查内容应包括：

a） 箱体应安装牢固，表面应光滑平整，无剥落、锈蚀及裂痕等，箱体外表面的安全警示标识应完整清晰无破损，连接构件和连接螺栓不应损坏、松动、生锈，焊缝不应开焊。

b） 箱体应密封良好，防护等级应符合设计要求。

c） 箱体内部不应出现锈蚀、积灰等现象。

d） 面板应平整，文字和符号应完整清晰。

e） 铭牌、警告标识、标记应完整清晰。

f） 熔断器、电涌保护器、断路器等各元器件应处于正常状态，无损坏痕迹。

g） 开关操作应灵活可靠。

h） 各种连接端子应连接牢靠，无变色、烧熔等损坏痕迹。

i）各母线及接地线应完好。

j）光伏汇流设备内熔丝规格应符合设计要求并处于有效状态。

k）电涌保护器应符合设计要求并处于有效状态。

l）设备箱体应可靠接地，其接地电阻应不大于 4Ω。

4.1.4.4 逆变器的检查内容应包括：

a）逆变器外观无损坏或变形，柜体应牢固，表面应光洁平整，无剥落、锈蚀、裂痕等现象。

b）运行过程中无异常声音或较大振动。

c）逆变器运行时，无异常告警，检查各项参数是否设置正确，核对遥测值与面板显示值。

d）使用红外热像仪检测设备发热情况，检查逆变器外壳发热应正常。

e）检查进出风应正常，定期清理、更换空气滤网。

f）组串式逆变器运行中无异音，壳体温度无异常，散热片上无遮挡及灰尘脏污。

4.1.5 检修维护监督

4.1.6 光伏汇流设备、低压电器设备及光伏并网逆变器的维护检修应按制造厂的要求执行，参照厂家规定的年度检修项目，编制年度维护检修计划，日常维护宜选择在晚上或阴天进行。

a）光伏汇流设备：

1）检查线缆有无脱落、松动、损坏、破裂和绝缘老化。

2）定期对箱内积灰进行清扫。

3）对损坏的接线端子、断路器，失效的熔断器、电涌保护器及时进行更换。

b）逆变器：

1）检查线缆有无脱落、松动、损坏、破裂和绝缘老化，着重检查电缆与金属表面接触的表皮是否有割伤的痕迹，必要时进行更换。

2）定期对断路器、接触器、散热风扇等部件的功能进行测试，保证其良好运行。

3）检查接地线缆是否可靠接地。

4）检查金属元件的锈蚀情况。

5）检查散热器温度及灰尘，定期对机箱内部进行清洁，必要时使用压缩空气对逆变器内部进行清扫。

6）检查冷却风机的功能和运行噪声，检查风扇叶片，如有异常情况及时更换。

4.1.7 试验监督

4.1.7.1 定期对光伏组件、光伏汇流设备的绝缘电阻进行测试，可抽样进行测试。

4.1.7.2 光伏汇流设备（汇流箱、直流配电柜）、低压电器设备（交流配电柜）、逆变器宜每季度开展红外成像检测，检测的方法、判据可参考 DL/T 664 的相关规定。

4.2 变压器监督

4.2.1 设计选型审查

4.2.1.1 电力变压器的设计、选型应符合 GB/T 17468、GB/T 13499 和 GB 1094.1、GB 1094.2、

GB 1094.3、GB 1094.5 等电力变压器标准和相关反事故措施的要求。油浸式电力变压器的技术参数和要求应满足 GB/T 6451 等相关标准的规定；干式变压器的技术参数和要求应满足 GB 1094.11、GB/T 10228 等标准的规定；电抗器的技术参数应满足 GB/T 1094.6 等标准的规定。

4.2.1.2 箱式变电站油浸式变压器、干式变压器的技术参数、技术要求应符合 GB 17467、DL/T 537 的有关要求；组合式变压器应符合 DL/T 1267 的有关要求；风沙大的荒漠地区不宜选用干式变压器，宜选用自冷式、低损耗无励磁调压变压器。

4.2.1.3 主变压器宜选用自冷式、低损耗有载调压电力变压器；容量宜选用标准容量，宜选用 10 型或 11 型节能产品。

4.2.1.4 应对主变压器的重要技术性能提出要求，包括容量、短路阻抗、损耗、绝缘水平、温升、噪声、抗短路能力、过励磁能力等。

4.2.1.5 主变压器应选用通过突发短路试验验证的产品；220kV 及以上电压等级的变压器应进行抗震计算。

4.2.1.6 主变压器套管的过负荷能力应与变压器允许过负荷能力相匹配。提出与所在地区污秽等级相适应的爬电比距要求，对伞裙形状应提出要求。重污秽区可选用大小伞结构瓷套。不应订购密集型伞裙的瓷套管。

4.2.1.7 沿海或风沙大的光伏发电站采用户外布置箱式变电站时，沿海防护等级应达到 IP65，风沙大的光伏发电站防护等级应达到 IP54。

4.2.1.8 箱式变电站和组合式变压器的相对地、相对中性点、相间以及相对低压绕组端子之间的空气间隙均应采用相同的距离，最小空气间隙距离应符合表 1 的规定。

表 1 箱式变电站和组合式变压器最小空气间隙距离

系统标称电压（方均根值）kV	设备最高电压（方均根值）U_m kV	额定雷电冲击耐受电压（峰值）kV	最小空气间隙 mm
10	12	75	125
35	40.5	200	340

4.2.2 监造和出厂验收

4.2.2.1 监造范围

110kV 及以上电压等级的变压器宜进行监造和出厂验收。

4.2.2.2 主要监造内容

a） 核对硅钢片、电磁线、绝缘纸板、钢板、绝缘油等原材料的供货商、供货材质是否符合订货技术条件的要求。
b） 核对套管、分接开关、散热器等配套组件的供货商、技术性能是否符合订货技术条件的要求。
c） 对关键的工艺程序，包括：器身绝缘装配，引线及分接开关装配，器身干燥的真空度、温度及时间记录，总装配时清洁度检查，带电部分对油箱绝缘距离检查，注油的真空度、油温、时间及静放时间等进行过程跟踪，考察生产环境、工艺参数控制、过程检验是否符合工艺规程的要求。

d）所有附件在出厂时均应按实际使用方式经过整体预装。

4.2.2.3 出厂验收

4.2.2.3.1 除对规定受监造的变压器进行出厂验收以外，有条件时宜对主变压器进行出厂验收。

4.2.2.3.2 出厂试验监督重点：

长时感应耐压及局部放电（ACLD）试验，应严格在规定的试验电压和程序条件下进行。220kV及以上电压等级变压器测量电压为$1.5U_m$/时，高、中压端的局部放电量应不大于100pC；110kV（66kV）电压等级变压器高压侧的局部放电量不大于100pC。

4.2.3 安装和投产验收

4.2.3.1 运输和保管

4.2.3.1.1 变压器运输应有可靠的防止设备运输撞击的措施，应安装具有时标且有合适量程的三维冲击记录仪。充气运输的变压器，运输中油箱内的气压应为 0.01MPa～0.03MPa，有压力监视和气体补充装置。

4.2.3.1.2 设备到达现场，由制造厂、运输部门、电站三方人员共同检查和记录运输和装卸中受冲击的情况，受到冲击的大小应低于制造厂及合同规定的允许值，记录纸和押运记录应由电站留存。

4.2.3.1.3 安装前的保管期间，应经常检查设备情况。对充油保管的变压器检查有无渗油，油位是否正常，外表有无锈蚀，并每 6 个月检查 1 次油的绝缘强度；对充气保管的变压器应检查气体压力和露点，并每天记录压力值，要求压力维持在 0.01MPa～0.03MPa，露点低于–40℃，以防设备受潮。

4.2.3.2 安装监督重点

4.2.3.2.1 应严格按照 GB 50148 的规定和产品技术要求进行现场安装。

4.2.3.2.2 注入变压器的绝缘油油质应符合 GB/T 7595 规定，110kV（66kV）及以上变压器必须进行真空注油，其他变压器有条件时也应采用真空注油。

4.2.3.2.3 安装在供货变压器上的套管必须是进行出厂试验时该变压器所用的套管。220kV油纸电容套管安装就位后应静放 24h。

4.2.3.3 投产验收

4.2.3.3.1 安装结束后，变压器应按照 GB 50150 规定的项目进行交接试验，试验合格。

4.2.3.3.2 变压器投产前应测量运行分接位置的直流电阻，测试结果应与出厂试验数据相符。变压器送电前，要确认分接开关位置正确无误。

4.2.3.3.3 新投运的主变压器油中溶解气体含量的要求：注油静置后与耐压和局部放电试验24h后、冲击合闸及额定电压下运行 24h 后，各次测得的氢、乙炔和总烃含量应无明显区别；

油中氢气、总烃和乙炔气体含量应符合 DL/T 722 的要求，见表 2。

表 2 新投运的主变压器油中溶解气体含量 单位：μL/L

气 体	氢	乙 炔	总 烃
变压器和电抗器	＜10	0	＜20
套管	＜150	0	＜10
注 1：套管中的绝缘油有出厂试验报告，现场可不进行试验。 注 2：电压等级为 500kV 的套管绝缘油，宜进行油中溶解气体的色谱分析			

4.2.3.3.4 主变压器应进行启动试运行，带可能的最大负荷连续运行 24h。

4.2.3.3.5 主变压器应进行 5 次空载全电压冲击合闸试验，且无异常情况发生；第一次受电后持续时间不应少于 10min；励磁涌流不应引起保护装置的误动。带电后，检查变压器噪声、振动无异常；本体及附件所有焊缝和连接面，不应有渗油、漏油现象。

4.2.4 运行监督

4.2.4.1 变压器的运行维护应依据 DL/T 572 执行，日常巡视检查和定期检查的周期应由现场规程规定。

4.2.4.2 对以下情况应加强巡视或开展特殊巡视检查：

a） 新安装或大修后投运的设备，应缩短巡视周期，运行 72h 后转入正常巡视。

b） 特殊运行时，如过负荷、带缺陷运行等。

c） 恶劣气候时，如异常高、低温季节，高湿度季节。

4.2.4.3 日常巡视检查重点：

a） 变压器的油温（见附录 A）和温度计、储油柜的油位及油色均正常，各部位无渗油、漏油。

b） 套管油位应正常，套管外部无裂纹、无严重油污、无放电痕迹及其他异常现象。

c） 变压器音响均匀、正常。

d） 吸湿器完好，吸附剂干燥。

e） 引线接头、电缆、母线无发热迹象。

f） 压力释放器无动作、防爆膜完好无损。

g） 有载分接开关的分接位置及电源指示应正常。

h） 有载分接开关的在线滤油装置工作位置及电源指示应正常。

i） 气体继电器内充满油，应无气体。

j） 各控制箱和二次端子箱、机构箱应关严，无受潮，温控装置工作正常。

k） 控制箱和二次端子箱内接线端子及各元件应牢固；无发热、受潮，箱门应严密，以防受潮。

l） 注意变压器冷却器冬、夏季以及不同负荷下的运行方式，避免出现油温过高或者过低的情况。

4.2.4.4 变压器定期巡检项目：

检查周期按现场规程规定，重点检查以下内容：

a） 各部位的接地应完好，并定期测量铁芯和夹件的接地电流。

b） 外壳及箱沿应无异常发热。

c） 有载调压装置的动作情况应正常。

d） 消防设施应齐全完好。

e） 各种保护装置应齐全、良好。

f） 各种温度计应在检定周期内，超温信号应正确可靠。

g） 电容式套管末屏有无异常声响或其他接地不良现象。

h） 变压器套管及连接头等部位红外测温。

i） 瓦斯继电器防雨情况是否可靠。

j） 接线端子及端子绝缘的盐雾腐蚀情况。

4.2.4.5 分接开关巡检项目：

a） 电压指示应在规定电压偏差范围内。

b） 控制器电源指示灯显示正常。

c） 分接位置指示应正确。

d） 有载分接开关储油柜的油位、油色正常，油位略低于变压器储油柜油位，吸湿器内干燥剂颜色为干燥指示色，油杯油位正常，随油温变化能观察到油杯的呼吸气泡，呼吸时无溢油。

e） 分接开关及其附件各部位无渗油、漏油。

f） 分接变换时操作指示灯指示正确，机械连接、齿轮箱、开关内部无异声，计数器动作正确时记录分接变换次数。

g） 操作机构箱内部清洁，无潮气凝露，电气元件应完整，接地端子应接触良好，无发热痕迹，无松动和锈蚀，润滑油位正常，密封良好，机构箱门关闭严密，密封良好，箱体接地良好。

h） 操动机构箱内加热器应完好，并按要求及时投切。

i） 在线滤油装置工作方式电源指示灯显示正常，无渗油、漏油，出口压力正常，无异常发信。

4.2.4.6 变压器在以下异常情况下应加强监督：

a） 变压器接地电流超过规定值（100mA）时。

b） 油色谱分析结果异常时。

c） 瓦斯保护信号动作时。

d） 瓦斯保护动作跳闸时。

e） 变压器在遭受近区突发短路跳闸时。

f） 变压器运行中油温超过注意值时。

g） 变压器振动噪声和振动增大时。

4.2.5 检修监督

4.2.5.1 检修策略

推荐采用计划检修和状态检修相结合的检修策略，检修项目应根据运行状况和状态评价结果动态调整。

4.2.5.2 变压器状态评估

变压器状态评估时应对下列资料进行综合分析：

a） 运行中所发现的缺陷、异常情况、事故情况、出口短路次数及具体情况。

b） 负载、温度和主要组、部件的运行情况。

c）历次缺陷处理记录。

d）上次小修、大修总结报告和技术档案。

e） 历次试验记录（包括油的化验和色谱分析），了解绝缘状况。

f） 大负荷下的红外测温试验情况。

4.2.5.3 检修质量要求

变压器本体和组部件的检修质量要求应符合 DL/T 573、DL/T 574 及产品技术文件的规定。

4.2.5.4 油浸式变压器检修监督重点

4.2.5.4.1 变压器油处理

a） 大修后注入变压器及套管内的变压器油，其质量应符合 GB/T 7595 的规定。

b） 注油后，变压器及套管都应进行油样化验与色谱分析。

c） 变压器补油时应使用牌号相同的变压器油，如需要补充不同牌号的变压器油时，应先做混油试验，合格后方可使用。

4.2.5.4.2 变压器在吊检和内部检查时，应防止绝缘受伤。安装变压器穿缆式套管应防止引线扭结，不得过分用力吊拉引线。

4.2.5.4.3 检修中需要更换绝缘件时，应采用符合制造厂要求且检验合格的材料和部件，并经干燥处理。

4.2.5.4.4 变压器安装和检修后，投入运行前必须多次排除套管升高座、油管道中的死区、冷却器顶部等处的残存气体。

4.2.5.4.5 解体检修、事故检修或换油后的变压器，在施加电压前静止时间不应少于以下规定：

a） 施加电压为 110kV 前静止时间不应小于 24h；

b） 施加电压为 220kV 前静止时间不应小于 48h。

4.2.5.4.6 变压器安装或更换冷却器时，必须用合格绝缘油反复冲洗油管道、冷却器和潜油泵内部，直至冲洗后的油试验合格并无异物为止。如发现异物较多，应进一步检查处理。

4.2.5.4.7 复装时，应注意检查钟罩顶部与铁芯上夹件的间隙，如有碰触应进行消除。

4.2.5.4.8 对运行超过 15 年的储油柜胶囊和隔膜应更换。

4.2.5.5 干式变压器检修监督重点

4.2.5.5.1 干式变压器检修时，应对铁芯和线圈的固定夹件、绝缘垫块检查紧固，检查低压绕组与屏蔽层间的绝缘，防止铁芯线圈下沉、错位、变形，发生烧损。

4.2.5.5.2 检查冷却装置，应运行正常，冷却风道清洁畅通，冷却效果良好。

4.2.5.5.3 对测温装置进行校验。

4.2.6 试验监督

4.2.6.1 变压器预防性试验的项目、周期、要求应符合 DL/T 596 的规定及制造厂的要求。
4.2.6.2 变压器红外检测的方法、周期、要求应符合 DL/T 664 的规定。
4.2.6.3 在下列情况进行绕组变形试验，试验方法参照 DL/T 911、DL/T 1093。

a） 正常运行的 110kV 及以上电压等级的变压器应至少每 6 年进行 1 次绕组变形试验。
b） 110kV 及以上电压等级的变压器在遭受出口短路、近区多次短路后，应做低电压短路阻抗测试或频响法绕组变形测试，并与原始记录进行比较，同时应结合短路事故冲击后的其他电气试验项目进行综合分析。

4.2.6.4 对运行 10 年以上的油浸式变压器可进行油中糠醛含量测试，以确定绝缘老化的程度，必要时可取纸样做聚合度测量，进行绝缘老化鉴定。试验方法和判据参照 DL/T 984。
4.2.6.5 事故抢修所装上的套管，投运后的首次计划停运时，可取油样做色谱分析。
4.2.6.6 停运时间超过 6 个月的变压器在重新投入运行前，应按预试规程要求进行有关试验。
4.2.6.7 增容改造后的变压器应进行温升试验，以确定其负荷能力。
4.2.6.8 必要时对油中气相色谱异常的大型变压器安装气相色谱在线监测装置，监视色谱的变化。

4.3 互感器及套管监督

4.3.1 设计选型审查

4.3.1.1 互感器设计选型应符合 GB 20840.1、DL/T 725、DL/T 726、DL/T 1251 等标准及相关反事故措施的规定。电流互感器的技术参数和性能应满足 GB 20840.2 的要求。电磁式电压互感器的技术参数和性能应满足 GB 20840.3 的要求。电容式电压互感器的技术参数和性能应满足 GB/T 20840.5 的要求。
4.3.1.2 母线电压互感器宜使用电容式电压互感器，站内 35kV、10kV 电压互感器和电流互感器宜选用真空浇注式，其容量及精度应满足工程需要。
4.3.1.3 高压电容式套管选型应符合 GB/T 4109、DL/T 865、DL/T 1001 等标准及相关反事故措施的规定。

4.3.2 监造和出厂验收

220kV 及以上电压等级的气体绝缘和干式互感器应进行监造和出厂验收。

4.3.3 安装和投产验收

4.3.3.1 安装监督重点

4.3.3.1.1 电流互感器一次端子所承受的机械力不应超过制造厂规定的允许值，其电气连接应接触良好，防止产生过热性故障。应检查膨胀器外罩等部位密封良好，连接可靠，防止出现电位悬浮。互感器二次引线端子应有防转动措施，防止外部操作造成内部引线扭断。
4.3.3.1.2 气体绝缘的电流互感器安装时，密封检查合格后方可充气至额定压力，静置 1h 后

进行 SF_6 气体微水测量。气体密度继电器必须经校验合格。

4.3.3.1.3　电容式电压互感器配套组合要和制造厂出厂配套组合相一致，严禁互换。

4.3.3.1.4　电容式套管安装时注意处理好套管顶端导电连接和密封面，检查端子受力和引线支承情况、外部引线的伸缩情况，防止套管因过度受力引起密封破坏渗油、漏油；与套管相连接的长引线，当垂直高差较大时要采取引线分水措施。

4.3.3.2　投产验收

4.3.3.2.1　互感器、高压套管安装后，应按照 GB 50150 进行交接试验。

4.3.3.2.2　投产验收的重点监督项目：

a）各项交接试验项目齐全、合格。

b）设备外观检查无异常。

c）油浸式设备无渗油、漏油。

d）SF_6 设备压力在允许范围内。

e）变压器套管油位正常，油浸电容式穿墙套管压力箱油位符合要求。

f）复合外套设备的外套、硅橡胶伞裙规整，无开裂、变形、变色等现象。

g）接地规范、良好。

4.3.3.2.3　投产验收时，应移交基建阶段的全部技术资料和文件。

4.3.4　运行监督

4.3.4.1　正常巡视

有人值班升压站由值班人员进行定期巡视，每值不少于 1 次；无人值班升压站应制定合理的巡视周期并执行。

4.3.4.2　特殊巡视

a）新安装或大修后投运的设备，应缩短巡视周期，运行 72h 后转入正常巡视。

b）夜间闭灯巡视：有人值班升压站每周不少于 1 次，无人值班升压站每月不少于 1 次。

c）高温季节、低温季节、高湿度季节、气候异常、高峰负荷、设备异常时，应加强巡视。

4.3.4.3　油浸式互感器及套管

油浸式互感器、变压器套管、油浸式穿墙套管巡视检查重点项目包括：

a）设备外观是否完整无损，各部连接是否牢固可靠。

b）外绝缘表面是否清洁、有无裂纹及放电现象。

c）油色、油位是否正常，膨胀器是否正常。

d）吸湿器硅胶是否受潮变色。

e）有无渗油、漏油现象，防爆膜有无破裂。

f）有无异常振动、异常音响及异味。

g）各部位（含备用的二次绕组端子）接地是否良好。

h） 电流互感器是否过负荷，引线端子是否过热或出现火花，接头螺栓无松动现象。

i） 电压互感器端子箱内熔断器及自动断路器等二次元件正常。

j） 电容式电压互感器电磁单元各部分是否正常，阻尼器是否接入并正常运行。

k） 电容式电压互感器分压电容器低压端子 N（δ、J）接地是否可靠。

l） 电容分压器及电磁单元有无渗油、漏油。

4.3.4.4 SF_6 气体绝缘互感器、复合绝缘套管

SF_6 气体绝缘互感器、复合绝缘套管巡视检查重点项目除与 4.3.4.3 相关项目相同外，还包括：

a） 压力表指示是否在正常规定范围，有无漏气现象，密度继电器是否正常。

b） 复合绝缘套管表面清洁、完整、无裂纹、无放电痕迹、无变色老化迹象，憎水性良好。

4.3.4.5 树脂浇注互感器

树脂浇注互感器巡视检查重点项目包括：

a） 互感器有无过热、有无异常振动及声响。

b） 互感器有无凝露，外露铁芯有无锈蚀。

c） 外绝缘表面是否积灰、粉蚀、开裂，有无放电现象。

4.3.4.6 绝缘油

绝缘油监督的主要内容：

a） 绝缘油按 GB/T 14542 管理，应符合 GB/T 7595 和 DL/T 596 的规定。

b） 对新投运的 220kV 及以上电压等级电流互感器，1 年～2 年内应取油样进行油色谱、微水分析，对于厂家明确要求不取油样的产品，确需取油样或补油时，应由制造厂配合进行。

c） 当油中溶解气体色谱分析异常，含水量、含气量、击穿强度等项目试验不合格时，应分析原因并及时处理。

d） 互感器油位不足应及时补充，应补充试验合格的同油源、同品牌绝缘油。如需混油时，必须按规定进行有关试验，合格后方可进行。

4.3.4.7 SF_6 气体

SF_6 气体监督的主要内容：

a） SF_6 气体按 GB/T 8905 管理，应符合 GB/T 12022、DL/T 596 的规定。

b） 当互感器 SF_6 气体含水量超标或气体压力下降，年泄漏率大于 0.5%时，应分析原因并及时处理。

c） 补充的气体应按 GB/T 8905 规定进行试验，合格后方可补气。

4.3.4.8 异常运行的监督重点

运行中互感器、高压套管发生异常现象时，应对其处理进行监督：

a） 瓷套、复合绝缘外套表面有放电现象应及时处理。

b） 运行中存在渗油、漏油的互感器、油浸电容式高压套管，应根据情况限期处理，必要时进行油样分析。

c） 已确认存在严重内部缺陷的互感器、高压套管应及时进行更换。

d） 复合绝缘外套电流互感器、高压套管出现外护套破裂，硅橡胶伞裙严重龟裂，严重老化变色，失去憎水性时，应该及时停止运行进行更换。

e） 运行中温度异常的互感器、高压套管应该及时停电处理。现场无法处理的故障或已对绝缘造成损伤时，应该进行更换。运行中温度异常的环氧浇注式互感器应该及时进行更换，避免长期存在缺陷造成事故。

f） 电容式变压器套管备品应该在库房垂直存放，存放时间超过一年的备品使用时应进行局部放电试验、额定电压下介质损检测和油中溶解气体色谱分析，试验合格后方可使用。

4.3.4.9 互感器立即停用的情况

当发生下列情况之一时，应立即将互感器停用（注意保护的投切）：

a） 电压互感器高压熔断器连续熔断 2 次～3 次。

b） 高压套管严重裂纹、破损，互感器有严重放电，已威胁安全运行时。

c） 互感器内部有严重异音、异味、冒烟或着火。

d） 油浸式互感器严重漏油，看不到油位；SF_6 气体绝缘互感器严重漏气、压力表指示为零；电容式电压互感器电容分压器出现漏油时。

e） 互感器本体或引线端子有严重过热时。

f） 膨胀器永久性变形或漏油。

g） 压力释放装置（防爆片）已冲破。

h） 电流互感器末屏开路，二次开路；电压互感器接地端子 N（X）开路、二次短路不能消除时。

i） 树脂浇注互感器出现表面严重裂纹、放电。

4.3.5 检修监督

4.3.5.1 互感器、高压套管检修随线路、升压站检修计划安排；临时性检修针对运行中发现的缺陷及时进行。

4.3.5.2 110kV 及以上电压等级的互感器、高压套管不应进行现场解体检修。

4.3.5.3 110kV 以下电磁式互感器检修项目、内容、工艺及质量应符合 DL/T 727 相关规定及制造厂的技术要求。

4.3.6 预防性试验

4.3.6.1 互感器、高压套管预防性试验应按照 DL/T 596 的规定进行。

4.3.6.2 红外测温检测的方法、周期、要求应符合 DL/T 664 的规定。

4.3.6.3 定期进行复合绝缘外套憎水性检测。

4.3.6.4 定期按可能出现的最大短路电流验算电流互感器动、热稳定电流是否满足要求。

4.4 高压开关设备监督

4.4.1 设计选型审查

4.4.1.1 高压开关设备的设计选型应符合 GB 1984、GB/T 11022、DL/T 402、DL/T 403、DL/T 404、DL/T 486、DL/T 593、DL/T 615 等标准和相关反事故措施的规定。
4.4.1.2 高压开关设备有关参数选择应考虑电网发展需要，留有适当裕度，特别是开断电流、外绝缘配置等技术指标。
4.4.1.3 导体间净距单纯以空气作为绝缘介质的金属封闭开关设备和控制设备，相间和对地的最小空气间隙应满足表 3 的规定。

表 3 金属封闭开关设备和控制设备相间和对地的最小空气间隙要求

额定电压 kV	3.6	7.2	12	24	40.5
相间和相对地 mm	75	100	125	180	300
带电体至门 mm	105	130	155	210	330

4.4.1.4 断路器操动机构应优先选用弹簧机构、液压机构（包括弹簧储能液压机构）。
4.4.1.5 SF_6 密度继电器与开关设备本体之间的连接方式应满足不拆卸校验密度继电器的要求。密度继电器应装设在与断路器同一运行环境温度的位置，以保证其报警、闭锁接点正确动作。
4.4.1.6 开关设备机构箱、汇控箱内应有完善的驱潮防潮装置，防止凝露造成二次设备损坏。
4.4.1.7 高压开关柜配电室应配置通风、驱潮防潮装置，防止凝露导致绝缘事故。

4.4.2 监造和出厂验收

4.4.2.1 监造范围

根据 DL/T 1054 的规定，220kV 及以上电压等级的高压开关设备应进行监造和出厂验收。

4.4.2.2 主要监造内容

a） 查验工厂从零部件进厂到组装出厂整个流程的生产条件是否满足 SF_6 断路器的制造要求。
b） 查验重要部件如主触头、弧触头、导电杆、绝缘拉杆、弹簧、壳体等的原材料材质及成品的检验报告。
c） 查验主要外购件如瓷套、密度继电器、SF_6 气体、二次端子等供货厂家及供货质量。
d） 断路器及操动机构、套管等装配工艺和过程检验见证。
e） 见证总装配工艺和过程检验。

f）见证出厂试验。

4.4.2.3 出厂验收

a）按监造合同规定的出厂试验项目进行验收。确认试验项目齐全，试验方法正确，试验设备及仪器、仪表满足试验要求，试验结果符合相关标准要求。

b）除了对规定的受监造高压开关设备进行出厂验收以外，有条件时宜对批量采购的真空断路器进行出厂验收。

4.4.3 安装和投产验收

4.4.3.1 SF_6断路器

4.4.3.1.1 SF_6断路器的安装

a）SF_6断路器现场安装应符合 GB 50147、产品技术条件和相关反事故措施的规定。

b）设备及器材到达现场后应及时检查；安装前的保管应符合产品技术文件要求。

c）72.5kV 及以上电压等级断路器的绝缘拉杆在安装前必须进行外观检查，不得有开裂起皱、接头松动和超过允许限度的变形。

d）SF_6气体注入设备后必须进行湿度试验，且应对设备内气体进行 SF_6纯度检测，必要时进行气体成分分析。

e）断路器安装完成后，应对设备载流部分和引下线进行检查；均压环应无划痕、毛刺，安装应牢固、平整、无变形；均压环宜在最低处打排水孔。

f）SF_6断路器安装后应按 GB 50150 进行交接试验，耐压过程中应进行局部放电检测。

4.4.3.1.2 SF_6断路器的投产验收

a）断路器应固定牢靠，外表清洁完整，动作性能应符合产品技术文件的规定。

b）电气连接应可靠且接触良好。

c）断路器及其操动机构的联动应正常，无卡阻现象；分、合闸指示应正确；辅助开关动作应正确可靠。

d）密度继电器的报警、闭锁定值应符合产品技术文件的要求；电气回路传动应正确。

e）SF_6气体压力、泄漏率和湿度应符合 GB 50150 及产品技术文件的规定。

f）接地应良好，接地标识清楚。

g）验收时，应移交基建阶段的全部技术资料和文件。

4.4.3.2 隔离开关

4.4.3.2.1 隔离开关的安装

a）隔离开关现场安装应符合 GB 50147 和产品技术条件、相关反事故措施的规定。

b）隔离开关安装后应按 GB 50150 进行交接试验，各项试验应合格。

4.4.3.2.2　隔离开关的投产验收

a）操动机构、传动装置、辅助开关及闭锁装置应安装牢固，动作灵活可靠，位置指示正确。
b）合闸时三相不同期值应符合产品技术文件要求。
c）相间距离及分闸时触头打开角度和距离，应符合产品技术文件要求。
d）触头应接触紧密良好，接触尺寸应符合产品技术文件要求。
e）隔离开关分合闸限位正确。
f）合闸直流电阻测试应符合产品技术文件要求。
g）验收时，应移交基建阶段的全部技术资料和文件。

4.4.3.2.3　真空断路器和高压开关柜

4.4.3.2.4　真空断路器的安装

a）应按产品技术条件和 GB 50147 的规定进行现场安装和调整。
b）真空断路器和高压开关柜安装后应按 GB 50150 进行交接试验，各项试验应合格。

4.4.3.2.5　真空断路器的投产验收

a）电气连接应可靠接触，绝缘部件、瓷件应完好无损。
b）真空断路器与操动机构联动应正常、无卡阻，分、合闸指示应正确，辅助开关动作应准确、可靠。
c）高压开关柜应具备电气操作的“五防”功能。
d）高压开关柜所安装的带电显示装置应显示正确。
e）验收时，应移交基建阶段的全部技术资料和文件。

4.4.4　运行监督

4.4.4.1　SF_6 断路器

4.4.4.1.1　日常巡检重点项目

a）每天当班巡视不少于 1 次，每日定时记录 SF_6 气体压力和温度。
b）断路器各部分及管道无异声（漏气声、振动声）及异味，管道夹头正常。
c）套管无裂痕，无放电声和电晕。
d）引线连接部位无过热、引线弛度适中。
e）断路器分、合位置指示正确，并和当时实际运行工况相符。
f）罐式断路器应检查防爆膜有无异状。
g）机构箱密封良好；防雨、防尘、通风、防潮及防小动物进入等性能良好，内部干燥清洁。
h）检查并记录液压操动系统的油系统液位和油泵的启动次数、打压时间。

4.4.4.1.2　定期巡检项目

a） 检查分合闸缓冲器，防止由于缓冲器性能不良使绝缘拉杆在传动过程中受冲击，同时应加强监视分合闸指示器与绝缘拉杆相连的运动部件相对位置有无变化。
b） 未加装汽水分离装置和自动排污装置的气动操作机构应定期放水。
c） 每年对断路器安装地点的母线短路容量与断路器铭牌进行校核。

4.4.4.1.3 特殊巡检

a） 断路器在开断故障电流后，值班人员应对其进行巡视检查。
b） 高压断路器分合闸操作后的位置核查。

4.4.4.1.4 SF_6气体的质量监督见4.5.5.4。

4.4.4.2 隔离开关

巡视检查项目：
a） 外绝缘、瓷套表面无严重积污，运行中不应出现放电现象。
b） 瓷套、法兰不应出现裂纹、破损或放电烧伤痕迹。
c） 涂敷RTV涂料的瓷外套涂层不应有缺损、起皮、龟裂。
d） 操动机构各连接拉杆无变形；轴销无变位、脱落；金属部件无锈蚀。

4.4.4.3 真空断路器和高压开关柜

巡视检查重点项目：
a） 分、合位置指示正确，并与当时实际运行工况相符。
b） 支持绝缘子无裂痕及放电异声。
c） 引线接触部分无过热，引线弛度适中。

4.4.4.4 低压开关

巡视检查重点项目：
a） 分、合位置指示正确，并与当时实际运行工况相符。
b） 无异音、异常发热。
c） 无蒸汽、腐蚀性液体侵蚀。

4.4.5 检修监督

4.4.5.1 SF_6断路器

SF_6断路器检修周期和要求：
a） 断路器应按照现场检修规程规定的检修周期和具体短路开断次数及状态进行检修。
b） 断路器的各连接拐臂、联板、轴、销进行检查，如发现弯曲、变形或断裂，应找出原因，更换零件并采取预防措施。
c） 液压（气动）机构分、合闸阀的阀针应无松动或变形，防止由于阀针松动或变形造成断路器拒动；分、合闸铁芯应动作灵活，无卡涩现象，以防拒分或拒合。
d） 断路器操动机构检修后应检查操动机构脱扣器的动作电压是否符合30%和65%额定操作电压的要求。在80%（或85%）额定操作电压下，合闸接触器是否动作灵活且吸持牢靠。

4.4.5.2 隔离开关

隔离开关的检修周期和要求：

a） 隔离开关应按照现场检修规程规定的检修周期进行检修，不超期。

b） 绝缘子表面应清洁；瓷套、法兰不应出现裂纹、破损；涂敷 RTV 涂料的瓷外套憎水性良好，涂层不应有缺损、起皮、龟裂。

c） 主触头接触面无过热、烧伤痕迹，镀银层无脱落现象；回路电阻测量值应符合产品技术文件的要求。

d） 操动机构分合闸操作应灵活可靠，动静触头接触良好。

e） 传动部分应无锈蚀、卡涩，保证操作灵活；操动机构线圈最低动作电压符合产品技术文件的要求。

f） 应严格按照有关检修工艺进行调整与测量，分、合闸均应到位。

g） 试验项目齐全，试验结果应符合有关标准、规程要求。

4.4.5.3 真空断路器和高压开关柜

真空断路器和高压开关柜检修周期和要求：

a） 真空断路器和高压开关柜应按照有关规程规定的检修周期进行检修，不超期。

b） 真空灭弧室的回路电阻、开距及超行程应符合产品技术文件要求，其电气或机械寿命接近终了前必须提前安排更换。

4.4.6 预防性试验

4.4.6.1 高压开关设备预防性试验的项目、周期和要求应按照 DL/T 596 及制造厂的技术要求执行。

4.4.6.2 高压支柱绝缘子应参照 DL/T 303 的要求定期进行探伤检查。

4.4.6.3 用红外热像仪测量各连接部位、断路器、隔离开关触头等部位。检测方法、检测仪器及评定准则参照 DL/T 664。试验周期：

a） 交接及大修后带负荷 1 个月内（但应超过 24h）。

b） 220kV 及以上升压站和通流较大的开关设备 3 个月，其他 6 个月。

c） 必要时。

4.5 气体绝缘金属封闭开关设备（GIS）监督

4.5.1 设计选型审查

4.5.1.1 总的技术要求

a） GIS 的选型应符合 DL/T 617、DL/T 728 和 GB 7674 等标准和相关反事故措施的要求；对 GIS 外壳内部元件的选择应满足其各自的标准要求。

b） 根据使用要求，确定 GIS 各元件在正常负荷条件和故障条件下的额定值，并考虑系统的特点及其今后预期的发展来选用 GIS。

4.5.1.2 结构及组件的要求

a） 额定值及结构相同的所有可能要更换的元件应具有互换性。

b） 应特别注意气室的划分，避免某处故障后劣化的 SF_6 气体造成 GIS 的其他带电部位的闪络，同时也应考虑检修维护的便捷性。

c） GIS 的所有支撑不得妨碍正常维修巡视通道的畅通。

d） GIS 的接地连线材质应为电解铜，并标明与地网连接处接地线的截面积要求。

e） 当采用单相一壳式钢外壳结构时，应采用多点接地方式，并确保外壳中感应电流的流通，以降低外壳中的涡流损耗。

f） 接地开关与快速接地开关的接地端子应与外壳绝缘后再接地，以便测量回路电阻，校验电流互感器变比，检测电缆故障。

4.5.2 监造和出厂验收

4.5.2.1 主要监造内容

a） 查验工厂从零部件进厂到 GIS 组装出厂的整个流程的生产条件是否满足 GIS 的制造要求。

b） 查验主要外购件及外委加工件，如避雷器、互感器、密度继电器、SF_6、二次端子等的供货厂家及供货质量。

c） 查验自产部件如主触头、弧触头、导电杆、弹簧、盘式绝缘子、壳体等的原材料材质及成品的检验报告。

d） 元件如断路器及液压机构、隔离开关、接地开关、避雷器、互感器、套管和母线等装配工艺和过程检验见证。

e） 总装配工艺和过程检验见证。

f） 出厂试验见证。

4.5.2.2 出厂验收

确认试验项目齐全、试验方法正确，试验设备及仪器、仪表满足试验要求，各部件、单元试验结果符合相关标准的规定。

4.5.3 安装和投产验收

4.5.3.1 运输和保管

GIS 的运输和保管要求：

a） GIS 应在密封和充低压力的干燥气体（如 SF_6 或 N_2）的情况下包装、运输和贮存，以免潮气侵入。

b） GIS 的运输包装符合制造厂的包装规范，并应能保证各组成元件在运输过程中不致遭到破坏、变形、丢失及受潮；对于外露的密封面，应有预防腐蚀和损坏的措施。

c） 各运输单元应适合于运输及装卸的要求，并有标志，以便用户组装；包装箱上应有运输、贮存过程中必须注意事项的明显标志和符号。

d） 设备及器材在安装前的保管期限应符合产品技术文件要求，在产品技术文件未规定时应不超过1年。

4.5.3.2 安装监督重点

a） GIS安装应符合产品技术文件和GB 50147的规定。

b） GIS在现场安装后、投入运行前的交接试验项目和要求，应符合GB 11023、GB 50150、DL/T 618以及产品技术文件等有关规定。

4.5.3.3 投产验收

投产验收重点检查项目包括：

a） GIS应安装牢靠、外观清洁，动作性能应符合产品技术文件的要求。

b） 螺栓紧固力矩应达到产品技术文件的要求。

c） 电气连接应可靠、接触良好。

d） GIS中的断路器、隔离开关、接地开关及其操动机构的联动应正常、无卡阻现象；分合闸指示应正确；辅助开关及电气闭锁应动作正确、可靠。

e） 密封继电器的报警闭锁值应符合规定，电气回路传动应正确。

f） SF_6气体漏气率和湿度应符合相关标准和产品技术文件的规定。

g） 验收时，应移交基建阶段的全部技术资料和文件。

4.5.4 运行监督

4.5.4.1 运行维护的基本技术要求

GIS运行维护技术要求应符合DL/T 603的规定，其内容包括：

a） GIS室的安全防护措施。

b） GIS主回路和外壳接地。

c） GIS外壳温升。

d） GIS中SF_6气体质量。

4.5.4.2 巡视检查

每天至少1次，主要内容如下：

a） 断路器、隔离开关及接地开关及快速机动开关的位置指示正确，与当时实际运行工况相符。

b） 断路器和隔离开关的动作指示是否正确，记录其累积动作次数。

c） 各种指示灯、信号灯和带电检测装置的指示是否正常，控制开关的位置是否正确，控制柜加热器的工作状态是否按照规定投入或切除。

d） 各种压力表、油位计的指示是否正常。

e） 避雷器的动作计数器指示值是否正常，在线检测泄漏电流指示值是否正常。

f） 裸露在外的接线端子有无过热，汇控柜内有无异常现象。

g） 可见的绝缘件有无老化、剥落，有无裂纹。

h） 现场控制盘上各种信号指示、控制开关的位置正常及盘内加热器完好。

i） 各类配管及阀门有无损伤、锈蚀，开闭位置是否正确，管道的绝缘法兰与绝缘支架良好。

j） 压力释放装置防护罩无异样，其释放出口无障碍物，防爆膜无破裂。

k） 接地可靠，接地线、接地螺栓表面无锈蚀。

l） 设备有无漏气（SF_6气体、压缩空气）、漏油（液压油、电缆油）。

4.5.5 检修监督

4.5.5.1 定期检查

GIS 处于全部或部分停电状态下，专门组织的维修检查。每 4 年进行 1 次定期检查，或按实际情况而定。主要内容如下：

a） 对操动机构进行详细维修检查，处理漏油、漏气或某些缺陷，更换某些零部件。

b） 维修检查辅助开关。

c） 检查或校验压力表、压力开关、密度继电器或密度压力表。

d） 检查传动部位及齿轮等的磨损情况，对转动部件添加润滑剂。

e） 断路器的最低动作压力与动作电压试验。

f） 检查各种外露连杆的紧固情况。

g） 检查接地装置。

h） 必要时进行绝缘电阻、回路电阻测量。

i） 清扫 GIS 外壳，对压缩空气系统排污。

4.5.5.2 临时性检查

根据 GIS 设备的运行状态或操作累计动作数值，依据制造厂的运行维护检查项目和要求进行必要的临时性检查，主要内容如下：

a）若气体湿度有明显增加时，应及时检查其原因。

b） 当 GIS 设备发生异常情况时，应对有怀疑的元件进行检查和处理。

c） 临时性检查的内容应根据发生的异常情况或制造厂的要求确定。

4.5.5.3 分解检修

4.5.5.3.1 检修策略

GIS 设备达到规定的分解检修年限后，应进行分解检修。检修年限可根据设备运行状况适当延长。因内部异常或故障引起的检修应根据检查结果，对相关元、部件进行处理或更换。分解检修项目应根据设备实际运行状况并与制造厂协商后确定。分解检修应由制造厂负责或在制造厂指导下协同进行，推荐由制造厂承包进行。

4.5.5.3.2 分解检修项目的确定

分解检修项目应根据设备实际运行状况并与制造厂协商后确定，分解检修项目依据下列因素确定：

a） 密封圈的使用期、SF_6气体泄漏情况。

b） 断路器开断次数、累计开断电流、断路器操作次数值、断路器操作机构实际状况。

c） 隔离开关的操作次数。

d） 其他部件的运行状况。

e） SF_6气体压力表计、压力开关、二次元器件运行状况。

4.5.5.3.3 修后试验项目

分解检修后应进行下列试验：

a） 绝缘电阻测量。

b） 主回路耐压试验。

c） 元件试验：元器件包括断路器、隔离开关、互感器、避雷器等，应按各自标准进行。

d） 主回路电阻测量。

e） 密封试验。

f） 联锁试验。

g） SF_6气体湿度测量。

h） 局部放电试验（必要时）。

各项试验结果应符合相关标准的规定，验收合格。

4.5.5.4 GIS 中 SF_6气体的质量监督

4.5.5.4.1 SF_6气体泄漏监测

根据 SF_6气体压力、温度曲线、监视气体压力变化，发现异常应查明原因。

a） 气体压力监测：检查次数和抄表依实际情况而定。

b） 气体泄漏检查：必要时；当发现压力表在同一温度下，相邻两次读数的差值达 0.01MPa～0.03MPa 时，应进行气体泄漏检查。

c） 气体泄漏标准：每个隔室年漏气率小于 1%。

d） SF_6气体补充气：根据监测各隔室的 SF_6气体压力的结果，对低于额定值的隔室，应补充 SF_6气体，并做好记录，新气质量应符合标准。

4.5.5.4.2 SF_6气体湿度监测

a） 周期：新设备投入运行及分解检修后 1 年应监测 1 次；运行 1 年后若无异常情况，可隔 1 年～3 年监测 1 次。如湿度符合要求，且无补气记录，可适当延长监测周期。

b） SF_6气体湿度允许标准见表 4，或参照制造厂标准执行。

表 4　SF_6 气体湿度允许标准

气　室	有电弧分解的气室	无电弧分解的气室
交接验收值	≤150μL/L	≤250μL/L
运行允许值	≤300μL/L	≤500μL/L
注：测量时环境温度为 20℃，大气压力为 101 325Pa		

4.5.6　预防性试验

4.5.6.1　GIS 的试验项目、周期和要求应符合 DL/T 596 的规定。

4.5.6.2　SF_6 新气质量检测和运行中 SF_6 气体的检测项目、周期和要求应符合 DL/T 603 的规定。

4.5.6.3　SF_6 电气设备 SF_6 分解产物分析应符合 DL/T 1359 的规定。

4.6　无功补偿装置监督

4.6.1　设计选型审查

4.6.1.1　站内并联电容器设计选型应符合 DL/T 604、DL/T 628 和 GB 50227 等标准和相关反事故措施的要求。

4.6.1.2　无功补偿装置设备的型式宜选用成套设备。

4.6.1.3　无功补偿装置依据环境条件、设备技术参数及当地的运行经验，可采用户内或户外布置形式，并应考虑维护和检修方便。选型时应注意：

a）　大容量并联电容器保护方式的选择。

b）　空芯电抗器的发热。

c）　不应选用开关序号小于 12 的真空开关投切并联电容器组。

d）　不应采用开关装在中性点侧的接线方式。

e）　户内型熔断器不得用于户外并联电容器组。

4.6.2　安装和投产验收

4.6.2.1　无功补偿装置安装、调试按照 GB 50147 的规定进行。

4.6.2.2　运行维护单位应根据有关规定，及时参与无功补偿装置安装、调试；见证、审查调试项目和结果，必要时可以抽检。

4.6.2.3　应按照 GB 50150 规定的试验项目对装置中的电容器、电抗器、断路器、互感器等设备进行交接验收，各项指标应符合技术标准及产品要求。

4.6.2.4　工程验收时，应按照 GB 50147、GB/T 50796 的要求进行检查，并移交基建阶段的全部资料和文件。

4.6.3　运行监督

4.6.3.1　按照相关标准或光伏发电站运行规程定期进行巡视，并做好记录。巡视重点项目包括：

a） 检查瓷绝缘无破损裂纹、放电痕迹，表面清洁。

b） 母线及引线不应过紧过松，设备连接处无松动、过热现象。

c） 电容器外表涂漆无变色、变形现象，外壳无鼓肚、膨胀变形现象，接缝无开裂、渗漏油现象，内部无异声。

d） 电容器编号正确，各接头无发热现象。

e） 熔断器、放电回路完好，接地装置、放电回路完好，接地引线无严重锈蚀、断股现象。熔断器、放电回路及指示灯完好。

f） 电抗器附近无磁性杂物存在；油漆无脱落现象、线圈无变形现象；无放电及焦味现象；油电抗器应无渗油、漏油现象。

g） 电缆挂牌应齐全完整，内容正确，字迹清楚。电缆外皮无损伤现象，支撑牢固，电缆和电缆头无渗油、漏胶、发热、火花放电等现象。

4.6.3.2 特殊天气及设备异常时，应按照相关标准或运行规程进行特殊巡视，并做好记录。巡视项目如下：

a） 雨、雾、雪、冰雹天气应检查瓷绝缘有无破损裂纹、放电现象，表面是否清洁；冰雪融化后有无悬挂冰柱，桩头有无发热；建筑物及设备构架有无下沉倾斜、积水、屋顶漏水等现象。

b） 大风后应检查设备和导线上有无悬挂物，有无断线；构架和建筑物有无下沉倾斜变形；母线及引线是否过紧过松，设备连接处有无松动、过热。

c） 雷电后应检查瓷绝缘有无破损裂纹、放电痕迹。

d） 环境温度超过或低于规定温度时，检查电容器试温蜡片是否齐全或熔化，各接头有无发热现象。

e） 断路器故障跳闸后应检查电容器有无烧伤、变形、移位等，导线有无短路；电容器温度、音响、外壳有无异常；熔断器、放电回路、电抗器、电缆、避雷器等是否完好。

f） 系统异常（如振荡、接地、低周或铁磁谐振）运行消除后，应检查电容器有无放电，温度、音响、外壳有无异常。

4.6.4 检修监督

无功补偿装置设备不规定具体的检修周期，通过运行巡视、停运检查及预防性试验判断设备的运行状态，并在发现缺陷后按缺陷处理办法进行检修处理。

4.6.5 试验监督

a） 无功补偿装置中各元件应按照 DL/T 596 规定的周期、项目及要求进行预防性试验。

b） 运行中，每年进行 1 次谐波测量。

c） 正常运行时，每季度进行一次红外成像测温。

4.7 金属氧化物避雷器监督

4.7.1 设计选型审查

金属氧化锌避雷器的设计选型应符合 GB 311.1、GB/T 311.2、GB 11032、DL/T 804、JB/T 10496、JB/T 10609 中的有关规定和相关反事故措施的要求。

4.7.2 安装和投产验收

4.7.2.1 避雷器的安装和投产验收应符合 GB 50147 的要求。

4.7.2.2 避雷器的绝缘底座安装应水平。

4.7.2.3 避雷器应垂直安装，其垂直度符合制造厂的要求。

4.7.2.4 避雷器各连接处的金属接触表面应洁净、无氧化膜和油漆、导通良好。

4.7.2.5 均压环应水平安装；安装深度满足设计要求；在最低处宜打排水孔。

4.7.2.6 设备接线端子的接触面应平整、清洁；连接螺栓应齐全、紧固，紧固力矩应符合要求；避雷器引线的连接不应使设备端子受到超过允许的承受应力。

4.7.2.7 放电计数器指示装置应密封良好、动作可靠，并应按产品的技术规定连接，安装位置应一致，且便于观察；接地应可靠，放电计数器宜恢复至零位。

4.7.2.8 避雷器安装后，按照 GB 50150 的要求进行交接试验。

4.7.2.9 验收时，各项检查合格，并提交基建阶段的全部技术资料和文件。

4.7.3 运行维护

4.7.3.1 避雷器定期巡视，监视泄漏电流和放电计数，并加强数据分析。

4.7.3.2 检查绝缘外套有无破损、裂纹和电蚀痕迹。

4.7.3.3 定期进行避雷器运行中带电测试；当发现异常情况时，应及时查明原因。

4.7.3.4 定期开展外绝缘的清扫工作，每年应至少清扫 1 次。

4.7.4 预防性试验

4.7.4.1 避雷器预防性试验的周期、项目和要求按照 DL/T 596 执行。

a） 交流三相组合式有串联间隙金属氧化物避雷器预防性试验重点监督项目为：避雷器相-相和相-地间的工频放电电压试验，工频放电电压应符合 JB/T 10609 和设备厂家产品技术资料的要求；

b） 交流三相组合式无间隙金属氧化物避雷器预防性试验重点监督项目为：避雷器相-相和相-地间的直流 1mA 参考电压试验和 0.75 倍直流 1mA 参考电压下泄漏电流试验，直流 1mA 参考电压应符合 JB/T 10496 和设备厂家产品技术资料的要求，避雷器的泄漏电流不应大于 50μA。

4.7.4.2 红外检测，其方法、检测仪器及评定准则参照 DL/T 664。检测周期如下：

a） 交接及大修后带电 1 个月内（但应超过 24h）。

b） 220kV 及以上升压站 3 个月；其他 6 个月。

c） 必要时。

4.8 设备外绝缘及绝缘子监督

4.8.1 设计选型审查

4.8.1.1 绝缘子的型式选择和尺寸确定应符合 GB/T 26218.1～26218.3、DL/T 5092 等标准的相关要求。设备外绝缘的配置应满足相应污秽等级对统一爬电比距的要求，并宜取该等级爬电比距的上限。

4.8.1.2 室内设备外绝缘的爬距应符合 DL/T 729 的规定，并应达到相应于所在区域污秽等级的配置要求，严重潮湿的地区要提高爬距。

4.8.2 运行维护

4.8.2.1 日常运行巡视，设备外绝缘应无裂纹、破损，无放电痕迹。如出现爬电现象，及时采取防范措施。

4.8.2.2 合理安排清扫周期，提高清扫效果。110kV 及以上电压等级每年清扫 1 次，宜安排在污闪频发季节前 1～2 个月内进行。

4.8.2.3 定期测量现场盐密及灰密，评定现场污秽度，掌握所在地区的现场污秽度、自清洗性能和积污规律，以现场污秽度指导电站外绝缘配合工作。

4.8.2.4 选择现场污秽度测量点的要求：

a） 站内每个电压等级选择 1 个、2 个测量点，参照绝缘子以 7 片～9 片为宜，并悬挂于接近母线或架空线高度的构架上。

b） 测量点的选取要从悬式绝缘子逐渐过渡到棒型支柱绝缘子。

c） 明显污秽成分复杂地段应适当增加测量点。

4.8.2.5 当外绝缘环境发生明显变化及新的污染源出现时，应核对设备外绝缘爬距，不满足规定要求时，应及时采取防污闪措施，如防污闪涂料或防污闪辅助伞裙等。对于避雷器瓷套不宜单独加装辅助伞裙，但可将辅助伞裙与防污闪涂料结合使用。

4.8.2.6 防污闪涂料的技术要求：

a） 防污闪涂料的选用应符合 DL/T 627 的技术要求，宜优先选用 RTV-Ⅱ型防污闪涂料。

b） 运行中的防污闪涂层出现起皮、脱落、龟裂等现象，应视为失效，应采取复涂等措施。

c） 防污闪涂层在有效期内一般不需要清扫或水洗。

d） 发生闪络后防污闪涂层若无明显损伤，也可不重涂。

4.8.2.7 对复合外套绝缘子及涂覆防污闪涂料的设备应设置憎水性监测点，并定期开展憎水性检测。检测周期依据 DL/T 1474 要求进行，监测点的选择原则是在每个生产厂家的每批防污闪涂料中，选择电压等级最高的一台设备的其中一项作为测量点。

4.8.3 预防性试验

4.8.3.1 支柱绝缘子、悬式绝缘子和复合绝缘子的试验项目、周期和要求应符合 DL/T 596 的规定。

4.8.3.2 复合绝缘子的运行性能检验项目按照 DL/T 1000.3 执行。

4.8.3.3 绝缘红外检测参照 DL/T 664 规定的检测方法、检测仪器及评定准则进行。

4.8.3.4 按照 DL/T 596 的要求开展绝缘子低、零值检测，及时更换低、零值绝缘子。

4.9 防雷接地装置监督

4.9.1 防雷接地装置的设计选型审查

4.9.1.1 光伏发电站光伏阵列场地接地装置的设计选型应依据 DL/T 1364，升压站接地网的设计宜按照 GB/T 50065 等有关规定进行，审查地表电位梯度分布、跨步电势、接触电势、接地阻抗等指标的安全性和合理性，以及防腐、防盗措施的有效性。

4.9.1.2 光伏方阵场地内应设置接地网，接地网除应采用人工接地极外，还应充分利用支架基础的金属构件；光伏方阵接地应连续、可靠，工频接地电阻应小于 4Ω，冲击接地电阻宜不大于 10Ω。

4.9.1.3 新建工程设计，应结合长期规划考虑接地装置（包括设备接地引下线）的热稳定容量，并提出接地装置的热稳定容量计算报告。

4.9.1.4 接地装置腐蚀比较严重的电站宜采用铜质材料的接地网，不应使用降阻剂。

4.9.1.5 变压器中性点、重要设备及设备架构等应有两根与主接地网不同地点连接的接地引下线，且每根引下线均应符合热稳定的要求。严禁将设备构架作为引下线。连接引线应便于定期进行检查测试。

4.9.1.6 光伏发电站内 10kV 或 35kV 系统中性点可采用不接地、经消弧线圈接地或小电阻接地方式。经汇集形成光伏发电站群的大、中型光伏发电站，其站内汇集系统宜采用经消弧线圈接地或小电阻接地的方式。

4.9.1.7 当输电线路的避雷线和电站的接地装置相连时，应采取措施使避雷线和接地装置有便于分开的连接点。

4.9.1.8 多雷地区敞开式变电站应在 110kV～220kV 进出线间隔入口处装设金属氧化物避雷器，主变压器高压侧宜设置避雷器。

4.9.1.9 确定升压站接地装置的型式和布置时，考虑保护接地的要求，应降低接触电位差和跨步电位差，并应符合 GB/T 50065 的规定。

4.9.1.10 低压电源系统选用的电涌保护器其性能应符合 GB/T 18802.1、GB/T 18802.12 的规定。

4.9.1.11 低压电源系统电涌保护器的选用应符合下列原则：

a） 各级电涌保护器的有效电压保护水平应低于本级保护范围内被保护设备的耐冲击电压额定值。

b） 交流电源电涌保护器的最大持续工作电压应大于系统工作电压的 1.15 倍。

c） 安装在汇流箱、逆变器处的直流电源电涌保护器的最大持续工作电压应大于光伏组件最高开路电压的 1.2 倍。

d） 各级电涌保护器应能承受安装位置处预期的雷电流。

4.9.1.12 直流电源电涌保护器的冲击电流和标称放电电流参数宜符合表 5 的规定。

表 5 直流电源电涌保护器的冲击电流和标称放电电流参数

<table>
<tr><th rowspan="3">防雷等级</th><th colspan="4">电涌保护器参数</th></tr>
<tr><th colspan="2">汇流箱</th><th>逆变器前端</th><th>其他敏感设备端口处</th></tr>
<tr><th>I_{imp}
kA
Ⅰ类试验（线路无屏蔽）</th><th>I_n
kA
Ⅱ类试验（线路无屏蔽）</th><th>I_n
kA
Ⅱ类试验</th><th>I_n
kA
Ⅱ、Ⅲ类试验</th></tr>
<tr><td>A</td><td>≥15</td><td>≥30</td><td>≥20</td><td>≥5</td></tr>
<tr><td>B</td><td>≥12.5</td><td>≥30</td><td>≥20</td><td>≥5</td></tr>
<tr><td>C</td><td>≥12.5</td><td>≥20</td><td>≥10</td><td>≥3</td></tr>
</table>

4.9.2 施工和投产验收

4.9.2.1 施工监督重点

4.9.2.1.1 接地装置的施工和投产验收应严格按照 GB 50169 和设计文件的要求执行。

4.9.2.1.2 光伏组件的金属支架应至少在两端与主接地网可靠连接，带边框的光伏组件应将边框可靠接地。

4.9.2.2 投产验收

4.9.2.2.1 接地装置验收应在土建完工后尽快安排进行。特性参数测量应避免雨天和雨后立即测量，应在连续天晴 3 天后测量。交接验收试验应符合 GB 50150 的规定。

4.9.2.2.2 大型接地装置除进行 GB 50150 规定的电气完整性试验和接地阻抗测量，还必须考核场区地表电位梯度、接触电位差、跨步电位差、转移电位等各项特性参数测试，以确保接地装置的安全。试验的测试电源、测试回路的布置、电流极和电压极的确定以及测试方法等应符合 DL/T 475 的相关要求。有条件时宜按照 DL/T 266 进行冲击接地阻抗、场区地表冲击电位梯度、冲击反击电位测试等冲击特性参数测试。

4.9.2.2.3 对高土壤电阻率地区的接地网，在接地电阻难以满足要求时，应由设计单位采取相应措施后，方可投入运行。

4.9.2.2.4 在验收时应按下列要求进行检查：

a） 接地施工质量符合 GB 50169 的要求。

b） 整个接地网外露部分连接可靠，接地线规格正确，防腐层完好，标志齐全明显。

c） 避雷针（带）的安装位置及高度符合设计要求。

d） 供连接临时接地线用的连接板的数量和位置符合设计要求。

e） 工频接地电阻值及设计要求的其他测试参数符合设计规定。

4.9.2.2.5 验收时，应移交实际施工的记录图、变更设计的证明文件、安装技术记录（包括隐蔽工程记录等）、测试记录等资料和文件。

4.9.3 维护监督重点

4.9.3.1 对于已投运的接地装置，应根据地区短路容量的变化，校核接地装置（包括设备接地引下线）的热稳定容量，并结合短路容量变化情况和接地装置的腐蚀程度有针对性地对接地装置进行改造。对不接地、经消弧线圈接地、经低阻或高阻接地系统，必须按异点两相接地校核接地装置的热稳定容量。

4.9.3.2 宜在每年雷雨季节前，对光伏发电站防雷装置进行全面检测和维护。在雷电活动强烈的地区，对防雷装置应随时进行目测和运行状态检查。

4.9.3.3 接地网的接地电阻应每年进行一次测量，接地引下线的导通检测工作应 1 年～3 年进行 1 次，其检测范围、方法、评定应符合 DL/T 475 的要求，并根据历次测量结果进行分析比较，以决定是否需要进行开挖、处理。

4.9.3.4 定期（时间间隔应不大于 5 年）通过开挖抽查等手段确定接地网的腐蚀情况。根据电气设备的重要性和施工的安全性，选择 5 个～8 个点沿接地引下线进行开挖检查，要求不得有开断、松脱或严重腐蚀等现象。如发现接地网腐蚀较为严重，应及时进行处理。铜质材料接地体地网不必定期开挖检查。

4.9.3.5　所有设备在投入使用前必须测试设备与接地网的连接情况，严禁设备失地运行。

4.9.4　预防性试验

4.9.4.1　接地装置预防性试验的项目、周期、要求应符合 DL/T 596 的规定。

4.9.4.2　接地装置的特征参数及土壤电阻率测定的一般原则、内容、方法、判据、周期参照 DL/T 475。

4.10　电力电缆监督

4.10.1　设计选型审查

4.10.1.1　电力电缆线路的设计选型应根据 GB 50217、GB/T 11017.1～3、GB/T 12706.3～4 等各相应电压等级的电缆产品标准进行，应符合 DL/T 401 的要求，光伏组件、光伏汇流设备、逆变器之间的电缆还应符合 CEEIA B218.1—2012、CEEIA B218.2—2012 的产品标准。

4.10.1.2　审查电缆的绝缘、截面、金属护套、外护套、敷设方式等以及电缆附件的选择是否安全、经济、合理。

4.10.1.3　审查电缆敷设路径设计是否合理，包括运行条件是否良好，运行维护是否方便，防水、防盗、防外力破坏、防虫害的措施是否有效等。

4.10.1.4　电缆的绝缘水平、导体材料和截面、绝缘种类及电缆附件应满足电缆的使用条件，并提出电缆的安全性、经济性、合理性的要求。

4.10.1.5　提出对原材料，如导体、绝缘材料、屏蔽用半导电材料、护套材料的供货商和供货质量要求。

4.10.1.6　审查电缆的防火阻燃设计是否满足反事故措施的要求，包括防火构造、分隔方式、防火阻燃材料、阻燃性或耐火性电缆的选用，以及报警或消防装置等的选择是否耐久可靠、经济、合理。

4.10.2　安装和投产验收

4.10.2.1　运输和保管

4.10.2.1.1　电缆及其附件的运输、保管，应符合 GB 50168 的要求。当产品有特殊要求时，应符合产品的技术要求。

4.10.2.1.2　电缆及其附件到达现场后，应按下列要求及时进行检查：

a）产品的技术文件应齐全。

b）电缆型号、规格、长度应符合订货要求，附件应齐全；电缆外观不应受损。

c）电缆封端应严密；当外观检查有怀疑时，应进行受潮判断或试验。

d）附件部件应齐全，材质质量应符合产品技术要求。

4.10.2.1.3　电缆及其有关材料的贮存应符合相关的技术要求。

4.10.2.1.4　电缆及附件在安装前的保管期限为 1 年及以内。当需长期保管时，应符合设备保管的专门规定。

4.10.2.1.5　电缆在保管期间，电缆盘及包装应完好，标志应齐全，封端应严密。当有缺陷时，应及时处理。

4.10.2.2　安装监督重点

4.10.2.2.1　电缆线路敷设和安装方式应符合 GB 50168、GB 50217、DL/T 342、DL/T 343 和 DL/T 344 等有关的规定。

4.10.2.2.2　金属电缆支架全长均应有良好的接地；直埋电缆在直线段每隔 50m～100m、电缆接头、转弯、进入建筑物等处，应设置明显的方位标志或标桩。

4.10.2.2.3　光伏组件支架及组件与光伏汇流设备之间的电缆应有固定措施和防晒措施；通过道路下方的电缆，宜进行穿管敷设。

4.10.2.2.4　35kV 及以上电力电缆终端头制作按 100%旁站检查；电缆中间接头 100%旁站监督。

4.10.2.2.5　电缆终端和接头应严格按制作工艺规程要求制作，制作环境应符合有关的规定，其主要性能应符合相关产品标准的规定。

4.10.2.2.6　新、扩建工程中，应按反事故措施的要求落实电力电缆的防火措施，包括：

a）严格按正确的设计图册施工，做到布线整齐，各类电缆按规定分层布置，电缆的弯曲半径应符合要求，避免任意交叉，并留出足够的人行通道。

b）控制室、开关室、继保室等通往电缆夹层、隧道、穿越楼板、墙壁、柜、盘等处的所有电缆孔洞和盘面之间缝隙（含电缆穿墙套管与电缆之间缝隙）必须采用合格的不燃或阻燃材料封堵。

c）电缆沟应分段做防火隔离，对敷设在构架上的电缆要采取分段阻燃措施。

d）应尽量减少电缆中间接头的数量。如需要，应按工艺要求制作安装电缆头，并经质量验收合格。

4.10.2.3　投产验收

4.10.2.3.1　电力电缆投运前，应按照 GB 50150 的规定进行交接试验，还应按照 DL/T 1253 的要求进行下列试验：

a）线路参数试验，包括测量电缆线路的正序阻抗、负序阻抗、零序阻抗、电容量和导体直流电阻等。

b）电缆线路接地电阻测量。

4.10.2.3.2　隐蔽工程应在施工过程中进行中间验收，并做好见证。

4.10.2.3.3　验收时，应按照 GB 50168 的要求进行检查，重点检查项目：

a）电缆型号、规格应符合设计要求；排列整齐，无机械损伤；标志牌应装设齐全、正确、清晰。

b）电缆的固定、弯曲半径、有关距离和单芯电力电缆的金属护层的接线等应符合 GB 50168 的规定，相序排列等应与设备连接相序一致，并符合设计要求。

c）电缆终端、电缆接头应固定牢靠；电缆接线端子与所接设备应接触良好；互联接地箱和交叉互联箱应接触可靠；充有绝缘剂的电缆终端、电缆接头不应有渗漏现象。

d） 电缆线路所有应接地的接点应与接地极接触良好，接地电阻应符合设计要求。
e） 电缆终端的相色应正确，电缆支架等的金属部件防腐层应完好。电缆管口封堵应严密。
f） 电缆沟内应无杂物，盖板齐全，隧道内应无杂物，照明、通风、排水等设施应符合设计。
g） 直埋电缆路径标志，应与实际路径相符，路径标志应清晰、牢固。
h） 防火措施应符合设计要求，且施工质量合格。

4.10.2.3.4 验收时，应提交设计资料和电缆清册、竣工图、施工记录及签证、试验报告等基建阶段的全部技术资料，以及试验报告等有效文件。

4.10.3 运行维护

4.10.3.1 电力电缆运行中应按照 DL/T 1253 的规定进行定期巡查和不定期巡查。

4.10.3.2 电缆巡查周期：
a） 电缆沟、隧道电缆井及电缆架等电缆线路每 3 个月至少巡查 1 次。
b） 电缆竖井内的电缆，每半年至少巡查 1 次。
c） 应结合运行状态评价结果，适当调整巡视周期。对挖掘暴露的电缆，按工程情况，酌情加强巡视。

4.10.3.3 终端头巡查周期：
a） 电缆终端头、中间接头根据现场运行情况每 1 年～3 年停电检查 1 次。
b） 污秽地区的电缆终端头的巡视与清扫的期限，可根据当地的污秽程度予以确定。

4.10.3.4 巡查重点：
a） 对敷设在地下的每一电缆线路，应查看路面是否正常、有无挖掘痕迹及路线标桩是否完整无缺等。
b） 对于通过桥梁的电缆，应检查桥墩两端电缆是否拖拉过紧，保护管或槽有无脱开或严重锈蚀现象。
c） 电缆线路上不应堆置瓦砾、矿渣、建筑材料、笨重物件、酸碱性排放物或砌堆石灰坑等。
d） 对户外与架空线连接的电缆和终端头应检查终端头是否完整，引出线的接点有无发热现象，靠近地面一段电缆是否被车辆撞碰等。
e） 对电缆中间接头定期测温。多根并列电缆要检查电流分配和电缆外皮的温度情况。
f） 电缆外皮、中间接头、终端头温度是否符合要求，钢铠、金属护套及屏蔽层的接地是否完好；终端头是否完整，引出线的接点有无发热现象。
g） 电缆槽盒、支架及保护管等金属构件的接地是否完好，接地电阻是否符合要求；支架有否严重腐蚀、变形或断裂脱开；电缆的标志牌是否完整、清晰。
h） 检查电缆穿过设备箱体、管道的部分是否有与尖锐边缘磨损的痕迹。
i） 光伏系统中使用双拼、多拼电缆时，应检测电流分配和电缆外皮温度。

4.10.4 检修监督

4.10.4.1 依据电缆线路的状态检测和试验结果、状态评价结果，考虑设备风险因素，动态制定设备的维护检修计划，合理安排检修的计划和内容。

4.10.4.2 电缆线路新投运 1 年后，应对电缆线路进行全面检查，收集各种状态量，进行状态评价，评价结果作为状态检修依据。

4.10.4.3 对于运行达到一定年限，故障或发生故障概率明显增加的设备，宜根据设备运行及评价结果，对检修计划及内容进行调整。

4.10.5 预防性试验

4.10.5.1 电力电缆的预防性试验应按照 DL/T 596 的规定进行，对于交联聚乙烯电缆应采用交流耐压试验代替直流耐压试验。

4.10.5.2 用红外热像仪检测电缆终端和非埋式电缆中间接头、瓷套表面、交叉互联箱、外护套屏蔽接地点等部位。检测方法、检测仪器及评定准则参照 DL/T 664。检测周期：

a） 交接及大修后带电 1 个月内（但应超过 24h）。

b） 220kV 及以上升压站 3 个月；其他 6 个月。

c） 必要时。

4.11 母线监督

4.11.1 设计选型审查

4.11.1.1 封闭母线的设计选型应符合 GB/T 8349 的规定。

4.11.1.2 封闭母线的导体宜采用铝材或铜材。

4.11.1.3 宜选用外壳的防护等级达到 IP54 的封闭母线。

4.11.1.4 对湿度、盐雾大的地区，应有干燥防潮措施，中压封闭母线可选用 DMC 或 SMC 支柱绝缘子或由环氧树脂与火山岩无机矿物质复合材料成型而成的全浇注母线。

4.11.1.5 对封闭母线配套设备，包括电流互感器、电压互感器、高压熔断器、避雷器、中性点消弧线圈或接地变压器等提出供货商和技术性能要求。

4.11.1.6 主变压器低压侧母线宜选用绝缘管母线。

4.11.2 安装和投产验收

4.11.2.1 安装监督重点

4.11.2.1.1 封闭母线的安装应符合 GB 50149 的要求。

4.11.2.1.2 母线焊接应在封闭母线各段全部就位并调整误差合格后进行，绝缘子和电流互感器经试验合格。

4.11.2.1.3 外壳内和绝缘子必须擦拭干净，外壳内不得有遗留物。

4.11.2.2 投产验收

4.11.2.2.1 封闭母线的验收应符合 GB 50149 的要求。验收时应进行下列检查：

a） 金属构件加工、配制、螺栓连接、焊接等应符合国家现行标准的有关规定。

b） 所有螺栓、垫圈、闭口销、锁紧销、弹簧垫圈、锁紧螺母等应齐全、可靠。

c） 母线配制及安装架设应符合设计规定，且连接正确，螺栓紧固，接触可靠；相间及对地电气距离符合要求。

d） 瓷件应完整、清洁；铁件和瓷件胶合处均应完整无损。

e） 相色正确、接地良好。

4.11.2.2.2 安装结束后，与变压器等设备连接以前，按照 GB/T 8349 的要求进行交接验收试验，试验时电压互感器等设备应予以断开。试验项目包括下列内容：

a） 绝缘电阻测量。

b） 额定 1min 工频耐受电压试验。

4.11.2.2.3 验收时，应移交基建阶段的全部技术资料和文件。

4.11.3 运行维护

4.11.3.1 运行中，应定期监视金属封闭母线各部位的允许温度和温升，正常使用条件下运行时，各部位的温度和温升应符合表 6 的要求。

表 6 金属封闭母线最热点的温度和温升的允许值

金属封闭母线的部件		最高允许温度 ℃	最高允许温升 K
导体		90	50
螺栓紧固的导体或外壳的接触面	镀银	105	65
	不镀	70	30
外壳		70	30
外壳支持结构		70	30

4.11.3.2 定期开展封母绝缘子密封检查和绝缘子清扫工作。应根据当地的气候条件和设备特点等制订相应的检查、清扫周期。

4.11.3.3 封闭母线停运后，做好封闭母线绝缘电阻的跟踪测量。再次带电前，尤其是在阴雨潮湿、大雾等湿度较大的气候条件下，要提前测试封闭母线的绝缘，以保证封闭母线绝缘不合格时有足够的时间进行通风干燥处理。

4.11.4 预防性试验

4.11.4.1 封闭母线预防性试验的项目、周期、要求应符合 DL/T 596 的规定。

4.11.4.2 绝缘管母线应交流耐压试验的具体要求宜参考厂家技术资料。

4.11.4.3 母线红外检测参照 DL/T 664 规定的检测方法、检测仪器及评定准则进行。

5 监督管理要求

5.1 监督基础管理工作

5.1.1 绝缘监督管理的依据：

应按照集团公司《电力技术监督管理办法》中有关技术监督管理和本标准的要求，制定电站绝缘监督管理标准，并根据国家法律、法规及国家、行业、集团公司标准、规程、规范、制度，结合电站实际情况，编制或执行绝缘监督相关/支持性文件；建立健全技术资料档案，以科学、规范的监督管理，保证高压电气设备安全可靠运行。

5.1.2 绝缘监督管理应具备的相关/支持性文件：

a） 绝缘监督管理标准。

b） 电气设备运行规程。

c） 电气设备检修规程。

d） 电气设备预防性试验规程。

e） 高压试验设备、仪器仪表管理制度。

f） 安全工器具管理标准。

g） 设备检修管理标准。

h） 设备缺陷管理标准。

i） 设备点检定修管理标准。

j） 设备技术台账管理标准。

k） 设备异动管理标准。

l） 设备停用、退役管理标准。

m） 事故、事件及不符合管理标准。

5.1.3 技术资料档案

5.1.3.1 基建阶段技术资料：

a） 符合实际情况的电气设备一次系统图、防雷保护与接地网图纸。

b） 制造厂提供的设备整套图纸、说明书、出厂试验报告。

c） 设备监造报告。

d） 设备安装验收记录、缺陷处理报告、交接试验报告、投产验收报告。

5.1.3.2 设备清册及设备台账：

a） 受监督电气一次设备清册。

b） 电气设备台账。

c） 设备外绝缘台账。

d） 试验仪器仪表台账。

5.1.3.3 试验报告和记录：

a） 电力设备预防性试验报告。

b） 绝缘油、SF_6气体试验报告。

c） 特殊试验报告（事故分析试验报告、鉴定试验报告等）。

d） 在线监测装置数据及分析记录。

5.1.3.4 运行维护报告和记录：

a） 电气设备运行分析月报。

b） 变压器异常运行记录（超温、气体继电器动作、出口短路、严重过电流等）。

c） 断路器异常运行记录（短路跳闸、过负荷跳闸等）。

d） 日常运行日志及巡检记录。

5.1.3.5 检修报告和记录：

a） 检修文件包（检修工艺卡）记录。
b） 检修报告。
c） 变压器油处理及加油记录。
d） SF_6气体补气记录。
e） 日常设备维修记录。
f） 电气设备检修分析季（月）报。

5.1.3.6 缺陷闭环管理记录

5.1.3.7 事故管理报告和记录：
a） 设备障碍、事故统计记录。
b） 事故分析报告。

5.1.3.8 技术改造报告和记录：
a）可行性研究报告。
b）技术方案和措施。
c） 质量监督和验收报告。
d） 竣工总结和后评估报告。

5.1.3.9 监督管理文件：
a） 与绝缘技术监督有关的国家、行业、集团公司技术法规、标准、规范、规程、制度。
b） 发电站绝缘技术监督标准、规程、规定、措施等。
c） 绝缘技术监督年度工作计划和总结。
d） 绝缘技术监督季报、速报。
e） 绝缘技术监督预警通知单和验收单。
f） 绝缘技术监督会议纪要。
g） 绝缘技术监督工作自我评价报告和外部检查评价报告。
h） 绝缘技术监督人员技术档案、上岗考试成绩和证书。
i） 与设备质量有关的重要工作来往文件。

5.2 日常管理内容和要求

5.2.1 健全监督网络与职责

5.2.1.1 按照集团公司《电力技术监督管理办法》《华能电厂安全生产管理体系》要求编制本单位绝缘监督管理标准，做到分工、职责明确，责任到人。

5.2.1.2 工程设计阶段、建设阶段的技术监督，由产业公司、区域公司或电站建设管理单位规定归口职能管理部门，在本单位技术监督领导小组的领导下，负责绝缘技术监督的组织建设工作。

5.2.1.3 生产运行阶段的技术监督，由产业公司、区域公司、光伏发电站规定的归口职能管理部门，在光伏发电站技术监督领导小组的领导下，负责绝缘技术监督的组织建设工作，并设绝缘技术监督专责人，负责全厂绝缘技术监督日常工作的开展和监督管理。

5.2.1.4 技术监督归口职能管理部门每年年初要根据人员变动情况及时对网络成员进行调整；按照人员培训和上岗资格管理办法的要求，定期对技术监督专责人和特殊技能岗位人员进行专业和技能培训，保证持证上岗。

5.2.2 确认监督标准符合性

5.2.2.1 绝缘监督标准应符合国家、行业及上级主管单位的有关规定和要求。

5.2.2.2 每年年初，绝缘监督专责人应根据新颁布的标准及设备异动情况，对电站电气设备运行规程、检修规程等规程、制度的有效性、准确性进行评估，修订不符合项，经归口职能管理部门领导审核、生产主管领导审批完成后发布实施。国标、行标及上级监督规程、规定中涵盖的相关绝缘监督工作均应在电站规程及规定中详细列写齐全，在电气设备规划、设计、建设、更改过程中的绝缘监督要求等同采用每年发布的相关标准。

5.2.3 确认仪器仪表有效性

5.2.3.1 应建立绝缘监督用仪器仪表设备台账，根据检验、使用及更新情况进行补充完善。

5.2.3.2 根据检定周期，每年应制定仪器仪表的检验计划，根据检验计划定期进行检验或送检，对检验合格的可继续使用，对检验不合格的则送修，对送修仍不合格的做报废处理。

5.2.4 制定监督工作计划

5.2.4.1 绝缘技术监督专责人每年 11 月 30 日前应组织完成下年度技术监督工作计划的制订工作，并将计划报送产业、区域公司，同时抄送西安热工研究院。

5.2.4.2 发电站技术监督年度计划的制定依据至少应包括以下几方面：

a） 国家、行业、地方有关电力生产方面的法规、政策、标准、规范、反事故措施要求。
b） 集团公司、产业公司、区域公司、电站技术监督工作规划和年度生产目标。
c） 集团公司、产业公司、区域公司、电站技术监督管理制度和年度技术监督动态管理要求。
d） 技术监督体系健全和完善化。
e） 人员培训和监督用仪器设备配备和更新。
f） 设备目前的运行状态。
g） 技术监督动态检查、预警、月（季报）提出问题的整改。
h） 收集其他有关电气设备设计选型、制造、安装、运行、检修、技术改造等方面的动态信息。

5.2.4.3 绝缘技术监督年度计划主要内容应包括以下几方面：

a） 根据实际情况对技术监督组织机构进行完善。
b） 监督技术标准、监督管理标准制定或修订计划。
c） 技术监督定期工作修订计划。
d） 制定检修期间应开展的技术监督项目计划。
e） 制订人员培训计划（主要包括内部培训、外部培训取证、规程宣贯）。
f） 制定技术监督发现的重大问题整改计划。
g） 试验仪器仪表送检计划。
h） 根据上级技术监督动态检查报告制定技术监督动态检查和问题整改计划。
i） 技术监督定期工作会议计划。

5.2.4.4 绝缘监督专责人每季度对绝缘监督计划的执行情况进行检查，对不满足监督要求的通过技术监督不符合项通知单的形式下发到相关部门进行整改，并对绝缘监督的相关部门进行考评。技术监督不符合项通知单编写格式见附录 B。

5.2.5 监督档案管理

5.2.5.1 为掌握设备绝缘变化规律，便于分析研究和采取对策，电站应按照本标准 5.1.3 中规定的资料目录及参考附录 C 中格式要求，建立和健全绝缘技术监督档案，确保技术监督原始档案和技术资料的完整性和连续性。
5.2.5.2 根据绝缘监督组织机构的设置和受监控设备的实际情况，要明确档案资料的分级存放地点和指定专人负责整理保管。
5.2.5.3 绝缘技术监督专责人应建立绝缘档案资料目录清册，并负责及时更新。

5.2.6 监督报告报送管理

5.2.6.1 绝缘监督速报的报送

当电站发生重大监督指标异常，受监控设备重大缺陷、故障和损坏事件，火灾事故等重大事件后 24h 内，应将事件概况、原因分析、采取措施按照附录 E 的格式，以速报的形式报送产业、区域公司和西安热工研究院。

5.2.6.2 绝缘监督季报的报送

绝缘技术监督专责人应按照附录 D 的季报编写格式和要求，组织编写上季度绝缘技术监督季报。经电站归口职能管理部门季报汇总人汇总完成“技术监督综合季报”后，应于每季度首月 5 日前，将全站技术监督季报报送产业、区域公司和西安热工研究院。

5.2.6.3 绝缘监督年度工作总结报告的报送

5.2.6.3.1 绝缘技术监督专责人应于每年元月 5 日前组织完成上年度技术监督工作总结报告的制写工作，并将总结报告报送产业、区域公司和西安热工研究院。
5.2.6.3.2 年度绝缘监督工作总结报告的主要编写内容应包括以下几方面：

a） 主要监督工作完成情况和亮点。
b） 设备一般事故、危急缺陷和严重缺陷统计分析。
c） 监督工作存在的主要问题和改进措施。
d） 下年度工作思路和重点。

5.2.7 监督例会管理

5.2.7.1 电站每年至少召开两次技术监督工作会，检查、布置、总结技术监督工作，对技术监督中出现的问题提出处理意见和防范措施。工作会议要形成纪要，布置的工作应落实并有监督检查。
5.2.7.2 例会主要内容包括：

a） 上次监督例会以来绝缘监督工作开展情况。

b） 绝缘监督范围内设备及系统的故障、缺陷分析及处理措施。
c） 绝缘监督存在的主要问题以及解决措施/方案。
d） 上次监督例会提出问题整改措施完成情况的评价。
e） 技术监督工作计划发布及执行情况，监督计划的变更。
f） 集团公司技术监督季报，监督通讯，新颁布的国家、行业标准规范，监督新技术学习交流。
g） 监督需要领导协调和其他部门配合和关注的事项。
h） 至下次监督例会时间内的工作要点。

5.2.8 监督预警管理

5.2.8.1 集团公司绝缘技术监督三级预警项目见附录 F，电站应将三级预警识别纳入日常绝缘监督管理和考核工作中。
5.2.8.2 对于上级监督单位签发的预警通知单（见附录 G），电站应认真组织人员研究有关问题，制定整改计划，整改计划中应明确整改措施、责任人、完成日期。
5.2.8.3 问题整改完成后，按照验收程序要求，电站应向预警提出单位提出验收申请，经验收合格后，由验收单位填写预警验收单（见附录 H）报送预警签发单位备案。

5.2.9 监督问题整改管理

5.2.9.1 整改问题的提出

a） 上级或技术监督服务单位在技术监督动态检查时提出的整改问题。
b） 《光伏发电技术监督报告》中集团公司或产业、区域公司提出的督办问题。
c） 《光伏发电技术监督报告》中提出的发电企业需要关注及解决的问题。
d） 电站绝缘监督专责人每季度对各部门的绝缘监督计划的执行情况进行检查，对不满足监督要求提出的整改问题。

5.2.9.2 问题整改管理

a） 电站收到技术监督评价考核报告后，应组织有关人员会同西安热工研究院或技术监督服务单位在两周内完成整改计划的制定和审核，并将整改计划报送集团公司、产业、区域公司，同时抄送西安热工研究院或技术监督服务单位。
b） 整改计划应列入或补充列入年度监督工作计划，电站按照整改计划落实整改工作，并将整改实施情况及时在技术监督季报中总结上报。
c） 对整改完成的问题，电站应保留问题整改相关的试验报告、现场图片、影像等技术资料，作为问题整改情况评估的依据。

5.2.10 监督评价与考核

5.2.10.1 电站应将《光伏发电站绝缘技术监督工作评价表》（见附录 I）中的各项要求纳入日常绝缘监督管理工作中。
5.2.10.2 按照《光伏发电站绝缘技术监督工作评价表》的要求，编制完善各项绝缘技术监督管理制度和规定，并认真贯彻执行；完善各项绝缘监督的日常管理和检修记录，加强受监设备的运行技术监督和检修技术监督。

5.2.10.3 电站应定期对技术监督工作开展情况进行评价，对不满足监督要求的不符合项以通知单的形式下发到相关部门进行整改，并对绝缘监督的相关部门及责任人进行考核。

5.3 各阶段监督重点工作

5.3.1 设计与设备选型阶段

5.3.1.1 新建（扩建）工程的电气设计与设备选型审查应依据 GB/T 311.1、GB 50797、GB 50060、DL/T 5352 等国家、行业相关的现行标准和反事故措施的要求及工程的实际需要，提出绝缘监督的意见和要求。

5.3.1.2 参与工程电气设计审查。根据工程的规划情况及特点，提出对电站的主接线、设备选型等绝缘监督的要求。

5.3.1.3 参与设备采购合同审查和设备技术协议签订。对设备的结构、性能和技术参数等提出绝缘监督的意见，并明确对性能保证的考核、监造方式和项目、技术资料、技术培训、运输等方面的要求。

5.3.1.4 对高压试验仪器仪表及装置的配置和选型，提出绝缘监督的具体要求。

5.3.1.5 参加设计联络会。对设计中的技术问题、招标方与投标方及各投标方之间的接口问题提出绝缘监督的意见和要求，将设计联络结果形成文件归档，并监督执行。

5.3.2 监造和出厂验收阶段

5.3.2.1 参加设备监造服务合同的签订。审查监造单位及人员的资质；提出对监造工作的要求，包括监造方式和监造项目、监造工作简报的报送、制造中出现不合格项时的处置等。

5.3.2.2 监造中，验收监造单位编制的监造简报，及时了解设备的制造质量、进度、设计修改及工艺改进情况、出现的不合格项及处理。当发现重大质量问题时，应及时与监造单位联系，必要时到制造厂与厂方协商处理。

5.3.2.3 参加出厂验收试验，确认出厂设备质量符合国家和行业相关法规、标准及设备供货合同的技术要求。

5.3.2.4 了解合同设备出厂前的防护、维护、入库保管和包装发货情况，有问题时，及时通知监造单位或联系制造厂解决。

5.3.2.5 监造工作结束后，应及时验收监造单位提交的监造报告。监造报告应内应翔实，包括产品制造过程中出现的问题及处理的方法和结果等。

5.3.2.6 有条件时，可安排生产运营阶段的绝缘监督人员参加设备监造，提早了解设备的结构、性能和维护。

5.3.3 安装和投产验收阶段

5.3.3.1 参加电建监理合同的签订。审查监理单位及人员的资质，对监理单位工作提出绝缘监督意见。

5.3.3.2 审查电力监理单位编制的监理实施细则。

5.3.3.3　工程施工中，验收监理单位编制的监理月报。及时了解工程进度、质量、工程变更、出现的不合格项及处理。当发现重大质量问题时，应及时与监理单位联系，必要时与电建单位协商处理。

5.3.3.4　参加高压电气设备运达现场时的验收。按照订货合同和相关标准对设备进行外观检查，并形成验收报告。

5.3.3.5　对于重要的施工环节和竣工后质量无法验证的项目，应进行现场监督和抽查。

5.3.3.6　参加设备交接验收试验。确认试验项目齐全（包括特殊试验项目），各项试验符合GB 50150、订货合同技术要求和调试大纲要求。

5.3.3.7　参加投产验收。验收时进行现场实地查看，发现安装施工及调试不规范、交接试验方法不正确、项目不全或结果不合格、设备达不到相关技术要求、基础资料不全等不符合绝缘监督要求的问题时，应要求立即整改，直至合格。

5.3.3.8　监督电建单位按时移交全部基建技术资料，并由资料档案室及时将资料清点、整理、归档。

5.3.3.9　有条件时，可安排生产运营阶段的绝缘监督人员参加交接试验和投产验收，及时了解投运设备的初始状态。

5.3.4　生产运营阶段

5.3.4.1　运行维护

5.3.4.1.1　根据国家和行业有关的电气设备运行规程和产品技术条件文件，结合电站的实际制定本企业的《电气设备运行规程》，并按规程的要求进行设备运行中监督。

5.3.4.1.2　严格按相关运行、维护规范和规程及反事故措施的要求，组织运行和检修人员对高压电气设备进行巡视检查和处理工作。发现异常时应予以消除，对存在的问题需按相关规定加强运行监视。

5.3.4.1.3　对运行中设备发生的事故，应组织或参与事故分析工作，制定反事故措施，并做好统计上报工作。

5.3.4.1.4　执行年度电气设备预防性试验计划，当试验表明可能存在缺陷时，应采取措施予以消除。对已超过预试周期的设备，应加强运行监视。

5.3.4.1.5　建立健全仪器仪表台账，编制仪器仪表检定计划，定期进行检验。新购置的仪器仪表检验合格后，方可使用。

5.3.4.1.6　编写电气设备运行月度分析报告，掌握设备运行状态的变化，对设备状况进行预控。

5.3.4.2　检修技改

5.3.4.2.1　根据集团公司《电力检修标准化管理实施导则（试行）》、国家和行业有关的电气设备检修规程和产品技术条件文件，结合电站的实际，制定本站的《电气设备检修规程》并定期修编，建立检修文件包。

5.3.4.2.2　每年根据设备的实际绝缘情况和运行状况，依据集团公司《检修标准化管理实施导则》的要求，编制年度检修计划，包括检修原因、依据、项目、目标等，报上级主管部门批准后执行。

5.3.4.2.3 检修时，应对集团公司通报的高压电气设备缺陷及电力系统出现的家族缺陷警示做重点检查。
5.3.4.2.4 检修过程中，按检修文件包的要求进行工艺和质量控制。
5.3.4.2.5 检修后，按照 DL/T 596 及相关标准的要求进行验收试验，试验合格后方可投运。
5.3.4.2.6 检修完毕，应及时编写检修报告及履行审批手续，将有关检修资料归档。
5.3.4.2.7 定期编写电气设备检修分析报告，掌握设备当前的缺陷状况和健康水平。
5.3.4.2.8 当高压电气设备从技术经济性角度分析继续运行不再合理时，宜考虑退出运行和报废。退役和报废管理按照集团公司《设备停用、退役管理标准》的规定执行。

6 监督评价与考核

6.1 评价内容

6.1.1 绝缘监督评价考核内容见附录 I“光伏发电站绝缘技术监督工作评价表”。
6.1.2 绝缘监督评价内容分为绝缘监督管理、技术监督实施两部分。监督管理评价和考核项目 30 项，标准分 400 分；技术监督实施评价和考核项目 72 项，标准分 600 分，共计 101 项，标准分 1000 分。详见附录 I。

6.2 评价标准

6.2.1 被评价的电站按得分率的高低分为四个级别，即优秀、良好、一般、不符合。
6.2.2 得分率等于或高于 90%为“优秀”；80%～90%（不含 90%）为“良好”；70%～80%（不含 80%）为“一般”；低于 70%为“不符合”。

6.3 评价组织与考核

6.3.1 技术监督评价包括：集团公司技术监督评价；属地电力技术监督服务单位技术监督评价；电站技术监督自我评价。
6.3.2 集团公司定期组织西安热工研究院和公司内部专家，对电站技术监督工作开展情况、设备状态进行评价，评价工作按照集团公司《电力技术监督管理办法》规定执行，分为现场评价和定期评价。
6.3.2.1 集团公司技术监督现场评价按照集团公司年度技术监督工作计划中所列的电站名单和时间安排进行。各电站在现场评价实施前应按附录 I 进行自查，编写自查报告。西安热工研究院在现场评价结束后三周内，应按照集团公司《电力技术监督管理办法》附录 D2 的格式要求完成评价报告，并将评价报告电子版报送集团公司安生部，同时发送产业、区域公司及电站。
6.3.2.2 集团公司技术监督定期评价按照集团公司《电力技术监督管理办法》及本标准要求和规定，对电站生产技术管理情况、设备运行情况、绝缘监督报告的内容符合性、准确性、及时性等进行评价，通过年度技术监督报告发布评价结果。
6.3.2.3 集团公司对严重违反技术监督制度、由于技术监督不当或监督项目缺失、降低监督标准而造成严重后果、对技术监督发现问题不进行整改的电站，予以通报并限期整改。
6.3.3 电站应督促属地技术监督服务单位依据技术监督服务合同的规定，提供技术支持和监督服务，依据相关监督标准定期对发电站技术监督工作开展情况进行检查和评价分析，形成评价报告报送电站，电站应将报告归档管理，并落实问题整改。

6.3.4　电站应按照集团公司《电力技术监督管理办法》及华能电厂安全生产管理体系要求建立完善技术监督评价与考核管理标准，明确各项评价内容和考核标准。

6.3.5　电站应每年按照附录 I，组织安排绝缘监督工作开展情况的自我评价，并按照集团公司《电力技术监督管理办法》附录格式编写自查报告，根据评价情况对相关部门和责任人开展技术监督考核工作。

附　录　A
（规范性附录）
高压电气设备的温度限值和温升限值

A.1　变压器的温度限值和温升限值

油浸式变压器顶层油在额定电压下的一般限值见表 A.1，干式变压器绕组温升限值见表 A.2。

表 A.1　油浸式变压器顶层油在额定电压下的一般限值

冷却方式	冷却介质最高温度 ℃	最高顶层油温 ℃
自然循环自冷、风冷	40	95
强迫油循环风冷	40	85
强迫油循环水冷	30	70

表 A.2　干式变压器绕组温升限值

绝缘系统温度 ℃	额定电流下的绕组平均温升限值 K
105 （A）	60
120 （E）	75
130 （B）	80
155 （F）	100
180 （H）	120
200	130
220	150

注：当所设计的变压器是在海拔超过 1000m 处运行，而其试验又是在正常海拔处进行时，如制造单位与用户间无另外协议，则表中所给出的温度限值应根据运行地的海拔超过 1000m 部分，以每 500m 为一级按下列数值相应降低：对于自冷式变压器：2.5%，对于风冷式变压器，5%

A.2　互感器的温升限值、套管的温度限值

电流互感器不同部位、不同绝缘材料的温升限值见表 A.3，电压互感器不同部位、不同绝缘材料的温升限值见表 A.4，套管的温度限值见表 A.5。

表 A.3 电流互感器不同部位、不同绝缘材料的温升限值

<table>
<tr><th rowspan="2">序号</th><th rowspan="2">互感器部位</th><th rowspan="2" colspan="2">绝缘材料及耐热等级</th><th colspan="3">温升限值
K</th></tr>
<tr><th>油中</th><th>SF_6中</th><th>空气中</th></tr>
<tr><td rowspan="9">1</td><td rowspan="9">绕组</td><td colspan="2">油浸式的所有绝缘耐热等级</td><td>60</td><td>—</td><td>—</td></tr>
<tr><td colspan="2">油浸且全密封的所有绝缘耐热等级</td><td>65</td><td>—</td><td>—</td></tr>
<tr><td rowspan="7">干式</td><td>绝缘耐热等级</td><td colspan="3">温升限值
K</td></tr>
<tr><td>Y</td><td>—</td><td>45</td><td>45</td></tr>
<tr><td>A</td><td>—</td><td>60</td><td>60</td></tr>
<tr><td>E</td><td>—</td><td>75</td><td>75</td></tr>
<tr><td>B</td><td>—</td><td>85</td><td>85</td></tr>
<tr><td>F</td><td>—</td><td>110</td><td>110</td></tr>
<tr><td>H</td><td>—</td><td>135</td><td>135</td></tr>
<tr><td rowspan="2">2</td><td rowspan="2">不与绝缘材料（油除外）接触的金属零件</td><td colspan="2">裸铜、裸铜合金、镀银</td><td>—</td><td>105</td><td>105</td></tr>
<tr><td colspan="2">裸铝、裸铝合金、镀银</td><td>—</td><td>95</td><td>95</td></tr>
<tr><td rowspan="3">3</td><td rowspan="3">绕组（或导体）端头或接触连接处</td><td colspan="2">裸铜、裸铜合金、镀银</td><td>—</td><td>65</td><td>50</td></tr>
<tr><td colspan="2">镀锡、搪锡</td><td>50</td><td>65</td><td>60</td></tr>
<tr><td colspan="2">镀锡、搪锡</td><td>—</td><td>75</td><td>75</td></tr>
<tr><td>4</td><td>铁芯及其他金属结构零件表面</td><td colspan="2"></td><td colspan="3">不得超过所接触或邻近的绝缘材料温度</td></tr>
<tr><td rowspan="2">5</td><td rowspan="2">油顶层</td><td colspan="2">一般情况</td><td>50</td><td>—</td><td>—</td></tr>
<tr><td colspan="2">油面充有惰性气体或全密封时</td><td>55</td><td>—</td><td>—</td></tr>
<tr><td colspan="7">注 1：表中所列限值是以 4 中的使用环境条件为依据的。如果环境温度（互感器周围介质温度）高于 4.1 中规定的数值时，应将表中的温升限值减去所超过的温度值。
注 2：如果互感器工作在海拔超出 1000m 的地区，而试验是在海拔低于 1000m 处进行时，应将表中的温升限值按工作地点海拔超出 1000m 之每 100m 减去下述数值：油浸式互感器，0.4%；干式互感器，0.5%。
注 3：对于油中的镀锡或搪锡的绕组端头或接触连接处，其温升为 50K 或不超过油顶层温升</td></tr>
</table>

表 A.4 电压互感器不同部位、不同绝缘材料的温升限值

<table>
<tr><th rowspan="2">序号</th><th rowspan="2">互感器部位</th><th rowspan="2">绝缘材料及耐热等级</th><th colspan="3">温升限值
K</th></tr>
<tr><th>油中</th><th>SF_6中</th><th>空气中</th></tr>
<tr><td rowspan="2">1</td><td rowspan="2">绕组</td><td>油浸式的所有绝缘耐热等级</td><td>60</td><td>—</td><td>—</td></tr>
<tr><td>油浸且全密封的所有绝缘耐热等级</td><td>65</td><td>—</td><td>—</td></tr>
</table>

表 A.4（续）

<table>
<tr><th rowspan="2">序号</th><th rowspan="2">互感器部位</th><th rowspan="2" colspan="3">绝缘材料及耐热等级</th><th colspan="3">温升限值
K</th></tr>
<tr><th>油中</th><th>SF_6中</th><th>空气中</th></tr>
<tr><td rowspan="6">1</td><td rowspan="6">绕组</td><td rowspan="6">干式</td><td rowspan="6">绝缘耐热等级</td><td>Y</td><td>—</td><td>45</td><td>45</td></tr>
<tr><td>A</td><td>—</td><td>60</td><td>60</td></tr>
<tr><td>E</td><td>—</td><td>75</td><td>75</td></tr>
<tr><td>B</td><td>—</td><td>85</td><td>85</td></tr>
<tr><td>F</td><td>—</td><td>110</td><td>110</td></tr>
<tr><td>H</td><td>—</td><td>135</td><td>135</td></tr>
<tr><td rowspan="2">2</td><td rowspan="2">不与绝缘材料（油除外）接触的金属零件</td><td colspan="3">裸铜、裸铜合金、镀银</td><td>—</td><td>105</td><td>105</td></tr>
<tr><td colspan="3">裸铝、裸铝合金、镀银</td><td>—</td><td>95</td><td>95</td></tr>
<tr><td>3</td><td>铁芯及其他金属结构零件表面</td><td colspan="3"></td><td colspan="3">不得超过所接触或邻近的绝缘材料温度</td></tr>
<tr><td rowspan="2">4</td><td rowspan="2">油顶层</td><td colspan="3">一般情况</td><td>50</td><td>—</td><td>—</td></tr>
<tr><td colspan="3">油面充有惰性气体或全密封时</td><td>55</td><td>—</td><td>—</td></tr>
<tr><td colspan="8">注 1：表中所列限值是以 4 中的使用环境条件为依据的。如果环境温度（互感器周围介质温度）高于 4.1 中规定的数值时，应将表中的温升限值减去所超过的温度值。
注 2：如果互感器工作在海拔超出 1000m 的地区，而试验是在海拔低于 1000m 处进行时，应将表中的温升限值按工作地点海拔超出 1000m 后，每高出 100m 减去下述数值：油浸式互感器，0.4%；干式互感器，0.5%</td></tr>
</table>

表 A.5 套管的温度限值

<table>
<tr><th>序号</th><th colspan="2">套管的温度极限
℃</th><th colspan="2">套管金属部分最热点相对于环境空气温度的温升
℃</th></tr>
<tr><td>1</td><td>胶黏纸套管</td><td>120</td><td>胶黏纸套管接触处</td><td>≤90</td></tr>
<tr><td>2</td><td>油浸纸套管</td><td>105</td><td>油浸纸套管接触处</td><td>≤75</td></tr>
<tr><td colspan="5">注：对于其他绝缘材料的套管，其温度极限由供需双方商定</td></tr>
</table>

A.3 高压开关设备和控制设备各种部件、材料和绝缘介质的温度和温升极限

高压开关设备和控制设备各种部件、材料和绝缘介质的温度和温升极限见表 A.6。

表 A.6 高压开关设备和控制设备各种部件、材料和绝缘介质的温度和温升极限

<table>
<tr><th rowspan="2">部件、材料和绝缘介质的类别
（见说明 1、2、3）（见注）</th><th colspan="2">最大值</th></tr>
<tr><th>温度
℃</th><th>周围空气温度不超 40℃时的温升
K</th></tr>
<tr><td>1. 触头（见说明 4）
（1）裸铜或裸铜合金：
1）在空气中。</td><td>75</td><td>35</td></tr>
</table>

表 A.6（续）

部件、材料和绝缘介质的类别 （见说明 1、2、3）（见注）	最大值	
	温度 ℃	周围空气温度不超 40℃时的温升 K
2）在 SF_6（六氟化硫）中（见说明 5）。	105	65
3）在油中。	80	40
（2）镀银或镀镍（见说明 6）：		
1）在空气中。	105	65
2）在 SF_6（六氟化硫）中（见说明 5）。	105	65
3）在油中。	90	50
（3）镀锡（见说明 6）：		
1）在空气中。	90	50
2）在 SF_6（六氟化硫）中（见说明 5）。	90	50
3）在油中。	90	50
2. 用螺栓的或与其等效的联结（见说明 4）		
（1）裸铜、裸铜合金或裸铝合金：		
1）在空气中。	90	50
2）在 SF_6（六氟化硫）中（见说明 5）。	115	75
3）在油中。	100	60
（2）镀银或镀镍（见说明 6）：		
1）在空气中。	115	75
2）在 SF_6（六氟化硫）中（见说明 5）。	115	75
3）在油中。	100	60
（3）镀锡（见说明 6）：		
1）在空气中。	105	65
2）在 SF_6（六氟化硫）中（见说明 5）。	105	65
3）在油中	100	60
3. 其他裸金属制成的或由其他镀层的触头或联结（见说明 7）	（见说明 7）	（见说明 7）
4. 用螺钉或螺栓与外部导体连接的端子（见说明 8）		
（1）裸的。	90	50
（2）镀银、镀镍或镀锡。	105	65
（3）其他镀层	（见说明 7）	（见说明 7）
5. 油开关装置用油（见说明 9、10）	90	50
6. 用作弹簧的金属零件	（见说明 11）	（见说明 11）
7. 绝缘材料以及与下列等级的绝缘材料接触的金属部件（见说明 12）		
（1）Y	90	50

表 A.6（续）

部件、材料和绝缘介质的类别 （见说明 1、2、3）（见注）	最大值	
	温度 ℃	周围空气温度不超 40℃时的温升 K
（2）A	105	65
（3）E	120	80
（4）B	130	90
（5）F	155	155
（6）瓷漆：油基	100	60
合成	120	80
（7）H	180	140
（8）C 其他绝缘材料	（见说明 13）	（见说明 13）
8. 除触头外，与油接触的任何金属或绝缘	100	60
9. 可触及的部件		
（1）在正常操作中可触及的	70	30
（2）在正常操作中不需触及的	80	40

说明 1：按其功能，同一部件可能属于表 3 中的几种类别，在这种情况下，允许的最高温度和温升值是相关类别中的最低值。

说明 2：对真空开关装置，温度和温升的极限值不适用于处在真空中的部件，其余部件不应超过表 3 给出的温度和温升值。

说明 3：应注意保证周围的绝缘材料不受损坏。

说明 4：当接合的部件具有不同的镀层或一个部件是裸露的材料时，允许的温度和温升应为：

a）对触头为表 3 项 1 中最低允许值的表面材料的值。

b）对连接为表 3 项 2 中最高允许值的表面材料的值。

说明 5：六氟化硫是指纯六氟化硫或纯六氟化硫与其他无氧气体的混合物。

注 1：由于不存在氧气，把六氟化硫开关设备中各种触头和连接的温度极限加以协调是合适的。在六氟化硫环境下，裸铜或裸铜合金零件的允许温度极限可以和镀银或镀镍的零件相同。对镀锡零件，由于摩擦腐蚀效应，即使在六氟化硫无氧的条件下，提高其允许温度也是不合适的，因此对镀锡零件仍取在空气中的值。

注 2：对裸铜和镀银触头在六氟化硫中的温升正在考虑中。

说明 6：按照设备的有关技术条件：

a）在关合和开断试验后（如果有的话）。

b）在短时耐受电流试验后。

c）在机械寿命试验后。

有镀层的触头在接触区应该有连续的镀层，否则触头应被视为是“裸露”的。

说明 7：当使用的材料在表 3 中没有列出时，应该研究它们的性能，以便确定其最高允许温升。

说明 8：即使和端子连接的是裸导体，其温度和温升值仍有效。

说明 9：在油的上层的温度和温升。

说明 10：如果使用低闪点的油，应特别注意油的气化和氧化。

说明 11：温度不应达到使材料弹性受损的数值。

说明 12：绝缘材料的分级见 GB/T 11021。

说明 13：仅以不损害周围的零部件为限。

A.4　电缆导体最高允许温度

电缆导体最高允许温度见表 A.7。

表 A.7　电缆导体最高允许温度

电缆类型	电压 kV	最高运行温度 ℃	
		额定负荷时	短路时
聚氯乙烯	1	70	160
自容式充油电缆	66～500	85	160
交联聚乙烯	1～500	90	250 [a]
[a] 铝芯电缆短路允许最高温度为 200℃			

附　录　B
（规范性附录）
技术监督不符合项通知单

编号（No）：××-××-××

发现部门（人）：　　专业：　　被通知部门、班组（人）：　　签发：　　日期：20××年××月××日

<table>
<tr><td>不符合项描述</td><td>1. 不符合项描述：

2. 不符合标准或规程条款说明：</td></tr>
<tr><td>整改措施</td><td>3. 整改措施：

制订人/日期：　　审核人/日期：</td></tr>
<tr><td>整改验收情况</td><td>4. 整改自查验收评价：

整改人/日期：　　自查验收人/日期：</td></tr>
<tr><td>复查验收评价</td><td>5. 复查验收评价：

复查验收人/日期：</td></tr>
<tr><td>改进建议</td><td>6. 对此类不符合项的改进建议：

建议提出人/日期：</td></tr>
<tr><td>不符合项关闭</td><td>整改人：　　自查验收人：　　复查验收人：　　签发人：</td></tr>
<tr><td>编号说明</td><td>年份+专业代码+本专业不符合项顺序号</td></tr>
</table>

附　录　C
（规范性附录）
绝缘技术监督资料档案格式

C.1　受监督电气一次设备清册格式

一、设备清册编制要素

1. 序号
2. 设备名称
3. 型号
4. 技术规格
5. 出厂日期
6. 出厂编号
7. 制造厂家
8. 投运日期

二、设备清册编制要求

1. 分组管理

电气设备清册可以设备类型为分组；光伏汇流设备、光伏并网逆变器、低压电器设备可以以方阵编号划分或按设备类型分组。

2. 文本文档格式

可采用 Word 文档或者 Excel 工作表，推荐采用 Excel 工作表。

C.2　设备台账格式

一、设备台账目录

（一）封面

（二）正文

1. 设备技术规范及附属设备技术规范
2. 制造、运输、安装及投产验收情况记录
3. 运行维护情况记录
4. 预防性试验记录
5. 检修情况记录
6. 重要故障记录
7. 设备异动记录

（三）附表　设备基建阶段资料及图纸目录

二、设备台账编制要求

1. 设备台账是由一个文本文档（Word 文档或者 Excel 工作表）和一个文件夹组成。

2. 文本文档用来记录设备从设计选型和审查、监造和出厂验收、安装和投产验收、运行、检修到技术改造的全过程绝缘监督的重要内容；文件夹用来保存和提供文本文档所需的相关资料。

3. 设备台账的记录应简明扼要，详细内容可通过超链接调用文件夹中的相关资料，或者通过索引在文件夹中查找到相关的资料。

三、变压器台账示例

（一）封面

1. 设备名称

2. 管理部门

3. 责任人

4. 建档日期

（二）正文

1. 设备技术规范及附属设备技术规范

变压器技术规范见表 C.1，无载调压开关分接头规范见表 C.2，套管型电流互感器技术规范见表 C.3，冷却器技术规范见表 C.4。

表 C.1　变压器技术规范

项　目		数　据
型　号		
额定容量 MVA		
额定电压 kV	高压侧	
	低压侧	
额定电流 A	高压侧	
	低压侧	
额定频率 Hz		
相数		
绝缘水平		
冷却方式		
绕组允许温升 ℃		

表 C.1（续）

<table>
<tr><th colspan="2">项　目</th><th>数　据</th></tr>
<tr><td colspan="2">顶层油允许温升
℃</td><td></td></tr>
<tr><td colspan="2">空载电流
%</td><td></td></tr>
<tr><td colspan="2">阻抗电压
%</td><td></td></tr>
<tr><td colspan="2">空载损耗
kW</td><td></td></tr>
<tr><td colspan="2">负载损耗
kW</td><td></td></tr>
<tr><td colspan="2">总损耗
kW</td><td></td></tr>
<tr><td colspan="2">绕组联结组标号</td><td></td></tr>
<tr><td rowspan="2">中性点接地方式</td><td>高压侧</td><td></td></tr>
<tr><td>低压侧</td><td></td></tr>
<tr><td colspan="2">调压方式</td><td></td></tr>
<tr><td colspan="2">变压器绝缘油型号</td><td></td></tr>
<tr><td colspan="2">油质量
t</td><td></td></tr>
<tr><td colspan="2">总质量
t</td><td></td></tr>
<tr><td colspan="2">制造日期</td><td></td></tr>
<tr><td colspan="2">制造厂家</td><td></td></tr>
<tr><td colspan="2">投运日期</td><td></td></tr>
</table>

表 C.2　无载调压开关分接头规范

分接挡位	分接头 %	电压 V	电流 A
1			
2			
3			
4			
5			

表 C.3　套管型电流互感器技术规范

装置位置	顺序号	互感器型号	电流比	准确级
高压侧				
高压侧中性点				

表 C.4　冷却器技术规范

冷却器功率 kW		冷却器组数	
冷却器用风扇		冷却器用油泵	
型号		型号	
台数		台数	
单台功率 kW		单台功率 kW	
电流 A		电流 A	
动力电源		动力电源	

2. 制造、运输、安装及投产验收情况记录

制造、运输、安装及投产验收情况记录见表 C.5。

表 C.5　制造、运输、安装及投产验收情况记录

设备名称	主变压器	制造厂家	
运输单位		电建单位	
制造过程出现的问题及处理	问题及处理		
	索引或超链接		

表 C.5（续）

<table>
<tr><td>设备名称</td><td>主变压器</td><td>制造厂家</td><td></td></tr>
<tr><td>运输单位</td><td></td><td>电建单位</td><td></td></tr>
<tr><td rowspan="3">运输过程出现的问题及处理</td><td colspan="3">问题及处理</td></tr>
<tr><td colspan="3">索引或超链接</td></tr>
<tr><td colspan="3">索引或超链接</td></tr>
</table>

3. 运行维护记录

变压器运行维护记录见表 C.6。

表 C.6　变压器运行维护记录

缺陷发现日期	
缺陷简述	

表 C.6（续）

<table>
<tr><td>处理情况</td><td colspan="3"></td></tr>
<tr><td>遗留问题及
跟踪监督</td><td colspan="3"></td></tr>
<tr><td>索引或超链接</td><td colspan="3"></td></tr>
<tr><td>运行维护人员</td><td></td><td>审核</td><td></td></tr>
</table>

4. 预防性试验记录

（1）油中溶解气体色谱。

变压器油中溶解气体色谱见表 C.7，主变压器绝缘油油质见表 C.8，主变压器电气性能见表 C.9。

表 C.7 变压器油中溶解气体色谱

检测日期	油中溶解气体色谱数据 μL/L							
	H_2	CH_4	C_2H_6	C_2H_4	C_2H_2	总烃	CO	CO_2

（2）绝缘油油质。

表 C.8 主变压器绝缘油油质

检测日期	外状	水分 mg/L	介质损耗因数 90℃	击穿电压 kV	油中含气量 %	糠醛含量 mg/L

（3）电气性能。

表 C.9 主变压器电气性能

检测日期	绕组连同套管直流电阻 mΩ						绕组连同套管		电容型套管		绕组连同套管泄漏	铁芯接地电流
	高压 A 相	高压 B 相	高压 C 相	低压 A 相	低压 B 相	低压 C 相	$\tan\delta$ %	$\Delta\tan\delta$ %	C_X pF	$\tan\delta$ %	μA	mA

5. 检修记录

主变压器检修记录见表 C.10。

表 C.10 主变压器检修记录

<table>
<tr><td>设备名称</td><td colspan="2"></td><td>检修日期</td><td colspan="2"></td></tr>
<tr><td>检修性质</td><td colspan="2"></td><td>检修等级</td><td colspan="2"></td></tr>
<tr><td>主要检修内容</td><td colspan="5"></td></tr>
<tr><td>检修中发现的问题及处理</td><td colspan="5"></td></tr>
<tr><td>遗留问题</td><td colspan="5"></td></tr>
<tr><td>索引或超链接</td><td colspan="5"></td></tr>
<tr><td>检修人员</td><td colspan="2"></td><td colspan="2">审核</td><td></td></tr>
</table>

6. 重要故障记录

重要故障记录见表 C.11。

表 C.11 重要故障记录

故障名称		起止时间	
故障简述			
处理过程			
原因分析			
防范措施			
索引或超链接			
记录		审核	

7. 设备异动记录

设备异动记录见表C.12。

表C.12 设备异动记录

设备名称		异动日期	
异动原因			
异动依据			
异动内容			
异动影响			
索引或超链接			
记录		审核	

附表　设备基建阶段资料及图纸目录见附表 C.1。

附表 C.1　设备基建阶段资料及图纸目录

序　号	资料及图纸名称	索引号	保存地点
1			
2			
3			
4			
5			
6			
7			
8			
9			
10			
11			
12			
13			

C.3　设备外绝缘台账格式

设备外绝缘台账格式见表 C.13。

表 C.13　设 备 外 绝 缘 台 账

设备名称	技术规格	外绝缘材质	爬电距离 mm	设备统一爬电比距 mm/kV	2014 年		2015 年	
					现场污秽度测量值 mg/cm^2	统一爬电比距测量值 mm/kV	现场污秽度测量值 mg/cm^2	统一爬电比距测量值 mm/kV

C.4 高压试验仪器仪表台账格式

高压试验仪器仪表台账格式见表 C.14。

表 C.14 高压试验仪器仪表台账

序号	仪器仪表名称	型号	技术规格	购入日期	供货商	检验周期	2014 年		2015 年	
							检验日期	仪器状态	检验日期	仪器状态
1										
2										
3										
4										
5										
6										

注 1：仪器状态包括合格、待修理、报废。
注 2：台账中应保留两个检验周期的检验报告

C.5 预防性试验报告格式

试验报告的内容如下：

（一）被试设备及试验条件

1. 试验报告编号
2. 电站名称
3. 设备主要参数
4. 试验时间
5. 试验性质（交接试验、定期预防性试验、检修试验、诊断性试验）
6. 天气及环境温度、湿度

（二）试验记录

1. 试验项目
2. 试验数据（必要时提供出厂值或上次试验值）
3. 试验方法 （试验电压、试验温度等）
4. 试验仪器（型号和规格、准确度、有效期、出厂编号）
5. 试验依据 （执行标准、试验结果判据）
6. 试验结论
7. 试验人员和审核

（三）变压器试验报告示例

油浸电力变压器试验报告见表 C.15。

表 C.15 油浸电力变压器试验报告

试验报告编号：

电站名称		设备名称			试验日期		
试验性质		天气		环境温度		环境湿度	
主要参数	型 号				额定容量		
	额定电压		阻抗电压		投运日期		
	额定电流		联结组别		制造厂家		

1 绕组连同套管的直流电阻　　测量时油温 ℃

	相别分接	直流电阻实测值 mΩ			换算至 75℃时直流电阻值 mΩ			75℃时最大值 %
		A—O	B—O	C—O	A—O	B—O	C—O	
高压绕组	Ⅰ							
	Ⅱ							
	Ⅲ							
	Ⅳ							
	Ⅴ							
低压绕组 mΩ		ab	bc	ca	ab	bc	ca	

2 绕组绝缘电阻、吸收比和极化指数　　测量时顶层油温 ℃

测试部位		R_{15s}	R_{60s}	R_{600s}	吸收比 K_i	极化指数 P_i	R_{60s}上次测量值
高压对低压&地 MΩ	耐压前						
	耐压后						
低压对地 MΩ	耐压前						
	耐压后						
铁芯-地 MΩ		铁芯-上夹件 MΩ			上夹件-地 MΩ		

3 绕组连同套管的 tanδ和电容值　　试验电压 10kV　　测量时顶层油温 ℃

测试部位	绕组实测值		套管末屏实测值		绕组上次测量值	
	tanδ_{x1} %	C_{x1} pF	tanδ_{x2} %	C_{X2} pF	tanδ_0 %	C_0 pF
高压对地压&地						
低压对地						

表 C.15（续）

4　油纸电容型套管的 $\tan\delta$ 和电容值				试验电压		10kV	测量时油温 ℃	
相别	主绝缘实测值			套管末屏实测值			主绝缘上次测量值	
	R_{x1} MΩ	$\tan\delta_{x1}$ %	ΔC_{x1} pF	R_{x2} MΩ	$\tan\delta_{x2}$ %	C_{x2} pF	$\tan\delta_0$ %	C_0 pF
A								
B								
C								
O								

5　绕组连同套管的直流泄漏电流							测量时顶层油温 ℃	
测试部位	高压绕组实测值				低压绕组实测值			
	上次值	测量值		ΔI %	上次值	测量值		ΔI %
直流试验电压 kV								
绕组泄漏电流 μA								

试验仪器仪表	名　称	型号和技术规格	准确度	有效期	出厂编号
	直流电压表				
	直流微安表				
	兆欧表				
	介损测试仪				
试验依据					
结论					
试验人员			审核		

C.6 电气设备运行分析月报编写格式

20××年×月电气设备运行分析报告

（编写人：×××）

一、光伏汇流设备、光伏并网逆变器、低压电器设备运行分析

主要内容：

（1）光伏汇流设备、光伏并网逆变器、低压电器设备运行状况。

1） 最高负荷。

2） 组件、光伏汇流设备、逆变器、交流配电柜测温情况（最高温度、最大温差等）。

（2）发现的问题和处理（包括试验、检修、运行、巡视中发现的一般事故和一类障碍、危急缺陷和严重缺陷）。

（3）存在的问题。

二、变压器运行分析

主要内容：

（1）变压器上层油温度。

（2）变压器油中溶解的特征气体含量（最近两次 H_2、C_2H_2、总烃数据，注明试验日期）。

（3）干式变压器绕组温度。

（4）发现的问题和处理（包括试验、检修、运行、巡视中发现的一般事故和一类障碍、危急缺陷和严重缺陷）。

（5）存在的问题。

三、高压配电设备运行分析

主要内容：

（1）发现的问题和处理（包括试验、检修、运行、巡视中发现的一般事故和一类障碍、危急缺陷和严重缺陷）。

（2）存在问题。

四、厂用电系统设备运行分析

主要内容：

（1）发现的问题和处理（包括试验、检修、运行、巡视中发现的一般事故和一类障碍、危急缺陷和严重缺陷）。

（2）存在的问题。

C.7 电气设备检修季度（月）分析编写格式

20××年第×季（月）度电气设备检修分析报告

（编写人：×××）

一、计划检修情况

主要内容：（有照片、数据时应附照片、数据说明）

（1）主要检修工作：

1） 光伏汇流设备、光伏并网逆变器、低压电器设备。

2） 变压器。

3） 高压配电设备。

4） 厂用电系统设备。

（2）检修中发现的问题及处理。

（3）遗留的问题。

二、故障（事故、危急缺陷和严重缺陷）检修情况

主要内容（有照片、数据时应附照片、数据说明）：

（1）事件简述。

（2）原因分析。

（3）检修中发现的问题及处理。

（4）防范措施。

（5）遗留的问题。

附 录 D
（规范性附录）
光伏发电站技术监督季报编写格式

××电站20××年×季度绝缘技术监督季报

编写人：××× 固定电话/手机：×××××××
审核人：×××
批准人：×××
上报时间：20××年××月××日

D.1 工作开展情况

D.1.1 工作计划完成情况

根据本年度技术监督具体的工作计划，将各专业要开展的工作分解到每季度，统计年初到季报填写日期工作计划的完成情况。对已开展的工作完成情况做扼要说明，未按要求完成的工作计划应说明原因。

D.1.2 日常工作开展情况

针对日常的技术监督工作，包括管理和专业技术方面，即人员与监督网的调整、制度的完善、台账的建立、学习与培训、全站设备状况开展的运行、维护、检修、消缺等工作的开展情况。

D.2 运行数据分析

针对电站的各个专业相关设备运行的数据进行填报，并做简要分析（各专业提电站能够统计且相对重要的指标数据，可附Excel表）。

D.2.1 绝缘监督

色谱分析数据，预试报告数据。

D.2.2 电测监督

D.2.3 继电保护监督

设备完好状况数据：保护动作说明，保护及故障录波异常启动，跟踪系统故障。

D.2.4 电能质量监督

D.2.5 监控自动化监督

D.2.6 能效监督

本季度内，选择填报典型发电单元（逆变器为单位）的发电量，并对不同组件厂家典型发电单元发电量（注明组件制造商、类型、型号、安装时间、辐照量等信息）进行对比。

D.3 存在问题和处理措施

针对电站运行和日常技术监督工作中发现的问题以及问题处理情况做详细说明。

D.4 需要解决的问题

D.4.1 绝缘监督

D.4.2 电测监督

D.4.3 继电保护监督

D.4.4 电能质量监督

D.4.5 监控自动化监督

D.4.6 能效监督

D.5 下季度工作计划及重点开展工作

D.6 问题整改完成情况

D.6.1 技术监督动态查评提出问题整改完成情况

截至本季度动态查评提出问题整改完成情况统计报表见表 D.1。

表 D.1 截至本季度动态查评提出问题整改完成情况统计报表

<table>
<tr><td colspan="3">上次查评提出问题项目数
项</td><td colspan="4">截至本季度问题整改完成统计结果</td></tr>
<tr><td>重要问题
项数</td><td>一般问题
项数</td><td>问题项
合计</td><td>重要问题
完成项数</td><td>一般问题
完成项数</td><td>完成项目数
小计</td><td>整改完成率
%</td></tr>
<tr><td></td><td></td><td></td><td></td><td></td><td></td><td></td></tr>
<tr><td colspan="7">问题整改完成说明</td></tr>
<tr><td>序号</td><td colspan="2">问题描述</td><td>专业</td><td>问题
性质</td><td colspan="2">整改完成说明</td></tr>
<tr><td>1</td><td colspan="2"></td><td></td><td></td><td colspan="2"></td></tr>
</table>

表 D.1（续）

序号	问题描述	专业	问题性质	整改完成说明
2				
3				
注：问题性质是指问题的重要性和一般性，可填写“重要”或“一般”				

D.6.2　上季度《技术监督季报告》提出问题整改完成情况

上季度《技术监督季报告》提出问题整改完成情况报表见表 D.2。

表 D.2　上季度《技术监督季报告》提出问题整改完成情况报表

上季度《技术监督季报告》提出问题项目数项			截至本季度问题整改完成统计结果			
重要问题项数	一般问题项数	问题项合计	重要问题完成项数	一般问题完成项数	完成项目数小计	整改完成率%

问题整改完成说明				
序号	问题描述	专业	问题性质	整改完成说明
1				
2				
3				
注：问题性质是指问题的重要性和一般性，可填写“重要”或“一般”				

D.7　附表

华能集团公司技术监督动态检查专业提出问题至本季度整改完成情况见表 D.3，《华能集团公司光伏发电技术监督报告》专业提出的存在问题至本季度整改完成情况见表 D.4，技术监督预警问题至本季度整改完成情况见表 D.5。

表 D.3　华能集团公司技术监督动态检查专业提出问题至本季度整改完成情况

序号	问题描述	问题性质	西安热工院提出的整改建议	电站制定的整改措施和计划完成时间	目前整改状态或情况说明
注 1：填报此表时需要注明集团公司技术监督动态检查的年度。 注 2：如 4 年内开展了 2 次检查，应按此表分别填报。待年度检查问题全部整改完毕后，不再填报					

表 D.4 《华能集团公司光伏发电技术监督报告》
专业提出的存在问题至本季度整改完成情况

序号	问题描述	问题性质	问题分析	解决问题的措施及建议	目前整改状态或情况说明
注：要注明提出问题的《技术监督报告》的出版年度和季度					

表 D.5 技术监督预警问题至本季度整改完成情况

预警通知单编号	预警类别	问 题 描 述	西安热工院提出的整改建议	电站制定的整改措施和计划完成时间	目前整改状态或情况说明

附 录 E
（规范性附录）
技术监督信息速报

<table>
<tr><td>单位名称</td><td colspan="3"></td></tr>
<tr><td>设备名称</td><td></td><td>事件发生时间</td><td></td></tr>
<tr><td>事件概况</td><td colspan="3">注：有照片时应附照片说明。</td></tr>
<tr><td>原因分析</td><td colspan="3"></td></tr>
<tr><td>已采取的措施</td><td colspan="3"></td></tr>
<tr><td>监督专责人签字</td><td></td><td>联系电话
传　　真</td><td></td></tr>
<tr><td>生产副总或总工程师签字</td><td></td><td>邮　　箱</td><td></td></tr>
</table>

附　录　F
（规范性附录）
光伏发电站绝缘技术监督预警项目

F.1　一级预警

对二级预警项目未整改或未按期完成整改。

F.2　二级预警

a）　高压电气设备已处在事故边缘，仍继续在运行。
b）　由于绝缘监督不到位，造成主变压器等高压配电设备绝缘严重损坏。
c）　发生重大损坏、危急缺陷事件未及时报送速报。
d）　对三级预警项目未整改或未按期完成整改。

F.3　三级预警

a）　设备设计、选型、制造和安装存在问题，影响投运后设备安全运行。
b）　设备出厂、投产、设备及材料采购验收中，不按照有关标准进行检查和验收。
c）　35kV 及以上电压等级高压电气设备预试周期超过相关规定。
d）　对监督检查发现的问题具备整改条件未及时整改。
e）　大、小修和临修以及技改中安排的涉及设备安全运行的项目，有漏项及不上报。
f）　设备的试验数据和资料失实。

附　录　G
（规范性附录）
技术监督预警通知单

通知单编号：T-　　　　　　　　　　预警类别：　　　　　　　　　　日期：　　　年　　月　　日

发电企业名称			
设备（系统）名称及编号			
异常情况			
可能造成或已造成的后果			
整改建议			
整改时间要求			
提出单位		签发人	

注：通知单编号：T–预警类别编号–顺序号–年度。预警类别编号：一级预警为1，二级预警为2，三级预警为3。

附　录　H
（规范性附录）
技术监督预警验收单

验收单编号：Y-　　　　　　　　预警类别：　　　　　　　　日期：　　　年　　月　　日

<table>
<tr><td colspan="2">发电企业名称</td><td colspan="3"></td></tr>
<tr><td colspan="2">设备（系统）名称及编号</td><td colspan="3"></td></tr>
<tr><td>异常情况</td><td colspan="4"></td></tr>
<tr><td>技术监督服务单位整改建议</td><td colspan="4"></td></tr>
<tr><td>整改计划</td><td colspan="4"></td></tr>
<tr><td>整改结果</td><td colspan="4"></td></tr>
<tr><td>验收单位</td><td colspan="2"></td><td>验收人</td><td></td></tr>
</table>

注：验收单编号：Y–预警类别编号–顺序号–年度。预警类别编号：一级预警为1，二级预警为2，三级预警为3。

附 录 I
（规范性附录）
光伏发电站绝缘技术监督工作评价表

序号	评价项目	标准分	评价内容与要求	评分标准
1	绝缘监督管理	400		
1.1	组织与职责	50	查看电站技术监督机构文件、上岗资格证	
1.1.1	监督组织健全	10	建立健全监督领导小组领导下的三级绝缘监督网，在归口职能部门设置绝缘监督专责人	（1）未建立三级绝缘监督网，扣10分。 （2）未落实绝缘监督专责人或人员调动未及时变更，扣10分
1.1.2	职责明确并得到落实	10	专业岗位职责明确， 落实到人	专业岗位设置不全或未落实到人，每一岗位扣10分
1.1.3	绝缘专责持证上岗	30	绝缘监督专责人持有效上岗资格证	未取得资格证书或证书超期，扣30分
1.2	标准符合性	50	查看： （1）保存国家、行业与绝缘监督有关的技术标准、规范。 （2）电站“绝缘监督管理标准”“电气运行规程”“电气检修规程”“预防性试验规程”	
1.2.1	绝缘监督管理标准	10	要求： （1）编写的内容、格式应符合《华能电厂安全生产管理体系要求》和《华能电厂安全生产管理体系管理标准编制导则》的要求，并统一编号。 （2）编写的内容符合国家、行业法律、法规、标准和《华能集团公司电力技术监督管理办法》相关的要求，并符合电站实际	（1）不符合《华能电厂安全生产管理体系要求》和《华能电厂安全生产管理体系管理标准编制导则》的编制要求，扣10分。 （2）不符合国家、行业法律、法规、标准和《华能集团公司电力技术监督管理办法》相关的要求和电站实际，扣10分
1.2.2	国家、行业技术标准	15	要求： （1）保存的技术标准符合集团公司年初发布的绝缘监督标准目录。 （2）及时收集新标准，并在站内发布	（1）缺少标准或未更新，每个扣5分。 （2）标准未在站内发布，扣10分

表（续）

序号	评价项目	标准分	评价内容与要求	评分标准
1.2.3	企业技术标准	15	要求：电站“运行规程”“检修规程”“绝缘技术监督实施细则”“缺陷管理制度”“事故分析制度”“报告（试验、检修）审核制度”“试验设备、仪器仪表管理制度”“工程及委外技术服务管理制度”等，应： （1）符合或严格于国家和行业现行技术标准，包括巡视周期、试验周期、检修周期；性能指标、运行控制指标、工艺控制指标。 （2）符合本站实际情况。 （3）按时修订	（1）不符合要求（1）、（2），每项扣10分。 （2）不符合要求（3），每项扣5分。 （3）企业标准未按时修编，每一个企业标准扣10分。 （4）缺少一个规章制度相关内容扣10分
1.2.4	标准更新	10	标准更新符合管理流程	不符合标准更新管理流程，每个扣10分
1.3	仪器仪表	50	现场查看仪器仪表台账、检验计划、检验报告	
1.3.1	仪器仪表台账	10	建立仪器仪表台账，栏目应包括仪器仪表型号、技术参数（量程、精度等级等）、购入时间、供货单位、检验周期、检验日期、使用状态等	（1）仪器仪表记录不全，一台扣5分。 （2）新购仪表未录入或检验；报废仪表未注销和另外存放，每台扣10分
1.3.2	仪器仪表资料	10	（1）保存仪器仪表使用说明书。 （2）编制红外检测、避雷器阻性电流测量等专用仪器仪表操作规程	（1）使用说明书缺失，一件扣5分。 （2）专用仪器操作规程缺漏，一台扣5分
1.3.3	仪器仪表维护	10	（1）仪器仪表存放地点整洁、配有温度计、湿度计。 （2）仪器仪表的接线及附件不许另作他用。 （3）仪器仪表清洁、摆放整齐。 （4）有效期内的仪器仪表应贴上有效期标识，不与其他仪器仪表一道存放。 （5）待修理、已报废的仪器仪表应另外分别存放	不符合要求，一项扣5分
1.3.4	检验计划和检验报告	10	有仪表检验计划，送检的仪表应有对应的检验报告	不符合要求，每台扣5分
1.3.5	对外委试验使用仪器仪表的管理	10	应有试验使用的仪器仪表检验报告复印件	不符合要求，每台扣5分
1.4	监督计划	50	现场查看电站监督计划	

表（续）

序号	评价项目	标准分	评价内容与要求	评分标准
1.4.1	计划的制定	30	（1）计划制定时间、依据符合要求。 （2）计划内容应包括： 1）管理制度制定或修订计划。 2）培训计划（内部及外部培训、资格取证、规程宣贯等）。 3）检修中绝缘监督项目计划。 4）动态检查提出问题整改计划。 5）绝缘监督中发现重大问题整改计划。 6）仪器仪表送检计划。 7）技改中绝缘监督项目计划。 8）定期工作计划。 9）网络会议计划	（1）计划制定时间、依据不符合，一个计划扣10分。 （2）计划内容不全，一个计划扣5～10分
1.4.2	计划的上报	20	每年11月30日前上报产业公司、区域公司，同时抄送给西安热工院	计划上报不按时，扣15分
1.5	监督档案	50	现场查看监督档案、档案管理的记录	
1.5.1	监督档案清单	15	应建有监督档案资料清单。每类资料有编号、存放地点、保存期限	不符合要求，一类扣5分
1.5.2	报告和记录	20	（1）各类资料内容齐全、时间连续。 （2）及时记录新信息。 （3）及时完成预防性试验报告、运行月度分析、定期检修分析、检修总结、故障分析等报告编写，按档案管理流程审核归档	（1）第（1）、（2）项不符合要求，一件扣5分。 （2）第（3）项不符合要求，一件扣10分
1.5.3	档案管理	15	（1）资料按规定储存，由专人管理。 （2）记录借阅应有借、还记录。 （3）有过期文件处置的记录	不符合要求，一项扣10分
1.6	评价与考核	40	查阅评价与考核记录	
1.6.1	自查实施情况	10	自我检查评价切合实际	（1）没有自查报告扣10分。 （2）自我检查评价与动态检查评价的评分相差10分及以上，扣10分
1.6.2	定期监督工作评价	10	有监督工作评价记录	无工作评价记录，扣10分

表（续）

序号	评价项目	标准分	评价内容与要求	评分标准
1.6.3	定期监督工作会议	10	有监督工作会议纪要	无工作会议纪要，扣10分
1.6.4	监督工作考核	10	有监督工作考核记录	发生监督不力事件而未考核，扣10分
1.7	工作报告制度执行情况	50	查阅检查之日前四个季度季报、检查速报事件及上报时间	
1.7.1	监督季报、年报	20	（1）每季度首月5日前，应将技术监督季报报送产业公司、区域公司和西安热工院。 （2）格式和内容符合要求	（1）季报、年报上报迟报1天扣5分。 （2）格式不符合，一项扣5分。 （3）报表数据不准确，一项扣10分。 （4）检查发现的问题，未在季报中上报，每1个问题扣10分
1.7.2	技术监督速报	20	按规定格式和内容编写技术监督速报并及时上报	（1）发生危急事件未上报速报一次扣20分。 （2）未按规定时间上报，一件扣10分。 （3）事件描述不符合实际，一件扣15分
1.7.3	年度工作总结报告	10	（1）每年元月5日前组织完成上年度技术监督工作总结报告的编写工作，并将总结报告报送产业公司、区域公司和西安热工院。 （2）格式和内容符合要求	（1）未按规定时间上报，扣10分。 （2）内容不全，扣10分
1.8	监督考核指标	60	查看仪器仪表校验报告；监督预警问题验收单；整改问题完成证明文件。预试计划及预试报告；现场查看检修报告、缺陷记录	
1.8.1	监督预警问题整改完成率	15	要求：100%	不符合要求，不得分
1.8.2	动态检查存在问题整改完成率	15	从发电企业收到动态检查报告之日起：第1年整改完成率不低于85%；第2年整改完成率不低于95%	不符合要求，不得分
1.8.3	试验仪器仪表校验率	5	要求：100%	不符合要求，不得分
1.8.4	预试完成率	5	要求： （1）主设备为100%。 （2）一般设备为98%	不符合要求，不得分

表（续）

序号	评价项目	标准分	评价内容与要求	评分标准
1.8.5	缺陷消除率	10	要求： （1）危急缺陷为100%。 （2）严重缺陷为90%	不符合要求，不得分
1.8.6	设备完好率	10	要求： （1）主设备为100%。 （2）一般设备为98%	不符合要求，不得分
2	监督过程实施	600		
2.1	光伏汇流设备、光伏并网逆变器、低压电器设备	80		
2.1.1	巡检和维护	20	查看光伏组件、光伏汇流设备、逆变器、低压电器设备的巡检、维护记录。要求： （1）日常巡检周期不超过1周。 （2）特殊巡视检查： 1）设备存在缺陷时。 2）遭受恶劣天气时（如：大风、大雾、大雪、冰雹等）。 3）高温季节、高峰负载期间	不符合要求，一项扣10分
2.1.2	光伏组件	20	现场抽查。要求： （1）组件外观无破损、变形。 （2）背板完好、无划伤。 （3）接线盒黏接可靠、无破损。 （4）导线连接绑扎可靠、无破损。 （5）组件金属边框等电位连接可靠。 （6）红外成像检测，无明显热斑现象（同一组件温差小于20℃）。 （7）支架接地良好	不符合要求，一项扣10分
2.1.3	光伏汇流设备及低压电器设备	20	现场抽查。要求： （1）安装牢固，外观无异常。 （2）内部清洁，无锈蚀、积灰。 （3）接地线完好。 （4）熔丝、电涌保护器、断路器无异常。 （5）电缆连接可靠，外观无破损，接头处无缩皮	不符合要求，一项扣10分
2.1.4	光伏逆变器	20	现场抽查。要求： （1）线缆无松动、破损。 （2）逆变器温度正常。 （3）逆变器室内清洁，散热器工作正常。 （4）组串式逆变器散热片无遮挡及脏污	不符合要求，一项扣10分

表（续）

序号	评价项目	标准分	评价内容与要求	评分标准
2.2	箱式变电站	70		
2.2.1	预防性试验	10	查看试验报告。要求： （1）试验周期符合规程的规定。 （2）项目齐全。 （3）方法正确。 （4）数据准确。 （5）结论明确。 （6）试验使用检定合格仪器仪表。 （7）报告经审核	不符合要求，一项扣10分
2.2.2	巡检和记录	10	查看巡检记录。要求： （1）日常巡检周期不超过1周。 （2）特殊巡视检查： 1）新投运或检修改造后运行72h内。 2）有严重缺陷时。 3）气象突变（如：大风、大雾、大雪、冰雹、寒潮等）时。 4）雷雨季节特别是雷雨后。 5）高温季节、高峰负载期间	不符合要求，一项扣10分
2.2.3	箱式变电站外壳	5	现场抽查、查看巡检记录。要求：箱变外壳密封良好、无锈蚀；防雨、防尘、通风、防潮等措施良好；保持内部干燥清洁	不符合要求不得分
2.2.4	箱变变压器本体	10	现场抽查、查看巡检记录。油浸变压器油温和油位正常、各部位无渗油、无漏油，运行中无异音	不符合要求，一项扣10分
2.2.5	套管	5	现场抽查、查看维护记录。要求： （1）套管外表面应无损伤、爬电痕迹、闪络、接头过热等现象。 （2）爬距满足污区要求。 （3）无严重油污	不符合要求不得分
2.2.6	温度计	5	现场抽查，查看温度计检验报告。应定期检查校验温度计	不符合要求不得分
2.2.7	接地	5	箱式变电站内需接地的元件与接地导体连接牢固，无腐蚀	不符合要求不得分

表（续）

序号	评价项目	标准分	评价内容与要求	评分标准
2.2.8	干式变压器	10	现场抽查，查看红外检测记录。要求： （1）铁芯、浇注线圈、风道无积灰。 （2）引线、分接头及其他导电部分无过热。 （3）外部表面无积污、无放电痕迹及裂纹	不符合要求，一项扣10分
2.2.9	检修过程监督	10	查看检修（含油处理）文件包（卡）记录。要求： （1）按期检修。 （2）器身暴露时间符合规定。 （3）注油工艺符合厂家规定。 （4）检修试验合格。 （5）见证点现场签字。 （6）质量三级验收	不符合要求，一项扣10分
2.3	主变压器	80		
2.3.1	预防性试验	10	查看预试报告。要求： （1）试验周期符合规程的规定。 （2）项目齐全。 （3）方法正确。 （4）数据准确。 （5）结论明确。 （6）试验使用检定合格仪器仪表。 （7）报告经审核	不符合要求，一项扣10分
2.3.2	变压器缺陷	10	查看预试报告。要求： （1）不存在放电性缺陷和过热性缺陷。 （2）预试项目合格	不符合要求，一项扣10分
2.3.3	巡检和记录	10	查看巡检记录。要求： （1）日常巡视每天一次；夜间巡视每周一次。 （2）特殊巡视检查： 1）新投运或检修改造后运行72h内。 2）有严重缺陷时。 3）气象突变（如大风、大雾、大雪、冰雹、寒潮等）时。 4）雷雨季节特别是雷雨后。 5）高温季节、高峰负载期间。 6）变压器急救负载运行时	不符合要求，一项扣10分

表（续）

序号	评价项目	标准分	评价内容与要求	评分标准
2.3.4	变压器本体	10	现场查看、查看检查和维护记录。要求： （1）最高上层油温不超过85℃。 （2）铁芯、夹件外引接地良好，接地电流不超过100mA。 （3）无异常噪声和振动。 （4）无渗漏油	不符合要求，一项扣10分
2.3.5	冷却装置	5	现场查看，查看检查和维护记录。要求： （1）冷却器应定期冲洗。 （2）无异物附着或严重积污。 （3）风扇运行正常。 （4）油泵转动时无异常噪声、振动或过热现象、密封良好。 （5）无渗漏油	不符合要求不得分
2.3.6	套管	5	现场查看、查看维护记录。要求： （1）瓷套外表面应无损伤、爬电痕迹、闪络、接头过热等现象。 （2）油位正常。 （3）无渗漏油。 （4）爬距满足污区要求。 （5）无过热现象。 （6）每次拆接末屏引线后，应有确认套管末屏接地的记录	不符合要求不得分
2.3.7	温度计	5	现场查看，查看温度计检验报告。要求： （1）应定期检查校验温度计。 （2）现场温度计指示的温度、控制室温度显示装置、监控系统的温度三者应基本保持一致，误差不超过5℃	不符合要求不得分
2.3.8	储油柜	5	查看检查和维护记录。要求： （1）加强储油柜油位的监视，特别是温度或负荷异常变化时；巡视时应记录油位、温度、负荷等数据。 （2）应定期检查实际油位，不出现假油位现象。 （3）运行年限超过15年储油柜，应更换胶囊或隔膜	不符合要求不得分

表（续）

序号	评价项目	标准分	评价内容与要求	评分标准
2.3.9	吸湿器	5	现场查看，查看维护记录。要求： （1）硅胶颜色正常，受潮硅胶不超过 2/3。 （2）吸湿器油杯的油量要略高于油面线。 （3）呼吸正常	不符合要求不得分
2.3.10	检修过程监督	10	查检修（含油处理）文件包（卡）记录。要求： （1）按期检修。 （2）器身暴露时间符合规定。 （3）真空注油。 （4）检修试验合格。 （5）见证点现场签字。 （6）质量三级验收	不符合要求，一项扣 10 分
2.3.11	在线监测装置	5	抽查巡检及数据记录。要求： （1）工作正常。 （2）定期巡检。 （3）定期记录数据。 （4）定期与离线数据对比分析	不符合要求不得分
2.4	互感器、套管	80		
2.4.1	预防性试验	10	查看预试报告。要求： （1）试验周期符合规程的规定。 （2）项目齐全。 （3）方法正确。 （4）数据准确。 （5）结论明确。 （6）试验使用检定合格仪器仪表。 （7）报告经审核	不符合要求，一项扣 10 分
2.4.2	设备缺陷	15	现场查看，查看巡检记录、预试报告。要求： （1）互感器绝缘油中不出现 C_2H_2。 （2）设备无渗漏油。 （3）无预试不合格项目	不符合要求，一项扣 10 分
2.4.3	巡检和记录	10	查看巡检和记录。要求： （1）正常巡视检查每天 1 次；闭灯巡视应每周不少于 1 次。 （2）特殊巡视检查： 1）新安装或大修后投运的设备，运行 72h 内。 2）过负荷、带缺陷运行。 3）恶劣气候时，如异常高、低温季节，高湿度季节	不符合要求，一项扣 10 分

表（续）

序号	评价项目	标准分	评价内容与要求	评分标准
2.4.4	油浸式互感器和套管	10	现场查看，查看巡检和记录。要求： （1）设备外观完整无损，各部连接牢固可靠。 （2）外绝缘表面清洁、无裂纹及放电现象。 （3）油色、油位正常，膨胀器正常。 （4）无渗漏油现象。 （5）无异常振动，无异常音响及异味。 （6）各部位接地良好。 （7）引线端子无过热或出现火花，接头螺栓无松动现象	不符合要求，一项扣10分
2.4.5	SF_6气体绝缘互感器	5	现场查看，抽查巡检和记录。要求： （1）压力表、气体密度继电器指示在正常规定范围，无漏气现象。 （2）SF_6气体年漏气率应小于0.5%。 （3）若压力表偏出绿色正常压力区时，应引起注意，并及时按制造厂要求停电补充合格的SF_6新气。 （4）一般应停电补气，个别特殊情况需带电补气时，应在厂家指导下进行，控制补气速度约为0.1MPa/h	不符合要求不得分
2.4.6	环氧树脂浇注互感器	5	现场查看，抽查巡检和记录。要求： （1）无过热。 （2）无异常振动及声响。 （3）外绝缘表面无积灰、粉蚀、开裂，有无放电现象	不符合要求不得分
2.4.7	根据电网发展情况，验算电流互感器动热稳定电流是否满足要求	5	查看动热稳定电流核算报告。要求： （1）按时校验。 （2）校验结果合格	不符合要求不得分
2.4.8	SF_6气体密度继电器校验	5	查看校验报告。要求： （1）按时检验。 （2）性能符合制造厂的技术条件	不符合要求不得分
2.4.9	检修过程监督	10	查检修文件卡记录。要求： （1）按期检修。 （2）项目齐全。 （3）检修试验合格。 （4）见证点现场签字。 （5）质量三级验收	不符合要求，一项扣10分

表（续）

序号	评价项目	标准分	评价内容与要求	评分标准
2.5	高压开关设备及 GIS	90		
2.5.1	预防性试验	10	查看预试报告。要求： （1）试验周期符合规程的规定。 （2）项目齐全。 （3）方法正确。 （4）数据准确。 （5）结论明确。 （6）试验使用检定合格仪器仪表。 （7）报告经审核	不符合要求，一项扣 10 分
2.5.2	设备缺陷	10	现场查看，查看巡检记录和预试报告。要求：不存在严重缺陷，包括： （1）导电回路部件温度超过设备允许的最高运行温度。 （2）瓷套或绝缘子严重积污。 （3）断口电容有明显的渗油现象。 （4）液压或气压机构频繁打压。 （5）分合闸线圈最低动作电压超出标准和规程要求。 （6）SF_6 气体湿度严重超标。 （7）SF_6 气室严重漏气，发出报警信号。 （8）预试不合格	不符合要求，一项扣 10 分
2.5.3	巡检和记录	10	查看巡检记录。要求： （1）日常巡检。 （2）定期巡检。 （3）特殊巡检的巡视周期和项目符合规定	不符合要求，一项扣 10 分
2.5.4	SF_6 断路器	10	现场查看、检查维护记录。要求： （1）导电回路部件温度低于允许的最高允许温度。 （2）液压或气压机构打压时间符合规定。 （3）分、合闸回路动作电压符合规定。 （4）气动机构自动排污装置工作正常。 （5）弹簧机构操作无卡涩。 （6）操动机构箱应密封良好，防雨、防尘、通风、防潮等性能良好，并保持内部干燥清洁。 （7）接地完好等	不符合要求，一项扣 10 分

表（续）

序号	评价项目	标准分	评价内容与要求	评分标准
2.5.5	隔离开关	5	现场查看、抽查检查和维护记录。要求： （1）外绝缘、瓷套表面无严重积污，运行中不应出现放电现象；瓷套、法兰不应出现裂纹、破损或放电烧伤痕迹。 （2）涂覆 RTV 涂料的瓷外套憎水性良好，涂层不应有缺损、起皮、龟裂。 （3）对隔离开关导电部分、转动部分、操动机构检查与润滑。 （4）支操动机构各连接拉杆无变形；轴销无变位、脱落；金属部件无锈蚀。 （5）持绝缘子无裂痕及放电异声	不符合要求不得分
2.5.6	真空断路器	5	现场查看、抽查检查和维护记录。要求： （1）分、合位置指示正确，并与当时实际运行工况相符。 （2）支持绝缘子无裂痕及放电异声。 （3）真空灭弧室无异常。 （4）接地完好。 （5）引线接触部分无过热，引线弛度适中	不符合要求不得分
2.5.7	GIS	10	现场查看、查看检查和维护记录。要求： （1）外壳、支架等无锈蚀、损伤，瓷套有无开裂、破损或污秽情况。 （2）设备室通风系统运转正常，氧量仪指示大于 18%，SF_6 气体不大于 1000mL/L。无异常声音或异味。 （3）气室压力表、油位计的指示在正常范围内，并记录压力值。 （4）套管完好，无裂纹、损伤、放电现象。 （5）避雷器在线监测仪指示正确，并记录泄漏电流值和动作次数。 （6）断路器动作计数器指示正确，并记录动作次数等	不符合要求，一项扣 10 分

表（续）

序号	评价项目	标准分	评价内容与要求	评分标准
2.5.8	SF_6气体	10	查看预防性试验报告、检验报告。要求： （1）SF_6气体湿度监测：灭弧室气室含水量应小于300μL/L，其他气室小于500μL/L。 （2）SF_6气体泄漏监测：每个隔室的年漏气率不大于1%。 （3）SF_6气体密度继电器定期检验	不符合要求，一项扣10分
2.5.9	每年核算最大负荷运行方式下安装地点的短路电流	5	查看每最大短路电流核算报告。要求：额定短路开断电流应大于最大负荷运行方式下安装地点的短路电流	不符合要求不得分
2.5.10	断路器弹簧机构	5	查看测试记录。要求： （1）应定期进行机械特性试验，测试其行程曲线是否符合厂家标准曲线要求。 （2）对运行10年以上的弹簧机构可抽检其弹簧拉力，防止因弹簧疲劳，造成开关动作不正常	不符合要求不得分
2.5.11	检修过程监督	5	查看检修文件卡记录。要求： （1）按期检修。 （2）项目齐全。 （3）检修试验合格。 （4）见证点现场签字。 （5）质量三级验收	不符合要求不得分
2.5.12	在线监测装置	5	查看巡检及数据记录。要求： （1）工作正常。 （2）定期巡检。 （3）定期记录数据及分析	不符合要求不得分
2.6	设备外绝缘及绝缘子	40		
2.6.1	现场污秽度测量	10	查看测量报告。要求：符合DL/T 596、GB/T 26218.1—2010的规定。 （1）检测周期为1年。 （2）参考绝缘子串安装正确。 （3）测量污秽度的参数符合现场污秽类型。 （4）试验结果正确。 （5）报告经审核	不符合要求，一项扣10分

表（续）

序号	评价项目	标准分	评价内容与要求	评分标准
2.6.2	设备缺陷	10	现场查看，查看检查和维护记录。要求：不存在缺陷。 （1）严重积污。 （2）瓷件表面有裂纹或破损。 （3）法兰有裂纹。 （4）防污闪措施受到损坏。 （5）支柱绝缘子基础沉降造成垂直度不满足要求。 （6）预试不合格	不符合要求，一项扣10分
2.6.3	外绝缘爬电比距	10	查看外绝缘爬电比距台账、地区污秽等级文件、现场污秽度测量记录。要求：爬电比距符合所在地区污秽等级要求，不满足要求的应采取增爬措施	不符合要求，一项扣5分
2.6.4	瓷绝缘清扫周期	5	查看清扫记录。要求：根据地区污秽程度每年1次～2次	不符合要求不得分
2.6.5	防污闪措施有效性	5	查看预试报告。要求： （1）复合绝缘子和涂覆RTV涂料外绝缘表面的憎水性符合要求。 （2）增爬伞裙胶合良好，不变形、不破损	不符合要求，一项扣5分
2.7	无功补偿装置	60		
2.7.1	预防性试验	10	查阅试验报告。要求各元件预防性试验不超期、无漏项、试验方法正确、各项试验合格	不符合要求，一项扣10分
2.7.2	设备缺陷	10	现场查看，查看巡检记录和预试报告。要求：不存在严重缺陷。包括： （1）导电回路部件温度超过设备允许的最高运行温度。 （2）运行中内部异声。 （3）预试不合格	不符合要求，一项扣10分
2.7.3	巡检和记录	10	查看巡检记录。要求： （1）日常巡检。 （2）定期巡检。 （3）特殊巡检的巡视周期和项目符合规定。 （4）瓷绝缘无破损裂纹、放电痕迹，表面清洁。 （5）接地引线无严重锈蚀、断股	不符合要求，一项扣10分

表（续）

序号	评价项目	标准分	评价内容与要求	评分标准
2.7.4	电容器	5	现场查看、抽查检查和维护记录。要求： （1）电容器无渗漏油、外壳鼓起、膨胀变形，接缝无开裂。 （2）高压引线、接地线连接正常	不符合要求不得分
2.7.5	电抗器	5	现场查看、抽查检查和维护记录。要求： （1）电抗器附近无磁性杂物。 （2）电抗器表面油漆无脱落、线圈无变形，无放电及焦味。 （3）油电抗器无渗漏油	不符合要求不得分
2.7.6	SVG	5	现场查看：要求： （1）设备清洁、无积灰。 （2）设备运行中无异音。 （3）SVG 室内温度正常，散热风扇故障正常	不符合要求不得分
2.7.7	电容器运行要求	5	查看运维记录。要求： （1）内熔丝保护的电容器当电容量减少超过铭牌标注电容量的 3%时，或外熔断器保护的电容器当电容量增大超过一个串段击穿所引起的电容量增大时，应退出运行。 （2）配置抑制谐波用串联电抗器的电容器组不应减容量运行	不符合要求不得分
2.7.8	并联电容器装置用断路器	5	真空断路器交接和大修后应进行合闸弹跳和分闸反弹检测。12kV 真空断路器合闸弹跳时间应小于 2ms，40.5kV 真空断路器小于 3ms；分闸反弹幅值应小于断口间距的 20%	不符合要求不得分
2.7.9	外熔断器	5	户内型熔断器不应用于户外电容器组；外熔断器无锈蚀、松弛；安装 5 年以上的外熔断器应及时更换	不符合要求不得分
2.8	电缆线路	40		
2.8.1	预防性试验	10	查看预试报告。要求： （1）试验周期符合规程的规定。 （2）项目齐全。 （3）方法正确。 （4）数据准确。 （5）结论明确。 （6）试验使用检定合格仪器仪表。 （7）报告经审核	不符合要求，一项扣 10 分

表（续）

序号	评价项目	标准分	评价内容与要求	评分标准
2.8.2	电缆缺陷	10	查运行维护记录：要求：不存在缺陷。 （1）预试不合格。 （2）运行中电缆头放电	不符合要求，一项扣10分
2.8.3	电缆巡检	10	查看巡检和记录。要求： （1）电缆在进出设备处的部位应封堵完好。 （2）电缆对保护管不应有穿孔、裂缝等缺陷，金属电缆管不应有严重锈蚀。 （3）电缆外皮无损伤，支撑牢固。 （4）光伏系统中使用双拼、多拼电缆时，应坚持电流分配和电缆外皮温度。 （5）电缆终端头、中间接头由现场根据运行情况每1年～3年停电检查1次	不符合要求，一项扣10分
2.8.4	电缆检查和维护	10	现场查看，查看检查和维护记录。要求： （1）电缆夹层、电缆沟、隧道、电缆井及电缆架等电缆线路分段防火和阻燃隔离设施完整，耐火防爆槽盒无开裂、破损。 （2）电缆外皮、中间接头、终端头无变形；温度符合要求；钢铠、金属护套及屏蔽层的接地完好；终端头完整，引出线的接点无发热现象。 （3）电缆槽盒、支架及保护管等金属构件接地完好，接地电阻符合要求；支架无严重腐蚀、变形或断裂脱开；电缆标志牌完整、清晰。 （4）直埋电缆线路的方位标志或标桩是否完整无缺，周围土地温升是否超过10℃	不符合要求，一项扣10分
2.9	封闭母线	20		
2.9.1	预防性试验	10	查看预试报告。要求： （1）试验周期符合规程的规定。 （2）项目齐全。 （3）方法正确。 （4）数据准确。 （5）结论明确。 （6）试验使用检定合格仪器仪表。 （7）报告经审核	不符合要求，一项扣10分

表（续）

序号	评价项目	标准分	评价内容与要求	评分标准
2.9.2	封闭母线缺陷	5	现场查看、查看巡检记录。要求：不存在缺陷。 （1）封母导体及外壳超温。 （2）变压器与封母连接处积水或积油，未处理。 （3）预试不合格	不符合要求不得分
2.9.3	巡检和维护	5	现场查看、查看巡检记录。要求： （1）定期开展红外成像检测金属封闭母线导体及外壳，包括外壳抱箍接头连接螺栓及多点接地处的温度和温升。 （2）封闭母线的外壳及支持结构的金属部分应可靠接地。 （3）定期开展封母绝缘子密封检查和绝缘子清扫工作	不符合要求不得分
2.10	避雷器及接地装置	40		
2.10.1	预防性试验	10	查看预试报告。要求： （1）试验周期符合规程的规定。 （2）项目齐全。 （3）方法正确。 （4）数据准确。 （5）结论明确。 （6）试验使用检定合格仪器仪表。 （7）报告经审核	不符合要求，一项扣10分
2.10.2	设备缺陷	10	现场查看。要求：不存在缺陷。 （1）伞裙破损、硅橡胶复合绝缘外套的伞裙变形。 （2）瓷绝缘外套、基座、法兰出现裂纹。 （3）绝缘外套表面有放电。 （4）均压环出现歪斜。 （5）预试不合格等	不符合要求，一项扣10分
2.10.3	巡视和维护	10	现场查看、查看巡视维护记录。要求： （1）110kV及以上电压等级避雷器应安装交流泄漏电流在线监测表计，每天至少巡视1次，每半月记录1次。 （2）定期开展外绝缘的清扫工作，每年应至少清扫一次。	不符合要求，一项扣10分

表（续）

序号	评价项目	标准分	评价内容与要求	评分标准
2.10.3	巡视和维护	10	（3）对于运行10年以上的接地网，应抽样开挖检查，确定的腐蚀情况，以后开挖检查时间间隔应不大于5年。 （4）严禁利用避雷针、升压站构架和带避雷线的杆塔作为低压线、通信线、广播线、电视天线的支柱	不符合要求，一项扣10分
2.10.4	校核接地装置的热稳定容量	5	查看校核报告。要求：每年根据变电站短路容量的变化，校核接地装置（包括设备接地引下线）的热稳定容量，并根据短路容量的变化及接地装置的腐蚀程度对接地装置进行改造。对于变电站中的不接地、经消弧线圈接地、经低阻或高阻接地系统，必须按异点两相接地校核接地装置的热稳定容量	不符合要求不得分
2.10.5	防止在有效接地系统中出现孤立不接地系统，并产生较高工频过电压的异常运行工况	5	现场查看。要求： （1）110kV～220kV 不接地变压器的中性点过电压保护应采用棒间隙保护方式。 （2）对于110kV 变压器，当中性点绝缘的冲击耐受电压不大于185kV 时，还应在间隙旁并联金属氧化物避雷器，间隙距离及避雷器参数配合应进行校核。 （3）间隙动作后，应检查间隙的烧损情况并校核间隙距离	不符合要求不得分

中国华能集团公司
CHINA HUANENG GROUP

中国华能集团公司光伏发电站技术监督标准汇编
Q/HN-1-0000.08.059—2016

技术标准篇

光伏发电站继电保护及安全自动装置监督标准

2016-09-14 发布
2016-09-14 实施

目　　次

前　言

为加强中国华能集团公司光伏发电站技术监督管理，提高继电保护及安全自动装置运行可靠性，保证光伏发电站和电网安全、稳定运行，特制定本标准。本标准依据国家和行业有关标准、规程和规范，以及中国华能集团公司所属光伏发电站的管理要求，结合国内外光伏发电的新技术、监督经验制定。

本标准是中国华能集团公司所属光伏发电站继电保护及安全自动装置技术监督工作的主要依据，是强制性企业标准。

本标准由中国华能集团公司安全监督与生产部提出。

本标准由中国华能集团公司安全监督与生产部归口并解释。

本标准起草单位：中国华能集团公司、西安热工研究院有限公司、华能陕西发电有限公司、华能宁夏能源有限公司、华能青海发电有限公司。

本标准主要起草人：舒进、都劲松、马晋辉、李育文、赵平顺、董洪良、王金龙。

本标准审核单位：中国华能集团公司、华能陕西发电有限公司、华能宁夏能源有限公司、西安热工研究院有限公司。

本标准主要审核人：赵贺、罗发青、杜灿勋、蒋宝平、申一洲、都劲松、陈仓、焦战昆、杨振勇。

本标准审定单位：中国华能集团公司技术工作管理委员会。

本标准批准人：叶向东。

光伏发电站继电保护及安全自动装置监督标准

1 范围

本标准规定了中国华能集团公司（以下简称“集团公司”）所属并网光伏发电站继电保护及安全自动装置（以下简称“继电保护”）监督的基本原则、监督范围、监督内容和相关的技术管理要求。

本标准适用于集团公司并网光伏发电站的继电保护技术监督工作，其他类型光伏发电站（项目）可参照执行。

2 规范性引用文件

下列文件对于本文件的应用是必不可少的。凡是注日期的引用文件，仅注日期的版本适用于本文件。凡是不注日期的引用文件，其最新版本（包括所有的修改单）适用于本文件。

GB 1094.5　电力变压器　第5部分：承受短路能力

GB/T 7261　继电保护和安全自动装置基本试验方法

GB/T 13539.6　低压熔断器　第6部分：太阳能光伏系统保护用熔断体的补充要求

GB 14048.3　低压开关设备和控制设备　第3部分：开关、隔离器、隔离开关以及熔断器组合电器

GB/T 14285　继电保护和安全自动装置技术规程

GB/T 15145　输电线路保护装置通用技术条件

GB/T 15544.1　三相交流系统短路电流计算　第1部分：电流计算

GB 16847　保护用 TA 暂态特性技术要求

GB/T 19638.2　固定型阀控密封式铅酸蓄电池

GB/T 19826　电力工程直流电源设备通用技术条件及安全要求

GB/T 19939　光伏系统并网技术要求

GB/T 19964　光伏发电站接入电力系统技术规定

GB/T 22386　电力系统暂态数据交换通用格式

GB/T 26862　电力系统同步相量测量装置检测规范

GB/T 26866　电力系统的时间同步系统检测规范

GB/T 29319　光伏发电系统接入配电网技术规定

GB/Z 29630　静止无功补偿装置系统设计和应用导则

GB/T 30152　光伏发电系统接入配电网检测规程

GB/T 30427　并网光伏发电专用并网逆变器技术要求和试验方法

GB/T 50062　电力装置的继电保护和自动装置设计规范

GB/T 50063　电力装置的电测量仪表装置设计规范

GB 50171　电气装置安装工程盘、柜及二次回路接线施工及验收规范
GB 50172　电气装置安装工程蓄电池施工及验收规范
GB 50794　光伏发电站施工规范
GB/T 50796　光伏发电工程验收规范
GB 50797　光伏发电站设计规范
GB/T 50865　光伏发电接入配电网设计规范
GB/T 50866　光伏发电站接入电力系统设计规范
DL/T 280　电力系统同步相量测量装置通用技术条件
DL/T 317　继电保护设备标准化设计规范
DL/T 478　静态继电保护及安全自动装置通用技术条件
DL/T 527　继电保护及控制装置电源模块（模件）技术条件
DL/T 540　气体继电器检验规程
DL/T 553　电力系统动态记录装置通用技术条件
DL/T 559　220kV～750kV 电网继电保护装置运行整定规程
DL/T 572　电力变压器运行规程
DL/T 584　3kV～110kV 电网继电保护装置运行整定规程
DL/T 587　微机继电保护装置运行管理规程
DL/T 623　电力系统继电保护及安全自动装置运行评价规程
DL/T 624　继电保护微机型试验装置技术条件
DL/T 667　远动设备及系统　第5部分：传输规约　第103篇：继电保护设备信息接口配套标准
DL/T 670　母线保护装置通用技术条件
DL/T 769　电力系统微机继电保护技术导则
DL/T 770　变压器保护装置通用技术条件
DL/T 860　变电站通信网络和系统
DL/T 866　电流互感器和电压互感器选择及计算导则
DL/T 995　继电保护及电网安全自动装置检验规程
DL/T 1075　数字式保护测控装置通用技术条件
DL/T 1100.1　电力系统的时间同步系统　第1部分：技术规范
DL/T 1153　继电保护测试仪校准规范
DL/T 1215.1　链式静止同步补偿器　第1部分：功能规范导则
DL/T 5044　电力工程直流系统设计技术规程
DL/T 5136　火力发电厂、变电所二次接线设计技术规程
NB/T 32004　光伏发电用并网逆变器技术规范
电安生〔1994〕191号　电力系统继电保护及安全自动装置反事故措施要点
国能安全〔2014〕161号　防止电力生产事故的二十五项重点要求

3　总则

3.1　继电保护监督是保证光伏发电站和电网安全稳定运行的重要基础工作，应坚持“安全第

一、预防为主”的方针，实行全过程监督。

3.2 继电保护监督的目的是通过对继电保护全过程技术监督，确保继电保护装置可靠运行。

3.3 本标准规定了光伏发电站继电保护在规划设计、配置选型、安装调试、验收投产、运行维护等阶段的技术监督要求，以及继电保护监督管理要求、评价与考核标准，它是光伏发电站继电保护监督工作的基础，也是建立继电保护技术监督体系的依据。

3.4 各电厂应按照集团公司《华能电厂安全生产管理体系要求》《电力技术监督管理办法》中有关技术监督管理和本标准的要求，结合本站的实际情况，制定电站继电保护监督管理标准；依据国家和行业有关标准和规范，编制、执行运行规程、检修规程、检修文件包等相关支持性文件；以科学、规范的监督管理，保证继电保护监督工作目标的实现和持续改进。

3.5 继电保护监督范围主要包括以下几方面：

a） 继电保护装置：光伏组件（串）、汇流箱、交/直流电缆、并网逆变器、变压器、母线、电容器、无功补偿装置、（交流）线路、断路器等的继电保护装置。

b） 安全自动装置：故障录波及测距装置、同步向量测量装置（PMU）、自动重合闸及其他保证系统稳定的自动装置。

c） 继电保护专用的通道设备、相关二次回路及设备。

d） 直流电源系统。

3.6 从事继电保护监督的人员，应熟悉和掌握本标准及相关标准和规程中的规定。

4 监督技术标准

4.1 设计阶段监督

4.1.1 一般规定

4.1.1.1 继电保护设计基本要求

4.1.1.1.1 光伏发电站继电保护设计，装置选型、配置及其二次回路等的设计应符合 GB 50797、GB/T 14285、GB/T 30427、GB/T 50865、GB/T 50866、NB/T 32004、电安生〔1994〕191 号和国能安全〔2014〕161 号等相关标准和文件的要求。

4.1.1.1.2 对原有系统继电保护不符合要求部分的改造方案也应满足上述标准的要求。

4.1.1.2 继电保护装置选型

4.1.1.2.1 继电保护及安全自动装置应选用按国家规定要求和程序进行检测或鉴定合格并取得入网许可的、具有成熟运行经验的产品。

4.1.1.2.2 选择继电保护装置时，在集团公司及所在电网的运行业绩应作为重要的技术指标予以考虑。

4.1.1.2.3 同一厂站内同类型继电保护装置宜选用同一型号，以利于运行人员操作、维护校验和备品配件的管理。

4.1.1.2.4 继电保护设备订货合同中的技术要求应明确保护软件版本。制造厂商提供的保护装置软件版本及说明书，应与订货合同中的技术要求一致。

4.1.1.3 继电保护装置技术条件

4.1.1.3.1 继电保护室的室内最大相对湿度不应超过 75%，室内环境温度应在 5℃～30℃范围内。

4.1.1.3.2 安装于开关柜中的 10kV～35kV 微机继电保护装置，环境温度应在–10℃～+55℃内，最大相对湿度不应超过 95%。

4.1.1.3.3 装置电源应采用电压为额定 110V 或 220V 的直流电源，电压允许偏差为–20%～+10%，纹波系数不大于 5%。

4.1.1.3.4 准确度和变差要求：

a） 交流电流回路：交流电流在$0.05I_n$～$20I_n$范围内，相对误差不大于±2.5%或绝对误差不大于$0.02I_n$。

b） 交流电压回路：交流电压在$0.01U_n$～$1.5U_n$范围内，相对误差不大于±2.5%或绝对误差不大于$0.002U_n$。

c） 变差：环境温度在4.1.1.3.1条规定的范围内变化引起的变差应不大于2.5%。

4.1.1.3.5 保护动作时间（2 倍整定电流时）要求：

a） 母线保护在发生区内金属性故障时，其动作时间应不大于20ms。

b） 220kV 及以上线路的纵联保护动作时间不大于30ms。

c） 稳控装置整组动作时间应不大于100ms。

4.1.1.3.6 断路器失灵保护电流元件返回时间应小于 30ms。

4.1.1.3.7 装置中所有涉及直接跳闸的回路应采用启动电压不大于 0.7 倍且不小于 0.55 倍额定电压值的中间继电器，启动功率应大于 5W。

4.1.1.3.8 新装置绝缘电阻在施加直流 500V 时应不小于 100MΩ。

4.1.1.3.9 装置的外露可导电部分与保护接地端子或屏柜接地铜排之间的电阻不应超过 0.1Ω。

4.1.1.3.10 数字式保护、故障录波器应具备时钟同步功能：

a） 保护装置应设硬件时钟电路，装置失去直流电源时，硬件时钟应能正常工作。

b） 保护装置应配置与外部授时源的对时接口，可以是分脉冲、秒脉冲和 IRIG-B（DC）接口。

4.1.1.3.11 保护装置内部时钟每 24h 与标准时钟的误差不应超过±1s；与外部标准时钟同步后，装置与外部标准时钟的误差不应超过±1ms。

4.1.1.3.12 安稳装置时钟绝对误差不大于 10s；与外部标准时钟同步后，装置时钟绝对误差不大于 10ms。

4.1.1.3.13 保护装置应具有故障记录功能，但不宜代替专用的故障录波装置。故障记录内容应包括故障时的输入模拟量和开关量、输出开关量、动作元件、动作时间、返回时间、相别等。装置应能保留 8 次以上最新动作报告，且各报告应包含故障前 2 个周波、故障后 6 个周波的数据。装置直流电源消失时，已记录信息不应丢失。

4.1.1.4 继电保护双重化配置

4.1.1.4.1 220kV 及以上电压等级的输变电设备电气量保护应采用双重化配置。双重化配置的每套保护均应含有完整的主、后备保护，能反应被保护设备的各种故障及异常状态，并能作用于跳闸或给出信号。

4.1.1.4.2 非电量保护可按单套设计，应与电气量保护相对独立，并具有独立的电源回路和跳闸出口回路，非电量保护应同时跳两组跳闸线圈。

4.1.1.4.3 对双重化配置的保护，应遵循“强化主保护、简化后备保护和二次回路”的原则进行保护配置、选型和整定。

4.1.1.4.4 双重化配置的继电保护应满足以下基本要求：

a） 每套完整、独立的保护装置应能处理可能发生的所有类型的故障。两套保护之间不应有任何电气联系，当一套保护退出时不应影响另一套保护的运行。

b） 双重化配置的保护，宜将被保护设备或线路的主保护（包括纵、横联保护等）及后备保护综合在一整套装置内，共用直流电源输入回路及交流电压互感器（以下简称“TV”）和电流互感器（以下简称“TA”）的二次回路。

c） 两套保护装置的交流电流应分别取自 TA 互相独立的绕组；交流电压宜分别取自 TV 互相独立的绕组。其保护范围应交叉重叠，避免死区。

d） 两套保护装置的跳闸回路应与断路器的两个跳闸线圈分别一一对应。

e） 两套保护装置的直流电源应取自不同蓄电池组供电的直流母线段。

f） 线路纵联保护的通道（含光纤、微波、载波等通道及加工设备和供电电源等）、远方跳闸及就地判别装置应遵循相互独立的原则按双重化配置。

g） 有关断路器的选型应与保护双重化配置相适应，应具备双跳闸线圈机构。

4.1.1.5 其他重点要求

4.1.1.5.1 数字式继电保护装置的合理使用年限一般不低于 12 年，对于运行不稳定、工作环境恶劣的微机型继电保护装置可根据运行情况适当缩短使用年限。

4.1.1.5.2 继电器和保护装置应保证在外部电源为 80%～115%额定电压下可靠工作。

4.1.1.5.3 对仅配置一套主保护的设备，应采用主保护与后备保护相互独立的装置。

4.1.1.5.4 保护跳闸出口连接片及与失灵回路相关连接片采用红色，功能压板采用黄色，压板底座及其他压板采用浅驼色。

4.1.1.5.5 技术上无特殊要求及无特殊情况时，保护装置中的零序电流方向元件应采用自产零序电压，不应接入 TV 的开口三角电压。

4.1.1.5.6 保护装置在 TA 二次回路不正常或断线时，应发告警信号，除母线保护外，允许跳闸。

4.1.1.5.7 新建、改建工程应严格按照标准规定设计等电位接地网。

4.1.2 汇流箱保护

4.1.2.1 一般要求

汇流箱熔断器及直流开关的设计，应符合 GB/T 13539.6、GB 14048.3、GB 50794、GB 50797 及 DL/T 5044的相关要求，并按以下规定配置相应保护：

a） 汇流箱总输出及分支回路应设置直流断路器（直流开关）或熔断器。

b） 汇流箱输入回路宜具备防逆流保护。

c） 汇流箱输入回路宜具备短路、过负荷等过电流保护。

4.1.2.2 配置监督重点

4.1.2.2.1 熔断器：

a） 熔断器熔体的额定电压应超过光伏组件串的开路电压最大值。开路电压最大值应选择为最低应用温度下的开路电压最大值。

b） 熔断器熔体的额定电流应超过光伏组件产生的最大电流。最大电流的选择应考虑周围温度及循环负载，若周围温度较高或外壳内装有多个熔断器，可根据制造厂商要求进行降容处理。

4.1.2.2.2 直流断路器：

a） 光伏汇流箱内直流断路器的额定工作电压和额定电流不应低于直流汇流线路的额定工作电压和工作电流。

b） 应考虑海拔、温度及接线形式对直流短路器容量的影响，必要时宜将直流断路器降容使用。

4.1.3 并网逆变器保护

4.1.3.1 一般要求

并网逆变器保护的设计，应符合 GB 50797、GB/T 50865、GB/T 50866、NB/T 32004及NB/T 30427的相关要求，并按以下规定配置相应保护：

a） 过/欠电压保护。

b） 过/欠频率保护。

c） 防孤岛保护。

d）相序或极性错误保护。

e） 过电流保护。

f） 防反放电保护。

g） 直流输入过载保护。

h） 低电压穿越保护。

4.1.3.2 配置监督重点

4.1.3.2.1 直流侧电压高于并网逆变器允许方阵接入电压最大值时，并网逆变器不得启动或在 0.1s 内停机，同时发出告警信号。直流侧电压恢复到并网逆变器允许工作范围后，并网逆变器应能正常启动。并网逆变器交流输出端任意相电压超出电网允许范围时，并网逆变器可断开连接，同时发出警示信号。并网逆变器电压异常响应时间应满足 NB/T 32004 中 7.7.1.2 的相关要求。

4.1.3.2.2 电网频率变化时，并网逆变器响应应满足 NB/T 32004 中 7.7.2 的要求。因频率响应切出电网的并网逆变器，电网频率恢复到允许运行的范围内时，并网逆变器应能重新启动运行。

4.1.3.2.3 并网逆变器接入 10kV 及以下电压等级配电网时，应具备防孤岛效应保护功能。若并网逆变器并入的电网供电中断，并网逆变器应在 2s 内停止向电网供电，同时发出警示信号。接入 35kV 及以上电压等级输电网的并网逆变器，可由继电保护装置完成保护。防孤岛保护应与电网线路保护、重合闸及低电压穿越能力相配合，并网线路同时 T 接有其他用电负荷时，防孤岛保护动作时间应小于电网侧线路保护重合闸时间。有计划性孤岛要求的光伏发电站，应配置频率、电压控制装置。

4.1.3.2.4 并网逆变器直流极性误接或交流输出缺相时，并网逆变器应能自动保护并停止工作或纠正极性，相关缺陷消除后能够恢复工作。

4.1.3.2.5 并网逆变器过电流保护电流定值不宜大于额定电流的 150%，并在 0.1s 内将光伏系统与电网断开。

4.1.3.2.6 光伏发电站设计为不可逆并网方式时，并网逆变器应配置逆向功率保护，当逆向电流超过并网逆变器额定输出的 5%时，逆向功率保护应在接收到外部指令信号后 2s 内自动降低光伏系统出力或将光伏系统与电网断开。

4.1.3.2.7 输入端不具备限功率功能的并网逆变器，输入侧功率超过额定功率的 1.1 倍时并网逆变器应停止工作；输入端具备限功率功能的并网逆变器，当光伏方阵输出功率超过并网逆变器允许最大直流输入功率时，并网逆变器应自动限流，工作在允许的最大交流输出功率处。

4.1.3.2.8 经 35kV 及以上电压等级接入电网的并网逆变器应具备低电压穿越能力；经 10kV 及以下电压等级接入电网的并网逆变器，具备故障脱离功能即可。

4.1.3.2.9 电力系统故障期间并网逆变器不间断并网运行应满足 GB/T 3427 中 6.4.1.6 及 NB/T 32004 中 7.7.8 的要求。

4.1.4 变压器保护

4.1.4.1 一般要求

光伏发电站变压器保护的设计，应符合 GB/T 6451、GB/T 14285、DL/T 317、DL/T 770 等的规定。

a） 对光伏发电站主变压器的下列故障及异常运行状态，应装设相应的保护：
   1） 绕组及其引出线的相间短路和中性点直接接地或经小电阻接地侧的接地短路。
   2） 绕组的匝间短路。
   3） 外部相间短路引起的过电流。
   4） 中性点直接接地或经小电阻接地电力网中外部接地短路引起的过电流及中性点过电压。
   5） 过负荷。
   6） 油面降低。
   7） 变压器油温、绕组温度过高及油箱压力过高和冷却系统故障。

b） 对光伏发电站箱式变压器的下列故障及异常运行状态，应装设相应的保护：
   1） 绕组及其引出线的相间短路和中性点直接接地或经小电阻接地侧的接地短路。
   2） 外部相间短路引起的过电流。
   3） 过负荷。

4）油面降低。

5）变压器油温、绕组温度过高，油箱压力过高和冷却系统故障。

c）对光伏发电站接地变压器及站用变压器的下列故障及异常运行状态，应装设相应的保护：

1）绕组及其引出线的相间短路和中性点直接接地或经小电阻接地侧的接地短路。

2）外部相间短路引起的过电流。

3）过负荷。

4）变压器绕组温度过高。

4.1.4.2 配置监督重点

4.1.4.2.1 主变压器保护：

a）220kV 及以上电压等级变压器按双重化原则配置主、后备一体的电气量保护，同时配置一套非电量保护；110kV 电压等级变压器配置主、后备一体的双套电气量保护或主、后备独立的单套电气量保护，同时配置一套非电量保护；保护应能反映被保护设备的各种故障及异常状态。

b）电气量主保护应满足以下要求：

1）应配置纵差保护。

2）除配置稳态量差动保护外，还可配置不需整定能反映轻微故障的故障分量差动保护。

3）纵差保护应能适应在区内故障且故障电流中含有较大谐波分量的情况。

4）差动保护应采用相同类型 TA。

c）变压器高压侧宜配置两段式零序电流保护，第一段设两个时限，第一时限跳高压侧母联分段断路器、第二时限跳本侧断路器，第二段不带方向，延时跳各侧断路器。

d）变压器高压侧宜配置一段式复压闭锁过电流保护，第一时限断开高压侧母联分段断路器、第二时限断开本侧断路器、第三时限断开各侧断路器；未配置低压侧母联开关的，变压器低压侧配置两段式过电流保护，过电流Ⅰ段延时跳本侧断路器，过电流Ⅱ段延时跳各侧断路器；或配置一段复压闭锁过电流保护，延时跳各侧断路器；配置低压侧母联开关的，第一时限断开本侧母联或分段断路器、第二时限断开本侧断路器、第三时限断开各侧断路器。

e）主变压器低压侧经中性点直接接地的，主变压器低压侧应配置两段式零序电流保护，不带方向。低压侧零序电流保护延时动作跳变压器各侧断路器。零序电流保护的零序电流应取自中性点零序 TA。

f）对分级绝缘的主变压器，应在变压器中性点增加放电间隙，并设置间隙零序电流和零序电压保护；间隙保护间隙电流应取中性点间隙专用 TA，间隙电压应取变压器本侧母线 TV 开口三角零序电压或自产零序电压。

g）过负荷保护延时动作于信号。

h）220kV 及以上电压等级变压器零序电流保护，带方向段取本侧自产零序电压和自产零序电流，不带方向段取自中性点侧零序电流。

i）220kV 及以上电压等级变压器电气量保护启动失灵保护，并具备解除失灵保护的复压闭锁功能；非电气量保护不启动失灵保护。

j） 变压器非电量保护应同时作用于断路器的两个跳闸线圈；未采用就地跳闸方式的变压器非电量保护应设置独立的电源回路（包括直流空气小断路器及其直流电源监视回路）和出口跳闸回路，且必须与电气量保护完全分开；当采用就地跳闸方式时，应向监控系统发送动作信号。

k） 非电量保护动作应有动作报告；跳闸类非电量保护，启动功率应大于5W，动作电压在55%～70%额定电压范围内，额定电压下动作时间为10ms～35ms，应具有抗220V 工频干扰电压的能力。

l） 变压器保护各侧 TA 变压比，不宜使平衡系数大于4。

4.1.4.2.2 箱式变压器保护：

a） 低压侧中性点是否接地应依据并网逆变器的要求确定。

b） 应配置短路、过载和变压器本体保护。

c） 高压侧未配有断路器时，其高压侧可配置熔断器加负荷开关作为变压器的短路保护，熔断器动作后应联动跳开负荷开关。

d） 高压侧配有断路器时，应配置变压器保护装置，具备电流速断和过电流保护功能。

e） 低压侧宜配置空气断路器，并通过智能控制器实现箱式变压器低压侧至并网逆变器间电气设备的短路保护。

4.1.4.2.3 接地变压器保护：

a） 接地变压器电源侧配置电流速断保护、过电流保护作为内部相间故障的主保护和后备保护。

b） 对于低电阻接地系统的接地变压器，宜配置两段式零序电流保护作为接地变压器单相接地故障的主保护和系统各元件单相接地故障的总后备保护。

c） 接地变压器保护动作不应使运行设备失去接地点。接地变压器接于汇集母线上时，接地变压器电流速断保护、过电流保护及零序电流保护宜动作于断开接地变压器断路器及主变压器低压侧断路器。

d） 电流速断及过电流保护应采取软件滤除零序分量的措施，防止接地故障时保护误动作。

e） 零序电流取自接地变压器中性点回路中的零序 TA。

4.1.4.2.4 站用变压器保护：

a） 容量在10MVA 及以上或有其他特殊要求的站用变压器配置电流差动保护作为主保护。

b） 容量在10MVA 以下的变压器配置电流速断保护作为主保护。

c） 对高压侧经低电阻接地的站用变压器，高压侧应配置两段式零序电流保护作为接地故障主保护和后备保护。

4.1.5 无功补偿装置保护

4.1.5.1 一般要求

光伏发电站无功补偿保护的设计，应符合 GB/T 14285、GB/Z 29630、DL/T 1215.1等的规定，宜配置以下保护：

a） 电抗器支路：过电流保护、接地故障保护、谐波过电流保护。

b） 电容器支路：过电流保护、过/欠电压保护、谐波电流保护、接地故障保护。

c） SVG 变压器：过电流或电流差动保护、接地故障保护、非电量保护。

d） SVG 本体：

1） SVG 母线：过电流或电流差动保护、接地故障保护；

2） 换流电抗器：过电流保护；

3） 换流链：过电流保护，过电压保护，超温保护，直流过电压、欠电压保护，直流电压不平衡保护。

4.1.5.2 配置监督重点

4.1.5.2.1 电抗器保护：

a） 电流速断保护作为电抗器绕组及引线相间短路的主保护。

b） 过电流保护作为相间短路的后备保护。

c） 对于低电阻接地系统，两段式零序电流保护作为接地故障主保护和后备保护，动作于跳闸。

d） 谐波过电流（包含基波和11次及以下谐波分量）保护作为晶闸管控制电抗器支路设备过载保护。

4.1.5.2.2 电容器保护：

a） 电流速断和过电流保护，作为电容器组和断路器之间连接线相间短路保护，动作于跳闸。

b） 过电压保护，过电压元件（线电压）采用“或”门关系，带时限动作于跳闸。

c） 低电压保护，低电压元件（线电压）采用“与”门关系，带时限动作于跳闸。

d） 中性点不平衡电流、开口三角电压、桥式差电流或相电压差动等不平衡保护，作为电容器内部故障保护，三相不平衡元件采用“或”门关系，带时限动作于跳闸。

e） 滤波器支路谐波电流保护（包含基波和11次及以下谐波分量）作为设备过载保护。

f） 对于低电阻接地系统，两段式零序电流保护作为接地故障主保护和后备保护，动作于跳闸。

4.1.5.2.3 SVG 变压器保护：

a） 容量在10MVA 及以上或有其他特殊要求的 SVG 变压器应配置电流差动保护作为电气量主保护。

b） 容量在10MVA 以下的 SVG 变压器配可配置电流速断保护作为电气量主保护。

c） 配置过电流保护作为后备保护。

d） 配置非电量保护。

e） 对于低电阻接地系统，高压侧还应配置两段式零序电流保护作为接地故障主保护和后备保护。

4.1.6 汇集母线保护

4.1.6.1 一般要求

35kV 及以上电压等级的光伏发电站母线可配置母差保护。6kV 以下接入配电网的光伏发电站母线可不设专用母线保护，发生故障时可由母线有源连接元件的保护切除故障。光伏发电站母线保护的设计，应符合 GB/T 14285、GB/T 50865、DL/T 317、DL/T 670等标准及当地电网的相关要求，并按以下规定配置相应保护：

a） 差动保护。

b） 母联（分段）死区保护。

c） 充电保护。

d） TA 断线判别及抗 TA 饱和功能。

e） TV 断线判别功能。

4.1.6.2 配置监督重点

4.1.6.2.1 汇集母线保护应采取完全差动电流保护，保护应允许使用不同变压比的 TA，通过软件自动校正，并适应于各支路 TA 变压比差不大于 4 倍的情况。

4.1.6.2.2 汇集母线保护各 TA 相关特性应一致，避免在遇到较大短路电流时因各 TA 的暂态特性不一致导致保护不正确动作。

4.1.6.2.3 汇集母线保护应具有 TA 断线告警功能，除母联（分段）跳闸可不经电压闭锁外，当电流回路不正常或断线时，应闭锁母差保护，并发出告警信号。

4.1.6.2.4 汇集母线保护各支路宜采用专用 TA 绕组。

4.1.6.2.5 汇集母线保护应能自动识别分段的充电状态，合闸于死区故障时，应瞬时跳分段，不应误切除运行母线。

4.1.6.2.6 汇集母线分段断路器保护配置由压板投退的三相充电过电流保护，具有瞬时和延时段。

4.1.6.2.7 汇集母线母差保护应具有复合电压闭锁功能，电压闭锁可由软件实现，对低电阻接地系统采取相电压，对小电流接地系统采取线电压。母联和分段断路器不经复合电压闭锁。母线 TV 断线时，允许母线保护解除该段母线电压闭锁。

4.1.7 线路保护

4.1.7.1 一般要求

交流线路保护设计应符合 GB/T 14285、GB/T 15145、GB/T 19964、GB/T 50865及 GB/T 50866的相关要求，并按以下规定配置相应保护：

a） 送出线路系统侧应配置分段式相间保护、接地故障保护；有特殊要求的，可配置电流差动保护。

b） 110kV 及以上电压等级线路的保护装置，应具有测量故障点距离的功能。故障测距的精度要求对金属性短路误差不大于线路全长的±3%。

c） 汇集线路应配置分段式相间保护，宜配置过负荷保护；同时应配备快速切除站内汇集系统单相故障的保护。经电阻接地的集电线路发生单相接地故障时，应能通过相应保护快速切除。经消弧线圈接地的汇集线发生接地故障时，应能够可靠选线，并宜具备快速切除故障能力。

4.1.7.2 配置监督重点

4.1.7.2.1 汇集线路保护：

a） 应在汇集母线侧配置线路保护，保护装置采用远后备方式。

b） 过负荷保护，宜带时限动作于信号，必要时可动作于跳闸；相间保护，宜装设不带方向的电流速断保护和过电流保护，必要时保护宜增设复合电压闭锁元件。

c） 中性点经低电阻接地系统，应配置反应单相接地短路的两段式零序电流保护，动作于跳闸。零序电流取自专用零序 TA。

4.1.7.2.2 小电流接地故障选线装置：

a） 汇集系统中性点不接地及经消弧线圈接地的升压站应配置小电流接地故障选线装置。

b） 对架空线及电缆等各种形式汇集系统的单相接地故障，选线装置均应准确、快速选线，并显示接地线路或母线名称；故障选线系统在系统谐波含量较大或发生铁磁谐振接地时不应误报、误动作。

c） 应具备在线自动检测功能，在正常运行期间，装置中单一电子元件（出口继电器除外）损坏时，不应造成装置误动作，且应发出装置异常信号。

d） 应具备跳闸出口功能。在发生单相接地故障时可快速切除故障线路，若不成功，则通过跳相应升压变压器各侧断路器方式隔离故障。

e） 汇集线路应配置专用的零序 TA，供小电流接地故障选线装置使用。

f） 对电缆线路、电缆架空混合线路汇集系统，选线准确率应高于90%。对架空线路汇集系统，选线准确率应高于85%。

g） 中性点不接地汇集系统的小电流接地选线装置，除选线准确性应满足 f）中的要求外，还应保证选线的快速性；对中性点不接地系统，装置宜在200ms 内完成选线并跳闸出口。

4.1.7.2.3 送出线路保护：

a） 光伏发电站送出线路宜按双端电源线路配置保护。

b） 光伏发电站送出线路为 T 接方式时，光伏发电站升压站侧应配置线路保护装置。

c） 双重化配置的两套主保护应采用相互独立、高可靠性的通道，应优先采用光纤通道；条件允许时，优先采用专用光芯传输保护信号。

d） 大于50km 的长线路，线路保护宜采用复用光纤通道；当采用复用光纤通道传输保护信号时，应采用2Mbit/s 数字接口，其与通信设备应采用75Ω 同轴电缆不平衡方式连接，同轴电缆屏蔽层应两端接地。

e） 同一条线路两侧保护装置及软件版本宜一致。

f） 220kV 及以上电网的线路保护，其振荡闭锁应满足如下要求：

1） 系统发生全相或非全相振荡，保护装置不应误动作。

2） 全相或非全相振荡过程中，被保护线路如发生各种类型的不对称故障，保护装置应有选择性地动作跳闸，纵联保护仍应快速动作。

3） 全相振荡过程中发生三相故障，故障线路的保护装置应可靠动作跳闸，并允许带短延时。

4.1.8 断路器保护

4.1.8.1 一般要求

断路器保护的设计应符合 GB/T 14285、DL/T 317 等的要求。

4.1.8.2 配置监督重点

4.1.8.2.1 三相不一致保护：

a） 220kV 及以上电压等级的分相操作的断路器应附有三相不一致（非全相）保护回路，而不再另外设置三相不一致保护。三相不一致保护动作时限应为0.5s～4.0s 可调，并应与其他保护动作时间相配合；若断路器本身无三相不一致保护，则应为该断路器配置相应保护。

b） 三相不一致保护其直流电源应由直流分电柜单独提供，不应使用保护操作电源；只能采用具有电气量判据的断路器三相不一致保护去启动断路器失灵保护；线路断路器三相不一致保护不启动失灵。

4.1.8.2.2 断路器失灵保护：

a） 采用 SF_6断路器跳、合闸压力闭锁和压力异常闭锁操作均由断路器实现，仅保留重合闸压力闭锁经重启动后接入重合闸和发信号，操作箱内的压力闭锁应方便取消。

b） 断路器防跳功能应由断路器本体机构实现，防跳继电器动作时间应与断路器动作时间配合。

c） 变压器间隔断路器失灵保护动作后宜通过变压器电气量保护跳各侧断路器。

d） 失灵保护装设闭锁元件的设计应满足以下要求：

1） 有专用跳闸出口回路的单母线及双母线断路器失灵保护应装设闭锁元件。

2） 与母线差动保护共用跳闸出口回路的失灵保护不装设独立的闭锁元件，应共用母线差动保护的闭锁元件。

3） 母联（分段）失灵保护、母联（分段）死区保护均应经电压闭锁元件控制。

4） 断路器失灵保护判据中严禁设置断路器合闸位置闭锁触点或断路器三相不一致闭锁触点。

e） 失灵保护动作跳闸应满足下列要求：

1） 对具有双跳闸线圈的相邻断路器，应同时动作于两组跳闸回路。

2） 对远方跳对侧断路器的，宜利用两个传输通道传送跳闸命令。

3） 保护动作时应闭锁重合闸。

4） 应充分考虑 TA 二次绕组合理分配，对确实无法解决的保护动作死区，在满足系统稳定要求的前提下，可采取启动失灵和远方跳闸等后备措施加以解决。

4.1.9 自动重合闸

4.1.9.1 一般要求

35kV 及以上电压等级接入电力系统的光伏发电站，若线路侧配置 TV，宜采用检无压方式的重合闸；若线路侧未配置 TV，应停用重合闸。自动重合闸的设计应符合 GB/T 50866、DL/T 14285等的相关规定。

4.1.9.2 配置监督重点

4.1.9.2.1 使用于单相重合闸线路的保护装置，应具有在单相跳闸后至重合闸前的两相运行过程中，健全相再故障时快速动作三相跳闸的保护功能。

4.1.9.2.2 用于重合闸检线路侧电压的电压元件，当不使用该电压元件时，TV 断线不应报警。

4.1.9.2.3 取消“重合闸方式转换开关”，自动重合闸仅设置“停用重合闸”功能压板，重合闸方式通过控制字实现。

4.1.9.2.4 单相重合闸、三相重合闸、禁止重合闸和停用重合闸应有而且只能有一项置“1”，如不满足此要求，保护装置报警并按停用重合闸处理。

4.1.10 故障记录及故障信息管理

4.1.10.1 一般要求

通过 110kV（66kV）及以上电压等级接入电网的光伏发电站应配置专用故障录波装置，故障录波装置的设计应满足 GB/T 19964、GB/T 50797、GB/T 14285 及 GB/T 553 的相关要求。

4.1.10.2 配置监督重点

4.1.10.2.1 光伏发电站升压站故障录波装置至少应接入的电气量包括：

a） 各条送出线路的三相电流。

b） 升压站高、低压各段母线的三相及零序电压、频率。

c） 各条集电线升压站侧的三相电流。

d） 升压站内的保护及断路器动作信息。

e） 升压站无功补偿设备的保护及开关动作信息、三相电流。

4.1.10.2.2 故障录波装置应记录故障前 10s 到故障后 60s 的情况，暂态数据记录采样频率不小于 4000Hz，并能够与电力调度部门进行数据传输。

4.1.10.2.3 故障录波装置宜增加频率越限启动暂态记录功能，当频率大于 50.2Hz 或小于 49.5Hz 时启动，当频率变化率大于 0.5Hz 时启动。

4.1.10.2.4 故障录波装置的电流输入应接入 TA 的保护级线圈，可与保护装置共用一个二次绕组，接在保护装置之后。

4.1.10.2.5 故障录波装置应具备远传功能，并满足二次系统安全防护要求。

4.1.10.2.6 故障录波装置应配有能运行于常用操作系统下的离线分析软件，可对装置记录的连续录波数据进行离线的综合分析。

4.1.10.2.7 故障录波装置应有足够的存储容量并能满足多次记录的要求，各路采集量同时工作时，完整的数据记录次数不小于 2500 次。

4.1.11 同步相量测量装置

4.1.11.1 一般要求

接入220kV 及以上电压等级的光伏发电站应配置同步相量测量装置（Pressure Measuring Unit，PMU）。PMU 的设计应符合 GB/T 14285、DL/T 280的相关规定。

4.1.11.2 配置监督重点

4.1.11.2.1 同步相量测量装置应能够与多个调度端和其他子站系统通信，通信信号带有统一时标。
4.1.11.2.2 同步相量测量装置应具有与就地时间同步的对时接口，同步对时准确度为 1μs，就地对时时钟准确度满足不了要求时，可考虑同步相量测量装置设置专用的同步时钟系统。
4.1.11.2.3 同步相量测量装置的信息上传调度端可与调度自动化系统共用通道，也可采用独立通道。

4.1.12 时间同步系统

4.1.12.1 一般要求

大型光伏发电站站内应配置统一的同步时钟设备，对站控层各工作站及间隔层各测控单元等有关设备的时钟进行校正，中型光伏发电站可采用网络方式与电网对时。时间同步系统应符合 DL/T 317、DL/T 1100.1等的相关规定。

4.1.12.2 配置监督重点

4.1.12.2.1 同步时钟应输出足够数量的不同类型时间同步信号。需要时可以增加分时钟以满足不同使用场合的需要。设备较集中且距离主时钟较远的场所可设分时钟。
4.1.12.2.2 当时间同步系统采用两路无线授时基准信号时，宜选用不同的授时源。
4.1.12.2.3 以下设备接入全站时间同步系统，进行时间同步：

a） 微机型继电保护装置、安全自动装置等。
b） 记录与时间有关信息的设备，如故障录波装置、变电站计算机监控系统、调度自动化系统、自动电压控制（AVC）装置、保护信息管理系统等。
c） 有必要记录其作用用时间的设备，如调度录音电话、行政电话交换网计费系统等。
d） 工作原理建立在时间同步基础上的设备，如同步同步相量测量装置、线路故障行波测距装置、雷电定位系统等。
e） 需要在同一时刻记录其采集数据的系统，如电能量计量系统等。
f） 其他有时间统一要求的装置。

4.1.13 站用直流电源、直流熔断器、直流断路器及相关回路

4.1.13.1 一般要求

直流系统的设计应符合 GB/T 14285、GB/T 19638.2、GB/T 19826、DL/T 5044等的规定。

4.1.13.2 配置监督重点

4.1.13.2.1 光伏发电站宜设置蓄电池组向继电保护、信号、自动装置等控制负荷和交流不间断电源装置、断路器合闸机构及直流事故照明等动力负荷供电，蓄电池组应以全浮充电方式运行。

4.1.13.2.2 光伏发电站直流蓄电池组的电压可采用220V或110V。

4.1.13.2.3 直流系统的馈出线应采用辐射状供电方式，不应采用环状供电方式，直流系统对负载供电，应按电压等级设置分电屏供电方式，不应采用直流小母线供电方式。

4.1.13.2.4 直流系统的上、下级直流熔断器或自动开关之间应有选择性：

a） 各级熔断器的定值整定，应保证级差的合理配合。上、下级熔体之间（同一系列产品）额定电流值，应保证2级～4级级差，电源端选上限，网络末端选下限。

b） 为防止事故情况下蓄电池组总熔断器无选择性熔断，该熔断器与分熔断器之间，应保证3级～4级级差。

c） 直流系统用断路器应采用具有自动脱扣功能的直流断路器，不应用普通交流断路器替代。

d） 当直流断路器与熔断器配合时，应考虑动作特性的不同，对级差做适当调整，直流断路器下一级不应再接熔断器。

4.1.13.2.5 由不同熔断器或自动开关供电的两套保护装置的直流逻辑回路间不允许有任何电的联系。

4.1.13.2.6 直流系统的电缆应采用阻燃电缆，两组蓄电池的电缆应分别铺设在各自独立的通道内，尽量避免与交流电缆并排铺设，在穿越电缆竖井时，两组蓄电池电缆应加穿金属套管。

4.1.13.2.7 新建或改造的直流系统绝缘监测装置应具备交流窜直流故障的测记和报警功能。原有的直流系统绝缘监测装置，应逐步进行改造，使其具备交流窜直流故障的测记和报警功能。

4.1.13.2.8 直流充电、浮充电装置，应满足稳压精度优于0.5%、稳流精度优于1%、输出电压纹波系数不大于0.5%的技术要求。

4.1.14 继电保护相关回路及设备

4.1.14.1 一般要求

继电保护相关回路及设备的设计应符合GB 16847、GB/T 14285、DL/T 317、DL/T 866及DL/T 5136等的相关要求。

4.1.14.2 二次回路

4.1.14.2.1 二次回路的工作电压不宜超过250V，最高不应超过500V。

4.1.14.2.2 互感器二次回路连接的负荷，不应超过继电保护工作准确等级所规定的负荷范围。

4.1.14.2.3 应采用铜芯的控制电缆和绝缘导线。在绝缘可能受到油侵蚀的地方，应采用耐油绝缘导线。二次控制回路及信号回路的线缆宜具有备用芯。

4.1.14.2.4 按机械强度要求，控制电缆或绝缘导线的芯线最小截面面积，强电控制回路，不应小于 1.5mm²，屏、柜内导线的芯线截面面积应不小于 1.0mm²；弱电控制回路，不应小于 0.5mm²。电缆芯线截面的选择还应符合下列要求：

a）电流回路：应使 TA 的工作准确等级符合继电保护的要求。无可靠依据时，可按断路器的断流容量确定最大短路电流。

b）电压回路：当全部继电保护动作时，TV 到继电保护屏的电缆压降不应超过额定电压的3%。

c）操作回路：在最大负荷下，电源引出端到断路器分、合闸线圈的电压降，不应超过额定电压的10%。

4.1.14.2.5 在同一根电缆中不宜有不同安装单元的电缆芯。对双重化保护的电流回路、电压回路、直流电源回路、双跳闸绕组的控制回路等，两套系统不应合用一根多芯电缆。

4.1.14.2.6 保护和控制设备的直流电源、交流电流、电压及信号引入回路应采用屏蔽电缆。

4.1.14.2.7 在有振动的地方，应采取防止导线接头松脱和继电器、装置误动作的措施。

4.1.14.2.8 屏、柜和屏、柜上设备的前面和后面，应有必要的标志。

4.1.14.2.9 变压器和并联电抗器的气体继电器与中间端子盒之间的连线等绝缘可能受到油侵蚀的地方应采用防油绝缘导线。

4.1.14.2.10 主设备非电量保护设施应防水、防震、防油、防渗漏、密封性好，若有转接柜则要做好防水、防尘及防小动物等防护措施。变压器户外布置的压力释放阀、气体继电器和油流速动继电器应加装防雨罩。

4.1.14.2.11 交流端子与直流端子之间应加空端子，并保持一定距离，必要时加隔离措施。

4.1.14.2.12 TA 的二次回路不宜进行切换。需要切换时，应采取防止开路的措施。

4.1.14.2.13 当受条件限制，测量仪表和保护或自动装置共用 TA 的同一个二次绕组时，其接线顺序应先接保护装置，再接安全自动装置，最后接故障录波器和测量仪表。

4.1.14.2.14 继电保护用 TA 二次回路电缆截面的选择应保证互感器误差不超过规定值。计算条件应为系统最大运行方式下最不利的短路形式，并应计及 TA 二次绕组接线方式、电缆阻抗换算系数、继电器阻抗换算系数及接线端子接触电阻等因素。对系统最大运行方式如无可靠根据，可按断路器的断流容量确定最大短路电流。

4.1.14.3 TA 及 TV

4.1.14.3.1 保护用 TA 的要求：

a）保护用 TA 的准确性能应符合 DL/T 866的有关规定。

b）TA 带实际二次负荷在稳态短路电流下的准确限值系数或励磁特性（含饱和拐点）应能满足所接保护装置动作可靠性的要求。

c）在选择保护用 TA 时，应根据所用保护装置的特性和暂态饱和可能引起的后果等因素，慎重确定互感器暂态影响的对策。必要时，应选择能适应暂态要求的 TP 类 TA，其特性应符合 GB 16847的要求。如保护装置具有减轻互感器暂态饱和影响的功能，可按保护装置的要求选用适当的 TA，具体要求如下：

1）220kV 系统保护、高压侧为 220kV 的变压器差动保护用 TA 可采用 P 类、PR 类或 PX 类 TA。互感器可按稳态短路条件进行计算选择，为减轻可能发生的暂态饱和影响宜具有适当暂态系数。220kV 系统的暂态系数不宜低于 2。

2） 110kV 及以下系统保护用 TA 可采用 P 类 TA。

3） 母线保护用 TA 可按保护装置的要求或按稳态短路条件选用。

d） 保护用 TA 的配置及二次绕组的分配应尽量避免主保护出现死区。按近后备原则配置的两套主保护应分别接入互感器的不同二次绕组。

e） 差动保护用 TA 的相关特性应一致。

f） 宜选用具有多次级的 TA。

4.1.14.3.2 保护用 TV 的要求：

a） 保护用 TV 应能在电力系统故障时将一次电压准确传变至二次侧，传变误差及暂态响应应符合 DL/T 866的有关规定。电磁式 TV 应避免出现铁磁谐振。

b） TV 的二次输出额定容量及实际负荷应在保证互感器准确等级的范围内。

c） 在 TV 二次回路中，除开口三角绕组和另有规定者外，应装设自动断路器或熔断器。接有距离保护时，宜装设自动断路器。

d） 保护用 TV 一次侧熔断器熔体的额定电流宜为0.5A。

4.1.14.4 断路器及隔离开关

4.1.14.4.1 断路器及隔离开关二次回路应满足 DL/T 5136 的有关规定，应尽量附有防止跳跃的回路，采用串联自保持时，接入跳合闸回路的自保持线圈，其动作电流不应大于额定跳合闸电流的 50%，线圈压降小于额定值的 5%。

4.1.14.4.2 断路器应有足够数量、动作逻辑正确、接触可靠的辅助触点供保护装置使用。辅助触点与主触头的动作时间差不大于 10ms。

4.1.14.4.3 隔离开关应有足够数量、动作逻辑正确、接触可靠的辅助触点供保护装置使用。

4.1.14.4.4 断路器及隔离开关的闭锁回路辅助触点不足时不允许用重动继电器扩充触点。以防重动继电器由于其所在直流母线失电而误动作造成系统误判。

4.1.14.5 抗电磁干扰措施

4.1.14.5.1 根据升压站和一次设备安装的实际情况，宜敷设与光伏发电站主接地网紧密连接的等电位接地网。等电位接地网应符合 DL/T 5136 的有关规定，并满足以下要求：

a） 应在主控室、保护室、敷设二次电缆的沟道、开关场的就地端子箱及保护用结合滤波器等处，使用截面面积不小于100mm^{2}的裸铜排（缆）敷设与主接地网紧密连接的等电位接地网。

b） 在主控室、保护室柜屏下层的电缆室内，按柜屏布置的方向敷设100mm^{2}的专用铜排（缆），将该专用铜排（缆）首末端连接，形成保护室内的等电位接地网。保护室内的等电位网与厂主地网只能存在唯一的接地点，连接位置宜选在保护室外部电缆入口处。为保证连接可靠，连接线必须用至少4根以上、截面面积不小于50mm^{2}的铜缆（排）构成共同接地点。

c） 静态保护和控制装置的屏（柜）下部应设有截面面积不小于100mm^{2}的接地铜排。屏（柜）内装置的接地端子应用截面面积不小于4mm^{2}的多股铜线和接地铜排相连。接地铜排应用截面面积不小于50mm^{2}的铜缆与保护室内的等电位接地网相连。

d） 沿二次电缆的沟道敷设截面面积不小于100mm^{2}的裸铜排（缆），构建室外的等电位接地网。

e） 分散布置的保护就地站、通信室与集控室之间，应使用截面面积不小于100mm²的、紧密与厂、站主接地网相连接的铜排（缆）将保护就地站与集控室的等电位接地网可靠连接。

f） 开关场的就地端子箱内应设置截面面积不小于100mm²的裸铜排，并使用截面面积不小于100mm²的铜缆与电缆沟道内的等电位接地网连接。

g） 保护及相关二次回路和高频收发信机的电缆屏蔽层应使用截面面积不小于4mm²的多股铜质软导线可靠连接到等电位接地网的铜排上。

h） 在开关场的变压器、断路器、隔离开关、结合滤波器和 TA、TV 等设备上的二次电缆应经金属管从一次设备的接线盒（箱）引至就地端子箱，并将金属管的上端与上述设备的底座和金属外壳良好焊接，下端就近与主接地网良好焊接。在就地端子箱处将这些二次电缆的屏蔽层使用截面面积不小于4mm²的多股铜质软导线可靠单端连接至等电位接地网的铜排上。

i） 在干扰水平较高的场所，或是为取得必要的抗干扰效果，宜在敷设等电位接地网的基础上使用金属电缆托盘（架），并将各段电缆托盘（架）与等电位接地网紧密连接，将不同用途的电缆分类、分层敷设在金属电缆托盘（架）中。

4.1.14.5.2 微机型继电保护装置所有二次回路的电缆应满足 DL/T 5136 的有关规定，并使用屏蔽电缆，严禁使用电缆内的空线替代屏蔽层接地。二次回路电缆敷设应符合以下要求：

a） 合理规划二次电缆的路径，尽可能远离高压母线、避雷器和避雷针的接地点、并联电容器、电容式 TV、结合电容及电容式套管等设备。避免和减少迂回，缩短二次电缆的长度。与运行设备无关的电缆应予拆除。

b） 交流电流和交流电压回路、交流和直流回路、强电和弱电回路，以及来自开关场 TV 二次的四根引入线和 TV 开口三角绕组的两根引入线均应使用各自独立的电缆。

c） 双重化配置的保护装置、母线差动和断路器失灵等重要保护的启动和跳闸回路均应使用各自独立的电缆。

4.1.14.5.3 TV 二次绕组的接地应满足 DL/T 5136 的有关规定，并符合下列规定：

a） TV 的二次回路只允许有一点接地。为保证接地可靠，各 TV 的中性点接地线中不应串接有可能断开的设备。

b） 对中性点直接接地系统，TV 星形接线的二次绕组采用中性点一点接地方式（中性线接地）。

c） 对中性点非直接接地系统，TV 星形接线的二次绕组宜采用中性点接地方式（中性线接地）。

d） 对 V-V 接线的 TV，宜采用 B 相一点接地，B 相接地线上不应串接有可能断开的设备。

e） TV 开口三角绕组的引出端之一应一点接地，接地引线上不应串接有可能断开的设备。

f） 几组 TV 二次绕组之间有电路联系或者地中电流会产生零序电压使保护误动作时，接地点应集中在继电保护室内一点接地。无电路联系时，可分别在不同的继电保护室或配电装置内接地。

g） 已在控制室或继电保护室室一点接地的 TV 二次绕组，宜在配电装置处经端子排将二次绕组中性点经放电间隙或氧化锌阀片接地。其击穿电压峰值应大于$30I_{max}$伏（I_{max}

单位为kA）。

4.1.14.5.4 TA的二次回路应有且只能有一个接地点，宜在配电装置处经端子排接地。由几组TA绕组组合且有电路直接联系的回路，TA二次回路应在“和”电流处经端子排一点接地。

4.1.14.5.5 针对来自系统操作、故障、直流接地等异常情况，应采取有效防误动作措施，防止保护装置单一元件损坏可能引起的不正确动作。断路器失灵启动母线差动、变压器侧断路器失灵启动等重要回路宜采用双开入接口，必要时，还可增加双路重动继电器分别对双开入量进行重动。

4.1.14.5.6 遵守保护装置24V开入电源不出保护室的原则，以免引进干扰。

4.1.14.5.7 控制电缆应具有必要的屏蔽措施并妥善接地。

a） 在电缆敷设时，应充分利用自然屏蔽物的屏蔽作用。必要时，可与保护用电缆平行设置专用屏蔽线。

b） 屏蔽电缆的屏蔽层应在开关场和控制室内两端接地。在控制室内屏蔽层宜在保护屏上接于屏（柜）内的接地铜排；在开关场屏蔽层应在与高压设备有一定距离的端子箱接地。

c） 电力线载波用同轴电缆屏蔽层应在两端分别接地，并紧靠同轴电缆敷设截面面积不小于100mm^{2}的两端接地的铜导线。

d） 传送音频信号应采用屏蔽双绞线，其屏蔽层应在两端接地。

e） 传送数字信号的保护与通信设备间的距离大于50m时，应采用光缆。

f） 对于低频、低电平模拟信号的电缆，如热电偶用电缆，屏蔽层应在最不平衡端或电路本身接地处一点接地。

g） 对于双层屏蔽电缆，内屏蔽应一端接地，外屏蔽应两端接地。

h） 两点接地的屏蔽电缆宜采取相关措施，防止在暂态电流作用下屏蔽层被烧熔。

4.1.14.5.8 保护输入回路和电源回路应根据具体情况采用必要的减缓电磁干扰措施。

a） 保护的输入、输出回路应使用空触点、光耦或隔离变压器等措施进行隔离。

b） 直流电压在110V及以上的中间继电器应在线圈端子上并联电容或反向二极管作为消弧回路，在电容及二极管上都应串入低值电阻，以防止电容或二极管短路时将中间继电器线圈短接。二极管反向击穿电压不宜低于1000V。

4.1.14.5.9 装有电子装置的屏（柜）应设有供公用零电位基准点逻辑接地的总接地铜排。总接地铜排的截面面积不应小于100mm^2。

a） 当单个屏（柜）内部的多个装置的信号逻辑零电位点分别独立，并且不需引出装置小箱（浮空）或需与小箱壳体连接时，总接地铜排可不与屏体绝缘；各装置小箱的接地引线应分别与总接地铜排可靠连接。

b） 当屏（柜）上多个装置组成一个系统时，屏（柜）内部各装置的逻辑接地点均应与装置小箱壳体绝缘，并分别引接至屏（柜）内总接地铜排。总接地铜排应与屏（柜）壳体绝缘。组成一个控制系统的多个屏（柜）组装在一起时，只应有一个屏（柜）的总接地铜排有引出地线连接至安全接地网。其他屏（柜）的绝缘总接地铜排均应分别用绝缘铜绞线接至有接地引出线的屏（柜）的绝缘总接地铜排上。

c）零电位母线应仅在一点用绝缘铜绞线或电缆就近连接至接地干线上（如控制室夹层的环形接地母线上）。零电位母线与主接地网相连处不得靠近有可能产生较大故障电流和较大电气干扰的场所，如避雷器、高压隔离开关、旋转电动机附近及其接地点。

4.1.14.5.10 逻辑接地系统的接地线应符合下列规定：

a）逻辑接地线应采用绝缘铜绞线或电缆，不允许使用裸铜线，不允许与其他接地线混用。

b）零电位母线（铜排）至接地网之间连接线的截面面积不应小于35mm^2；屏间零电位母线间的连接线的截面面积不应小于16mm^2。

c）逻辑接地线与接地体的连接应采用焊接，不允许采用压接。

d）逻辑接地线的布线应尽可能短。

4.2 基建及验收阶段监督

4.2.1 基建及验收依据及基本要求

4.2.1.1 对新安装的继电保护装置进行验收时，应以订货合同、技术协议、设计图和技术说明书及有关验收规范等规定为依据，按 GB 50794、GB/T 50796、GB 50171、GB 50172、DL/T 995等的有关规定进行调试，并按定值通知单进行整定。检验整定完毕，并经验收合格后方可允许投入运行。

4.2.1.2 新建工程投入时，全部设计并已安装的继电保护和自动装置应同时投入，以保证新建工程的安全投产。

4.2.1.3 在基建验收时，应按相关规程要求，检验线路和主设备的所有保护之间的相互配合关系，并有针对性地检查各套保护与跳闸连接片的唯一对应关系。

4.2.1.4 基建、更改工程，应配置必要的继电保护试验设备和专用工具。

4.2.1.5 新设备投产时应认真编写保护启动方案，做好事故预想，确保设备故障时能被可靠切除。

4.2.1.6 新设备投入运行前，基建单位应按GB 50171、GB 50172、DL/T 995、DL/T 5294和DL/T 5295 等验收规范的有关规定，与发光伏发电站进行设计图、仪器仪表、调试专用工具、备品配件和试验报告等移交工作。

4.2.2 装置安装及其检查、检验的监督重点

4.2.2.1 继电保护装置的图纸，成套保护、自动装置的原理和技术说明书及断路器操作机构说明书，TA、TV 的出厂试验报告等技术资料应齐全、正确。若新装置由基建部门负责调试，生产部门继电保护验收人员验收全套技术资料之后，再验收技术报告。应根据设计图纸，到现场核对所有装置的安装位置及接线是否正确。

4.2.2.2 TA、TV 及其回路

4.2.2.2.1 TA、TV 的铭牌参数应完整，出厂合格证及试验资料应齐全。如缺乏上述数据，应由有关制造厂或基建、生产单位的试验部门提供下列试验资料：所有绕组的极性；所有绕组及其抽头的变比；TV 在各使用容量下的准确级；TA 各绕组的准确级、容量及内部安装位

置；二次绕组的直流电阻（各抽头）；TA 各绕组的伏安特性。

4.2.2.2.2　TA、TV 检查：

a）TA、TV 的变比、容量、准确级符合设计要求。

b）测试互感器各绕组间的极性关系，核对铭牌上的极性标志。互感器各次绕组的连接方式及其极性关系与设计一致，相别标识正确。

c）有条件时，可进行 TA 一次通流测试，检查工作抽头的变比及回路是否正确。

d）自 TA 的二次端子箱处向负载端通入交流电流，测定回路的压降，计算电流回路每相与零相及相间的阻抗，并核算是否满足互感器10%误差的要求。

4.2.2.2.3　TA 二次回路：

a）TA 二次绕组所有二次接线正确，端子排引线螺钉压接可靠。

b）TA 的二次回路必须只能有一点接地；由几组 TA 二次组合的电流回路，应在有直接电气连接处一点接地。

4.2.2.2.4　TV 二次回路：

a）TV 二次绕组的所有二次回路接线正确，端子排引线螺钉压接可靠。

b）经控制室零相小母线（N600）连通的几组 TV 二次回路，只应在控制室将 N600一点接地，各 TV 二次中性点在开关场的接地点应断开；为保证接地可靠，各 TV 的中性线不得接有可能断开的断路器或接触器。来自 TV 二次回路的4根开关场引入线和互感器开口三角回路的2（3）根开关场引入线必须分开，不得共用。

c）TV 二次中性点在开关场的金属氧化物避雷器的安装应符合规定。

d）TV 二次回路中所有熔断器（自动断路器）的装设地点、熔断（脱扣）电流合适（自动断路器的脱扣电流需通过试验确定）、质量良好，可保证选择性、自动断路器线圈阻抗值合适。

e）串联在电压回路中断路器、隔离开关及切换设备触点接触可靠。

f）测量电压回路自互感器引出端子到配电屏电压母线的每相直流电阻，TV 额定容量下压降不应超过额定电压的3%。

4.2.2.3　二次回路检查与检验监督重点

4.2.2.3.1　保护屏（柜）的端子排处将所有外部引入的回路及电缆全部断开，分别将电流、电压、直流控制、信号回路的所有端子各自连接在一起，用 1000V 绝缘电阻表测量回路的绝缘电阻，阻值应大于 10MΩ。

4.2.2.3.2　二次回路的验收检验：

a）对回路的所有部件进行检查、清扫与必要的检修及调整。

b）利用导通法依次经过所有中间接线端子，检查由互感器引出端子箱到操作屏（柜）、保护屏（柜）、自动装置屏（柜）或至分线箱的电缆回路及电缆芯的标号，检查电缆簿的填写是否正确。

c）设备新投入或接入新回路时，应核对熔断器（或自动断路器）的额定电流与设计相符或与所接入的负荷相适应，并满足上下级之间的配合。

d）屏（柜）上的设备及端子排内部、外部连线的标号应正确完整，接触牢靠，并利用导通法进行检验。

e） 检查直流回路无寄生回路。

f） 信号回路及设备可不进行单独的检验。

4.2.2.3.3 断路器、隔离开关及其二次回路的检验：

a） 自保护屏（柜）引至断路器（包括隔离开关）二次回路端子排处有关电缆线连接正确及螺钉压接可靠。

b） 断路器的跳闸线圈及合闸线圈的电气回路接线方式（包括防止断路器跳跃回路、三相不一致回路等措施）。

c） 与保护回路有关的辅助触点的开、闭情况，切换时间，构成方式及触点容量。

d） 断路器二次操作回路中的气压、液压及弹簧压力等监视回路的工作方式。

e） 断路器二次回路接线图。

f） 断路器跳闸及合闸线圈的电阻值及在额定电压下的跳、合闸电流。

g） 断路器跳闸电压及合闸电压，其值应满足相关规程的规定。

h） 断路器的跳闸时间、合闸时间及合闸时三相触头不同时闭合的最大时间差，应不大于规定值。

4.2.2.4 屏（柜）及装置检查与检验监督重点

4.2.2.4.1 装置外观检查：

a） 装置的配置、型号、额定参数（直流电源额定电压、交流额定电流、电压等）与设计相符。

b） 抽查主辅设备的工艺质量、导线与端子材料等的质量。

c） 屏（柜）上的标志正确完整清晰，并与图纸和运行规程相符。

d） 将保护屏（柜）上不参与正常运行的连接片取下，或采取其他防止误投的措施。

4.2.2.4.2 用500V绝缘电阻表测量装置回路绝缘电阻值，阻值大于20MΩ。

4.2.2.5 输入、输出回路检验监督重点

4.2.2.5.1 开关量输入回路检验：

a） 在保护屏（柜）端子排处，对所有引入端子排的开关量输入回路依次加入激励量，观察装置行为。

b） 按照装置技术说明书所规定的试验方法，分别接通、断开连接片或转动把手，观察装置的行为。

4.2.2.5.2 在装置屏（柜）端子排处，按照装置技术说明书规定的试验方法，依次观察装置所有输出触点及输出信号的通断状态。

4.2.2.5.3 按照装置技术说明书规定的试验方法，分别输入不同幅值和相位的电流、电压量，观察装置的采样值满足装置技术条件的规定。

4.2.2.5.4 按照保护整定通知单上的整定项目，按照装置技术说明书或制造厂推荐的试验方法，对保护的每一功能元件进行逐一检验。

4.2.2.6 其他检验

4.2.2.6.1 蓄电池施工及验收执行GB 50172的规定。重点对直流电源屏（包括充电机屏和馈电屏）中设备的型号、数量、软件版本及设备制造单位进行检查。对高频开关电源模块、监控单元、硅降压回路、绝缘监察装置、蓄电池管理单元、熔断器、隔离开关、直流断路器、

避雷器等设备进行检查。对蓄电池组的型号、容量、蓄电池组电压、单体蓄电池电压、蓄电池个数及设备制造单位等进行检查。

4.2.2.6.2 新安装的气体继电器必须经校验合格后方可使用。气体继电器应在真空注油完毕后再安装。保护投运前必须对信号、跳闸回路进行保护试验。

4.2.3 竣工验收资料

4.2.3.1 新设备投入运行前，基建单位应按 GB 50171 等验收规范的有关规定，与光伏发电站进行图样资料（包括电子版图样资料）、仪器仪表、调试专用工具、备品配件和试验报告等移交工作。

4.2.3.2 电气设备及线路有关实测参数。

4.2.3.3 保护装置竣工原理图、安装图、设计说明、电缆清册等设计资料。

4.2.3.4 制造厂商提供的装置说明书、保护屏（柜）电原理图、装置电原理图、故障检测手册、合格证明和出厂试验报告等技术文件。

4.2.3.5 保护装置新安装检验报告和验收报告。

4.2.3.6 保护装置软件逻辑框图和有效软件版本说明。

4.2.3.7 微机型继电保护装置的专用检验规程或制造厂商保护装置调试大纲。

4.2.3.8 微机型继电保护装置定值通知单及定值计算书。

4.2.3.9 与保护设备相符的竣工图纸及电子版（可修改）图纸。

4.3 运行阶段监督

4.3.1 定值整定计算与管理

4.3.1.1 一般规定

4.3.1.1.1 应按一次系统划分定值计算范围，一般主变压器高压侧及以上系统继电保护和安全自动装置定值由电网公司提供，其余属于光伏发电站管辖的定值范围。

4.3.1.1.2 属电网管辖的定值应严格按照电网公司提供的最新定值单执行。

4.3.1.1.3 电站管辖定值应委托有资质的单位和人员进行计算，也可自行计算整定。

4.3.1.1.4 继电保护定值整定中，在兼顾“可靠性、选择性、灵敏性、速动性”时，应按“保人身、保设备及保电网”的原则进行整定。

4.3.1.1.5 继电保护定值整定中，当灵敏性与选择性难以兼顾时，应首先考虑以保灵敏度为主，防止保护拒动作。

4.3.1.1.6 应根据相关继电保护整定计算规定、电网运行情况及主设备技术条件，校核涉网的保护定值，并根据调度部门的要求，做好每年度对所辖设备的整定值的校核工作。当电网结构、线路参数和短路电流水平发生变化时，应及时校核相关保护的配置与整定，避免保护发生不正确动作行为。

4.3.1.1.7 继电保护整定计算参数包括：

a） 线路（含架空线及电缆）参数：线路长度、正序阻抗、零序阻抗、电缆容抗值。

b） 变压器参数：

1） 主升压变压器：绕组类别、绕组接线方式、额定容量、额定电压、额定电流、各侧短路阻抗及零序阻抗、中性点电阻值、过励磁曲线、热稳定电流。

2） 箱式变压器、站用变压器、SVG变压器：额定容量、额定电压、额定电流、各侧短路阻抗及零序阻抗。

3） 接地变压器：额定容量、额定电压、额定电流、各侧短路阻抗及零序阻抗、中性点电阻值。

c） 光伏组件及并网逆变器参数：额定容量、额定电压、额定电流、输出故障电流特性。

d） 无功补偿设备参数：电抗器额定容量、额定电压、额定电流及电抗值、电容器额定容量、额定电压、额定电流及容抗值。

e） 等值电源参数：最大、最小方式下的正序、零序阻抗。

f） 其他对继电保护影响较大的有关参数。

4.3.1.1.8 在整定计算中，光伏组件及并网逆变器应采用符合实际情况的模型及参数。

4.3.1.1.9 继电保护整定计算以常见运行方式为依据，充分考虑光伏发电站运行特点。

4.3.1.1.10 定值计算应有完整的定值计算书，计算书至少应包括各电压等级短路计算、各保护的整定原则和计算公式、必要的保护定值灵敏度校验过程。

4.3.1.1.11 对于微机型继电保护装置，保护配合宜采用0.3s的时间级差。

4.3.1.1.12 应加强对重点控制字和判据合理性的检查。对于具有多组保护定值的，应检查保护定值区控制字的正确性，与电压有关的保护控制字宜选择在TV断线后闭锁相关保护动作出口的功能。

4.3.1.2 继电保护整定计算监督要点

4.3.1.2.1 汇集线路保护整定计算时应注意以下要点：

a） 过电流Ⅰ段应对本线路末端相间故障有灵敏度。

b） 过电流Ⅱ段宜对本线路最远端单元变压器低压侧故障有灵敏度，时间比过电流Ⅰ段多一个级差，如灵敏度不能满足要求，可经方向控制。

c） 过电流保护可不经方向控制、不经电压闭锁。

d） 汇集线路不采用自动重合闸。

e） 中性点经低电阻接地系统，汇集线路零序电流Ⅰ段应对本线路末端单相接地故障有足够灵敏度。零序电流Ⅱ段应可靠躲过线路电容电流，时间可比零序电流Ⅰ段多一个级差。

4.3.1.2.2 主升压变压器保护整定计算时应注意以下要点：

a） 变压器后备保护整定应考虑变压器热稳定的要求。

b） 变压器高压侧（复压）过电流保护电流元件应对低压侧母线故障有足够灵敏度并躲过负荷电流，动作时间应与低压侧过电流Ⅰ段保护配合。

c） 变压器低压侧过电流Ⅰ段应对低压侧汇集母线相间故障有灵敏度并躲过负荷电流，在保护范围和动作时间上均与母联开关及本侧出线保护电流Ⅰ段配合。过电流Ⅱ段宜对变压器低压侧汇集线路末端相间故障有灵敏度并躲负荷电流，动作时间与本侧出线保护Ⅱ段配合。过电流保护灵敏度不能满足要求时，宜采用复压闭锁过电流保护。

d） 变压器高压侧过电流保护躲不过负荷电流时，可经方向控制，方向应指向变压器；变压器低压侧过流保护躲不过负荷电流时，也可经方向控制，方向应指向汇集母线。

e） 变压器非电量保护设置：

1） 国产变压器无特殊要求时，油温、绕组温度过高和压力释放保护出口方式宜设置动作于信号。

2） 重瓦斯保护出口方式应设置动作于跳闸；轻瓦斯保护出口方式应设置动作于信号。

3） 油浸（自然循环）风冷和干式风冷变压器，风扇停止工作时，允许的负载和工作时间应按照制造厂规定。油浸风冷变压器当冷却系统部分故障停风扇后，顶层油温不超过65℃时允许带额定负载运行，保护应设置动作于信号。

4） 进口变压器的非电量保护动作出口方式可根据制造厂产品说明书要求进行设置。

4.3.1.2.3 接地变压器保护整定计算时应注意以下要点：

a） 零序电流Ⅰ段应对汇集系统单相接地故障有灵敏度，动作时间应大于母线各连接元件零序电流Ⅱ段的最长动作时间。

b） 零序电流Ⅱ段应躲过线路的电容电流，动作时间应大于接地变压器零序电流Ⅰ段的动作时间。

4.3.1.2.4 箱式变压器保护整定计算时应注意以下要点：

a） 变压器高压侧配有熔断器时，汇集线路保护宜与高压侧熔断器的时间-电流特性相配合。

b） 变压器高压侧配有断路器时，高压侧电流速断保护电流定值应躲过变压器低压侧大运行方式三相故障电流。

c） 箱式变压器低压侧断路器自带智能保护装置（电子脱扣器）的短延时短路保护的定时限时间级差可取0.1s～0.2s。

4.3.2 定值通知单管理

4.3.2.1 对涉网保护定值通知单应按如下规定执行：

a） 运行单位接到定值通知单后，应在限定日期内执行完毕，并在继电保护记事簿上写出书面交代，将“定值单回执”寄回发定值通知单单位。对网、省调下发的继电保护定值单，原件由继电保护专业部门（班组）留存，给其他部门的定值单可用复印件。

b） 定值变更后，由现场运行人员与上级调度人员按调度运行规程的相关规定核对无误后方可投入运行。调度人员和现场运行人员应在各自的定值通知单上签字和注明执行时间。

4.3.2.2 继电保护专业人员负责站内继电保护设备的整定计算和现场实施。整定计算必须保留中间计算过程（整定计算书），整定计算书应妥善保管，以便日常运行或事故处理时核对。

4.3.2.3 整定计算结束后，需经专人全面复核，以保证整定计算的原则合理、定值计算正确。应严格按照定值通知单要求设定保护装置定值，并进行定值核对。如有疑问应主动及时向整定计算专责人汇报，由整定计算专责人负责相应的定值调整，现场试验人员应做好记录。定值设定工作结束后，在定值通知单上签字并移交现场运行部门。

4.3.2.4 继电保护专业编制的定值通知单上由计算人、复算人、审核人、批准人签字并加盖“继电保护专用章”方能有效。

4.3.2.5 定值通知单一式四份，应分别发给责任部门（班组）、运行部门、厂技术主管部门和档案室。运行部门现场应配置保护定值本，并根据定值的更改情况及时进行定值单的变更。报批时定值单可以只有一份，原件责任部门（班组）留存，其他部门可用复印件。

4.3.2.6 定值通知单应严格按照保护装置实际定值格式编制，至少应包括设备参数、整定定值、动作时间、保护控制字和出口控制字等。定值通知单应按年度统一编号，并注明签发日期、限定执行日期、定值更改原因和作废的定值通知单号等。

4.3.2.7 新的定值通知单下发到相应部门执行完毕后应由执行人员和运行人员签字确认，注明执行日期，同时撤下原作废定值单。如原作废定值单无法撤下，则应在无效的定值通知单上加盖“作废”章。执行完毕的定值通知单应反馈至责任部门（班组）统一管理。有效定值单与作废定值单应分别存放管理。

4.3.2.8 继电保护责任部门（班组）应有继电保护定值变更记录本，详细记录继电保护定值变更情况。

4.3.2.9 继电保护现场定检后要进行保护定值三核对，核对检验报告与定值单一致、核对定值单与设备设定值一致、核对设备参数设定值符合现场实际。

4.3.3 软件版本管理

4.3.3.1 微机型保护装置的各种保护功能软件（含可编程逻辑）均须有软件版本号、校验码和程序生成时间等完整软件版本信息（统称软件版本）。

4.3.3.2 保护设备投入运行前，对微机型保护软件版本进行核对，核对结果备案，需报当地电网的还需将核对结果报调度部门。

4.3.3.3 涉网的微机型保护软件升级，应由光伏发电站提出，并由装置制造厂家向相应调度机构提出书面申请，经调度机构审批后方可进行保护软件升级。

4.3.3.4 运行或即将投入运行的微机型继电保护装置的内部逻辑不得随意更改。未经相应继电保护运行管理部门同意，不得进行继电保护装置软件升级工作。

4.3.3.5 微机型继电保护装置投产 1 周内，运行维护单位应将继电保护软件版本与定值回执单同时报定值单下发单位。

4.3.3.6 微机型保护的软件档案应包括保护型号、制造厂家、保护说明书、软件版本、保护厂家的软件升级申请等，软件档案需登记在册，定期监督检查。

4.3.3.7 并网光伏发电站的高压母线保护、线路保护、断路器失灵保护等涉及电网安全的微机型保护软件，应向相应调度管理报批和备案。

4.3.4 巡视检查

4.3.4.1 应按照 DL/T 587 及制造厂提供的资料等及时编制、修订继电保护运行规程，在工作中应严格执行各项规章制度及反事故措施和安全技术措施。通过有秩序的工作和严格的技术监督，杜绝继电保护人员因人为责任造成的“误碰、误整定、误接线”事故。

4.3.4.2 应统一规定本站微机型继电保护装置名称，装置中各保护段的名称和作用。

4.3.4.3 每天巡视应核对微机型继电保护装置及自动装置的时钟。

4.3.4.4 每月对微机型继电保护装置和故障录波装置进行核对并记录，其内容包括：

a） 核对保护投入是否正确，确认保护投入控制字和硬压板同时投入。

b） 每组电压、电流模拟量三相之间比较，确认采样准确。

c） 检查零序电流、负序电流变化趋势。

d） 检查装置有无启动或报警信息，对故障录波器中频繁启动的同一事件应记录并分析。

e） 核对装置对时是否准确，对时不准时应加强人工对时。

4.3.4.5 结合技术监督检查、检修和运行维护工作，检查本单位继电保护接地系统和抗干扰措施是否处于良好状态。

4.3.4.6 对直流系统进行的运行与定期维护工作，应符合 DL/T 724 相关要求。

4.3.4.7 应定期对充电、浮充电装置进行全面检查，校验其稳压、稳流精度和纹波系数，不符合要求的，应及时对其进行调整。

4.3.4.8 浮充电运行的蓄电池组，除制造厂有特殊规定外，应采用恒压方式进行浮充电。浮充电时，严格控制单体电池的浮充电压上、下限，防止蓄电池因充电电压过高或过低而损坏，若充电电流接近或为零，应重点检查是否存在开路的蓄电池；浮充电运行的蓄电池组，应严格控制所在蓄电池室环境温度不能长期超过 30℃，防止因环境温度过高使蓄电池容量严重下降，运行寿命缩短。

4.3.5 保护装置操作

4.3.5.1 对运行中的保护装置的外部接线进行改动，应履行如下程序：

a） 在原图上做好修改，经主管技术领导批准。

b） 按图施工，不允许凭记忆工作；拆动二次回路时应逐一做好记录，恢复时严格核对。

c） 改完后，应做相应的逻辑回路整组试验，确认回路、极性及整定值完全正确，然后交由值班运行人员确认后再申请投入运行。

d） 完成工作后，应立即通知现场与主管继电保护部门修改图纸，工作负责人在现场修改图上签字，没有修改的原图应作废。

4.3.5.2 在下列情况下应停用整套微机型继电保护装置：

a） 微机型继电保护装置使用的交流电压、交流电流、开关量输入、开关量输出回路作业。

b） 装置内部作业。

c） 继电保护人员输入定值影响装置运行时。

4.3.5.3 微机型继电保护装置在运行中需要切换已固化好的成套定值时，由现场运行人员按规定的方法改变定值，此时不必停用微机型继电保护装置，但应立即显示（打印）新定值，并与主管部门核对定值单。

4.3.5.4 带纵联保护的微机型线路保护装置如需停用直流电源，应在两侧纵联保护停用后，才允许停直流电源。

4.3.5.5 远方更改微机型继电保护装置定值或操作微机型继电保护装置时，应根据现场有关运行规定进行操作，并有保密、监控措施和自动记录功能。同时还应注意防止干扰经由微机型保护的通信接口侵入，导致继电保护装置的不正确动作。

4.3.5.6 运行中的微机型继电保护装置和继电保护信息管理系统电源恢复后，若不能保证时钟准确，运行人员应校对时钟。

4.3.5.7　运行中的装置做改进时，应有书面改进方案，按管辖范围经继电保护主管部门批准后方允许进行。改进后应做相应的试验，及时修改图样资料并做好记录。

4.3.5.8　现场运行人员应保证打印报告的连续性，妥善保管打印报告，并及时移交继电保护专业人员。

4.3.5.9　防止直流系统误操作：

a）改变直流系统运行方式的各项操作应严格执行现场规程规定。

b）直流母线在正常运行和改变运行方式的操作中，严禁脱开蓄电池组。

c）充电、浮充电装置在检修结束恢复运行时，应先合交流侧开关，再带直流负荷。

4.3.6　保护装置事故处理

4.3.6.1　继电保护及安全自动装置出现异常、告警、跳闸后，运行值班人员应准确完整记录运行工况、保护动作信号、报警信号等，打印有关保护装置及故障录波器动作报告，根据该装置的现场运行规程进行处理，并立即向主管领导汇报，及时通知继电保护专业人员。未打印出故障报告之前，现场人员不得自行进行装置试验。

4.3.6.2　继电保护专业人员应及时收集继电保护装置录波数据、启动保护和动作报告，并根据事故影响范围收集同一时段全站相关故障录波器的录波数据，核对保护及自动装置的动作情况及动作报告、故障时的运行方式、一次设备的故障情况，对保护装置的动作行为进行初步分析。

4.3.6.3　出现不正确动作情况后，继电保护专业人员应会同安监、运行维护部门，根据事故情况，有目的地拟定具体检验项目及检验顺序，尽快进行事故后检验。对复杂保护的不正确动作，可联系相关技术监督服务单位、装置制造厂家等参与检查、分析。

4.3.6.4　事故后检验工作结束，继电保护专业人员应根据检验结果，及时分析不正确动作原因，在3天内形成分析报告，并归档动作信息资料，动作信息资料清单及要求见附录A。对于暂时原因不明的不正确动作现象，应根据检验情况及分析结果，拟定方案，以备再次进行现场检查，直至查明不正确动作的真实原因。当不得已将装置的不正确动作定为“原因不明”时，必须采取慎重态度，经本单位主管生产领导批准，并采取相应的措施或制定防止再次误动作的方案。

4.3.6.5　继电保护及安全自动装置异常、故障、动作分析报告应包括以下内容：

a）故障及继电保护及安全自动装置动作情况简述。

b）动作的继电保护及安全自动装置型号、生产厂家、投运年限、定检情况。

c）系统运行方式。

d）故障过程中继电保护及安全自动装置动作的详细分析。

e）继电保护及安全自动装置动作行为评价，对装置的评估。

f）附装置动作报告、故障录波图的扫描图。

4.3.6.6　微机型继电保护装置插件出现异常时，继电保护人员应用备用插件更换异常插件，更换备用插件后应对整套保护装置进行必要的检验。

4.3.6.7　新投运或电流、电压回路发生变更的220kV电压等级及以上电气设备，在第一次经历区外故障后，应通过打印保护装置和故障录波器报告的方式校核保护交流采样值、收发信开关量、功率方向及差动保护差流值的正确性。

4.3.7 保护装置分析评价

4.3.7.1 继电保护部门应按照 DL/T 623 对所管辖的各类（型）继电保护装置的动作情况进行统计分析，并对装置本身进行评价。对于 1 个事件，继电保护正确动作率评价以继电保护装置内含的保护功能为单位进行评价。对不正确的动作应分析原因，提出改进对策，并及时报主管部门。

4.3.7.2 对于微机型继电保护装置投入运行后发生的第一次区内、外故障，继电保护人员应通过分析微机型继电保护装置的实际测量值来确认交流电压、交流电流回路和相关动作逻辑是否正常。既要分析相位，也要分析幅值。

4.3.7.3 35kV 及以上设备继电保护装置动作后，应在规定时间、周期内向上级部门报送管辖设备运行情况和统计分析报表。

4.3.7.3.1 事故发生后应在规定时间内上报继电保护和故障录波器报告，并在事故后 3 天内及时填报相应动作评价信息。

4.3.7.3.2 继电保护动作统计报表内容包括保护动作时间、保护安装地点、故障及保护装置动作情况简述、被保护设备名称、保护型号及生产厂家、装置动作评价、不正确动作责任分析、故障录波器录波次数等。

4.3.7.3.3 继电保护动作评价：除继电保护动作统计报表内容外，还应包括保护装置动作评价及其次数、保护装置不正确动作原因等。

4.3.7.3.4 保护动作波形应包括继电保护装置上打印的波形、故障录波器打印波形并下载的 COMTRADE 格式数据文件。

4.3.8 保护装置的缺陷处理与备品配件

4.3.8.1 继电保护装置出现异常时，当值运行人员应根据该装置的现场运行规程进行处理，并立即向主管领导汇报，及时通知继电保护专业人员。

4.3.8.2 微机型继电保护装置插件出现异常时，继电保护人员应用备用插件更换异常插件，更换备用插件后应对整套保护装置进行必要的检验。

4.3.8.3 继电保护装置动作（跳闸或重合闸）后，现场运行人员应按要求做好记录和复归信号，将动作情况和测距结果立即向主管领导汇报，并打印故障报告。未打印出故障报告之前，现场人员不得自行进行装置试验。

4.3.8.4 应加强变压器主保护、母线差动保护、断路器失灵保护、线路快速保护等重要保护的运行维护，重视快速主保护的备品配件管理和消缺工作。应将备品配件的配备，以及母线差动等快速主保护因缺陷超时停役纳入本厂的技术监督的工作考核之中。

4.3.8.5 应储备必要的备用插件，备用插件宜与微机型继电保护装置同时采购。备用插件应视同运行设备，保证其可用性。储存有集成电路芯片的备用插件，应有防止静电措施。

4.3.8.6 微机型保护装置的电源板（或模件）应每 6 年对其更换一次，以免由此引起保护拒动作或误启动。

4.3.8.7 新投运或电流、电压回路发生变更的 220kV 电压等级及以上电气设备，在第一次经历区外故障后，宜通过打印保护装置和故障录波器报告的方式校核保护交流采样值、收发信开关量、功率方向及差动保护差流值的正确性。

4.4 检验监督

4.4.1 继电保护装置检验基本要求

4.4.1.1 继电保护装置检验应符合 DL/T 995 及有关微机型继电保护装置检验规程、反事故措施和现场工作保安相关规定。同步相量测量装置和时间同步系统的检测，还应分别符合 GB/T 26862 和 GB/T 26866 的相关要求。

4.4.1.2 对继电保护装置进行计划性检验前，应编制继电保护标准化作业指导书，检验期间认真执行继电保护标准化作业书，不应为赶工期减少检验项目和简化安全措施。

4.4.1.3 进行微机型继电保护装置的检验时，应充分利用其自检功能，主要检验自检功能无法检测的项目。

4.4.1.4 新安装、全部和部分检验的重点应放在微机型继电保护装置的外部接线和二次回路。

4.4.1.5 对运行中的继电保护装置外部回路接线或内部逻辑进行改动工作后，应做相应的试验，确认回路接线及逻辑正确后，才能投入运行。

4.4.1.6 继电保护装置检验应做好记录，检验完毕后应向运行人员交代有关事项，及时整理检验报告，保留好原始记录。

4.4.1.7 继电保护检验所选用的微机型校验仪器应符合 DL/T 624 的相关要求，定期检验应符合 DL/T 1153 的相关要求。重视微机型继电保护试验装置的检验、管理与防病毒工作，防止因试验设备性能、特性不良而引起保护装置的误整定、误试验。

4.4.1.8 检验所用仪器、仪表应由专人管理，特别应注意防潮、防震。确保试验装置的准确度及各项功能满足继电保护试验的要求，防止因试验仪器、仪表存在问题而造成继电保护误整定、误试验事件的发生。

4.4.2 继电保护装置检验种类

4.4.2.1 继电保护检验主要包括新安装装置的验收检验、运行中装置的定期检验（以下简称“定期检验”）和运行中装置的补充检验（以下简称“补充检验”）三种类型。

4.4.2.2 新安装装置的验收检验，在下列情况进行：

a） 当新安装的一次设备投入运行时。

b） 当在现有的一次设备上投入新安装的装置时。

4.4.2.3 定期检验分为三种，包括：

a） 全部检验。

b） 部分检验。

c） 用装置进行断路器跳、合闸试验。

4.4.2.4 补充检验分为五种，包括：

a） 对运行中的装置进行较大的更改或增设新的回路后的检验。

b） 检修或更换一次设备后的检验。

c） 运行中发现异常情况后的检验。

d）事故后检验。

e）已投运行的装置停电1年及以上，再次投入运行时的检验。

4.4.3 定期检验的内容与周期

4.4.3.1 定期检验应根据 DL/T 995 所规定的周期、项目及各级主管部门批准执行的标准化作业指导书的内容进行。

4.4.3.2 定期检验周期计划的制定应综合考虑设备的电压等级及工况，按 DL/T 995 要求的周期、项目进行。

4.4.3.3 制定部分检验周期计划时，可视装置的电压等级、制造质量、运行工况、运行环境与条件，适当缩短检验周期、增加检验项目。

a）新安装装置投运后1年内应进行第一次全部检验。在装置第二次全部检验后，若发现装置运行情况较差或已暴露出了应予以监督的缺陷，可考虑适当缩短部分检验周期，并有目的、有重点地选择检验项目。

b）110kV 及以上电压等级的微机型装置宜每2年～4年进行一次部分检验，每6年进行一次全部检验；非微机型装置参照220kV 及以上电压等级同类装置的检验周期。

c）箱式变压器配置智能保护器，宜每2年～4年做一次定值试验，保护出口动作试验应结合断路器跳闸进行。智能保护器试验一般分为长时限过电流、短时限过电流和电流速断保护试验。智能保护器试验一般使用厂家配备的专用试验仪器。

d）利用装置进行断路器的跳、合闸试验宜与一次设备检修结合进行。必要时，可进行补充检验。

4.4.3.4 电力系统同步相量测量装置和电力系统的时间同步系统检测宜每 2 年～4 年进行一次。

4.4.3.5 结合变压器检修工作，应按照 DL/T 540 的要求校验气体继电器。对大型变压器应配备经校验性能良好、整定正确的气体继电器作为备品。

4.4.3.6 对直流系统进行维护与试验，应符合 GB/T 19826 及 DL/T 724 的相关规定。

4.4.3.7 定期对蓄电池进行核对性放电试验，确切掌握蓄电池的容量。新安装的阀控密封蓄电池组，应进行核对性放电试验。以后每隔 2 年～3 年进行一次核对性放电试验。运行 6 年以后的蓄电池组，每年做一次核对性放电试验。

4.4.3.8 每 1 年～2 年对微机型继电保护检验装置进行一次全部检验。

4.4.3.9 母线差动保护、断路器失灵保护及自动装置中切除负荷、切除线路或变压器的跳、合断路器试验，允许用导通方法分别证实至每个断路器接线的正确性。

4.4.4 继电保护现场检验的监督重点

4.4.4.1 定期检验时，在做好安全措施的基础上，用 1000V 绝缘电阻表测量回路对地绝缘电阻值应大于 1MΩ。

4.4.4.2 定期检验时，应检查装置电源模块或板件的使用年限，一般宜运行 6 年～8 年后更换装置电源模块或板件。

4.4.4.3 全部检验时，仅要求对已投入使用的开入、开出量进行检查；部分检验时，可结合装置的整组试验一并进行。

4.4.4.4 对模拟量的采样精度检查，全部检验时可仅输入不同幅值的电压和电流量，部分检验时仅输入额定电压和电流量。

4.4.4.5 对保护定值的校验，全部检验时宜对主保护的全部整定项目进行检验，后备保护整定项目应根据运行情况自行制定；部分检验时可结合装置的整组试验一并进行。

4.4.4.6 对新投入运行设备的装置试验，应先进行如下的准备工作：

a） 了解设备的一次接线及投入运行后可能出现的运行方式和设备投入运行的方案，该方案应包括投入初期的临时继电保护方式。

b） 检验前应确认相关资料齐全准确。资料包括：装置的原理接线图（设计图）及与之相符合的二次回路安装图，电缆敷设图，电缆编号图，断路器操作机构图，TA、TV端子箱图及二次回路分线箱图等全部图纸，以及成套保护装置的技术说明及断路器操作机构说明， TA、TV的出厂试验报告等。

c） 根据设计图纸，到现场核对所有装置的安装位置是否正确，TA的安装位置是否合适，有无保护死区等。

d） 对扩建装置的调试，除应了解设备的一次接线外，还应了解与已运行的设备有关联部分的详细情况，按现场的具体情况制定现场工作的安全措施，以防止发生误碰运行设备的事故。

4.4.4.7 试验回路的接线原则，应使通入装置的电气量与其实际工作情况相符。

4.4.4.8 只能用整组试验的方法，即除由电流及电压端子通入与故障情况相符的模拟故障量外，保护装置处于与投入运行完全相同的状态下，检查保护回路及整定值的正确性。不允许用卡继电器触点、短路触点或类似人为手段做保护装置的整组试验。

4.4.4.9 模拟故障的试验回路，应具备对装置进行整组试验的条件。

4.4.4.10 对装置的定值校验，应按批准的定值通知单进行。检验工作负责人应熟知定值通知单的内容，并核对所给的定值是否齐全，确认所使用的TA、TV的变比值是否与现场实际情况相符合。

4.4.4.11 继电保护装置停用后，其出口跳闸回路应有明显的断开点（打开压板或接线端子片等）才能确认断开点以前的保护已经停用。

4.4.4.12 对于采用单相重合闸，由压板控制正电源的三相分相跳闸回路，停用时除断开压板外，还应断开各分相跳闸回路的输出端子，才能认为该保护已停用。

4.4.4.13 分部试验应采用和保护同一直流电源，试验用直流电源应由专用熔断器供电。

4.4.4.14 应对保护装置做拉合直流电源的试验，保护在此过程中不得出现误动作或误发信号的情况。

4.4.4.15 新投入、大修后或改动二次回路的差动保护，保护投运前应测六角图及差回路的不平衡电流，以确认二次极性及接线正确无误。变压器第一次投入系统时应将差动保护投入跳闸，变压器充电良好后停用，然后变压器带上部分负荷，测六角图，同时测差回路的不平衡电流，证实二次接线及极性正确无误后，再将保护投入跳闸。在上述各种情况下，变压器的重瓦斯保护均应投入跳闸。

4.4.4.16 新投入、大修后或改动了二次回路的差动保护，在投入运行前，除测定相回路及差回路电流外，还应测各中性线的不平衡电流，以确保回路完整、正确。

4.4.4.17 所有试验仪表、测试仪器等，均应按使用说明书的要求做好相应的接地（在被测保护屏的接地点）后，才能接通电源；注意与引入被测电流电压的接地关系，避免将输入的被测电流或电压短路；只有当所有电源断开后，才能将接地点断开。

4.4.4.18 所有正常运行时动作的电磁型电压及电流继电器的触点，应严防抖动。

4.4.4.19 多套保护回路共用一组 TA，停用其中一套保护进行试验时，或者与其他保护有关联的某一套进行试验时，应特别注意做好其他保护的安全措施。

4.4.4.20 新安装及解体检修后的TA应做变流比及伏安特性试验，并做三相比较以判别二次绕组有无匝间短路和一次导体有无分流；注意检查 TA 末屏是否已可靠接地。

4.4.4.21 变压器中性点TA的二次伏安特性应与接入的电流继电器启动值校对，保证后者在通过最大短路电流时能可靠动作。

4.4.4.22 应注意校核继电保护通信设备（光纤）传输信号的可靠性和冗余度，防止因通信设备的问题而引起保护不正确动作。

4.4.4.23 在安排继电保护装置进行定期检验时，应重视对快切装置及备自投装置的定期检验，按 DL/T 995 的相关要求，按照动作条件，对快切装置及备自投装置做模拟试验，以确保装置随时正确投切。

4.4.4.24 对采用金属氧化物避雷器接地的 TV 二次回路，应检查其接线的正确性及金属氧化物避雷器的工频放电电压，防止造成电压二次回路多点接地的现象。定期检查时可用绝缘电阻表检验击穿熔断器或金属氧化物避雷器的工作状态是否正常。一般当用 1000V 绝缘电阻表时，击穿熔断器或金属氧化物避雷器不应击穿；而用 2500V 绝缘电阻表时，则应可靠击穿。

4.4.4.25 为防止试验过程中分合闸线圈通电时间过长造成线圈损坏，在进行断路器跳合闸试验中，不能采用电压缓慢增加的方式，而是采用试验电压突加法，并在试验仪设置输出电压为时间 100ms～350ms，确保线圈通电时间不超过 500ms，以检查断路器的动作情况。

4.4.4.26 多通道差动保护（如变压器差动保护、母线差动保护）为防止因备用电流通道采样突变引起保护误动作，应将备用电流通道屏蔽，或将该通道 TA 变流比设置为最小。

4.4.4.27 保护装置检修结束，在装置投运后应打印保护定值，并核对、存档。

5 监督管理要求

5.1 监督基础管理工作

5.1.1 一般要求

应按照集团公司《电力技术监督管理办法》和本标准的要求，制定电站继电保护监督管理标准，并根据国家法律、法规及国家、行业、集团公司标准、规范、规程、制度，结合电站实际情况，编制继电保护监督相关/支持性文件；建立健全技术资料档案，以科学、规范的监督管理，保证继电保护装置的安全可靠运行。

5.1.2 编制继电保护监督相关/支持性文件

a） 继电保护及安全自动装置检验规程。

b） 继电保护及安全自动装置运行规程。

c）继电保护及安全自动装置检验管理规定。

d）继电保护及安全自动装置定值管理规定。

e）微机保护软件管理规定。

f）继电保护装置投退管理规定。

g）继电保护反事故措施管理规定。

h）继电保护图纸管理规定。

i）故障录波装置管理规定。

j）继电保护及安全自动装置巡回检查管理规定。

k）继电保护及安全自动装置现场保安工作管理规定。

l）继电保护试验仪器、仪表管理规定。

m）设备巡回检查管理标准。

n）设备检修管理标准。

o）设备缺陷管理标准。

p）设备异动管理标准。

q）设备停用、退役管理标准。

5.1.3 技术资料档案

5.1.3.1 基建阶段技术资料：

a）竣工原理图、安装图、设计说明、电缆清册等设计资料。

b）制造厂商提供的装置说明书、保护柜（屏）原理图、合格证明和出厂试验报告、保护装置调试大纲等技术资料。

c）继电保护及安全自动装置新安装检验报告（调试报告）。

d）蓄电池厂家产品使用说明书、产品合格证明书及充、放电试验报告；充电装置、绝缘监察装置、微机型监控装置的厂家产品使用说明书、电气原理图和接线图、产品合格证明书及验收检验报告等。

5.1.3.2 设备清册及设备台账：

a）继电保护装置清册及台账，包括线路（含电缆）保护、母线保护、变压器保护、并联电抗器保护、断路器保护、过电压及远方跳闸保护、其他保护等。

b）安全自动装置清册及台账，包括同期装置、安全稳定控制装置、同步相量测量装置、继电保护及故障信息管理系统子站等。

c）故障录波及测距装置清册及台账。

d）电力系统时间同步系统台账。

e）直流电源系统清册及台账。

f）并网逆变器本体保护系统台账。

5.1.3.3 试验报告：

a）继电保护及安全自动装置定期检验报告。

b）蓄电池组、充电装置绝缘监察装置、微机型监控装置等的定期试验报告。

c）继电保护试验仪器、仪表检验报告（原始记录）。

5.1.3.4 运行报告和记录：

a） 继电保护及安全自动装置动作记录表。

b） 继电保护及安全自动装置缺陷及故障记录表。

c） 故障录波装置启动记录表。

d） 继电保护整定计算报告。

e） 继电保护定值通知单。

f） 装置打印的定值清单。

5.1.3.5 检修维护报告和记录：

a） 检修质量控制质检点验收记录。

b） 检修文件包（继电保护现场检验作业指导书）。

c） 检修记录及竣工资料。

d） 检修总结。

e） 设备检修记录和异动记录。

5.1.3.6 缺陷闭环管理记录：月度缺陷分析。

5.1.3.7 事故管理报告和记录：

a） 设备事故、一类障碍统计记录。

b） 继电保护动作分析报告。

5.1.3.8 技术改造报告和记录：

a） 可行性研究报告。

b） 技术方案和措施。

c） 技术图纸、资料、说明书。

d） 质量监督和验收报告。

e） 完工总结报告和后评估报告。

5.1.3.9 监督管理文件：

a） 与继电保护监督有关的国家法律、法规及国家、行业、集团公司标准、规范、规程、制度。

b） 电厂制定的继电保护监督标准、规程、规定、措施等。

c） 继电保护监督年度工作计划和总结。

d） 继电保护监督季报、速报。

e） 继电保护监督预警通知单和验收单。

f） 继电保护监督会议纪要。

g） 继电保护监督工作自我评价报告和外部检查评价报告。

h） 继电保护监督人员档案、上岗证书。

i） 岗位技术培训计划、记录和总结。

j） 与继电保护装置以及监督工作有关重要来往文件。

5.2 日常管理内容和要求

5.2.1 健全监督网络与职责

5.2.1.1 按照集团公司《电力技术监督管理办法》《华能电厂安全生产管理体系》要求编制本

单位继电保护监督管理标准，做到分工、职责明确，责任到人。

5.2.1.2 工程设计阶段、建设阶段的技术监督，由产业公司、区域公司或电站建设管理单位规定归口职能管理部门，在本单位技术监督领导小组的领导下，负责继电保护技术监督的组织建设工作。

5.2.1.3 生产运行阶段的技术监督，由产业公司、区域公司、光伏发电站规定的归口职能管理部门，在光伏发电站技术监督领导小组的领导下，负责继电保护技术监督的组织建设工作，并设继电保护技术监督专责人，负责全厂继电保护技术监督日常工作的开展和监督管理。

5.2.1.4 技术监督归口职能管理部门每年年初要根据人员变动情况及时对网络成员进行调整；按照人员培训和上岗资格管理办法的要求，定期对技术监督专责人和特殊技能岗位人员进行专业和技能培训，保证持证上岗。

5.2.2 确定监督标准符合性

5.2.2.1 继电保护监督标准应符合国家、行业及上级主管单位的有关规定和要求。

5.2.2.2 每年年初，继电保护技术监督专责人应根据新颁布的标准规范及设备异动情况，组织对继电保护检修规程、运行规程等规程、制度的有效性、准确性进行评估，修订不符合项，经归口职能管理部门领导审核、生产主管领导审批后发布实施。国家标准、行业标准及上级单位监督规程、规定中涵盖的相关继电保护监督工作均应在电站规程及规定中详细列写齐全。在继电保护规划、设计、建设、更改过程中的继电保护监督要求等同采用每年发布的相关标准。

5.2.3 确定仪器仪表有效性

5.2.3.1 应建立继电保护监督用仪器仪表设备台账，根据检验、使用及更新情况进行补充完善。

5.2.3.2 根据检验周期，每年应制定继电保护监督仪器仪表的检验计划，根据检验计划定期进行检验或送检，对检验合格的可继续使用，对检验不合格的则送修，对送修仍不合格的作报废处理。

5.2.4 制定监督工作计划

5.2.4.1 继电保护技术监督专责人每年 11 月 30 日前应组织完成下年度技术监督工作计划的制定工作，并将计划报送产业公司、区域公司，同时抄送西安热工研究院。

5.2.4.2 光伏发电站技术监督年度计划的制定依据至少应包括以下几方面：

a） 国家、行业、地方有关电力生产方面的法规、政策、标准、规范、反事故措施要求。

b） 集团公司、产业公司、区域公司、发电企业技术监督工作规划和年度生产目标。

c） 集团公司、产业公司、区域公司、发电企业技术监督管理制度和年度技术监督动态管理要求。

d） 技术监督体系健全和完善化。

e） 人员培训和监督用仪器设备配备和更新。

f） 检修计划。

g）继电保护装置目前的运行状态。

h） 技术监督动态检查、预警、月（季报）提出的问题。

i） 收集的其他有关继电保护设计选型、制造、安装、运行、检修、技术改造等方面的动态信息。

5.2.4.3 继电保护技术监督年度计划主要内容应包括以下方面：

a） 健全继电保护技术监督组织机构。

b） 监督标准、相关技术文件制订或修订。

c） 定期工作计划。

d） 机组检修期间应开展的技术监督项目计划。

e） 试验仪器仪表检验计划。

f） 技术监督工作自我评价与外部检查迎检计划。

g） 技术监督发现问题的整改计划。

h） 人员培训计划（主要包括内部培训、外部培训取证，规程宣贯）。

i） 技术监督季报、总结编制、报送计划。

j） 网络活动计划。

5.2.4.4 继电保护监督专责人每季度对继电保护监督各部门的监督计划的执行情况进行检查，对不满足监督要求的通过技术监督不符合项通知单的形式下发到相关部门进行整改，并对继电保护监督的相关部门进行考评。技术监督不符合项通知单编写格式见附录B。

5.2.5 监督档案管理

5.2.5.1 电站应建立和健全继电保护技术监督档案、规程、制度和技术资料，确保技术监督原始档案和技术资料的完整性和连续性。

5.2.5.2 根据继电保护监督组织机构的设置和受监设备的实际情况，要明确档案资料的分级存放地点，并指定专人负责整理保管。

5.2.5.3 继电保护技术监督专责人应建立继电保护档案资料目录清册，并负责及时更新。

5.2.6 监督报告管理

5.2.6.1 继电保护监督季报报送。继电保护技术监督专责人应按照附录 C 规定的格式和要求，组织编写上季度继电保护技术监督季报，每季度首月 5 日前报送产业公司、区域公司、西安热工研究院。

5.2.6.2 继电保护监督速报报送。光伏发电站发生继电保护设备异常可能影响电站正常运行时，应在 24h 内，将事件概况、原因分析、采取措施按照附录 D 规定的格式，以速报的形式报送产业公司、区域公司、西安热工研究院。

5.2.6.3 继电保护监督年度工作总结报送。

5.2.6.3.1 每年 1 月 5 日前编制完成上年度技术监督工作总结，并报送产业公司、区域公司、西安热工研究院。

5.2.6.3.2 年度监督工作总结主要包括以下内容：

a） 主要工作完成情况。

b） 工作亮点。

c） 存在的问题：未完成工作，存在问题分析，经验与教训。

d） 下一步工作思路及主要措施。

5.2.7 监督例会管理

5.2.7.1 电站每年至少召开两次继电保护技术监督工作会，检查、布置、总结技术监督工作，对技术监督中出现的问题提出处理意见和防范措施，形成会议纪要，按管理流程批准后发布实施。

5.2.7.2 例会主要内容包括：

a） 上次监督例会以来继电保护监督工作开展情况。

b） 继电保护装置故障、缺陷分析及处理措施。

c） 继电保护监督存在的主要问题及解决措施/方案。

d） 上次监督例会提出问题整改措施完成情况的评价。

e） 技术监督工作计划发布及执行情况，监督计划的变更。

f） 集团公司技术监督季报，监督通讯，新颁布的国家、行业标准规范，监督新技术学习交流。

g） 继电保护监督需要领导协调和其他部门配合和关注的事项。

h） 至下次监督例会时间内的工作要点。

5.2.8 监督预警管理

5.2.8.1 继电保护监督三级预警项目见附录 E，光伏发电站应将三级预警识别纳入日常继电保护监督管理和考核工作中。

5.2.8.2 光伏发电站应根据监督单位签发的预警通知单（见附录 F）制定整改计划，明确整改措施、责任人、完成日期。

5.2.8.3 问题整改完成后，电站应按照技术监督预警管理办法规定提出验收申请，验收合格后，由监督单位签发预警验收单（见附录 G）并备案。

5.2.9 监督问题整改管理

5.2.9.1 整改问题的提出：

a） 上级单位、西安热工研究院在技术监督动态检查、评价时提出的整改问题。

b） 监督季报中提出的产业公司、区域公司督办问题。

c） 监督季报中提出的发电企业需要关注及解决的问题。

d） 每季度对继电保护监督计划的执行情况进行检查，对不满足监督要求提出的整改问题。

5.2.9.2 问题整改管理：

a） 光伏发电站收到技术监督评价报告后，应组织有关人员会同西安热工研究院在两周内完成整改计划的制定和审核，并将整改计划报送产业公司、区域公司，同时抄送西安热工研究院。

b） 整改计划应列入或补充列入年度监督工作计划，光伏发电站按照整改计划落实整改工作，并将整改实施情况及时在技术监督季报中总结上报。

c） 对整改完成的问题，光伏发电站应保留问题整改相关的试验报告、现场图片、影像等技术资料，作为问题整改情况评估的依据。

5.3 各阶段监督重点工作

5.3.1 设计与选型阶段

5.3.1.1 新建、扩建、更改工程一次系统规划建设中，应充分考虑继电保护适应性，避免出现特殊接线方式造成继电保护配置及整定难度的增加，为继电保护安全可靠运行创造良好条件。技术监督管理部门应参加工程各阶段设计审查。

5.3.1.2 新建、扩建、更改工程设计阶段，设计单位应严格执行相关国家、行业标准及继电保护反事故措施，对于未认真执行的设计项目，应要求其进行设计更改直至满足要求。

5.3.1.3 继电保护的配置和选型必须满足相关标准和反事故措施的要求。保护装置选型应采用技术成熟、性能可靠、质量优良的产品。涉网及重要电气主设备的继电保护装置应组织出厂验收。

5.3.2 基建施工、调试及验收阶段

5.3.2.1 继电保护及安全自动装置屏、柜及二次回路接线安装工程的施工及验收应符合相关标准的要求，保证施工质量。基建施工单位应严格按照相关标准的要求进行施工，否则拒绝给予工程验收。

5.3.2.2 基建调试应严格按照相关标准的要求执行，不得为赶工期减少调试项目，降低调试质量。

5.3.2.3 继电保护及安全自动装置的现场竣工验收应制定详细的验收标准，确保验收质量。

5.3.2.4 新建、扩建、更改工程竣工后，设计单位在提供竣工图的同时应提供可供修改的CAD文件光盘或U盘。

5.3.3 运行维护阶段

5.3.3.1 编制继电保护及安全自动装置运行规程。

5.3.3.2 建立继电保护技术档案（含设备台账、竣工图纸、厂家技术资料、运行资料、定检报告、事故分析、发生缺陷及消除、反事故措施执行、保护定值等），并采用计算机管理。

5.3.3.3 编制正式的继电保护整定计算书，整定计算书应包括电气设备参数、短路计算、启动备用变压器保护整定计算、发电机变压器组保护整定计算、厂用系统保护整定计算等内容，整定计算书要妥善保存，以便日常运行或事故处理时核对，整定计算书应经专人全面复核，以保证整定计算的原则合理、定值计算正确。定期对所辖设备的整定值进行全面复算和校核。

5.3.3.4 定期分析和评价继电保护的运行及动作情况。对继电保护不正确动作应分析原因，提出改进对策，编写保护动作分析报告。

5.3.3.5 建立微机型保护装置的软件版本档案，记录各装置的软件版本、校验码和程序形成时间。并网电厂的高压母线、线路、断路器等涉网保护装置的软件版本按相应电网调度部门的要求进行管理。

5.3.3.6 储备必要的保护装置备用插件，保证备品配件配备足够及完好。

5.3.3.7　加强故障录波装置运行管理，保证故障录波装置的投入率和录波完好率。定期对故障录波装置中的故障录波文件进行导出备份。

5.3.3.8　建立继电保护反事故措施管理档案。依据国家能源局、电网公司、集团公司等上级部门颁布的反事故措施，制定具体的实施计划和方案。

5.3.4　检修阶段

5.3.4.1　按照集团公司《电力检修标准化管理实施导则（试行）》做好检修全过程的监督管理。

5.3.4.2　根据一次设备检修安排合理编制年度保护装置的检验计划。装置检验前编制继电保护检修文件包（标准化作业指导书），检验期间严格执行，不应为赶工期减少检验项目和简化安全措施。继电保护现场工作应严格执行相关现场工作保安规定，规范现场人员作业行为，防止发生人身伤亡、设备损坏和继电保护“三误”（误碰、误接线、误整定）事故。

5.3.4.3　检修结束后，技术资料按照要求归档、设备台账实现动态维护、规程及系统图和定值进行修编，并综合费用及试运的情况进行综合评价分析。及时编写检修报告，并履行审批手续。

5.3.4.4　更改项目按照集团公司《资本性支出项目管理办法》做好项目可行性研究、立项、项目实施、后评价全过程监督。

6　监督评价与考核

6.1　评价内容

6.1.1　继电保护监督评价考核内容见附录 H。

6.1.2　继电保护监督评价内容分为继电保护监督管理、技术监督实施两部分。监督管理评价和考核项目 44 项，标准分 400 分；技术监督实施评价和考核项目 120 项，标准分 600 分；共计 160 项，标准分 1000 分，详见附录 H。

6.2　评价标准

6.2.1　被评价的电站按得分率的高低分为四个级别，即优秀、良好、一般、不符合。

6.2.2　得分率高于或等于 90%为“优秀”；80%～90%（不含 90%）为“良好”；70%～80%（不含 80%）为“合格”；低于 70%为“不符合”。

6.3　评价组织与考核

6.3.1　技术监督评价包括集团公司技术监督评价、属地电力技术监督服务单位技术监督评价、电站技术监督自我评价。

6.3.2　集团公司定期组织西安热工研究院和公司内部专家，对电站技术监督工作开展情况、设备状态进行评价，评价工作按照集团公司《电力技术监督管理办法》规定执行，分为现场评价和定期评价。

6.3.2.1　集团公司技术监督现场评价按照集团公司年度技术监督工作计划中所列的电站名单和时间安排进行。各电站在现场评价实施前应按附录 I《光伏发电站继电保护监督工作评价考核表》进行自查，编写自查报告。西安热工研究院在现场评价结束后三周内，应按照集团公司《电力技术监督管理办法》附录 D2 的格式要求完成评价报告，并将评价报告电子版报送集团公司安生部，同时发送产业公司、区域公司及发电站。

6.3.2.2 集团公司技术监督定期评价按照集团公司《电力技术监督管理办法》及本标准要求和规定，对发电站生产技术管理情况、设备运行情况、继电保护监督报告的内容符合性、准确性、及时性等进行评价，通过年度技术监督报告发布评价结果。

6.3.2.3 集团公司对严重违反技术监督制度、由于技术监督不当或监督项目缺失、降低监督标准而造成严重后果、对技术监督发现问题不进行整改的发电站，予以通报并限期整改。

6.3.2.4 发电站应督促属地技术监督服务单位依据技术监督服务合同的规定，提供技术支持和监督服务，依据相关监督标准定期对发电站技术监督工作开展情况进行检查和评价分析，形成评价报告报送发电站，发电站应将报告归档管理，并落实问题整改。

6.3.2.5 发电站应按照集团公司《电力技术监督管理办法》及《华能电厂安全生产管理体系要求》建立完善技术监督评价与考核管理标准，明确各项评价内容和考核标准。

6.3.2.6 发电站应每年按附录 H，组织安排继电保护监督工作开展情况的自我评价，并按集团公司《电力技术监督管理办法》附录格式编写自查报告，根据评价情况对相关部门和责任人开展技术监督考核工作。

附　录　A
（规范性附录）
继电保护及安全自动装置动作信息归档清单及要求

序号	归档清单	格式要求		时间要求
		文档类型	文档要求	
1	保护设备打印的动作（故障）报告	扫描的 pdf 文件或 .jpg 文件	扫描颜色宜选用灰度或黑白	跳闸后 3h 内
		数码照片.jpg 文件	数码照片的取景实物范围应不超过 A4 纸大小，画面的故障（动作）报告应平整、清晰	
2	保护及录波器的故障录波文件	录波原始文件		跳闸后 3h 内
3	一、二次设备检查情况	一、二次设备故障现场的数码照片.jpg	照片应能清晰分辨故障位置及设备损坏情况，引起保护不正确动作相关保护装置及二次回路，并附上相应说明	故障查明后 2h 内（继保人员）
4	保护动作分析报告	Word 文档	保护动作后，应编写保护动作分析报告，并提供系统接线方式和相应录波分析图，叙述保护动作的过程	初步分析报告 24h 内，正式报告通常应在事故原因查清后 1 个工作日内

附　录　B
（规范性附录）
技术监督不符合项通知单

编号（No）：××-××-××

发现部门（人）：　专业：　被通知部门、班组（人）：　签发：　日期：20××年××月××日

<table>
<tr><td>不符合项描述</td><td>1. 不符合项描述：

2. 不符合标准或规程条款说明：</td></tr>
<tr><td>整改措施</td><td>3. 整改措施：

制订人/日期：　　审核人/日期：</td></tr>
<tr><td>整改验收情况</td><td>4. 整改自查验收评价：

整改人/日期：　　自查验收人/日期：</td></tr>
<tr><td>复查验收评价</td><td>5. 复查验收评价：

复查验收人/日期：</td></tr>
<tr><td>改进建议</td><td>6. 对此类不符合项的改进建议：

建议提出人/日期：</td></tr>
<tr><td>不符合项关闭</td><td>整改人：　自查验收人：　复查验收人：　签发人：</td></tr>
<tr><td>编号说明</td><td>年份+专业代码+本专业不符合项顺序号</td></tr>
</table>

附 录 C
（规范性附录）
光伏发电站技术监督季报编写格式

××电站20××年×季度技术监督季报

编写人：××× 固定电话/手机：××××××

审核人：×××

批准人：×××

上报时间：20××年××月××日

C.1 工作开展情况

C.1.1 工作计划完成情况

根据本年度技术监督具体的工作计划，将各专业要开展的工作分解到每季度，统计年初到季报填写日期工作计划的完成情况。对已开展的工作完成情况做扼要说明，未按要求完成的工作计划应说明原因。

C.1.2 日常工作开展情况

针对日常的技术监督工作，包括管理和专业技术方面，即人员与监督网的调整、制度的完善、台账的建立、学习与培训、全站设备状况开展的运行、维护、检修、消缺等工作的开展情况。

C.2 运行数据分析

针对电站的各个专业相关设备运行的数据进行填报，并作简要分析（各专业提电站能够统计且相对重要的指标数据，可附Excel表）。

C.2.1 绝缘监督

色谱分析数据、预试报告数据。

C.2.2 电测监督

电测仪表运行状况及异常数据。

C.2.3 继电保护监督

保护及故障录波异常启动，保护系统故障。

C.2.4 电能质量监督

并网点及各35kV母线电压谐波、三相不平衡、电压波动及闪变运行状况及分析。

C.2.5 监控自动化监督

C.2.6 能效监督

本季度内，选择填报典型发电单元（逆变器为单位）的发电量，并对不同组件厂家典型发电单元发电量（注明组件制造商、类型、型号、安装时间、辐照量等信息）进行对比。

C.3 存在问题和处理措施

针对电站运行和日常技术监督工作中发现的问题以及问题处理情况做详细说明。

C.4 需要解决的问题

C.4.1 绝缘监督

C.4.2 电测监督

C.4.3 继电保护监督

C.4.4 电能质量监督

C.4.5 监控自动化监督

C.4.6 能效监督

C.5 下季度工作计划及重点开展工作

C.6 问题整改完成情况

C.6.1 技术监督动态查评提出问题整改完成情况

截至本季度动态查评提出问题整改完成情况统计报表见表C.1。

表C.1 截至本季度动态查评提出问题整改完成情况统计报表

上次查评提出问题项目数 项			截至本季度问题整改完成统计结果			
重要问题项数	一般问题项数	问题项合计	重要问题完成项数	一般问题完成项数	完成项目数小计	整改完成率 %

表 C.1（续）

问题整改完成说明				
序号	问题描述	专业	问题性质	整改完成说明
1				
2				
3				
注：问题性质是指问题的重要性和一般性，可填写“重要”或“一般”				

C.6.2 上季度《技术监督季报告》提出问题整改完成情况

上季度《技术监督季报告》提出问题整改完成情况报表见表 C.2。

表 C.2 上季度《技术监督季报告》提出问题整改完成情况报表

上季度《技术监督季报告》提出问题项目数 项			截至本季度问题整改完成统计结果			
重要问题项数	一般问题项数	问题项 合计	重要问题 完成项数	一般问题 完成项数	完成项目数 小计	整改完成率 %

问题整改完成说明				
序号	问题描述	专业	问题 性质	整改完成说明
1				
2				
3				
注：问题性质是指问题的重要性和一般性，可填写“重要”或“一般”				

C.7 附表

华能集团公司技术监督动态检查专业提出问题至本季度整改完成情况见表 C.3。华能集团公司《光伏发电技术监督报告》专业提出的存在问题至本季度整改完成情况见表 C.4。技术监督预警问题至本季度整改完成情况见表 C.5。

表 C.3 华能集团公司技术监督动态检查专业提出问题至本季度整改完成情况

序号	问题描述	问题 性质	西安热工研究院提出 的整改建议	发电站制定的整改 措施和计划完成时间	目前整改状态或 情况说明
注1：填报此表时需要注明集团公司技术监督动态检查的年度。 注 2：如 4 年内开展了 2 次检查，应按此表分别填报。待年度检查问题全部整改完毕后，不再填报					

表 C.4 华能集团公司《光伏发电技术监督报告》专业提出的存在问题至本季度整改完成情况

序号	问题描述	问题性质	问题分析	解决问题的措施及建议	目前整改状态或情况说明
注：要注明提出问题的《技术监督报告》的出版年度和季度					

表 C.5 技术监督预警问题至本季度整改完成情况

预警通知单编号	预警类别	问题描述	西安热工研究院提出的整改建议	发电站制定的整改措施和计划完成时间	目前整改状态或情况说明

附　录　D

（规范性附录）

技术监督信息速报

<table>
<tr><td>单位名称</td><td colspan="3"></td></tr>
<tr><td>设备名称</td><td></td><td>事件发生时间</td><td></td></tr>
<tr><td>事件概况</td><td colspan="3">注：有照片时应附照片说明。</td></tr>
<tr><td>原因分析</td><td colspan="3"></td></tr>
<tr><td>已采取的措施</td><td colspan="3"></td></tr>
<tr><td>监督专责人签字</td><td></td><td>联系电话
传　　真</td><td></td></tr>
<tr><td>生产副厂长或总工程师签字</td><td></td><td>邮箱</td><td></td></tr>
</table>

附 录 E
（规范性附录）
光伏发电站继电保护技术监督预警项目

E.1 一级预警

a） 由于继电保护及安全自动装置不正确动作造成严重的主设备或线路事故。
b） 同一电站连续出现多次引起大面积失电的继电保护不正确动作事故。
c） 二级预警后未按期完成整改任务。

E.2 二级预警

a） 由于专业人员的责任导致 2 次继电保护及安全自动装置不正确动作，且造成了较大的影响。
b） 保护不正确动作后，未及时准确查明继电保护装置不正确动作的原因，造成同类型保护不正确动作 2 次。
c） 同一 35kV 及以上电压等级设备继电保护及安全自动装置投产一年内发生 2 次不正确动作。
d） 同一电站连续出现 3 次引起较大面积失电的继电保护不正确动作事故。
e） 三级预警后未按期完成整改任务。

E.3 三级预警

a） 由于专业人员的责任导致 1 次继电保护及安全自动装置不正确动作，且造成了较大的影响。
b） 同一光伏发电站连续 2 次出现 35kV 及以上电压等级设备继电保护不正确动作事故。
c） 未定期校核继电保护及安全自动装置定值、保护定值存在错误或定值单存在较严重缺损。
d） 未结合本单位实际情况制订具体的继电保护反事故措施执行计划并逐步落实。
e） 现场保护装置未按上级要求执行最新定值整定或定值存在严重缺陷。
f） 继电保护及安全自动装置相关图纸严重缺失或与现场实际严重不符，不能正确用于现场实际。
g） 继电保护超期服役，未制订更新改造计划。
h） 蓄电池组容量达不到额定容量的 80%以上仍长期使用，未制订更换计划。

附 录 F
（规范性附录）
技术监督预警通知单

通知单编号：T-　　　　预警类别：　　　　日期：　　年　　月　　日

发电企业名称		
设备（系统）名称及编号		
异常情况		
可能造成或已造成的后果		
整改建议		
整改时间要求		
提出单位		签发人	

注：通知单编号：T–预警类别编号–顺序号–年度。预警类别编号：一级预警为1，二级预警为2，三级预警为3。

附 录 G
（规范性附录）
技术监督预警验收单

验收单编号：Y-　　　　　　　预警类别：　　　　　　　日期：　　年　　月　　日

<table>
<tr><td colspan="2">发电企业名称</td><td colspan="3"></td></tr>
<tr><td colspan="2">设备（系统）名称及编号</td><td colspan="3"></td></tr>
<tr><td>异常情况</td><td colspan="4"></td></tr>
<tr><td>技术监督服务单位整改建议</td><td colspan="4"></td></tr>
<tr><td>整改计划</td><td colspan="4"></td></tr>
<tr><td>整改结果</td><td colspan="4"></td></tr>
<tr><td>验收单位</td><td colspan="2"></td><td>验收人</td><td></td></tr>
</table>

注：验收单编号：Y-预警类别编号-顺序号-年度。预警类别编号：一级预警为1，二级预警为2，三级预警为3。

附　录　H
（规范性附录）
光伏发电站继电保护技术监督工作评价表

序号	评价项目	标准分	评价内容与要求	评分标准
1	监督管理	400		
1.1	组织与职责	50		
1.1.1	监督组织机构	10	应建立健全由生产副总经理或总工程师领导下的继电保护技术监督三级管理网，在归口职能管理部门设置继电保护技术监督专责人；应根据人员变动情况及时调整技术监督网络成员	检查正式下发的技术监督网络文件。无正式下发文件扣10分；有正式下发文件但网络设置不完善扣5分；人员变动后技术监督网络未及时调整扣5分；扣完为止
1.1.2	职责分工与落实	10	继电保护技术监督网络各级成员岗位职责明确、落实到人，技术监督工作开展顺畅、有效	检查《继电保护及安全自动装置监督管理标准》规定的各级监督人员职责，结合具体工作验证各级成员职责落实情况。《管理标准》中职责规定不明确扣10分；由于网络成员实际职责未有效落实，影响技术监督工作顺畅、有效开展的，酌情扣分；扣完为止
1.1.3	监督专责人持证上岗	30	继电保护技术监督专责人应持有中国华能集团公司颁发的《电力技术监督资格证书》	检查《电力技术监督资格证书》。未取得《电力技术监督资格证书》或超过有效期扣30分
1.2	标准符合性	80		
1.2.1	监督管理标准			
1.2.1.1	集团公司《电力技术监督管理办法》	5	应持有正式下发的集团公司《电力技术监督管理办法》	无正式下发《电力技术监督管理办法》文件扣5分
1.2.1.2	本单位《继电保护及安全自动装置监督管理标准》	15	应编制本单位《继电保护及安全自动装置监督管理标准》，编写的内容、格式应符合《华能电厂安全生产管理体系要求》和《华能电厂安全生产管理体系管理标准编制导则》以及国家、行业法律、法规、标准和集团公司《电力技术监督管理办法》相关的要求，并符合电厂实际情况	无正式颁发的《继电保护及安全自动装置监督管理标准》（以下简称《管理标准》）扣15分；《管理标准》编写格式不符合要求酌情扣分，不超过5分；《管理标准》控制点及其内容不满足要求酌情扣分，不超过10分；扣完为止

表（续）

序号	评价项目	标准分	评价内容与要求	评分标准
1.2.1.3	继电保护监督应建立的支持性管理文件 （1）《继电保护及安全自动装置检验管理规定》。 （2）《继电保护及安全自动装置定值管理规定》。 （3）《微机保护软件管理规定》。 （4）《继电保护装置投退管理规定》。 （5）《继电保护反事故措施管理规定》。 （6）《交流采样测量装置管理规定》。 （7）《仪器仪表委托检定管理规定》。 （8）《继电保护图纸管理规定》。 （9）《故障录波装置管理规定》。 （10）《继电保护及安全自动装置巡回检查管理规定》。 （11）《继电保护及安全自动装置现场保安工作管理规定》。 （12）《继电保护试验仪器、仪表管理规定》	10	继电保护监督相关管理文件应建立齐全，内容应完善	未编制相关管理文件扣 10 分；管理文件不齐全扣 5 分；管理文件内容不完善酌情扣分，不超过 5 分
1.2.2	监督技术标准			
1.2.2.1	继电保护监督相关国家、行业标准以及华能集团公司企业标准、国家电网公司或南方电网公司企业标准	10	应按照集团公司每年下发的《光伏发电站技术监督用标准规范目录》收集齐全，正式印刷版或电子扫描版均可	标准收集不齐全扣 10 分（部分标准尚未出版的除外）
1.2.2.2	本单位《继电保护及安全自动装置检验规程》	20	检验规程应编制齐全；检验规程内容应按照 DL/T 995 要求进行编写，检验规程中应有新安装检验、全部检验和部分检验的检验项目表，明确不同检验种类的具体检验项目，检验项目和方法应参考 DL/T 995 附录 B 表 B.1 进行编写	检验规程不齐全酌情扣分，不超过 10 分；检验规程内容编写不符合 DL/T 995 要求，酌情扣分，不超过 10 分

表（续）

序号	评价项目	标准分	评价内容与要求	评分标准
1.2.2.3	本单位《继电保护及安全自动装置运行规程》	20	运行规程应编制齐全，内容应规范	运行规程不齐全酌情扣分，不超过10分；运行规程内容不规范酌情扣分，不超过10分
1.3	仪器、仪表	20		
1.3.1	继电保护试验仪器、仪表台账	5	仪器、仪表台账内容应齐全、准确，与实际设备相符；台账内容应及时更新（设备台账推荐采用微机管理）	台账不齐全或与实际不相符扣2分；台账内容未及时更新扣3分
1.3.2	继电保护试验仪器、仪表厂家产品说明书及出厂检验报告等	5	仪器、仪表技术资料应齐全	技术资料不齐全酌情扣分
1.3.3	继电保护试验仪器、仪表及定期检验计划及执行情况	5	仪器、仪表应制定定期检验计划并定期检验	未制定定期检验计划扣2分；试验仪器、仪表未定期检验扣3分
1.3.4	继电保护试验仪器、仪表定期检测/校准报告	5	仪器、仪表的检测报告应妥善保存；检测报告的检测项目应规范	定期检测报告不齐全扣3分；检测项目不规范扣2分
1.4	监督计划	20		
1.4.1	继电保护技术监督工作计划制订	10	计划制订时间、依据符合要求。计划内容应包括：健全继电保护技术监督组织机构；监督标准、相关技术文件制订或修订；定期工作计划；检修期间应开展的技术监督项目计划；仪器仪表检验计划；技术监督工作自我评价与外部检查迎检计划；技术监督发现问题的整改计划；人员培训计划（主要包括内部培训、外部培训取证，规程宣贯）；技术监督季报、总结编制、报送计划；网络活动计划	未制订计划扣10分；计划内容不完善酌情扣分，扣完为止
1.4.2	继电保护技术监督工作计划审批	5	计划应按规定的审批工作流程进行审批	未审批扣5分
1.4.3	继电保护技术监督工作计划上报	5	每年11月30日前上报产业公司、区域公司，同时抄送西安热工研究院	未上报扣5分
1.5	监督档案	90		

表（续）

序号	评价项目	标准分	评价内容与要求	评分标准
1.5.1	继电保护及安全自动装置设备台账	20	设备台账管理应符合《设备技术台账管理标准》要求；设备台账内容应齐全、准确，与现场实际设备相符；电气测量仪器、仪表台账内容应齐全、准确；台账应有设备名称、型号、出厂编号、准确度等级、测量范围、制造厂、检定周期、最近次检定时间、当前状态（在用、停用、报废及时间）等信息。设备台账内容应及时更新或修订。设备台账推荐采用微机管理	台账内容不完善或与现场实际设备不相符每项扣 5 分；检查设备台账内容未及时更新或修订每项扣 5 分
1.5.2	继电保护、安全自动装置定期检验计划及执行情况	10	定期检验计划并定期检验。计划中应有检定周期、最近一次检定日期、下次计划检定日期及确认检定日期	未制订定期检验计划每项扣 4 分；周检计划内容不齐全每项扣 2 分，扣完为止
1.5.3	继电保护及安全自动装置技术图纸资料			
1.5.3.1	设计单位移交的电气二次相关竣工图纸（包括竣工原理图、安装图、设计说明、电缆清册等）	3	班组应妥善保存有电气专业设计竣工图纸，并编制详细的竣工图纸资料目录清单	无设计单位竣工图纸扣 3 分；竣工图纸不齐全扣 2 分
1.5.3.2	设备异动、更新改造后的相关技术图纸资料	2	设备异动、更新改造后相关技术图纸资料应妥善保存	无资料扣 2 分，不齐全扣 1 分
1.5.3.3	本厂编制的电气二次图册	2	应编制本厂的电气二次图册并妥善保存	未编制扣 2 分，不齐全扣 1 分
1.5.3.4	制造厂商提供的装置说明书、保护柜（屏）原理图、合格证明和出厂试验报告、保护装置调试大纲等技术资料	3	相关设备出厂技术资料应妥善保存	无资料扣 3 分，不齐全扣 2 分
1.5.4	检验报告及原始记录			
1.5.4.1	新安装检验报告（调试报告）	10	报告应保存齐全	无报告扣 5 分，不齐全扣 3 分
1.5.4.2	定期检验报告（包括全部检验和部分检验报告）	15	报告应保存齐全	无报告扣 5 分，不齐全扣 3 分
1.5.5	继电保护及安全自动装置定值资料			
1.5.5.1	调度部门每年下发的系统阻抗	2	每年下发的系统阻抗应妥善保管	无资料扣 2 分，不齐全扣 1 分

表（续）

序号	评价项目	标准分	评价内容与要求	评分标准
1.5.5.2	继电保护整定计算报告	3	继电保护整定计算报告应设置专门文件夹妥善保管	无资料扣 3 分，不齐全扣 2 分
1.5.5.3	继电保护定值通知单	3	全站最新继电保护定值通知单应设置专门文件夹妥善保管	无资料扣 3 分，不齐全扣 2 分
1.5.5.4	装置打印的定值清单	2	最新从装置打印的定值清单应设置专门文件夹妥善保管	无资料扣 2 分，不齐全扣 1 分
1.5.6	直流系统相关技术资料			
1.5.6.1	蓄电池组、充电装置绝缘监察装置、微机监控装置等的新安装及定期试验报告	5	相关试验报告应妥善保存	无资料扣 5 分，不齐全扣 3 分
1.5.6.2	直流系统熔断器、断路器上下级配置统计表	5	应编制直流系统熔断器、断路器上下级配置统计表并妥善保存	无资料扣 5 分，不齐全扣 3 分
1.5.6.3	其他技术资料 1）继电保护及安全自动装置动作信号的含义说明； 2）继电保护及安全自动装置及二次回路改进说明，包括改进原因，批准人，执行人和改进日期； 3）上级单位及电网公司颁发的继电保护相关通知文件、反事故措施等技术资料及其执行情况	5	相关资料应妥善保存	缺一项扣 2 分；一项内容不齐全扣 1 分；扣完为止
1.6	评价与考核	30		
1.6.1	技术监督动态检查前自我检查	10	电厂应在集团公司技术监督现场评价实施前按《光伏发电站继电保护监督工作评价表》进行自查，编写自查报告	无自查报告扣 10 分；自查报告编写不认真酌情扣分
1.6.2	技术监督定期自我评价	10	电厂应每年按《光伏发电站继电保护监督工作评价表》，组织安排继电保护监督工作开展情况的自我评价，并按集团公司《电力技术监督管理办法》要求编写自查报告	未定期对技术监督工作进行自我评价扣 10 分；自查报告编写不认真酌情扣分
1.6.3	技术监督定期工作会议	5	电厂应每年召开两次技术监督工作会议，检查、布置、总结技术监督工作	未组织召开技术监督工作会议扣 5 分；无会议纪要扣 2 分

表（续）

序号	评价项目	标准分	评价内容与要求	评分标准
1.6.4	技术监督工作考核	5	对严重违反技术监督管理标准、由于技术监督不当或监督项目缺失、降低监督标准而造成严重后果的，应按照集团公司《电力技术监督管理办法》的“考核标准”给予考核	未按照“考核标准”给予考核扣5分
1.7	工作报告制度	50		
1.7.1	技术监督季报、年报	20	每季度首月5日前，应将技术监督季报报送产业公司、区域公司和西安热工研究院；格式和内容符合要求	查阅检查之日前两个季度季报，技术监督季报未按时上报扣10分；季报格式、内容不正确扣10分
1.7.2	技术监督速报	20	应按规定格式和内容编写技术监督速报并及时上报	查阅检查之日前两个季度速报事件及上报时间，发生继电保护误动作、拒动作事件未上报扣20分；技术监督速报未按时上报扣10分；格式不正确扣10分
1.7.3	年度技术监督工作总结	10	每年元月5日前组织完成上年度技术监督工作总结报告的编写工作，并将总结报告报送产业公司、区域公司和西安热工研究院；格式和内容符合要求	技术监督工作总结未按时上报扣5分；格式、内容不符合要求扣5分
1.8	监督考核指标	60		
1.8.1	监督管理考核指标			
1.8.1.1	监督预警问题、季度问题整改完成率	15	整改完成率达到100%	指标未达标不得分
1.8.1.2	动态检查存在问题整改完成率	15	从发电企业收到动态检查报告之日起：第1年整改完成率不低于85%；第2年整改完成率不低于95%	指标未达标不得分
1.8.2	监督考核指标			
1.8.2.1	继电保护不正确动作造成设备事故	10	上年度及本年度至今不发生因继电保护不正确动作造成的设备事故	发生因继电保护不正确动作造成的设备事故不得分
1.8.2.2	全部保护装置正确动作率	10	上年度全部保护装置正确动作率应达到100%	正确动作率低于95%扣10分
1.8.2.3	安全自动装置正确动作率	5	上年度安自装置正确动作率应达到100%	正确动作率低于100%扣5分

表（续）

序号	评价项目	标准分	评价内容与要求	评分标准
1.8.2.4	录波完好率	5	上年度录波完好率应达到100%	录波完好率低于100%扣5分
2	技术监督实施过程	600		
2.1	工程设计、选型阶段	200		
2.1.1	继电保护双重化配置			
2.1.1.1	重要电气设备的继电保护双重化配置	5	220kV 及以上电压等级母线保护、线路保护、变压器保护等应按双重化配置	查阅设计图纸并询问实际情况，有一套保护装置不符合要求扣2分，扣完为止
2.1.1.2	继电保护双重化配置的基本要求	5	双重化配置的继电保护应满足以下基本要求： （1）两套保护装置的交流电流应分别取自电流互感器互相独立的绕组；交流电压宜分别取自电压互感器互相独立的绕组。其保护范围应交叉重叠，避免死区。 （2）两套保护装置的直流电源应取自不同蓄电池组供电的直流母线段。 （3）两套保护装置的跳闸回路应与断路器的两个跳闸线圈分别一一对应。 （4）两套保护装置与其他保护、设备配合的回路应遵循相互独立的原则。 （5）每套完整、独立的保护装置应能处理可能发生的所有类型的故障。两套保护之间不应有任何电气联系，当一套保护退出时不应影响另一套保护的运行。 （6）线路纵联保护的通道（含光纤、微波、载波等通道及加工设备和供电电源等）、远方跳闸及就地判别装置应遵循相互独立的原则按双重化配置。 （7）有关断路器的选型应与保护双重化配置相适应，应具备双跳闸线圈机构	查阅设计图纸并询问实际情况，有一项不符合要求扣 2 分，扣完为止
2.1.2	主变压器保护			

表（续）

序号	评价项目	标准分	评价内容与要求	评分标准
2.1.2.1	保护配置要求	2	对变压器的下列故障及异常运行状态，应装设相应的保护： （1）绕组及其引出线的相间短路和中性点直接接地或经小电阻接地侧的接地短路。 （2）绕组的匝间短路。 （3）外部相间短路引起的过电流。 （4）中性点直接接地或经小电阻接地电力网中外部接地短路引起的过电流及中性点过电压。 （5）过负荷。 （6）非电量保护	查阅设计图纸并询问实际情况，不符合要求扣2分
2.1.2.2	低压侧电流保护	3	变压器低压侧配置两段式过电流保护：过电流Ⅰ段延时跳本侧断路器，过电流Ⅱ段延时跳各侧断路器；或配置一段复压闭锁过电流保护，延时跳各侧断路器	查阅设计图纸并询问实际情况，不符合要求扣3分
2.1.2.3	高压侧零序电流保护	2	220kV电压等级变压器高压侧零序过电流保护为两段式，第一段带方向，方向可整定，设两个时限，第二段不带方向，延时跳开变压器各侧断路器	查阅设计图纸并询问实际情况，不符合要求扣2分
2.1.2.4	低压侧零序电流保护	2	低压侧经中性点直接接地的，主变压器低压侧应配置两段式零序电流保护。低压侧零序电流保护延时动作跳变压器各侧断路器。零序电流保护的零序电流应取自中性点零序TA	查阅设计图纸并询问实际情况，不符合要求扣2分
2.1.2.5	三相不一致保护	2	变压器断路器三相不一致保护功能应由断路器本体机构实现。只能采用具有电气量判据的断路器三相不一致保护去启动断路器失灵保护，不能采用断路器本体的三相不一致保护	查阅设计图纸并询问实际情况，不符合要求扣2分
2.1.2.6	非电量保护	2	变压器组非电量保护应同时作用于断路器的两个跳闸线圈	查阅设计图纸并询问实际情况，不符合要求扣2分

表（续）

序号	评价项目	标准分	评价内容与要求	评分标准
2.1.2.7	非电量保护直跳回路中间继电器	2	作用于跳闸的非电量保护，启动功率应大于 5W，动作电压在额定直流电源电压的 55%～70%范围内，额定直流电源电压下动作时间为 10ms～35ms，加入 220V 工频交流电压不动作	查阅检验报告，不符合要求扣 1 分；未检验扣 2 分
2.1.3	箱变保护			
2.1.3.1	高压侧电流保护	10	（1）高压侧未配有断路器时，其高压侧可配置熔断器+负荷开关作为变压器的短路保护，熔断器动作后应联动跳开负荷开关。 （2）高压侧配有断路器时，应配置变压器保护装置，具备电流速断和过电流保护功能	查阅设计图纸并询问实际情况，不符合要求扣 10 分
2.1.3.2	低压侧电流保护	5	低压侧设置空气断路器时，可通过电流脱扣器实现并网逆变器至变压器低压侧的短路保护	查阅设计图纸并询问实际情况，不符合要求扣 5 分
2.1.4	接地变压器保护			
2.1.4.1	电流速断保护	5	电源侧配置电流速断保护、过电流保护作为内部相间故障的主保护和后备保护	查阅设计图纸并询问实际情况，不符合要求扣 3 分
2.1.4.2	零序电流保护	10	（1）对于低电阻接地系统，接地变压器宜配置两段式零序电流保护作为接地变压器单相接地故障的主保护和系统各元件单相接地故障的总后备保护。 （2）零序电流保护宜动作于断开接地变压器断路器及主变压器低压侧断路器	查阅设计图纸并询问实际情况，不符合（1）的要求扣 5 分；不符合（2）的要求扣 10 分
2.1.5	汇流箱保护			
2.1.5.1	保护配置要求	9	汇流箱应配置以下保护： （1）汇流箱总输出及分支回路应设置直流断路器（直流开关）或熔断器。 （2）汇流箱输入回路宜具备防逆流保护。 （3）汇流箱输入回路宜具备短路、过负荷等过电流保护	查阅设计图纸并询问实际情况，不符合要求每项扣 3 分

表（续）

序号	评价项目	标准分	评价内容与要求	评分标准
2.1.5.2	熔断器（熔丝）	6	（1）熔体额定电压应超过光伏组件串开路电压最大值。开路电压最大值应选择最低应用温度下的开路电压最大值。 （2）熔体额定电流应超过光伏组件产生的最大电流	查阅设计图纸并询问实际情况，不符合要求每项扣3分
2.1.6	并网逆变器保护			
2.1.6.1	保护配置要求	3	并网逆变器宜配置以下保护： （1）过/欠电压保护。 （2）过/欠频率保护。 （3）防孤岛保护。 （4）相序或极性错误保护。 （5）过电流保护。 （6）逆向功率保护。 （7）直流输入过载保护。 （8）低电压穿越保护	查阅设计图纸并询问实际情况，不符合要求每项扣1分，扣完为止
2.1.6.2	防孤岛保护	2	应与电网线路保护、重合闸及低电压穿越能力相配合。并网线路同时T接有其他用电负荷时，保护动作时间应小于电网侧线路保护重合闸时间	查阅设计图纸并询问实际情况，不符合要求扣2分
2.1.6.3	相序或极性错误保护	2	直流极性误接或交流输出缺相时，并网逆变器应能自动保护并停止工作或纠正极性，当相关缺陷消除后能够恢复工作	查阅设计图纸并询问实际情况，不符合要求扣2分
2.1.6.4	低电压穿越	3	35kV及以上电压等级接入的并网逆变器必须具备低电压穿越能力。自故障清除时刻开始，应至少以10%额定功率每秒的功率变化恢复至故障前的值。当低电压保护与并网逆变器其他保护功能冲突时，应以低电压保护功能优先	查阅设计图纸并询问实际情况，不符合要求扣3分
2.1.7	无功补偿保护			
2.1.7.1	保护配置要求	2	无功补偿支路除按GB/T 14285配置主保护及后备保护外，对单相接地故障是否配备快速切除保护，保护动作于跳闸，切除故障支路	查阅设计图纸并询问实际情况，不符合要求扣2分

表（续）

序号	评价项目	标准分	评价内容与要求	评分标准
2.1.7.2	SVG 变压器保护	3	（1）容量在 10MVA 及以上或有其他特殊要求的 SVG 变压器应配置电流差动保护作为主保护。 （2）容量在 10MVA 以下的 SVG 变压器配可配置电流速断保护作为主保护	查阅设计图纸并询问实际情况，不符合要求扣 3 分
2.1.8	汇集母线保护			
2.1.8.1	TA 变流比	3	母线保护应采取完全差动电流保护，保护应允许使用不同变流比的 TA，通过软件自动校正，并适应于各支路 TA 变流比差不大于 4 倍的情况	查阅设计图纸并询问实际情况，不符合要求扣 3 分
2.1.8.2	TA 断线告警	5	母线保护应具有 TA 断线告警功能，除母联（分段）跳闸可不经电压闭锁外，当电流回路不正常或断线时，应闭锁母差保护，并发出告警信号	查阅设计图纸并询问实际情况，不符合要求扣 5 分
2.1.8.3	复合电压闭锁	2	电压闭锁可由软件实现，对低电阻接地系统采取相电压，对小电流接地系统采取线电压。母联和分段断路器不经复合电压闭锁。母线 TV 断线时，允许母线保护解除该段母线电压闭锁	查阅设计图纸并询问实际情况，不符合要求扣 2 分
2.1.9	汇集线路保护			
2.1.9.1	保护配置要求	6	（1）汇集线路应配置分段式相间保护，宜配置过负荷保护；同时应配备快速切除站内汇集系统单相故障的保护。 （2）经电阻接地的集电线路发生单相接地故障时，应能通过相应保护快速切除。 （3）经消弧线圈接地的汇集线发生接地故障时，应能够可靠选线，并宜具备快速切除故障能力	查阅设计图纸并询问实际情况，不符合要求每项扣 3 分
2.1.9.2	零序电流保护	3	中性点经低电阻接地系统，应配置反应单相接地短路的两段式零序电流保护，动作于跳闸。零序电流取自专用零序 TA	查阅设计图纸并询问实际情况，不符合要求扣 6 分

表（续）

序号	评价项目	标准分	评价内容与要求	评分标准
2.1.9.3	小电流接地选线	6	（1）具备跳闸出口功能。发生单相接地故障时可快速切除故障线路。 （2）对电缆线路、电缆架空混合线路汇集系统，选线准确率应高于90%。对架空线路汇集系统，选线准确率应大于85%。 （3）对中性点不接地系统，装置宜在200ms内完成选线并跳闸出口	查阅设计图纸并询问实际情况，不符合要求每项扣2分，扣完为止
2.1.10	送出线路保护			
2.1.10.1	保护配置要求	6	（1）送出线路应按双端电源线路进行保护配置。 （2）送出线路为T接方式时，光伏发电站升压站侧应配置线路保护装置	查阅设计图纸并询问实际情况，不符合要求每项扣3分
2.1.10.2	220kV以上输电线路保护双重化配置的两套主保护应采用相互独立、高可靠性的通道，应优先采用光纤通道	4		查阅设计图纸并询问实际情况，不符合要求扣4分
2.1.11	断路器保护			
2.1.11.1	三相不一致保护	5	（1）220kV及以上电压等级的分相操作的断路器应附有三相不一致（非全相）保护回路，而不再另外设置三相不一致保护。 （2）只能采用具有电气量判据的断路器三相不一致保护去启动断路器失灵保护。 （3）线路断路器三相不一致保护不启动失灵	查阅设计图纸并询问实际情况，不符合要求每项扣2分，扣完为止
2.1.11.2	失灵保护	5	（1）与母线差动保护共用跳闸出口回路的失灵保护不装设独立的闭锁元件，应共用母线差动保护的闭锁元件。 （2）失灵保护判据严禁设置断路器合闸位置闭锁触点或断路器三相不一致闭锁触点。 （3）双母线接线每一套线路保护均应含重合闸功能，不采用两套重合闸相互启动和相互闭锁方式；对于含有重合闸功	查阅设计图纸并询问实际情况，不符合要求每项扣2分，扣完为止

表（续）

序号	评价项目	标准分	评价内容与要求	评分标准
2.1.11.2	失灵保护	5	能的线路保护装置，设置“停用重合闸”压板；线路保护应提供直接启动失灵保护的分相跳闸触点，启动微机型母线保护装置中的断路器失灵保护；双母线接线的断路器失灵保护应采用母线保护中的失灵电流判别功能	查阅设计图纸并询问实际情况，不符合要求每项扣2分，扣完为止
2.1.12	自动重合闸	5	35kV及以上电压等级接入电力系统的光伏发电站，若线路侧配置TV，宜采用检无压方式的重合闸；若线路侧未配置TV，应停用重合闸	查阅设计图纸并询问实际情况，不符合要求扣5分
2.1.13	保护装置对时接口	5	保护装置应具备使用RS-485串行数据通信接口接收GPS发出的IRIG-B（DC）时码的对时接口	查阅设计图纸并询问实际情况，每一处不符合要求扣2分，扣完为止
2.1.14	保护装置压板标色	10	保护跳闸出口压板及与失灵回路相关压板采用红色，功能压板采用黄色，压板底座及其他压板采用浅驼色；标签应设置在压板下方	现场实际查看，每一处不符合要求扣3分，扣完为止
2.1.15	故障录波装置			
2.1.15.1	故障录波装置的配置	5	通过110kV（66kV）及以上电压等级接入电网的光伏发电站应配置专用故障录波装置	查阅设计图纸并询问实际情况，不符合要求扣5分
2.1.15.2	故障录波装置功能	5	（1）故障录波装置应记录故障前10s到故障后60s的情况，暂态数据记录采样频率不小于4000Hz。 （2）故障录波装置宜增加频率越限启动暂态记录功能，当频率大于50.2Hz或小于49.5Hz时启动，当频率变化率大于0.5Hz时启动	查阅设计图纸并询问实际情况，不符合要求每项扣3分，扣完为止
2.1.15.3	故障录波装置离线分析软件	2	故障录波装置应配置能运行于常用操作系统下的离线分析软件，可对装置记录的连续录波数据进行离线的综合分析	了解实际情况，不符合要求扣2分
2.1.15.4	故障录波装置对时接口	3	故障录波器应具有接受外部时钟同步对时信号的接口，与外部标准时钟同步后，装置的时间同步准确度要求优于1ms	查阅设计图纸并了解实际情况，不符合要求扣3分

表（续）

序号	评价项目	标准分	评价内容与要求	评分标准
2.1.16	同步向量测量装置	5	接入220kV及以上电压等级的光伏发电站应配置PMU。PMU的设计应符合GB/T 14285、DL/T 280的相关规定	查阅设计图纸并了解实际情况，不符合要求扣5分
2.1.17	时间同步系统	5	大型光伏发电站站内应配置统一的同步时钟设备，对站控层各工作站及间隔层各测控单元等有关设备的时钟进行校正，中型光伏发电站可采用网络方式与电网对时。时间同步系统应符合DL/T 317、DL/T 1100.1等的相关规定	查阅设计图纸并了解实际情况，不符合要求扣5分
2.1.18	站用直流电源、直流熔断器、直流断路器及相关回路			
2.1.18.1	升压站系统蓄电池组配置	2	重要的220kV升压站，应设置2组蓄电池组对控制负荷和动力负荷供电，其他情况的升压站可装设1组蓄电池	查阅设计图纸并了解实际情况，不符合要求扣2分
2.1.18.2	直流系统充电装置配置	3	1组蓄电池采用高频开关充电装置时，宜配置1套充电装置，也可配置2套充电装置；2组蓄电池采用高频开关充电装置时，应配置2套充电装置，也可配置3套充电装置；重要的220kV升压站2组蓄电池应配置3套高频开关充电装置	查阅设计图纸并了解实际情况，不符合要求扣3分
2.1.18.3	直流系统供电网络	2	发电站直流系统的馈出网络应采用辐射状供电方式，严禁采用环状供电方式；直流系统对负载供电，应按电压等级设置分电屏供电方式，不应采用直流小母线供电方式	查阅设计图纸并了解实际情况，不符合要求扣2分
2.1.18.4	直流系统断路器配置	2	新建、扩建或改造的电厂直流系统用断路器应采用具有自动脱扣功能的直流断路器，严禁使用普通交流断路器	查阅设计图纸并了解实际情况，不符合要求扣2分
2.1.18.5	直流系统熔断器、断路器级差配合	2	蓄电池组出口总熔断器与直流断路器以及直流断路器上、下级的级差配合应合理，满足选择性要求	查阅直流系统熔断器、断路器上下级配置统计表，不符合要求扣2分
2.1.18.6	直流系统电缆	2	直流系统的电缆应采用阻燃电缆	查阅电缆清册并了解实际情况，不符合要求扣2分

表（续）

序号	评价项目	标准分	评价内容与要求	评分标准
2.1.18.7	直流系统绝缘监测装置	2	新建或改造的电站直流系统绝缘监测装置应具备交流窜直流故障的测记和报警功能。原有的直流系统绝缘监测装置，应逐步进行改造，使其具备交流窜直流故障的测记和报警功能	查阅绝缘监测装置检测报告，不符合要求扣 2 分
2.1.19	继电保护相关回路及设备			
2.1.19.1	保护用电流互感器、电压互感器的配置、选择	5	保护用电流互感器、电压互感器的配置、选择应符合 DL/T 866 的要求	查阅设计图纸及资料并了解实际情况，不符合要求扣 5 分
2.1.19.2	电流互感器、电压互感器的安全接地设计	3	电流互感器、电压互感器的安全接地设计应符合 GB/T 14285 及相关继电保护反事故措施要求	查阅设计图纸及资料并了解实际情况，不符合要求扣 3 分
2.1.19.3	继电保护等电位接地网设计	2	应有继电保护等电位接地网的设计图纸，等电位接地网设计应符合 GB/T 14285 及相关继电保护反事故措施要求	查阅设计图纸，无设计图纸扣 2 分
2.2	安装、调试、验收阶段	85		
2.2.1	保护及安全自动装置新安装检验	30	各类保护及安全自动装置新安装检验项目应符合 DL/T 995 的要求	查阅电气专业调试报告，对每台保护及安全自动装置，无报告扣 5 分，报告不全酌情扣；发现检验项目一处不规范扣 2 分，扣完为止
2.2.2	直流电源系统			
2.2.2.1	新安装蓄电池组容量测试	10	新安装的阀控蓄电池完全充电后开路静置 24h，分别测量和记录每只蓄电池的开路电压，开路电压最高值和最低值的差值不得超过 20mV（标称电压 2V）、50mV（标称电压 6V）、100mV（标称电压 12V）；蓄电池 10h 率容量测试第一次循环不应低于 $0.95C_{10}$，在第三次循环内应达到 $1.0C_{10}$	查阅新安装蓄电池的开路电压测试和容量测试报告，无报告扣 5 分，报告不全酌情扣；测试结果不符合要求扣 5 分；扣完为止

表（续）

序号	评价项目	标准分	评价内容与要求	评分标准
2.2.2.2	高频开关电源充电装置稳压精度、稳流精度及纹波系数测试	3	高频开关电源模块型充电装置在验收时当交流输入电压为85%～115%额定值及规定的范围内，稳压精度、稳流精度及纹波系数不应超过：稳压精度±0.5%、稳流精度±1%、纹波有效值系数0.5%、纹波峰值系数1%	查阅充电装置验收试验报告，无报告扣3分，报告不全酌情扣分；测试结果不符合要求扣2分；扣完为止
2.2.2.3	直流系统监控装置充电运行过程特性试验	2	直流系统监控装置在验收时应进行充电运行过程特性试验，包括充电程序试验、长期运行程序试验、交流中断程序试验	查阅监控装置验收试验报告，无报告扣2分，报告不全酌情扣分；测试结果不符合要求扣1分；扣完为止
2.2.3	电流互感器			
2.2.3.1	电流互感器误差特性校核	10	P类保护用电流互感器应参照DL/T 866的算例进行误差特性校核	查阅校核报告，未编写校核分析报告扣10分；缺部分电流互感器校核分析报告酌情扣分，不超过7分；校核分析方法不正确扣3分
2.2.3.2	电流互感器接线极性检测	15	应检测全站电流互感器（包括保护、测量、计量用电流互感器）接线极性，绘制全站电流互感器极性图	未绘制全站电流互感器接线极性图扣15分，绘制不全酌情扣分
2.2.4	盘、柜装置及二次回路			
2.2.4.1	盘、柜进出电缆防火封堵	5	安装调试完毕后，在电缆进出盘、柜的底部或顶部以及电缆管口处应进行防火封堵，封堵应严密	现场实际查看（抽查），发现一处不符合要求扣5分
2.2.4.2	盘、柜二次回路接线	10	每个接线端子的每侧接线宜为1根，不得超过2根；对于插接式端子，不同截面的两根导线不得接在同一端子中	现场实际查看（抽查），发现一处不符合要求扣2分
2.2.4.3	盘、柜接地	3	盘、柜上装置的接地端子连接线、电缆铠装及屏蔽接地线应用黄绿绝缘多股接地铜导线与接地铜排相连	现场实际查看（抽查），发现一处不符合要求扣3分
2.3	运行维护、检修阶段	230		
2.3.1	继电保护动作评价及故障录波分析			

表（续）

序号	评价项目	标准分	评价内容与要求	评分标准
2.3.1.1	继电保护和安自装置动作记录与分析评价	20	每次继电保护和安自装置动作后，应对其动作行为进行记录和分析评价，建立《继电保护和安全自动装置动作记录表》，保存保护装置记录的动作报告	查阅《动作记录表》及相关资料，无记录表扣10分；记录不齐全扣5分；保护动作报告不齐全扣5分；扣完为止
2.3.1.2	继电保护和安全自动装置缺陷处理与记录	5	继电保护和安全自动装置发生缺陷，以及因处理缺陷处理或故障而退出运行后，均应进行详细记录，建立《继电保护和安全自动装置缺陷及故障记录表》	查阅《缺陷及故障记录表》及相关资料，无记录表扣 5 分；记录不齐全扣2分
2.3.1.3	故障录波装置录波文件导出备份与记录	5	故障录波装置在异常工况和故障情况下启动录波后，应检查其录波完好情况，定期导出并备份录波文件，建立《故障录波装置启动记录表》	查阅《故障录波装置启动记录表》及相关录波文件，无记录表扣 5 分；记录不齐全扣2分；无相应录波文件扣5分；录波文件不齐全扣2分；扣完为止
2.3.2	继电保护及安全自动装置定期检验			
2.3.2.1	运行中装置的定期检验	20	新安装装置投运后一年内必须进行第一次全部检验，微机型装置每2年～4年进行一次部分检验，每6年进行一次全部检验，利用装置进行断路器跳、合闸试验结合停电检修进行，应编制《继电保护和安全自动装置检验记录》	查阅装置检验计划及检验报告，未编制《继电保护和安全自动装置检验记录》或检验记录未更新扣10分，发现有一套装置存在超周期未检验扣4分，扣完为止
2.3.2.2	装置检修文件包（或现场标准化作业指导书）	15	装置定期检验（全部检验、部分检验、用装置进行断路器跳合闸试验）应编制检修文件包（或现场标准化作业指导书），检修文件包编写应符合集团公司《电力检修标准化管理实施导则》的要求，重要和复杂的保护装置应编制继电保护安全措施票	查阅检修文件包（或现场标准化作业指导书），格式不符合要求扣5分；每缺一种保护装置的检修文件包扣 2 分；扣完为止
2.3.2.3	保护装置全部检验及部分检验项目	10	保护装置全部检验及部分检验包括外观及接线检查、绝缘电阻检测、逆变电源检查、通电初步检验、开关量输入输出回路检验、模数变换系统检验、保护的整定及检验、纵联保护通道检验、整组试验等项目	查阅检验报告，检验报告项目漏一项扣2分，扣完为止

表（续）

序号	评价项目	标准分	评价内容与要求	评分标准
2.3.2.4	逆变电源检查	3	逆变电源检查应进行直流电源缓慢上升时的自启动性能试验，定期检验时还检查逆变电源是否达到规定的使用年限	查阅检验报告，逆变电源检查不规范扣3分
2.3.2.5	通电初步检验	2	通电初步检验应检查并记录装置的软件版本号、校验码等信息，并校对时钟	查阅检验报告，通电初步检验不规范扣2分
2.3.2.6	模数变换系统检验	5	模数变换系统检验应检验零点漂移；全部检验时可仅分别输入不同幅值的电流、电压量；部分检验时可仅分别输入不同幅值的电流、电压量	查阅检验报告，模数变换系统检验不规范扣5分
2.3.2.7	整定值检验	15	整定值检验在全部检验时，对于由不同原理构成的保护元件只需任选一种进行检查，建议对主保护的整定项目进行检查，后备保护如相间Ⅰ、Ⅱ、Ⅲ段阻抗保护只需选取任一整定项目进行检查；部分检验时可结合装置的整组试验一并进行	查阅检验报告，检验方法有一处不正确扣5分，扣完为止
2.3.2.8	故障录波器以及同期装置、厂用电源快速切换装置、同步相量测量装置、安全稳定控制装置等自动装置检验	5	故障录波器及同期装置、厂用电源快速切换装置、同步相量测量装置、安全稳定控制装置等自动装置的检验方法正确	查阅检验报告，检验方法有一处不正确扣1分，扣完为止
2.3.2.9	整组试验	10	全部检验时，需要先进行每一套保护带模拟断路器（或带实际断路器或采用其他手段）的整组试验，每一套保护传动完成后，还需模拟各种故障用所有保护带实际断路器进行整组试验；部分检验时，只需用保护带实际断路器进行整组试验	查阅检验报告，每套装置整组试验不规范扣2分，扣完为止
2.3.3	继电保护整定计算及定值管理			
2.3.3.1	发电站继电保护整定计算报告	20	继电保护整定计算必须有整定计算报告，报告内容应包括短路计算及保护整定计算，整定计算报告应经复核、批准后正式印刷，整定计算报告应妥善保存	查阅整定计算报告，无整定计算报告扣20分；整定计算报告内容缺一项（如高压厂用电系统保护整定计算）扣5分；整定计算报告未经复核、批准后正式印刷扣5分；扣完为止

表（续）

序号	评价项目	标准分	评价内容与要求	评分标准
2.3.3.2	主升压变压器保护整定计算			
2.3.3.2.1	高压侧过电流保护	6	（1）高压侧复压过电流保护电流元件应对低压侧母线故障有灵敏度，动作时间与低压侧过电流Ⅰ段保护配合。 （2）高压侧过电流保护躲不过负荷电流时，可经方向控制，方向指向变压器	查阅整定计算报告或定值通知单或装置实际整定值，发现一处不合理扣2分
2.3.3.2.2	低压侧过电流保护	6	（1）低压侧过电流Ⅰ段按低压侧汇集母线相间故障有灵敏度并可靠躲过负荷电流整定，动作时间与本侧出线保护电流Ⅰ段配合。 （2）过电流Ⅱ段宜对变压器低压侧汇集线路末端相间故障有灵敏度，动作时限与本侧出线保护Ⅱ段配合。过电流保护灵敏度不能满足要求时，可采用复压闭锁过电流保护。 （3）低压侧过电流保护躲不过负荷电流时，可经方向控制，方向指向汇集母线	查阅整定计算报告或定值通知单或装置实际整定值，发现一处不合理扣2分
2.3.3.2.3	变压器非电量保护整定	3	变压器非电量保护除重瓦斯保护作用于跳闸，其余非电量保护宜作用于信号，冷却器全停保护应按本标准要求设置	查阅整定计算报告或定值通知单或装置实际整定值，发现一处不合理扣3分
2.3.3.3	汇集线路保护整定计算			
2.3.3.3.1	电流保护	5	（1）过电流Ⅰ段按本线路末端相间故障有足够灵敏度整定。 （2）过电流Ⅱ段应尽量对本线路最远端单元变压器低压侧故障有灵敏度，时间比过流Ⅰ段多一个级差，如灵敏度不能满足要求，可经方向控制	查阅整定计算报告或定值通知单或装置实际整定值，发现一处不合理扣3分
2.3.3.3.2	零序电流保护	5	（1）中性点经低电阻接地系统，零序电流Ⅰ段对本线路末端单相接地故障有足够灵敏度。 （2）零序电流Ⅱ段按可靠躲过线路电容电流整定，时间可比零序电流Ⅰ段多一个级差	查阅整定计算报告或定值通知单或装置实际整定值，发现一处不合理扣3分

表（续）

序号	评价项目	标准分	评价内容与要求	评分标准
2.3.3.4	接地变压器保护整定计算			
2.3.3.4.1	零序电流保护	10	（1）零序电流Ⅰ段按汇集系统单相接地故障有灵敏度整定，并与汇集母线各连接元件零序电流Ⅱ段配合，动作时间应大于母线各连接元件零序电流Ⅱ段的最长动作时间。 （2）零序电流Ⅱ段按可靠躲过线路的电容电流整定，动作时间应大于接地变压器零序电流Ⅰ段的动作时间	查阅整定计算报告或定值通知单或装置实际整定值，发现一处不合理扣 5 分
2.3.3.5	箱变保护整定计算			
2.3.3.5.1	高压侧保护配置	4	（1）变压器高压侧未配有断路器时，高压侧熔断器的时间-电流特性宜与汇集线路保护相配合，以避免汇集线路保护在单元变压器故障时失去选择性。 （2）变压器高压侧配有断路器时，高压侧电流速断保护电流定值按变压器低压侧故障有灵敏度整定	查阅整定计算报告或定值通知单或装置实际整定值，发现一处不合理扣 2 分
2.3.3.5.2	低压侧长延时过负荷保护、短延时反时限短路保护的动作特性方程	3	断路器自带智能保护装置（电子脱扣器）的长延时过负荷保护、短延时反时限短路保护的动作特性方程应明确	查阅厂家说明书或厂家说明函，不明确扣 3 分
2.3.3.5.3	低压侧短延时短路保护整定计算及时间级差	3	断路器自带智能保护装置（电子脱扣器）的短延时短路保护的定时限时间级差取 0.1s～0.2s	查阅整定计算报告或定值通知单或装置实际整定值，发现一处不合理扣 3 分
2.3.3.6	故障录波器、安全自动装置等整定	5	故障录波器、同期装置、厂用电源快速切换装置等应整定合理	查阅整定计算报告或定值通知单或装置实际整定值，发现一处不合理扣 1 分；扣完为止
2.3.3.7	继电保护整定值的定期复算和校核			
2.3.3.7.1	全站继电保护整定值定期校核	5	全站继电保护整定计算的定期校核内容应明确，结合电网调度部门每年下发的最新系统阻抗，校核短路电流及相关的发变组保护定值	查阅继电保护整定计算定期校核报告，未定期校核扣 5 分；定期校核内容不规范扣 2 分；扣完为止
2.3.3.7.2	全站继电保护整定值全面复算	5	定期对全站继电保护定值进行全面复算	查阅继电保护整定计算报告，未定期全面复算扣 10 分

表（续）

序号	评价项目	标准分	评价内容与要求	评分标准
2.3.3.8	继电保护定值管理			
2.3.3.8.1	继电保护定值通知单编制及审批、保存	10	应编写全站正式的继电保护定值通知单，定值通知单应严格履行编制及审批流程，定值通知单应有计算人、审核人、批准人签字并加盖“继电保护专用章”，现行有效的定值通知单应统一妥善保存；无效的定值通知单上应加盖“作废”章，另外单独保存	查阅继电保护定值通知单，继电保护定值通知单不齐全扣5分；继电保护定值通知单未履行审批流程，无计算人、审核人、批准人签字并加盖“继电保护专用章”扣5分；现行有效的定值通知单未统一妥善保存扣3分；无效的定值通知单上未加盖“作废”章，与现行有效的定制通知单混放扣3分；扣完为止
2.3.3.8.2	继电保护定值通知单签发及执行情况记录表	2	应编制“继电保护定值通知单签发及执行情况记录表”	查阅“继电保护定值通知单签发及执行情况记录表”，无“记录表”扣2分；“记录表”跟实际情况不符扣2分；扣完为止
2.3.3.8.3	保护装置定值清单打印及保存	3	定值通知单执行后或装置定期检验后，应打印保护装置的定值清单用于定值核对，定值清单上签写核对人姓名及时间，打印的定值清单应统一妥善保存	查阅打印的保护装置定值清单，无打印的定值清单或不齐全扣3分；定值清单上未签写核对人姓名及时间扣1分；打印的定值清单未统一妥善保存扣1分；扣完为止
2.3.4	继电保护图纸管理			
2.3.4.1	新装置投运后图纸与实际接线核对	5	新装置投运后应结合机组检修尽快完成图纸与实际接线的核对工作，图实核对工作应落实到具体的责任人，详细记录核对结果，图纸核对记录应包括图纸编号、核对责任人、核对时间、核对结果等内容	查阅实际工作开展情况及图纸核对记录，未开展图实核对工作扣5分；部分未完成扣3分；无详细图纸核对记录扣2分；扣完为止
2.3.5	直流电源系统			
2.3.5.1	浮充电运行的蓄电池组单体浮充端电压测量	5	浮充电运行的蓄电池组，除制造厂有特殊规定外，应采用恒压方式进行浮充电，浮充电时，严格控制单体电池的浮充电压上、下限，浮充电压值应控制在N×（2.23～2.28）V；每月至少一次对蓄电池组所有的单体浮充端电压进行测量，防止蓄电池因充电电压过高或过低而损坏	查阅蓄电池浮充电设置参数以及蓄电池端电压定期测量记录，蓄电池浮充电参数设置不正确扣5分；未定期进行蓄电池端电压测量扣5分；蓄电池端电压的测量周期不符合要求扣3分；扣完为止

表（续）

序号	评价项目	标准分	评价内容与要求	评分标准
2.3.5.2	蓄电池核对性充放电	5	新安装的阀控蓄电池每2年应进行一次核对性充放电，运行了6年以后的阀控蓄电池，应每年进行一次核对性充放电；若经过3次核对性放充电，蓄电池组容量均达不到额定容量的80%以上或蓄电池损坏20%以上，可认为此组阀控蓄电池使用年限已到，应安排更换	查阅蓄电池核对性充放电试验报告，蓄电池核对性充放电周期不符合要求扣3分；蓄电池核对性充放电试验不规范扣2分；蓄电池组容量达不到额定容量的80%以上或蓄电池损坏20%以上扣5分；扣完为止
2.3.5.3	直流电源系统充电装置、微机监控装置、绝缘监测装置、电压监测装置定期检测	5	定期检测直流电源系统充电装置、微机监控装置、绝缘监测装置、电压监测装置的功能和性能	查阅充电装置、监控装置、绝缘监测装置、电压监测装置等的试验报告，试验未开展扣5分，未定期开展扣3分；试验项目不规范扣3分；扣完为止
2.4	现场设备巡查	85		
2.4.1	继电保护装置及安全自动装置			
2.4.1.1	环境温度、相对湿度	5	继电保护室的室内最大相对湿度不应超过75%，室内环境温度应在5℃～30℃范围内；安装在开关柜中微机综合保护测控装置，要求环境温度在-5℃～45℃范围内，最大相对湿度不应超过95%	现场实际查看（抽查），存在问题扣5分
2.4.1.2	装置异常或故障告警信号	5	检查保护装置、同期装置是否存在异常或故障告警信号	现场实际查看（抽查），存在问题扣5分
2.4.1.3	保护装置定值核对	5	打印保护装置定值清单与正式下发执行的定值通知单进行核对，检查定值是否一致	现场实际查看（抽查），存在问题扣5分
2.4.1.4	变压器保护屏、母线保护屏等电流二次回路接地	3	检查保护屏电流互感器二次回路中性点是否分别一点接地	现场实际查看（抽查），存在问题扣3分
2.4.1.5	保护装置时间显示	2	检查保护装置时间显示（年、月、日、时、分、秒）是否与主时钟（或从时钟）的时间显示一致	现场实际查看（抽查），存在问题扣2分
2.4.2	故障录波器			

表（续）

序号	评价项目	标准分	评价内容与要求	评分标准
2.4.2.1	故障录波器异常或故障告警信号	3	检查故障录波器是否存在异常或故障告警信号	现场实际查看（抽查），存在问题扣3分
2.4.2.2	手动启动录波	3	手动启动录波，查看故障录波器录波文件是否正常生成	现场实际查看（抽查），存在问题扣3分
2.4.2.3	故障录波文件查阅	2	查阅继电保护装置相关保护动作记录，检查故障录波器是否生成相应的故障录波文件	现场实际查看（抽查），存在问题扣2分
2.4.2.4	故障录波器时间显示	2	检查故障录波器时间显示（年、月、日、时、分、秒）是否与时间同步装置的主时钟或从时钟的时间显示一致	现场实际查看（抽查），存在问题扣2分
2.4.3	时间同步装置	5	检查时间同步装置是否存在异常或故障告警信号	现场实际查看，存在问题扣5分
	时间同步装置异常或故障告警信号			
2.4.4	二次回路及抗干扰			
2.4.4.1	升压站母线及线路电压互感器二次回路一点接地	5	公用电压互感器的二次回路只允许在控制室内有一点接地，已在控制室内一点接地的电压互感器二次绕组宜在开关场将二次绕组中性点经氧化锌阀片接地	现场实际查看（抽查），存在问题扣5分
2.4.4.2	升压站电流互感器二次回路一点接地	5	公用电流互感器二次绕组二次回路只允许且必须在相关保护柜屏内一点接地，独立的、与其他电流互感器的二次回路没有电气联系的二次回路应在开关场一点接地	现场实际查看（抽查），存在问题扣5分
2.4.5	等电位接地网的实际敷设			
2.4.5.1	静态保护和控制装置接地铜排	5	静态保护和控制装置的屏柜下部应设有截面面积不小于100mm² 的接地铜排。屏柜上装置的接地端子应用截面面积不小于4mm² 的多股铜线和接地铜排相连。接地铜排应用截面面积不小于50mm² 的铜缆与保护室内的等电位接地网相连	现场实际查看（抽查），存在问题扣5分

表（续）

序号	评价项目	标准分	评价内容与要求	评分标准
2.4.5.2	保护室内的等电位接地网	5	在主控室、保护室柜屏下层的电缆室（或电缆沟道）内，按柜屏布置的方向敷设 100mm^2 的专用铜排（缆），将该专用铜排（缆）首末端连接，形成保护室内的等电位接地网。保护室内的等电位接地网与厂、站的主接地网只能存在唯一连接点，连接点位置宜选择在电缆竖井处。为保证连接可靠，连接线必须用至少 4 根以上、截面面积不小于 50mm^2 的铜缆（排）构成共点接地	现场实际查看（抽查），存在问题扣 5 分
2.4.5.3	集控室之间可靠连接	5	集控室应使用截面面积不少于 100mm^2 的铜缆（排）可靠连接，连接点应设在室内等电位接地网与厂、站主接地网连接处	现场实际查看（抽查），存在问题扣 5 分
2.4.5.4	沿二次电缆沟道的铜排（缆）敷设	5	沿二次电缆的沟道敷设截面面积不小于 100mm^2 的铜排（缆），并在保护室（控制室）及开关场的就地端子箱处与主接地网紧密连接，保护室（控制室）的连接点宜设在室内等电位接地网与厂、站主接地网连接处	现场实际查看（抽查），存在问题扣 5 分
2.4.5.5	变压器、开关场等就地端子箱内接地铜排	5	变压器、开关场等就地端子箱内应设置截面面积不少于 100mm^2 的裸铜排，并使用截面面积不少于 100mm^2 的铜缆与电缆沟道内的等电位接地网连接	现场实际查看（抽查），存在问题扣 5 分
2.4.5.6	开关场的变压器、断路器、隔离刀闸和 TA、TV 等设备的二次电缆施工	5	检查开关场的变压器、断路器、隔离刀闸和 TA、TV 等设备的二次电缆，应经金属管从一次设备的接线盒（箱）引至就地端子箱，并将金属管的上端与上述设备的底座和金属外壳良好焊接，下端就近与主接地网良好焊接。在就地端子箱处将这些二次电缆的屏蔽层使用截面面积不小于4mm^2 多股铜质软导线可靠单端连接至等电位接地网的铜排上	现场实际查看（抽查），存在问题扣 5 分

表（续）

序号	评价项目	标准分	评价内容与要求	评分标准
2.4.6	直流电源系统			
2.4.6.1	蓄电池室的温度、通风、照明等环境	2	检查蓄电池室的温度、通风、照明等环境，阀控蓄电池室的温度应经常保持在 5℃～30℃，并保持良好的通风和照明	现场实际查看（抽查），存在问题扣 2 分
2.4.6.2	蓄电池外观	3	检查蓄电池是否存在破损、漏液、鼓肚变形、极柱锈蚀等现象	现场实际查看（抽查），存在问题扣 2 分
2.4.6.3	高频开关电源模块显示	2	检查高频开关电源模块面板指示灯、标记指示是否正确、风扇无异常；检查模块输出电流电压值基本一致	现场实际查看（抽查），存在问题扣 2 分
2.4.6.4	监控装置恒压、均充、浮充控制功能参数设置及异常报警	3	检查监控装置恒压、均充、浮充控制功能设置是否正确，直流母线电压是否控制在规定范围，浮充电流值是否符合规定，无过压欠压报警，通信功能无异常；检查绝缘监测装置显示正常、无报警	现场实际查看（抽查），存在问题扣 3 分

技术标准篇

光伏发电站电测监督标准

2016-09-14 发布
2016-09-14 实施

目　次

前　言

为加强中国华能集团公司光伏发电站技术监督管理，保证光伏发电站电测量量值传递准确、可靠，特制定本标准。本标准依据国家和行业有关标准、规程和规范，以及中国华能集团公司光伏发电站的管理要求，结合国内外发电的新技术、监督经验制定。

本标准是中国华能集团公司所属光伏发电站电测监督工作的主要依据，是强制性企业标准。

本标准由中国华能集团公司安全监督与生产部提出。

本标准由中国华能集团公司安全监督与生产部归口并解释。

本标准起草单位：西安热工研究院有限公司、华能澜沧江水电股份有限公司、华能陕西发电有限公司、华能新疆能源开发有限公司。

本标准主要起草人：舒进、王靖程、赵平顺、李帆、田占华。

本标准审定单位：中国华能集团公司、华能澜沧江水电股份有限公司、华能陕西发电有限公司、西安热工研究院有限公司。

本标准主要审定人：赵贺、罗发青、杜灿勋、蒋宝平、马晋辉、申一洲、马剑民、陈仓、李红勇、焦战昆。

本标准审定单位：中国华能集团公司技术工作管理委员会。

本标准批准人：叶向东。

光伏发电站电测监督标准

1 范围

本标准规定了中国华能集团公司（以下简称“集团公司”）所属并网光伏发电站电测监督的基本原则、监督范围、监督内容和相关的技术管理要求。

本标准适用于集团公司并网光伏发电站的电测技术监督工作，其他类型光伏发电站（项目）可参照执行。

2 规范性引用文件

下列文件对于本文件的应用是必不可少的。凡是注日期的引用文件，仅注日期的版本适用于本文件。凡是不注日期的引用文件，其最新版本（包括所有的修改单）适用于本文件。

GB/T 3927 直流电位差计

GB/T 3928 直流电阻分压箱

GB/T 3930 测量电阻用直流电桥

GB/T 50063 电力装置的电测量仪表装置设计规范

DL/T 410 电工测量变送器运行管理规程

DL/T 448 电能计量装置技术管理规程

DL/T 630 交流采样远动终端技术条件

DL/T 825 电能计量装置安装接线规则

DL/T 980 数字多用表检定规程

DL/T 1051 电力技术监督导则

DL/T 1199 电测技术监督规程

DL/T 5136 火力发电厂、变电所二次接线设计技术规程

DL/T 5202 电能量计量系统设计技术规程

JJG 01 电测量变送器检定规程

JJG 313 测量用电流互感器检定规程

JJG 315 直流数字电压表试行检定规程

JJG 366 接地电阻表检定规程

JJG 440 交流数字功率表检定规程

JJG 494 高压静电电压表检定规程

JJG 596 电子式电能表检定规程

JJG 598 直流数字电流表试行检定规程

JJG 603 频率表检定规程

JJG 622 绝缘电阻表（兆欧表）检定规程

JJG 690 高绝缘电阻测量仪（高阻计）检定规程

JJG 691　分时计度（多费率）电能表检定规程
JJG 780　交流数字功率表检定规程
JJG 1021　电力互感器检定规程
SD 109　电能计量装置检验规程
Q/HN-1-0000.08.049—2015　电力技术监督管理办法

3　总则

3.1　电测监督工作应贯彻执行《中华人民共和国电力法》《中华人民共和国计量法》《中华人民共和国计量法实施细则》及国家和行业颁发的有关规程、规定，必须坚持“安全第一、预防为主”的方针，实行全过程监督。

3.2　电测监督的目的是通过对电测仪表及电能计量装置进行正确的系统设计、安装调试及周期性的日常检定、检验、维护、修理等工作，使之始终处于完好、准确、可靠的状态。

3.3　本标准规定了光伏发电站在设计审查、安装验收、运行维护、周期检验等阶段的监督，以及电测监督管理要求、评价与考核标准，它是光伏发电站电测监督工作的基础，也是建立电测技术监督体系的依据。

3.4　电站应按照集团公司《华能电厂安全生产管理体系要求》《电力技术监督管理办法》中有关技术监督管理和本标准的要求，结合本站的实际情况，制定电站电测监督管理标准；依据国家和行业有关标准和规范，编制、执行运行规程、检修规程和检修维护作业指导书等相关支持性文件；以科学、规范的监督管理，保证电测监督工作目标的实现和持续改进。

3.5　电测监督范围主要包括以下几方面：

a）　电能计量装置与系统：电能表，计量用电压、电流互感器及其二次回路，电能计量屏、柜，以及与电能计量有关的失压计时器、电能信息采集与管理系统等。其中：电能表包括最大需量电能表、分时电能表、多费率电能表、多功能电能表、标准电能表等。电能信息采集与管理系统包括电能量计量表计、电能量远方终端（或传送装置）、信息通道及现场监视设备组成的系统。

b）　电气测量设备：电测量数字仪器仪表、电测量指示仪器仪表、电测量记录仪器仪表、直流仪器仪表（含直流电桥、直流电位差计、标准电阻、标准电池、直流电阻箱、直流分压箱等）、变送器、交流采样测量装置、电测量系统二次回路（TV 二次回路压降测试装置、二次回路阻抗测试装置）、电流互感器、电压互感器（测量用互感器、标准互感器、互感器校验仪及检定装置、负载箱）。

3.6　从事电测监督的人员，应熟悉和掌握本标准及相关标准和规程中的规定。

4　监督技术标准

4.1　设计审查阶段监督

4.1.1　电测量及电能计量装置的设计，包括常用测量仪表、计算机监测（控）系统的测量功能、电测量变送器、测量用电流、电压互感器及测量二次接线等，应执行 DL/T 5137 的规定。

4.1.2　电能计量装置与系统

4.1.2.1　电能计量点设置：

a） 关口计量点的设置应满足 DL/T 5202 的相关要求，宜设置在设施产权分界处或合同协议中规定的贸易结算点；站用电取自公共电网时，引入线高压侧应设置为关口计量点。产权分界点不适合安装电能计量装置的，应与电网企业协商确定。

b） 光伏逆变器并网点或箱式变压器低压侧宜设置便于站内经济考核统计用的电能计量装置或系统。

c） 电站内部的有功电能及无功电能计量点应符合 GB/T 50063 的相关要求。

4.1.2.2 电能计量装置配置：

a） 光伏发电站电能计量装置应符合 DL/T 5202 的相关要求。

b）电能计量装置应具备双向有功和四象限无功计量功能。

c） 贸易结算用关口电能计量装置应配置电子式多功能电能表，为确保电能计量的可靠性，应选用同型号、同规格准确度的主备电能表各一套。

d） 光伏发电站应配置的电能表、互感器的准确度等级不应低于表 1 的规定。

表 1 电能计量装置准确度等级

电能计量装置类别		准确度等级			
		有功电能	无功电能	电压互感器	电流互感器
贸易结算用（关口电能表）	35kV 及以上接入	0.2S	2.0	0.2	0.2S
	6kV 及以下接入	0.5S	2.0	0.2	0.5S
站用电		0.5S	2.0	0.2	0.5S
站内经济考核		0.5S	2.0	0.5	0.5S

4.1.2.3 电能计量装置接线方式：

a） 电能量计量表计一般选用三相四线接线方式。电气接线不允许时，可选用三相三线接线方式。

b） 接入中性点不接地系统的 3 台电压互感器，35kV 及以上的宜采用 Y/y 方式接线；35kV 以下的宜采用 V/v 方式接线。接入中性点接地系统的 3 台电压互感器，宜采用 YN/yn 方式接线，其一次侧接地方式和系统接地方式相一致。

c） 对三相三线制接线的电能计量装置，其 2 台电流互感器二次绕组与电能表之间应采用四线连接。对三相四线制连接的电能计量装置，其 3 台电流互感器二次绕组与电能表之间应采用六线连接。

4.1.2.4 电能表的设计：

a） 电能计量装置应采用电子式电能表。为方便电能表试验和检修，电能表的电流、电压回路可装设电流、电压专用试验接线盒。电能表的通信规约应符合 DL/T 645 的规定。

b） 安装式多功能电能表应满足 DL/T 614 的要求。电能表应具备与所耗电能成正比的 LED 脉冲和电量脉冲输出功能。光测试输出装置的特性应符合 GB/T 17215 的要求。电测试输出装置的特性应符合 GB/T 15284 的要求。电能表应具备时钟信号输出端子。

c） 为提高低负荷计量的准确性，应选用过载 4 倍及以上的电能表。

d） 贸易结算用电能表的辅助电源应单独设立，且运行期间不得停电。

e） 新、扩建项目站用电系统电能计量应优先配置独立的电子式多功能电能表；已建项目站用电系统如采用数字式保护测控装置的电能计量功能，保护测控装置应配置电能计量专用芯片并提供电能校验脉冲输出。

4.1.2.5 计量二次回路的设计：

a） 贸易结算用电能计量专用电压、电流互感器或专用二次绕组及其二次回路不得接入与电能计量无关的设备。

b） 用于贸易结算的电能计量装置中电压互感器二次回路压降不大于其额定二次电压的 0.2%；其他电能计量装置中电压互感器二次回路压降不大于其额定二次电压的 0.5%。

c） 应注意降低计量电压二次回路电压降，可采取的手段包括：缩短二次电压回路长度，增大导线截面积，减小导线电阻；采用接触电阻小的快速空气断路器，减小断路器上的电压降；计量用电压切换装置，采用接触电阻小的重动继电器，减小继电器触点上的电压降；防止二次电压回路两点或多点接地，避免由于地电位差引起回路压降的改变。

d） 35kV 及以上贸易结算用电能计量装置中电压互感器二次回路，应不装设隔离开关辅助触点，但可装设熔断器；用于考核的电能计量装置，电压二次回路应装设熔断器或快速断路器。

e） 一次系统采用单母分段接线方式时，若一次系统存在两段母线并列运行条件，二次电压回路应配置二次电压并列装置。一次系统采用双母接线方式并采用母线电压互感器时，二次电压回路应配置二次电压切换装置。新建或扩建项目应配置计量专用电压切换装置。

f） 高压电流互感器的二次回路只允许有一处可靠接地，一般在端子箱经端子排接地。电压互感器的二次回路只允许一处接地，接地线中不应串接有可能断开的设备。采用母线电压互感器，需要二次电压并列或切换时，接地点应在控制室或保护小室；其他情况接地点宜在互感器端子箱。电压互感器采用 YN/yn 或 Y/yn 接线时，中性线应接地；电压互感器为 V/v 接线时，B 相线应接地。接地点在控制室或保护小室时，接地的二次线在互感器就地端子箱内经放电间隙或氧化锌阀片接地。

4.1.2.6 计量用互感器的设计：

a） 互感器实际二次负荷应在 25%～100%额定二次负荷范围内；电流互感器额定二次负荷的功率因数应为 0.8～1.0；电压互感器额定二次功率因数应与实际二次负荷的功率因数接近。

b） 计量专用电流互感器或电流互感器专用绕组，应根据二次回路实际负荷计算值确定额定二次负荷及下限负荷，保证二次回路实际负荷在互感器额定二次负荷与其下限负荷之间。

4.1.2.7 电能信息采集：

a） 光伏发电站应配置具有通信功能的电能计量装置和相应的电能采集装置，计量装置采集的信息应接入电力调度机构的电能信息采集系统。采集终端宜单独组屏，采集终端应满足 DL/T 5202 的相关要求。

b） 电能信息采集终端应选取稳定可靠的工作电源，厂站采集终端应配置交流或直流电源，直流电源引自厂站直流屏专用回路，交流电源引自交流屏或 UPS 电源。

c） 厂站采集终端与电能表之间应通过端子排连接。

d） 电能信息采集终端优先选取光纤作为上行传输通道。

4.1.3 电气测量系统

4.1.3.1 光伏发电站电气测量设备的准确度应满足 GB/T 50063 的相关规定，并不宜低于表 2 与表 3 的要求。

表 2 电气测量设备的准确度

电气测量设备类型名称		准确度（级）
交流采样装置		误差不大于 0.5%，其中电网频率测量误差不大于 0.01Hz
常用电气测量仪表、综合装置中的电气测量部分	指针式交流仪表	1.5
	指针式直流仪表	1.0（经变送器二次测量）
	指针式直流仪表	1.5
	数字式仪表	0.5
	记录型仪表	应满足测量对象的准确度要求

表 3 电气测量设备用 TA、TV 及附件、配件的准确度

准确度等级	准确度最低要求级
	TA、TV
0.5	0.5
1.0	0.5
1.5	1.0
2.5	1.0
注：0.5 级指数字式仪表的准确度等级	

4.1.3.2 频率测量范围应为 45Hz～55Hz，准确度不应低于 0.2 级。

4.1.3.3 测量用电力互感器：

a） 测量用 TA 额定一次电流宜按正常运行的实际负荷电流达到额定值 2/3 左右，至少不小于 30%。TA 二次绕组中所接入的负荷应保证实际二次负荷在 25%～100%额定二次负荷范围内。1%～120%额定电流回路，宜选用特殊用途（S 型）的 TA。110kV 及以上电压等级宜选用 1A 的 TA。

b） 测量用 TV 二次绕组中所接入的负荷，应保证实际二次负荷在 25%～100%额定二次负荷范围内，额定二次负荷功率因数应与实际二次负荷的功率因数相近。

4.1.3.4 交、直流指示或数字式仪表：

a） 指针式电气测量仪表的测量范围，宜使用电力设备额定值指示在仪表标度尺的 2/3 左右。对于有可能过负荷运行的电力设备和回路，测量仪表宜选用具有过负荷能力的仪表。

b）4 位半及以下的数字多用表应作为工具表使用，5 位半及以上的数字多用表一般作为标准表使用。

4.1.3.5 远动终端、测控装置及集电线路、站用电系统的保护测控装置等相关测量功能中采用的交流采样测量装置的设计与配置，应满足 DL/T 630、DL/T 1075 的相关要求。

4.1.3.6 测量二次接线：

a）电气测量设备的二次接线应符合 DL/T 5136 的规定。

b）TA 的二次绕组接线，宜先接常用电气测量仪表，后接测控装置。测量仪表和继电保护不应共用 TA 的同一个二次绕组。

c）TA 二次电流回路应采用铜质单股多芯屏蔽电缆，电缆芯线截面应按 TA 的额定二次负荷来计算。

d）计算机监控系统中的电气测量部分、常用电气测量仪表和综合装置的电气测量部分，二次回路电压降不应大于额定二次电压的 3%。

4.2 安装验收阶段监督

4.2.1 运行计量设备应严格按审查通过的施工设计方案进行安装，安装调试应符合 GB/T 50063、DL/T 448、DL/T 630、DL/T 852、DL/T 5136 等规定。

4.2.2 新购置的电能计量及测量装置应验收其装箱单、出厂检验报告（合格证）、使用说明书、铭牌、外观结构、安装尺寸、辅助部件、功能和技术指标测试等，应符合订货合同的要求。

4.2.3 贸易结算用关口电能表、计量用电流、电压互感器在投运前必须经法定或授权的计量检定机构进行首次检定合格并出具检定合格报告。

4.2.4 经验收的电测量仪器仪表应出具验收报告，办理入库手续并建立台账档案。

4.2.5 新安装的电测仪器仪表、装置应在其明显位置粘贴检验合格标志、标识（内容至少包括有效期、检定员全名）。

4.2.6 交流采样测量装置在完成现场安装调试投入运行前，应进行检验合格。

4.3 运行维护阶段监督

4.3.1 电能计量系统

4.3.1.1 运行中的电能计量装置应按 DL/T 448 定期开展以下工作：

a）贸易结算用电能计量装置至少每 3 个月现场检验一次。电能表现场校验时，当负荷电流低于被检电能表标定电流的 10%（对于 S 级的电能表为 5%）或功率因数低于 0.5 时，不宜进行误差测试。

b）新投运及改造后的关口计量用互感器二次回路应及时进行电压互感器二次回路压降及互感器二次实际负荷检验，二次回路电压降应不大于其额定二次电压的 0.2%，当二次回路负荷超过互感器额定二次负荷或二次回路电压降超差时应及时查明原因。

4.3.1.2 安装主副电能表的电能计量装置，主副电能表应有明确标志，运行中主副电能表不得随意调换。两只电能表记录的电量应同时抄录。当主副电能表所计电量之差与主表所计电量的相对误差小于电能表准确度等级值的 1.5 倍时，以主电能表所计电量作为贸易结算的电量；否则应对主副电能表进行现场检验，只要主电能表不超差，仍以其所计电量为准；主电能表超差而副表不超差时才以副电能表所计电量为准；两者都超差时，以主电能表的误差计算退补电量，并及时更换超差表计。

4.3.1.3 安装在生产运行场所的电能计量装置，运行人员和专业人员应定期巡检，并做好相应的记录，保证其封印完好，不受人为损坏。

4.3.1.4 电能计量装置故障时，应及时通知专业人员进行处理。对造成的电量差错，应认真调查、认定，并根据有关规定进行差错电量的计算。贸易结算用电能计量装置故障，应及时通知贸易结算用电能计量装置管理机构进行处理。

4.3.1.5 对电能计量装置采取必要的技术措施，保证电能表历次检验数据、电压互感器二次回路电压降现场测试数据具有可比性，可分析其变化趋势。

4.3.1.6 统计周期内光伏发电站综合站用电率计算公式为：

$$\text{综合站用电率（\%）}=\left(\frac{\text{发电量}+\text{用网电量}-\text{上网电量}}{\text{发电量}}\right)\times 100\%$$

式中：

发电量——统计周期内发电设备向变压器输送的全部电能，由逆变器并网点或箱式变压器低压侧计量表计计取；

用网电量——统计周期内电网向光伏发电站输送的全部电能，由光伏发电站与电网的关口表计计取；

上网电量——统计周期内光伏发电站向电网输送的全部电能，由光伏发电站与电网的关口表计计取。

4.3.2 电气测量系统

4.3.2.1 运行人员和专业人员定期对现场指示的电气测量仪表进行巡检，发现示值有偏差或损坏，应及时通知专业人员进行处理。

4.3.2.2 怀疑电测量变送器、交流采样测量装置存在超差或异常时，可采用在线校验的方法，在实际工作状态下检验其误差。如确认超差或故障，应及时处理。

4.3.2.3 运行测量设备应随主设备准确、可靠地投入运行，重要监测点的运行测量设备、带保护功能的运行测量设备在运行期间未经批准不得无故停运。

4.3.2.4 对运行测量设备及二次回路，运行人员和专业人员应定期进行巡回检查。

4.3.2.5 未经批准，不得任意调整改动测量设备定值，对进行的调整或改动应做好相关记录。

4.3.2.6 具有报警、控制功能的仪表，仪表检验时按定值通知单执行。定检、更换的仪表，投运前应进行定值现场核对无误后，方能将报警、控制功能投入。

4.3.2.7 仪器设备及电测仪表应粘贴反映检定、校准状态的状态标识。经检定合格粘贴“检定合格证”，经检定降级使用的粘贴“准用证”，经检定不合格或出现损坏、故障的粘贴“停用证”。

4.3.2.8 对运行中的交流采样测量装置应进行下列核对工作：

a） 定期巡视、检查和核对遥测量，每半年至少一次，并应有记录。

b） 在确认交流采样测量装置故障或异常后，应及时申请退出运行。

4.4 周期检验监督

4.4.1 一般规定

4.4.1.1 用于贸易结算的关口电能表、计量用电压互感器、电流互感器、兆欧表、接地电阻表等工作计量器具属于国家强制检定的范围，应由法定或授权的计量检定机构执行强制检定，检定周期应按照计量检定规程确定。

4.4.1.2 主设备上运行的非强制检定运行测量设备，原则上可随主设备检修进行检验，同时应在企业的检验计划中详细注明。

4.4.1.3 凡检定/校准不合格或超过检定周期的电测计量标准装置必须停用。

4.4.1.4 电能计量及电气测量装置的检定、检验计划应经过审核、批准，计划应按时完成，计量人员应定期对计划的执行情况进行检查、更新和回填。

4.4.2 电能计量系统

4.4.2.1 电子式电能表应依据 JJG 596 进行周期检定。

4.4.2.2 感应式电能表应依据 JJG 307 进行周期轮换。

4.4.2.3 关口电能表、计量用电流、电压互感器及其二次回路的现场检验应按 SD 109 执行。

4.4.2.4 电能计量装置的检定、检验周期不应超过表 4 的规定。

表 4 电能计量装置的检定、检验周期

贸易结算用电能计量装置	电能表新投运或改造后应在 1 个月内进行首次现场检验；现场检验不宜超过 3 个月；检定周期不超过 6 年
站内经济考核用电能计量装置	电能表新投运或改造后应在 1 个月内进行首次现场检验；现场检验不宜超过 1 年；检定周期不超过 8 年
电磁式电压、电流互感器	不应超过 10 年
电容式电压互感器	不应超过 4 年
关口计量用电压互感器二次回路压降测试	新投运或进行互感器二次回路改造后应检验
关口计量用互感器二次回路负荷测试	新投运或进行互感器二次回路改造后应检验

4.4.3 电气测量系统

4.4.3.1 安装在 35kV 及以上系统的电流、电压互感器应依据 JJG 1021 进行周期检定。电磁式电压、电流互感器的检定周期不宜超过 10 年，电容式电压互感器的检定周期不宜超过 4 年。

4.4.3.2 交流采样测量装置应根据 Q/GDW 140 及 Q/GDW 1899 进行周期检验。需向主站传送检测数据的交流采样测量装置的检验周期原则上为 1 年，用于一般监视测量且不向主站传送数据的交流采样测量装置的检验周期不宜超过 3 年。

4.4.3.3 三相功率表应依据 SD 110 进行周期检定，主要设备主要线路的仪表应每年检验一次，一般设备的仪表每 3 年～4 年至少检验一次。

4.4.3.4 指针式频率表应依据 JJG 603 进行周期检定，检定周期为 1 年。

4.4.3.5 频率为50Hz的单相模拟指针式相位表（包括相角表和功率因数表）应依据JJG 440进行周期检定，主要设备主要线路的仪表应每年检验一次，一般设备的仪表每3年～4年（结合检修）至少检验一次。

4.4.3.6 安装式数字显示电测量仪表和数字多用表：

a） 数字显示电测量仪表应依据JJG 315、JJG 598、JJG 603、JJG 780、JJG（航天）34—1999、JJG（航天）35—1999 等进行周期检定，周期检定项目一般包括外观和通电检查及基本误差检定等。每3年～4年至少检验一次。

b） 数字式多用表应依据DL/T 980进行周期检定，周期检定项目一般包括外观和通电检查及基本误差检定等。作为工具使用的数字多用表的检定周期至少每3年检验一次。

c） 绝缘电阻表（兆欧表）应依据JJG 622进行周期检定，检定周期不得超过2年。

d） 模拟式和数字式接地电阻表应依据JJG 366进行周期检定，检定周期一般不得超过1年。

e） 线路电压不超过650V，工作频率为45Hz～65Hz的钳形电流表（包括数字式和指针式的交流、直流钳形电流表）应依据JJF 1075进行周期校准，复校时间间隔一般为1年。

4.4.3.7 其他仪器仪表：

a） 直流电桥、直流电阻箱、直流电位差计等携带型直流仪器，应按照JJG 123、JJG 125、JJG 505、JJG 506、JJG 546、JJG 982等进行周期检定，检定周期为1年。

b） 高压静电电压表应依据JJG 494进行周期检定。

c） 高绝缘电阻测量仪（高阻计）应依据JJG 690进行周期检定。

d） 耐电压测试仪应依据JJG 795进行周期检定。

e） 泄漏电流测试仪应依据JJG 843进行周期检定。

f） 接地导通电阻测试仪应依据JJG 984进行周期检定。

5 监督管理要求

5.1 监督基础管理工作

5.1.1 一般要求

应按照集团公司《电力技术监督管理办法》和本标准的要求，制定光伏发电站电测监督管理标准，并根据国家法律、法规及国家、行业、集团公司标准、规范、规程、制度，结合光伏发电站实际情况，编制电测监督相关/支持性文件；建立健全技术资料档案，见附录A。

5.1.2 编制电测监督相关/支持性文件

a） 电测监督管理标准。

b） 计量监督管理标准。

c） 设备检修管理标准。

d） 设备缺陷管理标准。

e） 设备技术台账管理标准。

f） 设备异动管理标准。

g） 设备停用、退役管理标准。

h） 关口电能计量装置管理规定。

i） 交流采样测量装置管理规定（如果适用）。

j） 仪器仪表送检及周期检定管理规定。

k） 仪器仪表委托检定管理规定。

5.1.3 技术档案资料

5.1.3.1 基建阶段技术资料：

a） 电测仪器仪表厂家技术资料、图纸、说明书及出厂试验报告。

b） 贸易结算用电能计量装置检定报告。

c） 电测仪器仪表的一次系统配置图和二次接线图。

d） 设备监造报告、安装验收记录、缺陷处理报告、调试试验报告、投产验收报告。

5.1.3.2 设备清册及设备台账：

a） 电测仪器仪表及贸易结算用电能计量装置设备台账（名称、型号、规格、安装位置、准确度等级、编号、厂家、安装时间、检定周期等）。

b） 贸易结算用电能计量装置历次误差测试数据统计台账（安装位置、准确度等级、误差、测试时间）。

c） 电测仪器、仪表送检计划及电测仪表周检计划。

5.1.3.3 试验报告和记录：

a） 关口电能表现场检验报告。

b） 计量用电压、电流互感器误差测试报告。

c） 计量用电压互感器二次回路压降测试报告。

d） 电测仪表（现场安装式指示仪表、数字表、变送器、交流采样测控装置、站用电能表、全站试验用仪表、绝缘电阻表、钳形电流表、万用表、直流电桥、电阻箱等）检验报告（原始记录）。

e） 计量标准文件集。

f） 电测仪器仪表检验率、调前合格率统计记录。

5.1.3.4 缺陷闭环管理记录：

月度缺陷分析。

5.1.3.5 事故管理报告和记录：

a）设备非计划停运、障碍、事故统计记录。

b） 事故分析报告。

5.1.3.6 技术改造报告和记录：

a） 可行性研究报告。

b） 技术方案和措施。

c） 技术图纸、资料、说明书。

d） 质量监督和验收报告。

e） 完工总结报告和后评估报告。

5.1.3.7 监督管理文件：

a） 电测监督有关的国家法律、法规及国家、行业、集团公司标准、规范、规程、制度。
b） 光伏发电站电测监督标准、规定、措施等。
c） 电测技术监督年度工作计划和总结。
d） 电测技术监督季报、速报。
e） 电测技术监督预警通知单和验收单。
f） 电测技术监督会议纪要。
g） 电测技术监督工作自我评价报告和外部检查评价报告。
h） 电测技术监督人员技术档案、上岗考试成绩和证书。
i） 电测设备质量有关的重要工作来往文件。

5.2 日常管理内容和要求

5.2.1 健全监督网络与职责

5.2.1.1 按照集团公司《电力技术监督管理办法》《华能电厂安全生产管理体系》要求编制本单位电测监督管理标准，做到分工、职责明确，责任到人。

5.2.1.2 工程设计阶段、建设阶段的技术监督，由产业公司、区域公司或电站建设管理单位规定归口职能管理部门，在本单位技术监督领导小组的领导下，负责电测技术监督的组织建设工作。

5.2.1.3 生产运行阶段的技术监督，由产业公司、区域公司、光伏发电站规定的归口职能管理部门，在光伏发电站技术监督领导小组的领导下，负责电测技术监督的组织建设工作，并设电测技术监督专责人，负责全厂电测技术监督日常工作的开展和监督管理。

5.2.1.4 技术监督归口职能管理部门每年年初要根据人员变动情况及时对网络成员进行调整；按照人员培训和上岗资格管理办法的要求，定期对技术监督专责人和特殊技能岗位人员进行专业和技能培训，保证持证上岗。

5.2.2 确定监督标准符合性

5.2.2.1 电测监督标准应符合国家、行业及上级主管单位的有关规定和要求。

5.2.2.2 每年年初，电测技术监督专责人应根据新颁布的标准规范及设备异动情况，组织对电测仪器仪表相关规程、制度的有效性、准确性进行评估，修订不符合项，经归口职能管理部门领导审核、生产主管领导审批后发布实施。国家标准、行业标准及上级单位监督规程、规定中涵盖的相关电测监督工作均应在光伏发电站规程及规定中详细列写齐全。在电测仪器仪表规划、设计、建设、更改过程中的电测监督要求应采用每年发布的相关标准。

5.2.3 确定仪器仪表有效性

5.2.3.1 应建立电测仪器仪表设备台账，根据检验、使用及更新情况进行补充完善。

5.2.3.2 根据检定周期，每年应制定仪器仪表的送检计划、周检计划，根据送检计划、周检计划定期对仪器仪表进行检验或送检，检验合格的继续使用，对检验不合格的则送修，对送修仍不合格的作报废处理。

5.2.4 制定监督工作计划

5.2.4.1 电测技术监督专责人每年 11 月 30 日前应组织完成下年度技术监督工作计划的制定工作，并将计划报送产业公司、区域公司，同时抄送西安热工研究院。

5.2.4.2 发电企业技术监督年度计划的制定依据至少应包括以下几方面：

a） 国家、行业、地方有关电力生产方面的法规、政策、标准、规范、反事故措施要求。
b） 集团公司、产业公司、区域公司、发电企业技术监督工作规划和年度生产目标。
c） 集团公司、产业公司、区域公司、发电企业技术监督管理制度和年度技术监督动态管理要求。
d） 技术监督体系健全和完善化。
e） 人员培训和监督用仪器设备配备和更新。
f） 技术监督动态检查、预警、月（季报）提出问题的整改。
g） 收集的其他有关仪器仪表设计选型、制造、安装、运行、检修、技术改造等方面的动态信息。

5.2.4.3 年度监督工作计划主要内容应包括以下几方面：

a） 根据实际情况对技术监督组织机构进行完善。
b） 监督技术标准、监督管理标准制定或修订计划。
c） 技术监督定期工作修订计划。
d） 制定检修期间应开展的技术监督项目计划。
e） 制定人员培训计划（主要包括内部培训、外部培训取证，规程宣贯）。
f） 制定技术监督发现的重大问题整改计划。
g） 试验仪器仪表送检计划。
h） 根据上级技术监督动态检查报告，制定技术监督动态检查和问题整改计划。
i） 技术监督定期工作会议计划。

5.2.4.4 电测监督专责人每季度对电测监督各部门监督计划的执行情况进行检查，对不满足监督要求的通过技术监督不符合项通知单的形式下发到相关部门进行整改，并对电测监督的相关部门进行考评。技术监督不符合项通知单编写格式见附录 B。

5.2.5 监督档案管理

5.2.5.1 应建立和健全电测技术监督档案、规程、制度和技术资料，确保技术监督原始档案和技术资料的完整性和连续性。

5.2.5.2 根据电测监督组织机构的设置和受监设备的实际情况，要明确档案资料的分级存放地点和指定专人负责整理保管。

5.2.5.3 应建立电测档案资料目录清册，并及时更新。

5.2.6 监督报告管理

5.2.6.1 电测监督季报的报送。应按照附录 C 的季报格式和要求，编写上季度电测技术监督季报。经光伏发电站归口职能管理部门季报汇总人按照《电力技术监督管理办法》中附录 C 格式编写完成“技术监督综合季报”后，应于每季度首月 5 日前，将全站技术监督季报报送产业公司、区域公司和西安热工研究院。

5.2.6.2 电测监督速报的报送。当光伏发电站发生重大监督指标异常，受监控设备重大缺陷、故障和损坏事件，火灾事故等重大事件后 24h 内，应将事件概况、原因分析、采取措施按照附录 D 的格式，以速报的形式报送产业公司、区域公司和西安热工研究院。

5.2.6.3 电测监督年度工作总结报告的报送：

a） 电测技术监督专责人应于每年元月 5 日前组织完成上年度技术监督工作总结报告的编写工作，并将总结报告报送产业公司、区域公司和西安热工研究院。

b） 年度监督工作总结报告主要内容应包括以下几方面：

1） 主要工作完成情况及工作亮点（要突出重点和亮点，反映年度或专项工作的重点，抓住主要问题。要点面结合，既有全面概括的统计资料，又有典型事实材料。材料要准确、详实，要有数据支持。要总结规律，通过分析、综合，找出具有指导意义的规律性的内容）。

2） 设备一般事故和异常统计分析。

3） 监督存在的主要问题：未完成工作；存在问题分析（对存在的差距及问题，要进行深入分析、查找原因）；经验与教训（结合设备一般事故和异常统计分析）。

4） 下年度工作思路、计划、重点及改进措施（要在总结工作、查找差距的基础上，结合本专业重点工作，详细梳理下一步工作思路，拟定工作计划和改进措施）。

5.2.7 监督例会管理

5.2.7.1 光伏发电站每年至少召开两次技术监督工作会，检查、布置、总结技术监督工作，对技术监督中出现的问题提出处理意见和防范措施，形成会议纪要，按管理流程批准后发布实施。

5.2.7.2 例会主要内容包括：

a） 上次监督例会以来电测监督工作开展情况。

b） 设备及系统的故障、缺陷分析及处理措施。

c） 电测监督存在的主要问题及解决措施、方案。

d） 上次监督例会提出问题整改措施完成情况的评价。

e） 技术监督工作计划发布及执行情况，监督计划的变更。

f） 集团公司技术监督季报，监督通讯、新颁布的国家及行业标准规范，监督新技术学习交流。

g） 电测监督需要领导协调和其他部门配合及关注的事项。

h） 至下次监督例会时间内的工作要点。

5.2.8 监督预警管理

5.2.8.1 集团公司电测监督三级预警项目见附录 E，光伏发电站应将三级预警项目纳入日常电测监督管理和考核工作中。

5.2.8.2 对于上级监督单位签发的预警通知单（见附录 F），光伏发电站应认真组织人员研究有关问题，制定整改计划，整改计划中应明确整改措施、责任人、完成日期。

5.2.8.3 问题整改完成后，按照验收程序要求，光伏发电站应向预警提出单位提出验收申请，经验收合格后，由验收单位填写预警验收单（见附录G），报送预警签发单位备案。

5.2.9 监督问题整改

5.2.9.1 整改问题的提出：

a） 上级单位、西安热工院在技术监督动态检查、评价时提出的整改问题。

b） 监督季报中提出的产业公司、区域公司督办问题。

c） 监督季报中提出的发电企业需要关注及解决的问题。

d） 每季度对电能质量监督计划的执行情况进行检查，对不满足监督要求提出的整改问题。

5.2.9.2 问题整改管理：

a） 光伏发电站收到技术监督评价考核报告后，应组织有关人员会同西安热工研究院或技术监督服务单位在两周内完成整改计划的制定和审核，并将整改计划报送集团公司、产业公司、区域公司，同时抄送西安热工研究院或技术监督服务单位。

b） 整改计划应列入或补充列入年度监督工作计划，光伏发电站按照整改计划落实整改工作，并将整改实施情况及时在技术监督季报中总结上报。

c） 对整改完成的问题，光伏发电站应保留问题整改相关的试验报告、现场图片、影像等技术资料，作为问题整改情况评估的依据。

5.3 各阶段监督重点工作

5.3.1 设计阶段

a） 应组织对电测量及电能计量装置进行设计审查。

b） 电测量及电能计量装置的设计应做到技术先进、经济合理、准确可靠、监视方便，以满足光伏发电站安全经济运行和商业化运营的需要。

c） 应根据相关规程、规定及实际需要制定电测计量装置的订货管理办法。

d） 电力建设工程中电测量及电能计量装置，应根据审查通过的设计所确定的厂家、型号、规格、等级等组织订货。

5.3.2 安装、验收阶段

a） 应制定本单位电测量及电能计量装置等安装与验收管理制度。

b） 电测量及电能计量装置等投运前应进行全面的验收。仪器设备到货后应由专业人员验收，检查物品是否符合订货合同。

c） 验收的项目及内容应包括技术资料、现场核查、验收试验、验收结果的处理。应做到图纸、设备、现场相一致。

d） 电测量及电能计量装置的安装应严格按照通过审查的施工设计进行。

e） 新安装的电测仪表应进行检定，检定合格后在其明显位置粘贴合格证（内容至少包括设备编号、有效期、检定员全名）。

f） 应建立资产档案，专人进行资产管理并实现与相关专业的信息共享。资产档案内容应有资产编号、名称、型号、规格、等级、出厂编号、生产厂家、生产日期、验收日期等。

5.3.3 运行维护阶段

a） 应具备与电测技术监督工作相关的法律、法规、标准、规程、制度等文件。

b） 应建立健全技术监督网体系和各级监督岗位职责，开展正常的监督网活动并记录活动内容、参加人员及有关要求。

c） 电测量及电能计量装置必须具备完整的符合实际情况的技术档案、图纸资料和仪器仪表设备台账。

d）相应人员每天应对电能计量装置的厂站端设备进行巡检，并做好相应的记录。

e） 仪器设备要有专人保管，制定仪器仪表设备的维护保养计划。应在仪器设备上粘贴反映检定、校准状态的状态标识。

f） 应按要求完成电测技术监督工作统计报表。技术监督工作总结、统计报表、事故分析报告与重大问题应及时上报。

g） 应配备符合条件的电测专业技术人员，并保持队伍相对稳定，加强培训与考核，提高人员素质。

5.3.4 周期检验阶段

a） 光伏发电站应制定电测技术监督工作计划，计量器具周期检定计划及仪器仪表送检计划，并按期执行。

b） 应按照各检定规程要求定期规范开展电测仪器仪表的检定、校准工作。

c） 电测量及电能计量装置原始记录及检定报告应至少保存两个检定周期。

d） 应按规定的期限保存原始观测数据、导出数据和建立审核路径的足够信息的记录，原始记录应包括每项检定、校准的操作人员和结果核验人员的签名。当在记录中出现错误时，每一项错误应划改，不可擦涂掉。以免字迹模糊或消失，并将正确值填写在其旁边。对记录的所有改动应有改动人的签名或签名缩写。对电子存储的记录也应采取同等措施，以避免原始数据的丢失或未经授权的改动。

6 监督评价与考核

6.1 评价内容

6.1.1 电测监督评价考核内容见附录 H。

6.1.2 电测监督评价内容分为电测监督管理、技术监督实施两部分。监督管理评价和考核项目 44 项，标准分 240 分；技术监督标准实施评价和考核项目 36 项，标准分 360 分；共计 80 项，总分为 600 分，详见附录 H。

6.2 评价标准

6.2.1 被评价考核的光伏发电站按得分率的高低分为四个级别，即优秀、良好、合格、不符合。

6.2.2 得分率高于或等于 90%为“优秀”；80%～90%（不含 90%）为“良好”；70%～80%（不含 80%）为“合格”；低于 70%为“不符合”。

6.3 评价组织与考核

6.3.1 技术监督评价包括集团公司技术监督评价、属地电力技术监督服务单位技术监督评价、电站技术监督自我评价。

6.3.2 集团公司定期组织西安热工研究院和公司内部专家，对光伏发电站技术监督工作开展情况、设备状态进行评价，评价工作按照集团公司《电力技术监督管理办法》中附录D规定执行，分为现场评价和定期评价。

6.3.2.1 集团公司技术监督现场评价按照集团公司年度技术监督工作计划中所列的电站名单和时间安排进行。各光伏发电站在现场评价实施前应按附录H进行自查，编写自查报告。西安热工研究院在现场评价结束后三周内，应按照集团公司《电力技术监督管理办法》中附录D2的格式要求完成评价报告，并将评价报告电子版报送集团公司安生部，同时发送产业公司、区域公司及光伏发电站。

6.3.2.2 集团公司技术监督定期评价按照集团公司《电力技术监督管理办法》及本标准要求和规定，对光伏发电站生产技术管理情况、机组障碍及非计划停运情况、电测监督报告的内容符合性、准确性、及时性等进行评价，集团公司将通过季度和年度技术监督报告发布考核结果。

6.3.2.3 集团公司对严重违反技术监督制度、由于技术监督不当或监督项目缺失、降低监督标准而造成严重后果、对技术监督发现问题不进行整改的光伏发电站，予以通报并限期整改。

6.3.3 光伏发电站应督促属地技术监督服务单位依据技术监督服务合同的规定，提供技术支持和监督服务，依据相关监督标准定期对光伏发电站技术监督工作开展情况进行检查和评价分析，形成评价报告报送光伏发电站，光伏发电站应将报告归档管理，并落实问题整改。

6.3.4 光伏发电站应按照集团公司《电力技术监督管理办法》及《华能电厂安全生产管理体系要求》建立完善技术监督评价与考核管理标准，明确各项评价内容和考核标准。

6.3.5 光伏发电站应每年按附录H，组织安排电测监督工作开展情况的自我评价，并按集团公司《电力技术监督管理办法》中附录D1格式编写自查报告，根据评价情况对相关部门和责任人开展技术监督考核工作。

附　录　A
（规范性附录）
电测技术监督档案资料

A.1　电测技术监督档案目录

A.1.1　基建阶段技术资料：

a）电测仪器仪表厂家技术资料、图纸、说明书及出厂试验报告。

b）贸易结算用电能计量装置检定报告。

c）电测仪器仪表的一次系统配置图和二次接线图。

d）设备监造报告、安装验收记录、缺陷处理报告、调试试验报告、投产验收报告。

A.1.2　设备清册及设备台账：

a）电测仪器仪表及贸易结算用电能计量装置设备台账（名称、型号、规格、安装位置、准确度等级、编号、厂家、安装时间、检定周期等）。

b）贸易结算用电能计量装置历次误差测试数据统计台账（安装位置、准确度等级、误差、测试时间）。

c）电测仪器、仪表送检计划及电测仪表周检计划。

A.1.3　试验报告和记录：

a）关口电能表现场检验报告。

b）计量用电压、电流互感器误差测试报告。

c）计量用电压互感器二次回路压降测试报告。

d）电测仪表（现场安装式指示仪表、数字表、变送器、交流采样测控装置、站用电能表、全站试验用仪表、绝缘电阻表、钳形电流表、万用表、直流电桥、电阻箱等）检验报告（原始记录）。

e）计量标准文件集。

f）电测仪器仪表检验率、调前合格率统记录。

A.1.4　缺陷闭环管理记录：

月度缺陷分析。

A.1.5　事故管理报告和记录：

a）设备非计划停运、障碍、事故统计记录。

b）事故分析报告。

A.1.6　技术改造报告和记录：

a）可行性研究报告。

b）技术方案和措施。

c）技术图纸、资料、说明书。

d）质量监督和验收报告。

e）完工总结报告和后评估报告。

A.1.7 监督管理文件：

a） 与电测监督有关的国家法律、法规及国家、行业、集团公司标准、规范、规程、制度。

b） 光伏发电站电测监督标准、规定、措施等。

c） 电测技术监督年度工作计划和总结。

d） 电测技术监督季报、速报。

e） 电测技术监督预警通知单和验收单。

f） 电测技术监督会议纪要。

g） 电测技术监督工作自我评价报告和外部检查评价报告。

h） 电测技术监督人员技术档案、上岗考试成绩和证书。

i） 与电测设备质量有关的重要工作来往文件。

附 录 B
（规范性附录）
技术监督不符合项通知单

编号（No）：××-××-××

发现部门（人）：　专业：　被通知部门、班组（人）：　签发：　日期：20××年××月××日

<table>
<tr><td>不符合项描述</td><td>1. 不符合项描述：

2. 不符合标准或规程条款说明：</td></tr>
<tr><td>整改措施</td><td>3. 整改措施：

制订人/日期：　审核人/日期：</td></tr>
<tr><td>整改验收情况</td><td>4. 整改自查验收评价：

整改人/日期：　自查验收人/日期：</td></tr>
<tr><td>复查验收评价</td><td>5. 复查验收评价：

复查验收人/日期：</td></tr>
<tr><td>改进建议</td><td>6. 对此类不符合项的改进建议：

建议提出人/日期：</td></tr>
<tr><td>不符合项关闭</td><td>整改人：　自查验收人：　复查验收人：　签发人：</td></tr>
<tr><td>编号说明</td><td>年份 + 专业代码 + 本专业不符合项顺序号</td></tr>
</table>

附 录 C
（规范性附录）
光伏发电站技术监督季报编写格式

××电站20××年×季度电测技术监督季报

编写人：××× 固定电话/手机：××××××

审核人：×××

批准人：×××

上报时间：20××年××月××日

C.1 工作开展情况

C.1.1 工作计划完成情况

根据本年度技术监督具体的工作计划，将各专业要开展的工作分解到每季度，统计年初到季报填写日期工作计划的完成情况。对已开展的工作完成情况做扼要说明，未按要求完成的工作计划应说明原因。

C.1.2 日常工作开展情况

针对日常的技术监督工作，包括管理和专业技术方面，即人员与监督网的调整、制度的完善、台账的建立、学习与培训、全站设备状况开展的运行、维护、检修、消缺等工作的开展情况。

C.2 运行数据分析

针对电站的各个专业相关设备运行的数据进行填报，并作简要分析（各专业提电站能够统计且相对重要的指标数据，可附Excel表）。

C.2.1 绝缘监督

色谱分析数据、预试报告数据。

C.2.2 电测监督

电测仪表运行状况及异常数据。

C.2.3 继电保护监督

保护及故障录波异常启动，保护系统故障。

C.2.4 电能质量监督

并网点及各35kV母线电压谐波、三相不平衡度、电压波动及闪变运行状况及分析。

C.2.5 监控自动化监督

C.2.6 能效监督

本季度内，选择填报典型发电单元（逆变器为单位）的发电量，并对不同组件厂家典型发电单元发电量（注明组件制造商、类型、型号、安装时间、辐照量等信息）进行对比。

C.3 存在问题和处理措施

针对电站运行和日常技术监督工作中发现的问题及问题处理情况做详细说明。

C.4 需要解决的问题

C.4.1 绝缘监督

C.4.2 电测监督

C.4.3 继电保护监督

C.4.4 电能质量监督

C.4.5 监控自动化监督

C.4.6 能效监督

C.5 下季度工作计划及重点开展工作

C.6 问题整改完成情况

C.6.1 技术监督动态查评提出问题整改完成情况

截至本季度动态查评提出问题整改完成情况统计报表见表 C.1。

表 C.1 截至本季度动态查评提出问题整改完成情况统计报表

上次查评提出问题项目数 项			截至本季度问题整改完成统计结果			
重要问题项数	一般问题项数	问题项合计	重要问题完成项数	一般问题完成项数	完成项目数小计	整改完成率 %
问题整改完成说明						

表 C.1（续）

序号	问题描述	专业	问题性质	整改完成说明
1				
2				
3				
注：问题性质是指问题的重要性和一般性，可填写“重要”或“一般”				

C.6.2　上季度《技术监督季报告》提出问题整改完成情况

上季度《技术监督季报告》提出问题整改完成情况报表见表 C.2。

表 C.2　上季度《技术监督季报告》提出问题整改完成情况报表

上季度《技术监督季报告》提出问题项目数项			截至本季度问题整改完成统计结果			
重要问题项数	一般问题项数	问题项合计	重要问题完成项数	一般问题完成项数	完成项目数小计	整改完成率%

问题整改完成说明				
序号	问题描述	专业	问题性质	整改完成说明
1				
2				
3				
注：问题性质是指问题的重要性和一般性，可填写“重要”或“一般”				

C.7　附表

华能集团公司技术监督动态检查专业提出问题至本季度整改完成情况见表 C.3。华能集团公司《光伏发电技术监督报告》专业提出的存在问题至本季度整改完成情况见表 C.4。技术监督预警问题至本季度整改完成情况见表 C.5。

表 C.3　华能集团公司技术监督动态检查专业提出问题至本季度整改完成情况

序号	问题描述	问题性质	西安热工研究院提出的整改建议	发电站制定的整改措施和计划完成时间	目前整改状态或情况说明
注 1：填报此表时需要注明集团公司技术监督动态检查的年度。 注 2：如 4 年内开展了 2 次检查，应按此表分别填报。待年度检查问题全部整改完毕后，不再填报					

表 C.4 《华能集团公司光伏发电技术监督报告》
专业提出的存在问题至本季度整改完成情况

序号	问题描述	问题性质	问题分析	解决问题的措施及建议	目前整改状态或情况说明
注：要注明提出问题的《技术监督报告》的出版年度和季度					

表 C.5　技术监督预警问题至本季度整改完成情况

预警通知单编号	预警类别	问题描述	西安热工研究院提出的整改建议	发电站制定的整改措施和计划完成时间	目前整改状态或情况说明

附　录　D
（规范性附录）
技术监督信息速报

单位名称			
设备名称		事件发生时间	
事件概况	注：有照片时应附照片说明。		
原因分析			
已采取的措施			
监督专责人 签字		联系电话： 传　　真：	
生产副厂长或 总工程师签字		邮　　箱：	

附 录 E
（规范性附录）
光伏发电站电测技术监督预警项目

E.1 一级预警

无。

E.2 二级预警

a） 贸易结算用电能计量装置现场检验超差经三级预警后 1 个月仍未处理的，电压互感器二次回路电压降超差经三级预警后 3 个月仍未处理的。
b） 贸易计算用电能计量准确度等级不满足要求经三级预警后 1 个月仍未明确制订更换或改造计划的（结合下次设备检修完成）。

E.3 三级预警

a） 贸易结算用电能计量装置现场检验结果超过规定的误差限值。
b） 贸易结算用电能计量装置准确度等级不满足相关的技术要求。
c） 电测计量标准器具周期检定结果不合格仍继续使用。

附　录　F
（规范性附录）
技术监督预警通知单

通知单编号：T-　　　　　　预警类别：　　　　　　日期：　　　　年　　月　　日

发电企业名称			
设备（系统）名称及编号			
异常情况			
可能造成或已造成的后果			
整改建议			
整改时间要求			
提出单位		签发人	

注：通知单编号：T-预警类别编号-顺序号-年度。预警类别编号：一级预警为1，二级预警为2，三级预警为3。

附　录　G
（规范性附录）
技术监督预警验收单

验收单编号：Y-　　　　预警类别：　　　　日期：　　年　　月　　日

<table>
<tr><td colspan="2">发电企业名称</td><td colspan="3"></td></tr>
<tr><td colspan="2">设备（系统）名称及编号</td><td colspan="3"></td></tr>
<tr><td>异常
情况</td><td colspan="4"></td></tr>
<tr><td>技术监督
服务单位
整改建议</td><td colspan="4"></td></tr>
<tr><td>整改
计划</td><td colspan="4"></td></tr>
<tr><td>整改
结果</td><td colspan="4"></td></tr>
<tr><td>验收单位</td><td colspan="2"></td><td>验收人</td><td></td></tr>
</table>

注：验收单编号：Y-预警类别编号-顺序号-年度。预警类别编号：一级预警为1，二级预警为2，三级预警为3。

附　录　H
（规范性附录）
光伏发电站电测技术监督工作评价表

序号	评价项目	标准分	评价内容与要求	评分标准
1	电测监督管理	240		
1.1	监督机构与职责	30		
1.1.1	监督组织机构	5	应成立以主管生产的领导或总工程师为组长的技术监督领导小组，在归口职能管理部门设置电测技术监督专责人，建立完善的厂级、部门、班组三级技术监督网络	查看正式下发的技术监督网络成员文件。未有正式下发的文件不得分，三级网络监督机构不健全扣5分，人员调动未及时调整扣2分
1.1.2	职责分工与落实	5	电测技术监督网络各级成员职责分工应明确并得到有效落实，技术监督管理工作能够规范开展	检查各级监督人员职责，结合具体工作验证各级成员职责落实情况。各级监督专责责任未落实扣2分
1.1.3	监督专责工程师持证上岗	20	有集团公司电测技术监督资格证书并在有效期内	查看监督专责工程师是否持证上岗。监督专责未持有集团公司电力技术监督资格证书不得分，证书超期扣15分
1.2	标准符合性	15		
1.2.1	监督管理标准	12		
1.2.1.1	中国华能集团公司企业标准《电力技术监督管理办法》	2	应持有集团公司正式下发的《电力技术监督管理办法》	未有上级单位电测技术监督管理制度不得分
1.2.1.2	本单位《电测监督管理标准》《计量监督管理标准》	5	应编制《电测监督管理标准》和《计量监督管理标准》： （1）《电测监督管理标准》和《计量监督管理标准》编写的内容、格式应符合《华能电厂安全生产管理体系要求》和《华能电厂安全生产管理体系管理标准编制导则》的要求，并统一编号。 （2）《电测监督管理标准》和《计量监督管理标准》的内容应符合国家、行业法律、法规、标准和《华能集团公司电力技术监督管理办法》相关的要求，并符合电厂实际	（1）不符合《华能电厂安全生产管理体系要求》和《华能电厂安全生产管理体系管理标准编制导则》的编制要求，扣2分。 （2）不符合国家、行业法律、法规、标准和华能集团公司《电力技术监督管理办法》相关的要求和电厂实际，扣2分

表（续）

序号	评价项目	标准分	评价内容与要求	评分标准
1.2.1.3	电测监督相关/支持性文件	5	电测监督相关管理规定应建立齐全、内容完善，符合电厂实际并应及时更新	每缺少一项管理规定扣1分，扣完为止；每项管理规定内容不符合相关标准或电厂实际扣1分，扣完为止
	本单位关口电能计量装置管理规定			
	本单位交流采样测量装置管理规定			
	本单位仪器仪表送检及周期检定管理规定			
	本单位仪器仪表委托检定管理规定			
1.2.2	国家、行业、集团公司、其他电网公司相关技术标准	3	应按照集团公司每年下发的《光伏发电站技术监督用标准规范目录》收集齐全相关标准，正式印刷版或电子扫描版均可	相关标准收集不齐全扣1分，标准未及时更新扣1分
1.3	电测标准仪器仪表	20	现场查看仪器仪表台账、检验计划、检验报告	
1.3.1	电测标准仪器、仪表台账	5	电测标准仪器、仪表台账内容应齐全、准确，与现场实际设备相符；台账内容应至少包括名称、编号、厂家、准确度等级、检定周期、检定时间、检定结果等内容，台账内容应及时更新	台账内容不齐全或与现场实际不相符扣2分；台账内容未及时更新扣2分
1.3.2	电测标准仪器、仪表厂家产品说明书及出厂检验报告等	5	电测标准仪器、仪表技术资料及出厂报告应齐全、妥善保存	技术资料不齐全酌情扣分
1.3.3	电测标准仪器、仪表送检计划及执行情况	5	电测标准仪器仪表应制订定期送检计划并严格执行	未制定定期送检计划不得分，电测标准仪器、仪表未定期送检不得分
1.3.4	电测标准仪器、仪表检定证书/校准报告	5	电测标准仪器、仪表的检定证书/校准报告应妥善保存	检定证书/校准报告不齐全扣2分
1.4	监督计划	10	现场查看电厂监督计划	
1.4.1	电测技术监督工作计划编制及报送	5	电测技术监督专责人每年11月30日前应组织完成下年度技术监督工作计划的制定工作，技术监督工作计划内容应全面，经审批后报送产业、区域子公司，同时抄送西安热工研究院	无电测技术监督年度工作计划不得分；工作计划未经审核、批准扣2分，每缺少一项监督计划扣1分，扣完为止
1.4.2	电测技术监督工作计划执行情况检查与考核	5	电测技术监督专责人每季度对各部门的监督计划的执行情况进行检查，对不满足监督要求的通过技术监督不符合项通知单的形式下发到相关部门进行整改，并对相关部门进行考评	每季度未对监督计划执行情况进行检查不得分，未按规定整改完成的酌情扣分

表（续）

序号	评价项目	标准分	评价内容与要求	评分标准
1.5	监督档案	85	现场查看监督档案、档案管理的记录。应建有监督档案资料清单。每类资料有编号、存放地点、保存期限	
1.5.1	仪器仪表技术台账	30		
1.5.1.1	关口电能计量装置台账	10	电能计量装置台账应包括电能表、计量用电压互感器和电流互感器、计量二次回路等相关信息及其检定周期、最近一次的检定情况	未建立台账不得分，台账内容不齐全扣 5 分，台账未及时更新扣 2 分
1.5.1.2	站用系统技术经济考核用电能表台账	5	台账应有设备名称、型号、出厂编号、准确度等级、测量范围、制造厂、检定周期、最近次检定时间、当前状态（在用、停用、报废及时间）等信息	未建立台账不得分，台账内容不齐全扣 2 分，台账未及时更新扣 2 分
1.5.1.3	配电盘（控制盘）仪表台账（包括电测指示仪表、数字显示仪表等）	5		
1.5.1.4	逆变器交、直流侧电能测量装置台账	5		
1.5.1.5	交流采样测量装置台账	2		
1.5.1.6	其他仪器仪表台账	3		
1.5.2	仪器仪表送检及周检计划	15		
1.5.2.1	仪器仪表送检计划	5	每年应编制仪器仪表送检计划，送检计划应详细具体到每一只表计，送检计划中应有检定周期、最近一次检定日期、下次计划检定日期及确认检定日期	未制定送检计划扣 5 分，送检计划内容不齐全扣 2 分
1.5.2.2	交流采样测量装置周检计划	2		
1.5.2.3	电能表周检计划	2		
1.5.2.4	配电盘（控制盘）仪表周检计划（包括电测指示仪表、数字显示仪表等）	2		
1.5.2.5	其他仪器仪表周检计划	1		
1.5.3	仪器仪表检定报告及原始记录	15		
1.5.3.1	标准仪器仪表检定证书/校准报告	2	检定证书/校准报告、原始记录应妥善保存，并且至少保存连续两个检定、检验周期	每缺少一项仪器仪表原始记录扣 2 分，扣完为止
1.5.3.2	交流采样测量装置检定报告及原始记录	3		

表（续）

序号	评价项目	标准分	评价内容与要求	评分标准
1.5.3.3	电能表检定报告及原始记录	5	检定证书/校准报告、原始记录应妥善保存，并且至少保存连续两个检定、检验周期	每缺少一项仪器仪表原始记录扣2分，扣完为止
1.5.3.4	配电盘（控制盘）仪表检定报告及原始记录（包括电测指示仪表、数字显示仪表等）	3		
1.5.3.5	其他仪器仪表检定报告及原始记录	2		
1.5.4	电测专业相关技术图纸、资料	10		
1.5.4.1	设计单位移交的关口电能计量系统竣工图纸	4	竣工图纸应齐全并妥善保存	图纸不齐全扣2分
1.5.4.2	设计单位移交的其他电测量及电能计量相关竣工图纸	2	竣工图纸应齐全并妥善保存	图纸不齐全扣1分
1.5.5	电测量及电能计量装置厂家说明书、出厂检验报告等	2	各类电测量及电能计量装置的厂家说明书、出厂检验报告应收集齐全、妥善保存	未收集电测量及电能计量装置技术资料不得分，技术资料不齐全扣1分
1.5.6	仪器仪表现场缺陷处理及技术更新改造记录	2	仪器仪表缺陷处理及技术更新改造记录应连续	未建立仪器仪表异常、故障、事故缺陷及仪表改造记录不得分。记录内容不详细扣1分
1.6	评价与考核	20		
1.6.1	技术监督动态检查前自我检查	5	电厂应在集团公司技术监督现场评价实施前按附录K《光伏发电站电测监督工作评价表》进行自查，编写自查报告	无自查报告扣5分
1.6.2	技术监督定期自我评价	5	电厂应每年按附录K《光伏发电站电测监督工作评价表》，组织安排电测监督工作开展情况的自我评价，并按集团公司《电力技术监督管理办法》附录D1格式编写自查报告，根据评价情况对相关部门和责任人开展技术监督考核工作	未定期对技术监督工作进行检查扣5分；对检查出的问题及时制定计划进行整改扣2分
1.6.3	技术监督定期工作会议	5	电厂应每年召开两次技术监督工作会议，检查、布置、总结技术监督工作	未组织召开技术监督工作会议扣5分；无会议纪要扣2分

表（续）

序号	评价项目	标准分	评价内容与要求	评分标准
1.6.4	技术监督工作考核	5	对严重违反技术监督管理标准、由于技术监督不当或监督项目缺失、降低监督标准而造成严重后果的，应按照集团公司《电力技术监督管理标准》的“考核标准”给予考核	未按照“考核标准”给予考核扣5分
1.7	工作报告制度	30	查阅检查之日前两个季度季报、检查速报事件及上报时间	
1.7.1	技术监督季报、年报	12	（1）每季度首月5日前，应将技术监督季报报送产业、区域子公司和西安热工研究院。 （2）格式和内容符合要求	（1）季报、年报上报迟报1天扣2分。 （2）格式不符合，一项扣2分。 （3）报表数据不准确，一项扣5分。 （4）检查发现的问题，未在季报中上报，每1个问题扣5分
1.7.2	技术监督速报	12	按规定格式和内容编写技术监督速报并及时上报	（1）发现或者出现重大设备问题和异常及障碍未及时、真实、准确上报技术监督速报一次扣12分。 （2）未按规定时间上报，一件扣9分。 （3）事件描述不符合实际，一件扣9分
1.7.3	年度技术监督工作总结报告	6	按规定格式和内容编写年度技术监督工作总结报告并及时上报。 （1）每年元月5日前组织完成上年度技术监督工作总结报告的编写工作，并将总结报告报送产业、区域子公司和西安热工研究院。 （2）格式和内容符合要求	未按时上报年度工作总结扣6分，内容不齐全扣3分
1.8	监督考核指标	30		
1.8.1	监督管理考核指标	20		
1.8.1.1	监督预警问题、季度问题整改完成率	10	查看预警通知和预警验收单，整改完成率达100%	未按规定时间完成整改不得分
1.8.1.2	动态检查存在问题整改完成率	10	查看整改计划及整改验收单，从发电企业收到动态检查报告之日起：第1年整改完成率不低于85%；第2年整改完成率不低于95%	未按整改规定时间完成整改不得分

表（续）

序号	评价项目	标准分	评价内容与要求	评分标准
1.8.2	电测监督考核指标	10		
1.8.2.1	电测仪表检验率	5	电测仪表检验率考核指标100%	指标不达标不得分。未定期统计指标扣2分
1.8.2.2	电测仪表调前合格率	5	电测仪表调前合格率考核指标大于或等于98%	指标不达标不得分。未定期统计指标扣2分
2	监督过程实施	360		
2.1	工程设计、选型阶段	85		
2.1.1	贸易结算用电能计量装置	50		
2.1.1.1	贸易结算用电能计量装置准确度等级	10	关口电能表准确度等级不应低于0.2S级；计量用电流互感器准确度等级不应低于0.2S级（35kV及以上）、0.5S级（6kV及以下）；计量用电压互感器准确度等级不应低于0.2级	关口电能表、计量用互感器准确度等级不满足要求每项扣5分
2.1.1.2	关口电能表主、副配置	5	上网贸易结算电量的电能计量装置应配置准确度等级相同的主、副电能表	关口电能表未主、副配置不得分
2.1.1.3	计量专用电压、电流二次回路	10	贸易结算用电能计量装置应配置计量专用电压、电流互感器或者专用二次绕组，电能计量专用电压、电流互感器或专用二次绕组及其二次回路不得接入与电能计量无关的设备	计量电压、电流回路不专用不得分
2.1.1.4	电能计量装置接线方式	5	接入中性点绝缘系统的3台电压互感器，35kV及以上的宜采用Yyn方式接线，35kV以下的宜采用Vv方式接线；2台电流互感器的二次绕组与电能表之间应采用四线分相接法。接入非中性点绝缘系统的3台电压互感器应采用YNyn方式接线，3台电流互感器的二次绕组与电能表之间应采用六线分相接法。当一次系统主接线为3/2断路器接线、电流互感器安装在线路相邻两个断路器支路时，6台电流互感器的二次绕组与电能表之间采用双六线分相接法	电能计量装置接线方式不满足要求不得分

表（续）

序号	评价项目	标准分	评价内容与要求	评分标准
2.1.1.5	贸易结算用电能计量装置电压失压告警	5	贸易计算用电能计量装置应装设电压失压计时器，若电能表的电压失压计时功能满足 DL/T 566 的要求，并提供相应的报警信号输出（如发生任意相 TV 失压、TA 断线、电源失常、自检故障等），可不再配置专门的电压失压计时器。电压失压报警信号应引至光伏发电站电力网络计算机监控系统	关口计量屏未配置失压计时器或失压告警信号未引至监控系统不得分
2.1.1.6	电压、电流二次回路导线截面积	5	二次回路的连接导线应采用铜质绝缘导线。电压二次回路导线截面面积应不小于 $2.5mm^2$，电流二次回路导线截面面积应不小于 $4mm^2$	电压、电流回路导线截面积不满足要求不得分
2.1.1.7	二次电压并列装置、切换装置	5	一次系统采用单母分段接线方式，若一次系统存在两段母线并列运行条件，二次电压回路应配置二次电压并列装置。一次系统接线为双母线接线方式，采用母线电压互感器时，二次电压回路应配置二次电压切换装置	二次电压电压回路未按要求配置并列、切换装置不得分
2.1.1.8	厂站电能信息采集终端	5	光伏发电站侧电能计量装置应配置厂站采集终端。厂站采集终端宜单独组屏，厂站采集终端应满足 DL/T 698.31、DL/T 698.32 的有关要求	电能计量装置未配置厂站采集终端不得分，采集终端未单独组屏扣 2 分
2.1.2	站内及站用电能计量装置	15		
2.1.2.1	电能计量装置设计与配置	5	电能计量装置的设计应满足 DL/T 448、DL/T 5137、DL/T 825 的规定	电能计量装置配置不满足要求不得分
2.1.2.2	站内及站用系统电能计量装置	10	新、扩建项目站内及站用系统电能计量应优先配置独立的电子式多功能电能表；已建项目站内及站用系统如采用数字式保护测控装置的电能计量功能，保护测控装置应配置电能计量专用芯片并提供电能校验脉冲输出	站内及站用电能计量装置无法校验电能不得分
2.1.3	并网逆变器电能计量	15		此项只扣分，不要求整改
2.1.3.1	并网逆变器交流侧交流采样装置	5	并网逆变器交流侧交流采样装置准确度等级应高于 0.5S	准确度不满足要求不得分

表（续）

序号	评价项目	标准分	评价内容与要求	评分标准
2.1.3.2	并网逆变器交流侧互感器	5	电压互感器准确度等级高于0.5S，电压互感器准确度等级高于0.5	准确度不满足要求不得分
2.1.3.3	并网逆变器直流侧功率测量	5	并网逆变器直流侧功率测量准确度应与交流侧一致	直流侧功率测量准确度过低不得分
2.1.4	交流采样测量装置	10	光伏发电站RTU远动终端、NCS系统的模拟量采集宜采用交流采样方式进行采集	RTU、NCS系统等未按交流采样方式进行采集扣2分
2.2	安装验收阶段	50		
2.2.1	贸易结算用电能计量装置全面验收	30		
2.2.1.1	贸易结算用电能计量装置（关口电能表、计量用互感器）安装前首次检定	10	关口电能表、计量用互感器安装前应进行首次检定，检定报告应妥善保存，检定结果应合格	贸易结算用电能计量装置未进行首次检定不得分
2.2.1.2	电压互感器二次回路电压降测试	10	测试报告应妥善保存，电压互感器二次回路压降应不大于其额定二次电压的0.2%	电压互感器未进行二次回路压降测试扣5分，测试结果不满足要求扣5分
2.2.1.3	电压互感器、电流互感器二次回路实负荷测试	10	测试报告应妥善保存，电压、电流互感器二次回路实负荷应不低于JJG 1021规定的互感器下限负荷	互感器未进行实负荷测试扣5分，测试结果不满足要求扣5分
2.2.2	交流采样测量装置投运前校验	10	交流采样测量装置在投入运行前必须进行虚负荷校验，校验项目应规范，校验报告应妥善保存	交流采样测量装置投运前未进行虚负荷校验不得分，校验不规范扣5分
2.2.3	电测量变送器安装前检验	5	电测量变送器安装前应进行首次检验，检验项目应规范，检验报告应妥善保存	变送器安装前未进行校验不得分，校验不规范扣5分
2.2.4	配电盘（控制盘）仪表安装前检验（包括电测指示仪表、数字显示仪表等）	5	配电盘（控制盘）仪表安装前应进行首次检定，检定项目应规范，检定报告应妥善保存	抽查配电盘（控制盘）仪表安装前未进行校验不得分，校验不规范扣2分
2.3	维护检修阶段	165		
2.3.1	贸易结算用电能计量装置	70		
2.3.1.1	关口电能表周期检定	15	关口电能表应依据JJG 596进行周期检定，检定周期一般不超过6年	未查阅到关口电能表检定报告不得分，检定报告超期扣10分
2.3.1.2	关口电能表定期现场检验	20	关口电能表现场检验依据DL/T 448，每季度进行一次现场检验	未查阅到关口电能表现场检验报告不得分，检验报告超期扣10分

表（续）

序号	评价项目	标准分	评价内容与要求	评分标准
2.3.1.3	电流、电压互感器现场检定	20	互感器应依据 JJG 1021 进行周期检定，电流、电磁式电压互感器检定周期一般不超过 10 年，电容式电压互感器检定周期一般不超过 4 年	未查阅到互感器检定报告不得分，检定报告超期扣 10 分
2.3.1.4	电压互感器二次回路电压降测试	15	电压互感器二次回路电压降测试依据 DL/T 448，每两年进行一次，电压互感器二次回路压降应不大于其额定二次电压的 0.2%	未查阅到电压互感器误差测试报告不得分，测试报告超期扣 5 分，测试结果超差扣 10 分
2.3.2	站内及站用系统电能表	30		
2.3.2.1	站内及站用系统电能表周期检定	20	查看检定报告。检定报告应参照国家计量检定规程 JJG 596，查看检定周期，检定项目，检定方法，所使用标准装置等级，数据修约等内容	未查阅到站内及站用经济考核用电能表检验报告不得分，检验报告超期扣 5 分，检验项目不齐全扣 5 分，检验结果不正确扣 5 分，数据修约不正确扣 5 分
2.3.2.2	站内及站用电能表定期现场检验	10	查看检验报告，站内及站用电能表现场检验依据 DL/T 448，每半年进行一次现场检验	未查阅到站内及站用重要电能表现场检验报告不得分，检验报告超期扣 5 分
2.3.3	电量变送器周期检定	10	查看检定报告。检定报告应参照检定规程 JJG 01，查看检定周期，检定项目，检定方法，所使用标准装置等级，数据修约等内容	未提供检验报告扣 20 分，检验报告超期扣 10 分，检验项目不齐全扣 5 分，检验结果不正确扣 5 分，数据修约不正确扣 5 分
2.3.4	交流采样测量装置周期校验	25	查看校验报告。校验报告应参照国家电网企业标准 Q/GDW 140—2006、Q/GDW 347—2005，查看校验周期，检定项目，检定方法，所使用标准装置等级，数据修约等内容	未提供检验报告扣 20 分，检验报告超期扣 10 分，检验项目不齐全扣 5 分，检验结果不正确扣 5 分，数据修约不正确扣 2 分
2.3.5	配电盘（控制盘）仪表检验周期检验（包括电测指示仪表、数字显示仪表等）	10	查看检定报告。检定报告应参照 DL/T 980，查看检定周期，检定项目，检定方法，所使用标准装置等级，数据修约等内容	未提供检验报告扣 10 分，检验报告超期扣 5 分，检验项目不齐全扣 2 分，检验结果不正确扣 2 分，数据修约不正确扣 2 分
2.3.6	绝缘电阻表、接地电阻表周期检定	10	查看检定报告。检定报告应参照 JJG 622，查看检定周期，检定项目，检定方法，所使用标准装置等级，数据修约等内容	未提供检验报告扣 10 分，检验报告超期扣 5 分，检验项目不齐全扣 2 分，检验结果不正确扣 2 分，数据修约不正确扣 2 分

表（续）

序号	评价项目	标准分	评价内容与要求	评分标准
2.3.7	其他仪器、仪表周期检验	10	查看检定报告	未提供检验报告扣10分，检验报告超期扣5分，检验项目不齐全扣2分，检验结果不正确扣2分，数据修约不正确扣2分
2.4	现场设备巡查	55		
2.4.1	关口电能计量屏	45		
2.4.1.1	电能表主、副标识	10	现场巡查电能表主、副标识应清晰	电能表主、副标识不清晰扣5分
2.4.1.2	电能表报警显示	15	现场巡查电能表应运行正常，无报警信号	电能表有告警信号未及时消除扣5分
2.4.1.3	电能表失压事件记录	10	现场抽查电能表内部失压事件记录信息	如一年内发生失压事件，不得分
2.4.1.4	电能表失压告警信号远传	10	现场查看，电能表失压告警信号应引至NCS系统	NCS无法实现告警，不得分
2.4.2	现场电测仪表状态标识	10	现场抽查电测仪表检验合格证，检验合格证应粘贴规范，检验合格证内容应至少包括检验有效期、检定员全名	未按要求粘贴状态标识不得分，状态标识粘贴不正确扣5分

技术标准篇

光伏发电站电能质量监督标准

2016－09－14 发布
2016－09－14 实施

目　次

前　言

为加强中国华能集团公司光伏发电站技术监督管理，提高电能质量运行可靠性，保证光伏发电站和电网安全、优质、经济运行，特制定本标准。本标准依据国家和行业有关标准、规程和规范，以及中国华能集团公司光伏发电站的管理要求，结合国内外发电的新技术、监督经验制定。

本标准是中国华能集团公司所属光伏发电站电能质量技术监督工作的主要依据，是强制性企业标准。

本标准由中国华能集团公司安全监督与生产部提出。

本标准由中国华能集团公司安全监督与生产部归口并解释。

本标准起草单位：西安热工研究院有限公司、华能宁夏能源有限公司、华能甘肃能源开发有限公司、华能青海发电有限公司。

本标准主要起草人：舒进、李育文、马亮、王建峰、邢伟琦。

本标准审核单位：中国华能集团公司、华能宁夏能源有限公司、华能甘肃能源开发有限公司、西安热工研究院有限公司。

本标准主要审核人：赵贺、罗发青、杜灿勋、蒋宝平、马晋辉、申一洲、都劲松、陈仓、杨振勇、叶剑君。

本标准审定单位：中国华能集团公司技术工作管理委员会。

本标准批准人：叶向东。

光伏发电站电能质量监督标准

1 范围

本标准规定了中国华能集团公司（以下简称“集团公司”）所属并网光伏发电站电能质量监督的基本原则、监督范围、监督内容和监督管理要求。

本标准适用于集团公司并网光伏发电站的电能质量技术监督工作，其他类型光伏发电站（项目）可参照执行。

2 规范性引用文件

下列文件对于本文件的应用是必不可少的。凡是注日期的引用文件，仅注日期的版本适用于本文件。凡是不注日期的引用文件，其最新版本（包括所有的修改单）适用于本文件。

GB 12325　电能质量供电电压偏差
GB/T 14549　电能质量公用电网谐波
GB/T 15543　电能质量三相电压不平衡度
GB/T 15945　电能质量电力系统频率偏差
GB/T 17626.30　电磁兼容试验和测量技术电能质量测量方法
GB/T 19862　电能质量监测设备通用要求
GB/T 19939　光伏系统并网技术要求
GB/T 19964　光伏发电站接入电力系统技术规定
GB/T 29319　光伏发电系统接入配电网技术规定
GB/T 29321　光伏发电站无功补偿技术规范
GB/T 30152　光伏发电系统接入配电网检测规程
GB 50794　光伏发电站施工规范
GB/T 50796　光伏发电工程验收规范
GB 50797　光伏发电站设计规范
GB/T 50865　光伏发电接入配电网设计规范
GB/T 50866　光伏发电站接入电力系统设计规范
DL/T 516　电力调度自动化系统运行管理规程
DL/T 1028　电能质量测试分析仪检定规程
DL/T 1040　电网运行准则
DL/T 1053　电能质量技术监督规程
DL/T 1227　电能质量监测装置技术规范
DL/T 1228　电能质量监测装置运行规程
DL/T 5003　电力系统调度自动化设计技术规程
NB/T 32011　光伏发电站功率预测系统技术要求

JJG 01　电测量变送器检定规程
国能安全〔2014〕161 号　防止电力生产事故的二十五项重点要求
Q/HN-1-0000.08.049—2015　中国华能集团公司电力技术监督管理办法

3　总则

3.1　电能质量监督工作应贯彻“安全第一、预防为主”的方针。严格按照国家标准及有关规程、规定，实施电能质量技术监督工作。电能质量技术监督所使用的仪器、仪表，其准确级及技术特性应符合要求，并定期校验。
3.2　电能质量监督的目的是通过对电能质量的全过程技术监督，保证光伏发电站和电网安全、优质、经济运行。
3.3　电站应按照集团公司《华能电厂安全生产管理体系要求》《电力技术监督管理办法》中有关技术监督管理和本标准的要求，结合本站的实际情况，制定电站电测监督管理标准；依据国家和行业有关标准和规范，编制、执行运行规程、检修规程和检修维护作业指导书等相关支持性文件；以科学、规范的监督管理，保证电测监督工作目标的实现和持续改进。
3.4　本标准所指的电能质量监督，其设备涉及并网逆变器、自动发电控制（AGC）装置、自动电压控制（AVC）装置、变压器分接头、无功补偿设备、光功率预测系统、电能质量测量记录仪器仪表等。
3.5　本标准所指的电能质量监督，其内容包括：

a）　频率偏差；
b）　电压偏差；
c）　谐波指标；
d）　三相电流、电压不平衡度；
e）　电压波动及闪变；
f）　低电压穿越；
g）　光功率预测。

3.6　从事电能质量监督的人员，应熟悉和掌握本标准及相关标准和规程中的规定。

4　监督技术标准

4.1　规划设计阶段监督

4.1.1　无功功率及电压偏差

4.1.1.1　无功调节能力：

a）　基本要求：
   1）　光伏发电站应充分利用并网逆变器的无功容量及其调节能力；当逆变器无功容量不能满足系统电压调节要求时，宜采用自动无功补偿装置，必要时加装动态无功补偿装置。
   2）　经 10kV～35kV 电压等级接入电网的光伏发电站，在其无功输出范围内，应能够根据并网点电压水平调节其无功输出，其调节方式及参考电压、电压调差率等参数应满足电网调度机构要求。

3） 经 110（66）kV 及以上电压等级接入电网的光伏发电站应配置 AVC 系统。能够根据电网调度机构指令自动调节其无功功率，其调节速度和控制精度应满足电力系统电压调节的要求。

b） 光伏发电站无功补偿配置及容量，应满足以下要求：

1） 光伏发电站无功补偿装置类型及容量范围应结合实际接入情况，宜经光伏发电站接入电力系统无功电压专题研究确定。

2） 经 10kV 及以下电压等级接入电网的光伏发电站，无功补偿装置宜配置于主变压器低压侧。

3） 经 110（66）kV 及以上电压等级接入电网的光伏发电站，其配置的容性无功容量应能够补偿光伏发电站满发时站内汇集线路、主变压器的全部感性无功及光伏发电站送出线路的一半感性无功之和；其配置的感性无功容量应能够补偿光伏发电站站内全部充电无功功率及光伏发电站送出线路的一半充电无功功率之和。

c） 光伏发电站的功率因数调节，应满足以下要求：

1） 并网逆变器应满足额定有功出力下功率因数在 0.95（超前）～0.95（滞后）范围内动态可调，并应在图 1 所示范围内动态可调。

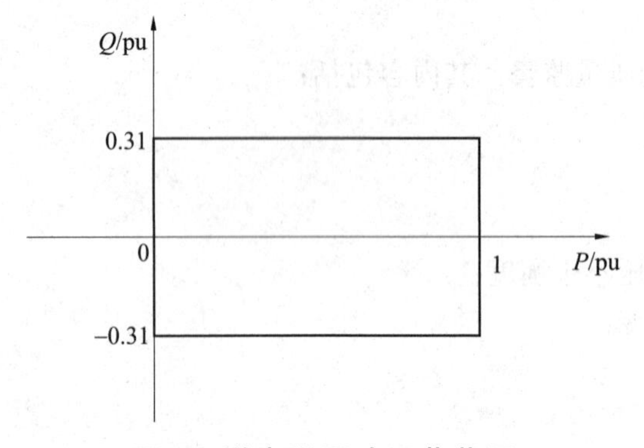

图 1　逆变器无功调节范围

2） 经 10kV 及以下电压等级接入电网的光伏发电站功率因数应在 0.95（超前）～0.95（滞后）范围内连续可调。

3） 经 10kV～35kV 电压等级接入电网的光伏发电站功率因数应在 0.98（超前）～0.98（滞后）范围内连续可调。

4.1.1.2　经 35kV 及以上电压等级接入电网的光伏发电站，升压站主变压器应采用有载调压变压器。

4.1.1.3　电压监测设备：

a） 光伏发电站并网高压母线应按电力调度机构要求设置电压监测点。站内汇集母线及主变压器高压侧母线宜配置齐全、准确的无功电压表计，以便无功电压的监测和管理。

b） 电压监测应使用具有连续监测和统计功能的仪器、仪表或自动监控系统，其测量误差应低于±0.5%。

c） 电压监测仪表测量采样窗口应满足 GB/T 17626.30 的要求，一般取 10 个周波，一个基本记录周期为 3s，其分析数据为各窗口测量值的方均根值。

4.1.2 有功功率及频率质量

4.1.2.1 有功功率调节能力：

a） 经 35kV 及以上电压等级接入电网的光伏发电站应具备参与电力系统调频及调峰的能力，并符合 DL/T 1040 的相关要求。

b） 大、中型光伏发电站应具有限制输出功率变化的能力，输出功率变化率不应超过电力调度部门的限值，因太阳光辐照度快速减少引起的光伏发电站输出功率下降率不受此限制。

c） 经 35kV 及以上电压等级接入电网的光伏发电站应配置 AGC 系统，能够接收并自动执行电网调度机构下达的有功功率及有功功率变化的控制指令。

4.1.2.2 频率监测设备。频率偏差的监测，宜使用具有连续监测和统计功能的仪器、仪表或自动监控系统，其绝对误差不大于±0.01Hz，一个基本记录周期为 1s。

4.1.2.3 功率预测：

a） 容量为 10MW 及以上的光伏发电站应配置光伏发电功率预测系统，系统具有 0h～72h 短期光伏发电预测及 15min～4h 超短期光伏发电功率预测功能。

b） 光伏发电站发电时段（不含出力受控时段）的短期预测月平均绝对误差应小于 0.15，月合格率应大于 80%；超短期预测的 4h 月平均绝对误差应小于 0.10，月合格率应大于 85%。

4.1.3 谐波、三相不平衡度、电压波动及闪变

4.1.3.1 光伏发电系统应在公共连接点配置谐波、三相不平衡度、电压波动及闪变在线监测装置。

4.1.3.2 必要时，宜采用交流滤波装置和有源滤波装置改善光伏发电站及其接入系统的谐波和三相不平衡水平。

4.1.3.3 选用变频器或整流设备时，应注意其配置及工作方式，具有谐波互补性的设备应集中布置，否则应分散或交错使用，避免谐波超标。

4.1.3.4 谐波监测设备：

a） 不同运行条件下谐波监测仪表的电压、电流允许误差应满足 DL/T 1227 的相关要求。

b） 谐波监测仪表测量采样窗口应满足 GB/T 17626.30 的要求，一般取 10 个周波，一个基本记录周期为 3s，其分析数据为各窗口测量值的方均根值。

4.1.3.5 三相电压不平衡度监测仪表的允许误差为 0.2%，其测量采样窗口应满足 GB/T 17626.30 的要求，一般取 10 个周波，一个基本记录周期为 3s，其分析数据为各窗口测量值的方均根值。

4.1.3.6 短时闪变的一个基本记录周期为 10min，长时闪变的一个基本记录周期为 2h。

4.1.4 低电压穿越

4.1.4.1 低电压穿越能力：

a） 经 35kV 及以上电压等级接入电网的光伏发电站，对系统不同类型故障及相应考核电压，应具备低电压穿越能力。

b） 如图 2 所示，光伏发电站并网点电压跌至 0 时，光伏发电站应不能脱网连续运行 0.15s；光伏发电站并网点电压跌至曲线 1 以下时，光伏发电站可以从电网切出。

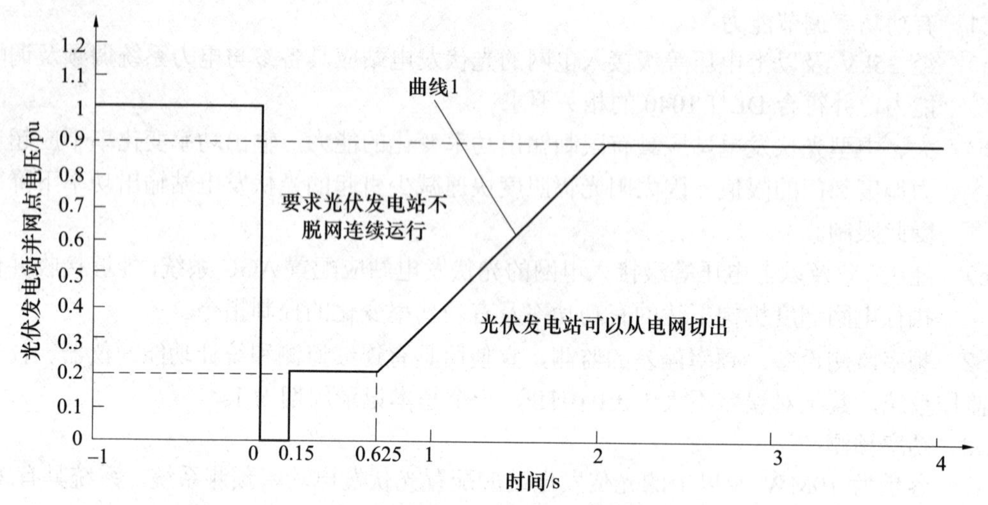

图 2 低电压穿越能力要求

4.1.4.2 电力系统故障期间未脱网的光伏发电站，有功功率在故障清除后应快速恢复，自故障清除时刻开始，以每秒至少 30%额定功率的变化率恢复至正常发电状态。

4.1.4.3 经 220kV（或 330kV）光伏发电汇集系统升压至 500kV（或 750kV）电压等级接入电网的光伏发电站群中的光伏发电站，系统发生短路故障引起电压跌落时，光伏发电站注入的动态无功电流应满足以下要求：

a） 自并网点电压跌落时刻起，动态无功电流响应时间不大于 30ms。

b） 自动态无功电流响应起至电压恢复至 0.9pu 期间，注入电力系统的无功电流 I_T 应实时跟踪并网点电压变化，并满足：

$$I_T \geqslant 1.5\times(0.9-U_T)I_N \quad (0.2\leqslant U_T \leqslant 0.9)$$
$$I_T \geqslant 1.05\times I_N \quad (U_T \leqslant 0.2)$$
$$I_T=0 \quad (U_T \geqslant 0.9)$$

式中：

U_T——并网点电压标幺值；

I_N——额定装机容量/（$\sqrt{3}\times$并网点额定电压）。

4.2 运行阶段监督

4.2.1 无功功率及电压偏差

4.2.1.1 电压偏差限值：

a） 正常运行的光伏发电站并网点及站内各等级电压允许偏差应符合 GB/T 12325 的规定。

b） 经 10（6）kV 电压等级接入的光伏发电站，正常运行时并网点电压偏差为标称电压的−7%～+7%。

c） 经 35kV～110kV 电压等级接入的光伏发电站，正常运行时并网点电压偏差为标称电压的−3%～+7%。事故后恢复过程并网点电压偏差为标称电压的−10%～+10%。

d） 经 220kV 及以上电压等级接入的光伏发电站，正常运行时并网点电压偏差为标称电压的 0%～+10%；事故后恢复过程并网点电压偏差为标称电压的-5%～+10%。

4.2.1.2 电压适应性。光伏发电站应能在表 1 所示的并网点电压范围内按要求运行。

表 1 不同并网点电压范围内光伏发电站运行要求

电 压 范 围	运 行 要 求
$U<90\%U_N$	应符合低电压穿越要求
$90\%U_N \leqslant U<110\%U_N$	应正常运行
$110\%U_N \leqslant U \leqslant 120\%U_N$	应至少持续运行 10s
$120\%U_N<U<130\%U_N$	应至少持续运行 0.5s

4.2.1.3 配置 AVC 装置的光伏发电站应保证 AVC 装置正常运行，其投入率、调节合格率等技术指标应符合电网要求。

4.2.1.4 电压监测与统计：

a） 光伏发电站电压监测点为光伏发电站并网点。

b） 电压监测统计应满足 GB/T 12325 的要求，监测内容为月、季、年度电压合格率及电压超允许偏差上、下限值的累积时间。电压统计时间以“min”为单位。电压质量合格率计算公式为：

$$电压质量合格率（\%）=\left(1-\frac{电压超上限时间+电压超下限时间}{电压监测总时间}\right)\times 100\%$$

4.2.2 有功功率及频率质量

4.2.2.1 频率限值。并网光伏系统频率偏差应符合 GB/T 15945 的规定，其允许值为±0.5Hz。

4.2.2.2 频率适应性。光伏发电站应能在表 2 所示的频率范围内按要求运行。

表 2 不同频率范围内光伏发电站运行要求

频率范围	运 行 要 求
$f<48$Hz	根据光伏发电站逆变器允许运行的最低频率或电网要求而定
48Hz$\leqslant f<$49.5Hz	每次低于 49.5Hz 时要求至少能运行 10min
49.5Hz$\leqslant f \leqslant$50.2Hz	连续运行
50.2Hz$<f<$50.5Hz	频率每次高于 50.2Hz 时，光伏发电站应具备能够连续运行 2min 的能力，但同时具备 0.2s 内停止向电网送电的能力，实际运行时间由电网调度机构决定；处于停运状态的光伏发电站不得并网
$f \geqslant$50.5Hz	在 0.2s 内停止向电网送电，停运状态的光伏发电站不得并网

4.2.2.3 有功功率调整：

a） 应保证 AGC 系统正常运行，其可用率及调节性能指标应符合电网调度机构的要求。

b） 在电力系统事故或特殊运行方式下，光伏发电站应按电网调度机构的要求降低有功功率。

4.2.2.4 频率监测与统计：

a） 频率监测点宜选取为并网点高压母线。

b） 频率监测统计应满足 GB/T 15945 的要求，监测内容为月、季、年度频率合格率及频率超允许偏差上、下限值的累积时间。频率统计时间以“s”为单位，频率质量合格率计算公式为：

$$频率质量合格率（\%）=\left(1-\frac{频率超上限时间+频率超下限时间}{频率监测总时间}\right)\times 100\%$$

4.2.2.5 功率预测：

a） 光伏发电站每 15min 自动向电网调度机构滚动上报未来 15min～4h 的光伏发电站发电功率预测曲线，预测值的时间分辨率为 15min。

b） 光伏发电站每天按照电网调度机构规定的时间上报次日 0 时～24 时光伏发电站发电功率预测曲线，预测值的时间分辨率为 15min。

4.2.3 谐波、三相不平衡度、电压波动及闪变

4.2.3.1 谐波监测指标及限值：

a） 并网逆变器总谐波电流应小于逆变器额定输出的 5%，各次电流谐波应满足 GB/T 19963 的要求。

b） 并网光伏发电站，向系统公共连接点注入的电流直流电分量不应超过其交流额定值的 1%。

c） 谐波电压（相电压）应符合 GB/T 14549 的要求，各电压等级母线谐波电压限值见表 3。

表 3 谐波电压限值（相电压）

母线电压 kV	电压总谐波畸变率 %	各次谐波电压含有率 %	
		奇 次	偶 次
0.38	5.0	4.0	2.0
10	4.0	3.2	1.6
35	3.0	2.4	1.2
110（220）	2.0	1.6	0.8

4.2.3.2 谐波监测：

a） 经 35kV 及以上电压等级接入电网的光伏发电站，应根据电网调度机构要求开展电能质量入网检测。了解和掌握投运后的谐波水平，检验谐波对主设备、电能质量、电能计量的影响，确保投运后系统和设备的安全、经济运行。

b） 配置电能质量在线监测装置的光伏发电站，应定期对各监测点谐波电流和谐波电压进行测量并记录，测量要求应符合 GB/T 14549 的相关规定。

c） 可经故障录波装置对 35kV 汇集系统母线及各集电线路谐波电流和谐波电压进行测量并记录。

d） 谐波监测数据至少应包括各监测点电压谐波含有率及电压总谐波畸变率最大值、95%概率值及限值，主要基波电流及谐波电流最大值、95%概率值及限值。

4.2.3.3 三相不平衡度：

a） 光伏发电站的并网点三相电压不平衡度应符合 GB/T 15543 的相关要求。

b） 正常运行时，光伏发电站引起电网公共接入点负序电压不平衡度一般不超过 1.3%（短时 2.6%），允许值为 2%（短时 4%）。

c） 应通过监测光伏发电站并网点负序电压不平衡度对三相不平衡度进行评估。

4.2.3.4 光伏发电站引起并网点的电压波动和闪变应满足 GB/T 12326 的相关规定。

4.2.4 监测设备检定、检验

4.2.5 应依据 DL/T 1028 开展电能质量测试、分析仪器的检定工作，便携型电能质量测试分析仪检定周期不宜超过 2 年，使用频繁的仪器检定周期不宜超过 1 年，在线监测型电能质量测试分析仪检定周期不宜超过 5 年。修理后的仪器应经检定合格后方可投入使用。

4.2.6 电能质量监测用电压、频率变送器及无功电压表计的检验周期不宜超过 3 年，主要监测点的变送器宜每年检定一次，相关检定要求见 JJG 01。

5 监督管理要求

5.1 监督基础管理工作

5.1.1 应按照集团公司《电力技术监督管理办法》和本标准的要求，制定电能质量监督管理标准，并根据国家法律、法规及国家、行业、集团公司标准、规范、规程、制度，结合电站实际情况，编制电能质量监督相关/支持性文件；建立健全技术资料档案，以科学、规范的监督管理，保证电能质量设备安全可靠运行。

5.1.2 电能质量监督管理应具备的相关/支持性文件：

a） 电能质量技术监督实施细则。

b） 变压器分接位置调整及管理办法。

5.1.3 技术资料档案。

5.1.3.1 基建阶段技术资料：

a） 并网逆变器技术资料。

b） 无功补偿装置技术资料。

c） AGC 系统技术资料。

d） AVC 系统技术资料。

5.1.3.2 设备清册：

a） 电能质量监测点所使用的 TA、TV 台账。

b） 电能质量监测用仪器仪表台账。

c） 并网逆变器、AGC、AVC 装置定值参数清单等。

5.1.3.3 试验报告和记录：

a） 并网电能质量测试报告。

b） AVC 系统试验报告。

c） AGC 系统试验报告。

d）电能质量定期监测报告或记录。

5.1.3.4 缺陷闭环管理记录：月度缺陷分析。

5.1.3.5 事故管理报告和记录：

a） 电能质量监督设备停运、障碍、事故统计记录。

b）事故分析报告。

5.1.3.6 技术改造报告和记录：

a） 可行性研究报告。

b） 技术方案和措施。

c） 技术图纸、资料、说明书。

d）质量监督和验收报告。

e）完工总结报告和后评估报告。

5.1.3.7 监督管理文件：

a） 电能质量监督管理标准、规程等文件。

b） 技术监督网络文件。

c） 电能质量监督专责人员资质证书。

d） 电能质量技术监督工作计划、报表、总结及动态检查报告。

e） 现行国家标准、行业标准、反事故措施及电能质量监督有关文件。

f） 所属电网的调度规程。

g）所属电网统调发电站涉及电能质量管理与考核文件等。

5.2 日常管理内容和要求

5.2.1 健全监督网络与职责

5.2.1.1 按照集团公司《电力技术监督管理办法》《华能电厂安全生产管理体系》要求编制本单位电能质量监督管理标准，做到分工、职责明确，责任到人。

5.2.1.2 工程设计阶段、建设阶段的技术监督，由产业公司、区域公司或电站建设管理单位规定归口职能管理部门，在本单位技术监督领导小组的领导下，负责电能质量技术监督的组织建设工作。

5.2.1.3 生产运行阶段的技术监督，由产业公司、区域公司、光伏发电站规定的归口职能管理部门，在光伏发电站技术监督领导小组的领导下，负责电能质量技术监督的组织建设工作，并设电能质量技术监督专责人，负责全厂电能质量技术监督日常工作的开展和监督管理。

5.2.1.4 技术监督归口职能管理部门每年年初要根据人员变动情况及时对网络成员进行调整；按照人员培训和上岗资格管理办法的要求，定期对技术监督专责人和特殊技能岗位人员进行专业和技能培训，保证持证上岗。

5.2.2 确定监督标准符合性

5.2.2.1 电能质量监督标准应符合国家、行业及上级主管单位的有关规定和要求。

5.2.2.2 每年年初，电能质量技术监督专责人应根据新颁布的标准规范及设备异动情况，对电气设备运行规程、检修规程等规程、制度的有效性、准确性进行评估，对不符合项进行修订，经归口职能管理部门领导审核、生产主管领导审批后发布实施。国家标准、行业标准及上级单位监督规程、规定中涵盖的相关电能质量监督工作均应在电站规程及规定中详细列写齐全。在电能质量规划、设计、建设、更改过程中的电能质量监督要求等同采用每年发布的相关标准。

5.2.3 确定仪器仪表有效性

5.2.3.1 应建立电能质量监督用仪器仪表设备台账，根据检验、使用及更新情况进行补充完善。

5.2.3.2 根据检验周期，每年应制定电能质量监督仪器仪表的检验计划，根据检验计划定期进行检验或送检，对检验合格的可继续使用，对检验不合格的则送修，对送修仍不合格的作报废处理。

5.2.4 制定监督工作计划

5.2.4.1 电能质量技术监督专责人每年 11 月 30 日前应组织完成下年度技术监督工作计划的制定工作，并将计划报送产业公司、区域公司，同时抄送西安热工研究院。

5.2.4.2 发电站技术监督年度计划的制定依据至少应包括以下几方面：

a）国家、行业、地方有关电力生产方面的法规、政策、标准、规范、反措要求。

b） 集团公司、产业公司、区域公司、电站技术监督工作规划和年度生产目标。

c） 集团公司、产业公司、区域公司、电站技术监督管理制度和年度技术监督动态管理要求。

d） 技术监督体系健全和完善化。

e） 人员培训和监督用仪器设备配备和更新。

f） 机组检修计划。

g） 设备目前的运行状态。

h） 技术监督动态检查、预警、月（季）报提出问题。

i） 收集的其他有关发电设备设计选型、制造、安装、运行、检修、技术改造等方面的动态信息。

5.2.4.3 电能质量技术监督年度计划主要内容应包括以下方面：

a）技术监督组织机构和网络完善。

b） 监督管理标准、技术标准规范制定、修订计划。

c） 人员培训计划（主要包括内部培训、外部培训取证，标准规范宣贯）。

d） 技术监督例行工作计划。

e） 检修期间应开展的技术监督项目计划。

f） 监督用仪器仪表检定计划。

g） 技术监督自我评价、动态检查和复查评估计划。

h） 技术监督预警、动态检查等监督问题整改计划。

i） 技术监督定期工作会议计划。

5.2.4.4 电能质量监督专责人每季度对电能质量监督各部门的监督计划的执行情况进行检查，对不满足监督要求的，通过技术监督不符合项通知单的形式下发到相关部门进行整改，并对电能质量监督的相关部门进行考评。技术监督不符合项通知单编写格式见附录A。

5.2.5 监督档案管理

5.2.5.1 为掌握设备电能质量变化规律，便于分析研究和采取对策，电站应按照附录B规定的资料目录和格式要求，建立和健全电能质量技术监督档案、规程、制度和技术资料，确保技术监督原始档案和技术资料的完整性和连续性。

5.2.5.2 根据电能质量监督组织机构的设置和受监设备的实际情况，要明确档案资料的分级存放地点和指定专人负责整理保管。

5.2.5.3 为便于上级检查和自身管理的需要，电能质量技术监督专责人要存有全站电能质量档案资料目录清册，并负责实时更新。

5.2.6 监督报告管理

5.2.6.1 电能质量技术监督季报报送。电能质量技术监督专责人应按照附录C规定的格式和要求，组织编写上季度电能质量技术监督季报，每季度首月5日前报送产业公司、区域公司、西安热工研究院。

5.2.6.2 电能质量技术监督速报报送。电站发生重大监督指标异常，受监控设备重大缺陷、故障和损坏事件，火灾事故等重大事件后24h内，应将事件概况、原因分析、采取措施按照附录D的格式，以速报的形式报送产业公司、区域公司和西安热工研究院。

5.2.6.3 电能质量技术监督年度工作总结报送：

a） 每年1月5日前编制完成上年度技术监督工作总结，并报送产业公司、区域公司、西安热工研究院。

b） 年度监督工作总结主要包括以下内容：

1） 主要监督工作完成情况、亮点和经验与教训；

2） 设备一般事故、危急缺陷和严重缺陷统计分析；

3） 监督存在的主要问题和改进措施；

4） 下年度工作思路、计划、重点和改进措施。

5.2.7 监督例会管理

5.2.7.1 电站每年至少召开两次电能质量技术监督工作会，检查、布置、总结技术监督工作，对技术监督中出现的问题提出处理意见和防范措施，形成会议纪要，按管理流程批准后发布实施。

5.2.7.2 例会主要内容包括：

a） 上次监督例会以来电能质量技术监督工作开展情况。

b） 设备及系统的故障、缺陷分析及处理措施。

c） 电能质量技术监督存在的主要问题及其解决措施、方案。

d） 上次监督例会提出问题整改措施完成情况的评价。

e） 技术监督工作计划发布及执行情况，监督计划的变更。

f） 集团公司技术监督季报，监督通讯，新颁布的国家、行业标准规范，监督新技术学习交流。

g） 电能质量技术监督需要领导协调和其他部门配合和关注的事项。
h） 至下次监督例会时间内的工作要点。

5.2.8 监督预警管理

5.2.8.1 电能质量监督三级预警项目见附录 E，光伏发电站应将三级预警识别纳入日常电能质量监督管理和考核工作中。
5.2.8.2 光伏发电站应根据监督单位签发的预警通知单（见附录 F）制定整改计划，明确整改措施、责任人、完成日期。
5.2.8.3 问题整改完成后，电站应按照技术监督预警管理办法规定提出验收申请，验收合格后，由监督单位签发预警验收单（见附录 G）并备案。

5.2.9 监督问题整改管理

5.2.9.1 整改问题的提出：
a） 上级单位、西安热工研究院在技术监督动态检查、评价时提出的整改问题。
b） 监督季报中提出的产业公司、区域公司督办问题。
c） 监督季报中提出的发电企业需要关注及解决的问题。
d） 每季度对电能质量监督计划的执行情况进行检查，对不满足监督要求提出的整改问题。
5.2.9.2 问题整改管理：
a） 光伏发电站收到技术监督评价报告后，应组织有关人员会同西安热工研究院在两周内完成整改计划的制定和审核，并将整改计划报送产业公司、区域公司，同时抄送西安热工研究院。
b） 整改计划应列入或补充列入年度监督工作计划，光伏发电站按照整改计划落实整改工作，并将整改实施情况及时在技术监督季报中总结上报。
c） 对整改完成的问题，光伏发电站应保留问题整改相关的试验报告、现场图片、影像等技术资料，作为问题整改情况评估的依据。

5.3 各阶段监督重点工作

5.3.1 设计与选型阶段

5.3.1.1 设备选型：
a） 应严格按照设备设计及审批程序开展选型工作，确保设备符合国家、行业电能质量相关标准规范及集团公司电能质量监督技术标准的相关要求。
b） 各设备的选型重点关注（但不限于）以下几个方面：
1） 无功补偿方式及方案；
2） 并网逆变器无功调节及低电压穿越能力；
3） 变压器调压方式、额定电压比、调压范围及每档调压值；
4） AGC、AVC 装置功能及性能；
5） 光功率预测系统。

5.3.1.2 监测表计选型：

a） 用于电能质量监测的仪器、仪表及装置实行产品质量许可，凡未取得国家、部或电网相关部门检定合格的产品不得列入工程选型范围。

b） 电能质量监测应使用具有连续监测与统计功能的仪器、仪表或自动监控系统，其性能与功能应符合国家、行业电能质量有关标准规范及集团公司电能质量技术监督标准的相关要求。

5.3.1.3 监测点设置：应依据集团公司电能质量技术监督标准确定的原则，设置电能质量监测点，并据此开展电能质量监测系统设计及仪器、仪表配置等工作。

5.3.2 并网验收阶段

5.3.2.1 应严格遵照集团公司工程建设阶段质量监督的规定及国家、行业相关规程和设计要求，进行安装、调试和验收工作，确保工程质量；将设计单位、制造厂家和供货部门为工程提供的技术资料、试验记录、验收单等有关资料列出清册，全部移交生产单位。

5.3.2.2 试验、检验：

a） 应开展投产前电能质量相关试验，各项试验结果应符合有关国家、行业标准规范要求，试验报告应提交生产单位审核，验收合格后方可投入运行。试验项目包括（但不限于）：电能质量入网检测，AGC、AVC 试验等。

b） 应按设计要求开展电能质量监测系统安装和调试，系统各仪器、仪表及装置应通过出厂检验和投运检验，调试合格后编写调试报告提交生产单位审核，验收合格后方可投入运行。

5.3.2.3 技术资料交接：验收合格后，移交的技术资料包括（但不限于）：试验（调试）报告、安装施工图纸、使用说明书、出厂及投运检定证书、备品配件清单、验收单等，各类技术资料应归档保存。

5.3.3 运行阶段

5.3.3.1 指标监控：

a） 对当地电网调度部门下发的电压（无功）曲线应及时下发到集控值班台，并归档管理。

b） 运行规程中应包括反事故措施，并按照调度部门下达的电压曲线或调压要求，确保 AVC 投入率在电网调度机构要求范围内。

c） 监督运行人员对母线电压和系统频率的监控与调整，包括正常运行方式下的调整、监控，以及事故情况下的应急处理。

d） 根据电能质量监控设备参数及定值清单，定期核对电能质量监控设备的相关参数及定值。

e） 定期组织学习电网调度关于电能质量技术监督的管理与考核办法，掌握电能质量技术监督的要求。

5.3.3.2 数据统计：定期进行电能质量技术监督指标的统计工作，统计内容包括：电压、频率合格率指标，谐波电压指标，三相不平衡度指标，电压波动及闪变，AGC、AVC 装置投入率等。

5.3.3.3 周期检验：定期对电能质量监测装置进行维护、检验，并将相关检验报告归档保存。

5.3.3.4 报告记录：

a） 定期如实报送电能质量技术监督季度报告和年度技术监督工作总结，重大问题应及时报告。

b） 按照协定向当地调度部门上报监督报表及其他报表，报表的格式和上报日期参照当地调度部门的要求执行。

c） 根据电能质量技术监督指标的统计结果，宜每季度形成电能质量监测报告。

6 监督评价与考核

6.1 评价内容

6.1.1 电能质量监督评价考核内容见附录 H。

6.1.2 电能质量监督评价内容分为电能质量监督管理、技术监督实施两部分。监督管理评价和考核项目 25 项，标准分 160 分；技术监督实施评价和考核项目 12 项，标准分 240 分，共计 37 项，总分为 400 分，详见附录 H。

6.2 评价标准

6.2.1 被评价的电站按得分率的高低分为四个级别，即优秀、良好、一般、不符合。

6.2.2 得分率等于或高于 90%为“优秀”；80%～90%（不含 90%）为“良好”；70%～80%（不含 80%）为“一般”；低于 70%为“不符合”。

6.3 评价组织与考核

6.3.1 技术监督评价包括集团公司技术监督评价；属地电力技术监督服务单位技术监督评价；电站技术监督自我评价。

6.3.2 集团公司定期组织西安热工研究院和公司内部专家，对电站技术监督工作开展情况、设备状态进行评价，评价工作按照集团公司《电力技术监督管理办法》规定执行，分为现场评价和定期评价。

6.3.2.1 集团公司技术监督现场评价按照集团公司年度技术监督工作计划中所列的电站名单和时间安排进行。各电站在现场评价实施前应按附录 H 进行自查，编写自查报告。西安热工研究院在现场评价结束后三周内，应按照集团公司《电力技术监督管理办法》中附录 D2 的格式要求完成评价报告，并将评价报告电子版报送集团公司安生部，同时发送产业公司、区域公司及发电站。

6.3.2.2 集团公司技术监督定期评价按照集团公司《电力技术监督管理办法》及本标准要求和规定，对发电站生产技术管理情况，设备运行情况，电能质量技术监督报告的内容符合性、准确性、及时性等进行评价，通过年度技术监督报告发布评价结果。

6.3.2.3 集团公司对严重违反技术监督制度，由于技术监督不当或监督项目缺失、降低监督标准而造成严重后果，对技术监督发现问题不进行整改的发电站，予以通报并限期整改。

6.3.2.4 发电站应督促属地技术监督服务单位依据技术监督服务合同的规定，提供技术支持和监督服务，依据相关监督标准定期对发电站技术监督工作开展情况进行检查和评价分析，形成评价报告报送发电站，发电站应将报告归档管理，并落实问题整改。

6.3.2.5　发电站应按照集团公司《电力技术监督管理办法》及《华能电厂安全生产管理体系要求》建立完善的技术监督评价与考核管理标准，明确各项评价内容和考核标准。

6.3.2.6　发电站应每年按附录 H，组织安排电能质量技术监督工作开展情况的自我评价，并按集团公司《电力技术监督管理办法》编写自查报告，根据评价情况对相关部门和责任人开展技术监督考核工作。

附　录　A
（规范性附录）
技术监督不符合项通知单

编号（No）：××-××-××

发现部门（人）：　专业：　被通知部门、班组（人）：　签发：　日期：20××年××月××日

<table>
<tr><td>不符合项描述</td><td>1. 不符合项描述：

2. 不符合标准或规程条款说明：</td></tr>
<tr><td>整改措施</td><td>3. 整改措施：

制订人/日期：　审核人/日期：</td></tr>
<tr><td>整改验收情况</td><td>4. 整改自查验收评价：

整改人/日期：　自查验收人/日期：</td></tr>
<tr><td>复查验收评价</td><td>5. 复查验收评价：

复查验收人/日期：</td></tr>
<tr><td>改进建议</td><td>6. 对此类不符合项的改进建议：

建议提出人/日期：</td></tr>
<tr><td>不符合项关闭</td><td>整改人：　自查验收人：　复查验收人：　签发人：</td></tr>
<tr><td>编号说明</td><td>年份＋专业代码＋本专业不符合项顺序号</td></tr>
</table>

附 录 B
（规范性附录）
光伏发电站电能质量技术监督档案标准格式

B.1　电能质量监测点电流互感器台账见表 B.1。

表 **B**.1　××电站电能质量监测点电流互感器台账

序号	名称	型号	监测点	准确度等级	额定变比	额定二次容量	A 相编号	B 相编号	C 相编号	制造厂家	投运日期	最近次检定日期	备注
1													
2													
3													

B.2　电能质量监测点电压互感器台账见表 B.2。

表 **B**.2　××电站电能质量监测点电压互感器台账

序号	名称	型号	监测点	准确度等级	额定变比	额定二次容量	A 相编号	B 相编号	C 相编号	制造厂家	投运日期	最近次检定日期	备注
1													
2													
3													

B.3　电能质量在线监测装置台账见表 B.3。

表 **B**.3　××电站电能质量在线监测装置台账

<table>
<tr><th>序号</th><th>名称</th><th>型号</th><th>安装位置</th><th>准确度等级</th><th>最近次检定日期</th><th>监测点</th><th colspan="12">监测信息（分别填写）</th></tr>
<tr><td rowspan="6">1</td><td rowspan="6"></td><td rowspan="6"></td><td rowspan="6"></td><td rowspan="6"></td><td rowspan="6"></td><td rowspan="6">请分别填写各监测点位置</td><td colspan="2">监测量</td><td colspan="2">电流谐波限值</td><td colspan="2">电压谐波限值</td><td colspan="2">闪变限值</td><td colspan="2">其他限值</td><td colspan="2">备注</td></tr>
<tr><td colspan="2"></td><td colspan="2"></td><td colspan="2"></td><td colspan="2"></td><td colspan="2"></td><td colspan="2"></td></tr>
<tr><td colspan="12">电能质量监测用电流互感器</td></tr>
<tr><td>型号</td><td>制造厂家</td><td>装设位置</td><td>准确度等级</td><td>额定变流比</td><td>额定二次容量</td><td>A 相编号</td><td>B 相编号</td><td>C 相编号</td><td>投运日期</td><td>最近次检定日期</td><td>备注</td></tr>
<tr><td></td><td></td><td></td><td></td><td></td><td></td><td></td><td></td><td></td><td></td><td></td><td></td></tr>
</table>

表 B.3（续）

<table>
<tr><th>序号</th><th>名称</th><th>型号</th><th>安装位置</th><th>准确度等级</th><th>最近次检定日期</th><th>监测点</th><th colspan="11">监测信息（分别填写）</th></tr>
<tr><td rowspan="3">1</td><td rowspan="3"></td><td rowspan="3"></td><td rowspan="3"></td><td rowspan="3"></td><td rowspan="3"></td><td rowspan="3">请分别填写各监测点位置</td><td colspan="11">电能质量监测用电压互感器</td></tr>
<tr><td>型号</td><td>制造厂家</td><td>装设位置</td><td>准确度等级</td><td>额定变压比</td><td>额定二次容量</td><td>A 相编号</td><td>B 相编号</td><td>C 相编号</td><td>投运日期</td><td>最近次检定日期</td><td>备注</td></tr>
<tr><td></td><td></td><td></td><td></td><td></td><td></td><td></td><td></td><td></td><td></td><td></td><td></td></tr>
<tr><td rowspan="8">2</td><td rowspan="8"></td><td rowspan="8"></td><td rowspan="8"></td><td rowspan="8"></td><td rowspan="8"></td><td rowspan="8">请分别填写各监测点位置</td><td colspan="2">监测量</td><td colspan="2">电流谐波限值</td><td colspan="2">电压谐波限值</td><td colspan="2">闪变限值</td><td colspan="2">其他限值</td><td colspan="2">备注</td></tr>
<tr><td colspan="2"></td><td colspan="2"></td><td colspan="2"></td><td colspan="2"></td><td colspan="2"></td><td colspan="2"></td></tr>
<tr><td colspan="12">电能质量监测用电流互感器</td></tr>
<tr><td>型号</td><td>制造厂家</td><td>装设位置</td><td>准确度等级</td><td>额定变流比</td><td>额定二次容量</td><td>A 相编号</td><td>B 相编号</td><td>C 相编号</td><td>投运日期</td><td>最近次检定日期</td><td>备注</td></tr>
<tr><td></td><td></td><td></td><td></td><td></td><td></td><td></td><td></td><td></td><td></td><td></td><td></td></tr>
<tr><td colspan="12">电能质量监测用电压互感器</td></tr>
<tr><td>型号</td><td>制造厂家</td><td>装设位置</td><td>准确度等级</td><td>额定变压比</td><td>额定二次容量</td><td>A 相编号</td><td>B 相编号</td><td>C 相编号</td><td>投运日期</td><td>最近次检定日期</td><td>备注</td></tr>
<tr><td></td><td></td><td></td><td></td><td></td><td></td><td></td><td></td><td></td><td></td><td></td><td></td></tr>
</table>

附 录 C
（规范性附录）
光伏发电站技术监督季报编写格式

××电站20××年×季度技术监督季报

编写人：××× 固定电话/手机：××××××

审核人：×××

批准人：×××

上报时间：20××年××月××日

C.1 工作开展情况

C.1.1 工作计划完成情况

根据本年度技术监督具体的工作计划，将各专业要开展的工作分解到每季度，统计年初到季报填写日期工作计划的完成情况。对已开展的工作完成情况做扼要说明，未按要求完成的工作计划应说明原因。

C.1.2 日常工作开展情况

针对日常的技术监督工作，包括管理和专业技术方面，即人员与监督网的调整、制度的完善、台账的建立、学习与培训及全站设备状况开展的运行、维护、检修、消缺等工作的开展情况。

C.2 运行数据分析

针对电站各个专业相关设备运行的数据进行填报，并作简要分析（各专业提电站能够统计且相对重要的指标数据，可附Excel表）。

C.2.1 绝缘监督

色谱分析数据、预试报告数据。

C.2.2 电测监督

电测仪表运行状况及异常数据。

C.2.3 继电保护监督

保护及故障录波异常启动，保护系统故障。

C.2.4 电能质量监督

并网点及各35kV母线电压谐波、三相不平衡度、电压波动及闪变运行状况及分析。

C.2.5 监控自动化监督

C.2.6 能效监督

本季度内，选择填报典型发电单元（逆变器为单位）的发电量，并对不同组件厂家典型发电单元发电量（注明组件制造商、类型、型号、安装时间、辐照量等信息）进行对比。

C.3 存在问题和处理措施

针对电站运行和日常技术监督工作中发现的问题及问题处理情况做详细说明。

C.4 需要解决的问题

C.4.1 绝缘监督

C.4.2 电测监督

C.4.3 继电保护监督

C.4.4 电能质量监督

C.4.5 监控自动化监督

C.4.6 能效监督

C.5 下季度工作计划及重点开展工作

C.6 问题整改完成情况

C.6.1 技术监督动态查评提出问题整改完成情况

截至本季度动态查评提出问题整改完成情况统计报表见表 C.1。

表 C.1 截至本季度动态查评提出问题整改完成情况统计报表

<table>
<tr><td colspan="3">上次查评提出问题项目数（项）</td><td colspan="4">截至本季度问题整改完成统计结果</td></tr>
<tr><td>重要问题项数</td><td>一般问题项数</td><td>问题项合计</td><td>重要问题完成项数</td><td>一般问题完成项数</td><td>完成项目数小计</td><td>整改完成率 %</td></tr>
<tr><td></td><td></td><td></td><td></td><td></td><td></td><td></td></tr>
<tr><td colspan="7">问题整改完成说明</td></tr>
<tr><td>序号</td><td colspan="2">问题描述</td><td>专业</td><td>问题性质</td><td colspan="2">整改完成说明</td></tr>
<tr><td>1</td><td colspan="2"></td><td></td><td></td><td colspan="2"></td></tr>
</table>

表 C.1（续）

问题整改完成说明				
序号	问题描述	专业	问题性质	整改完成说明
2				
3				
注：问题性质是指问题的重要性和一般性，可填写“重要”或“一般”				

C.6.2 上季度《技术监督季报告》提出问题整改完成情况

上季度《技术监督季报告》提出问题整改完成情况报表见表 C.2。

表 C.2 上季度《技术监督季报告》提出问题整改完成情况报表

上季度《技术监督季报告》提出问题项目数（项）			截至本季度问题整改完成统计结果			
重要问题项数	一般问题项数	问题项合计	重要问题完成项数	一般问题完成项数	完成项目数小计	整改完成率%

问题整改完成说明				
序号	问题描述	专业	问题性质	整改完成说明
1				
2				
3				
注：问题性质是指问题的重要性和一般性，可填写“重要”或“一般”				

C.7 附表

华能集团公司技术监督动态检查专业提出问题至本季度整改完成情况见表 C.3。华能集团公司《光伏发电技术监督报告》专业提出的存在问题至本季度整改完成情况见表 C.4。技术监督预警问题至本季度整改完成情况见表 C.5。

表 C.3 华能集团公司技术监督动态检查专业提出问题至本季度整改完成情况

序号	问题描述	问题性质	西安热工研究院提出的整改建议	发电站制定的整改措施和计划完成时间	目前整改状态或情况说明
注 1：填报此表时需要注明集团公司技术监督动态检查的年度。 注 2：如 4 年内开展了 2 次检查，应按此表分别填报。待年度检查问题全部整改完毕后，不再填报					

表 C.4 华能集团公司《光伏发电技术监督报告》专业提出的存在问题至本季度整改完成情况

序号	问题描述	问题性质	问题分析	解决问题的措施及建议	目前整改状态或情况说明
注：要注明提出问题的《技术监督报告》的出版年度和季度					

表 C.5 技术监督预警问题至本季度整改完成情况

预警通知单编号	预警类别	问题描述	西安热工研究院提出的整改建议	发电站制定的整改措施和计划完成时间	目前整改状态或情况说明

附 录 D
（规范性附录）
技术监督信息速报

<table>
<tr><td>单位名称</td><td colspan="3"></td></tr>
<tr><td>设备名称</td><td></td><td>事件发生时间</td><td></td></tr>
<tr><td>事件概况</td><td colspan="3">注：有照片时应附照片说明。</td></tr>
<tr><td>原因分析</td><td colspan="3"></td></tr>
<tr><td>已采取的措施</td><td colspan="3"></td></tr>
<tr><td>监督专责人签字</td><td></td><td>联系电话
传　　真</td><td></td></tr>
<tr><td>生产副厂长或
总工程师签字</td><td></td><td>邮　　箱</td><td></td></tr>
</table>

附 录 E
（规范性附录）
光伏发电站电能质量技术监督预警项目

E.1 一级预警

无。

E.2 二级预警

a） 人为原因造成电网电压或频率异常波动。
b） 一年内连续两次电站原因造成电网电压或频率异常波动。
c） 经三级预警后，未按期完成整改任务。

E.3 三级预警

a） 考核点母线电压月度合格率不满足电力调度机构要求。
b） 由于设备原因造成电网电压、频率异常波动。
c） 一次调频达不到电力调度机构要求。

附 录 F
（规范性附录）
技术监督预警通知单

通知单编号：T-　　　　预警类别：　　　　日期：　　年　　月　　日

<table>
<tr><td colspan="2">发电企业名称</td><td colspan="3"></td></tr>
<tr><td colspan="2">设备（系统）名称及编号</td><td colspan="3"></td></tr>
<tr><td>异常情况</td><td colspan="4"></td></tr>
<tr><td>可能造成或已造成的后果</td><td colspan="4"></td></tr>
<tr><td>整改建议</td><td colspan="4"></td></tr>
<tr><td>整改时间要求</td><td colspan="4"></td></tr>
<tr><td>提出单位</td><td colspan="2"></td><td>签发人</td><td></td></tr>
</table>

注：通知单编号：T–预警类别编号–顺序号–年度。预警类别编号：一级预警为 1，二级预警为 2，三级预警为 3。

附 录 G
（规范性附录）
技术监督预警验收单

验收单编号：Y-　　　　　　　　预警类别：　　　　　　　　日期：　　年　　月　　日

<table>
<tr><td colspan="2">发电企业名称</td><td colspan="3"></td></tr>
<tr><td colspan="2">设备（系统）名称及编号</td><td colspan="3"></td></tr>
<tr><td>异常情况</td><td colspan="4"></td></tr>
<tr><td>技术监督
服务单位
整改建议</td><td colspan="4"></td></tr>
<tr><td>整改计划</td><td colspan="4"></td></tr>
<tr><td>整改结果</td><td colspan="4"></td></tr>
<tr><td>验收单位</td><td colspan="2"></td><td>验收人</td><td></td></tr>
</table>

注：验收单编号：Y-预警类别编号-顺序号-年度。预警类别编号：一级预警为1，二级预警为2，三级预警为3。

附　录　H
（规范性附录）
光伏发电站电能质量技术监督工作评价表

序号	评价项目	标准分	评价内容与要求	评分标准
1	监督管理	160		
1.1	组织与职责	20	查看电站技术监督组织机构文件、上岗资格证	
1.1.1	监督组织健全	4	建立健全厂级监督领导小组领导下的电能质量监督组织机构，在归口职能管理部门设置电能质量监督专责人	（1）没有监督机构的，不得分； （2）监督机构不健全的，扣2分
1.1.2	职责明确并得到落实	4	查看岗位职责及相关文件。各级电能质量技术监督专责人分工明确，落实到人	（1）分管生产厂长或总工职责，1分； （2）电能监督专责工程师职责，1分； （3）运行部门职责，1分； （4）检修部门职责，1分
1.1.3	电能质量专责持证上岗	12	检查上岗资格证书。电能质量监督网络成员应取得华能集团公司颁发的上岗资格证书	未取得资格证书或证书超期，不得分
1.2	标准符合性	20	查看：保存现行有效的国家、行业与电能质量监督有关的技术标准、规范；电能质量监督管理标准；企业技术标准	
1.2.1	电能质量监督管理标准	4	（1）编写的内容、格式应符合《华能电厂安全生产管理体系要求》和《华能电厂安全生产管理体系管理标准编制导则》的要求，并统一编号； （2）内容应符合国家、行业法律、法规、标准和集团公司《电力技术监督管理办法》相关的要求，并符合电站实际	（1）不符合《华能电厂安全生产管理体系要求》和《华能电厂安全生产管理体系管理标准编制导则》的编制要求，扣2分； （2）不符合国家、行业法律、法规、标准和集团公司《电力技术监督管理办法》相关的要求和电站实际，扣2分
1.2.2	国家、行业技术标准	4	查看相关标准。保存的技术标准符合集团公司年初发布的电能质量监督标准目录；及时收集新标准，并在厂内发布	（1）缺少标准或未更新，每个扣2分。 （2）标准未在厂内发布，扣4分

表（续）

序号	评价项目	标准分	评价内容与要求	评分标准
1.2.3	企业技术标准	6	（1）查看相关文件。 （2）结合本厂实际制定电能质量技术监督标准或实施细则。按照国家及行业有关电能质量监督的法规、标准、规程、制度要求及本厂运行实际制定切实可行的，与电网调整要求相符合的规程、规定。其中应包括无功电压控制，有功频率控制，风功率预测系统性能指标监测，谐波、三相不平衡度、电压波动及闪变监测，低电压穿越等内容	（1）实施细则内容不完善，扣2分。 （2）未制定实施细则，扣4分。 （3）任一项内容不全，扣2分，扣完为止
1.2.4	标准更新	6	标准更新符合管理流程	（1）未按时修编，每个扣2分。 （2）标准更新不符合标准更新管理流程，每个扣2分
1.3	仪器仪表	20	现场查看仪器、仪表台账、检验计划、检验报告	
1.3.1	设备台账	2	建立电能质量参数监测的仪器、仪表及装置台账	仪器仪表记录不全，一台扣1分
1.3.2	说明书及技术资料	3	电能质量监测仪器、仪表说明书及技术资料应保存完整资料	说明书及技术资料缺失，一件扣1分，扣完为止
1.3.3	检定、检验报告	5	定期进行电能质量监测设备（电能质量测试仪、显示仪表、电压及频率变送器等）的检验	（1）未开展定期检验的，不得分。 （2）未制订检验计划或检验计划不合理的，扣3分。 （3）发生超期检验或未检验的，每项扣2分，扣完为止
1.3.4	外委试验使用仪器仪表管理	10	应有试验使用的仪器、仪表检验报告复印件	不符合要求，每台扣5分
1.4	监督计划	20	现场查看电站监督计划	
1.4.1	计划的制定	8	（1）监督计划制定时间、依据符合要求。 （2）计划内容应包括： 1）管理制度制定或修订计划； 2）培训计划（内部及外部培训、资格取证、规程宣贯等）； 3）动态检查提出问题整改计划； 4）电能质量监督中发现重大问题整改计划； 5）仪器、仪表送检计划； 6）定期工作计划	（1）计划制定时间、依据不符合要求，每个计划扣2分。 （2）计划内容不全，一个计划扣4分

表（续）

序号	评价项目	标准分	评价内容与要求	评分标准
1.4.2	计划的审批	6	计划的审批符合工作流程：班组或部门编制→策划部电能质量专责人审核→策划部主任审定→生产厂长审批→下发实施	审批工作流程缺少环节，一个扣1分
1.4.3	计划的上报	6	每年11月30日前上报产业公司、区域公司，同时抄送西安热工研究院	未按时上报计划，扣6分
1.5	监督档案	20	现场查看监督档案、档案管理的记录	
1.5.1	监督档案清单	4	每类资料有编号、存放地点、保存期限	缺一项，扣1分，扣完为止，没有相应装置不做考核
1.5.2	报告和记录	8	（1）各类资料内容齐全、时间连续； （2）及时记录新信息； （3）及时完成预防性试验报告、运行月度分析、定期检修分析、检修总结、故障分析等报告编写，按档案管理流程审核归档	缺一项，扣2分，扣完为止
1.5.3	档案管理	8	（1）资料按规定储存，由专人管理； （2）记录借阅应有借、还记录； （3）有过期文件处置的记录	
1.6	评价与考核	16	现场查看监督档案、档案管理的记录	
1.6.1	动态检查前自我检查	4	自我检查评价切合实际	（1）未进行自我检查不得分。 （2）自我检查评价与动态检查评价的评分相差10分及以上，扣2分
1.6.2	定期监督工作评价	4	有监督工作评价记录	无工作评价记录，扣4分
1.6.3	定期监督工作会议	4	是否按要求定期开展技术监督工作会议，总结电能质量技术监督工作，分析存在的问题，并提出处理建议	（1）未召开技术监督工作会议的，不得分； （2）缺少会议纪要，扣2分
1.6.4	监督工作考核	4	有监督工作考核记录	发生监督不力事件而未考核，扣2分
1.7	工作报告制度	20	查阅检查之日前四个季度季报、检查速报事件及上报时间	

表（续）

序号	评价项目	标准分	评价内容与要求	评分标准
1.7.1	监督季报、年报	8	（1）每季度首月 5 日前，应将技术监督季报报送产业公司、区域公司和西安热工研究院； （2）格式和内容符合要求	（1）季报、年报上报迟报 1 天扣 2 分。 （2）格式不符合，一项扣 2 分。 （3）报表数据不准确，一项扣 4 分。 （4）检查发现的问题，未在季报中上报，每 1 个问题扣 4 分
1.7.2	技术监督速报	8	按规定格式和内容编写技术监督速报并及时上报	（1）发现或者出现重大设备问题和异常及障碍未及时、真实、准确上报技术监督速报，每 1 项扣 4 分。 （2）上报速保事件描述不符合实际，一件扣 4 分
1.7.3	年度工作总结报告	4	（1）每年元月 5 日前组织完成上年度技术监督工作总结报告的编写工作，并将总结报告报送产业公司、区域公司和西安热工研究院。 （2）格式和内容符合要求	（1）未按规定时间上报，扣 4 分； （2）内容不全，扣 4 分
1.8	监督管理考核指标	24		
1.8.1	监督预警、季报问题整改完成率	12	要求：100%	不符合要求，不得分
1.8.2	动态检查存在问题整改完成率	12	要求：从发电企业收到动态检查报告之日起：第 1 年整改完成率不低于 85%；第 2 年整改完成率不低于 95%	不符合要求，不得分
2	技术监督实施	240		
2.1	试验	60		
2.1.1	经 35kV 及以上电压等级接入的光伏发电站，应具备低电压穿越能力	30	查阅低电压穿越能力测试报告	不具备低电压穿越能力扣 30 分，部分不具备酌情扣分
2.1.2	经 35kV 及以上电压等级接入电网的光伏发电站，应有正式的电能质量测试报告，在并网点引起的闪变、谐波电流和谐波电压应满足要求	30	检查设备资料及试验报告	（1）有测试报告但结果不满足规程要求扣 15 分。 （2）无报告扣 30 分
2.2	运行维护	75		

表（续）

序号	评价项目	标准分	评价内容与要求	评分标准
2.2.1	电压调整： （1）正常运行的光伏发电站并网点及站内各等级电压允许偏差应符合本标准的要求； （2）无功补偿装置应按电网调度机构要求正常投入； （3）配置AVC装置且能自动接收、执行电网调度机构下达的控制指令的光伏发电站，应确保AVC可用率满足电网调度机构的要求	15	检查资料及现场提问	（1）电压合格率超限，扣5分。 （2）无功补偿装置投入率不满足电网调度机构要求，扣5分。 （3）AVC装置可用率不满足电网调度部门要求，扣5分
2.2.2	配置AGC装置且能自动接收、执行电网调度机构下达的控制指令的光伏发电站，应保证AGC系统正常运行，其可用率及调节性能指标应符合电网调度机构的要求	10	检查资料及现场提问	（1）AVC装置可用率不满足电网调度部门要求，不得分。 （2）调节性能不达标，不得分
2.2.3	配备电能质量在线监测装置的光伏发电站，应定期进行电能质量（谐波、三相不平衡度、电压波动及闪变等）监测并形成书面记录，统计方法应准确	15	检查测试报告或记录	（1）未定期开展电能质量指标监测的，不得分。 （2）任一项监测装置参数设置不正确或指标超限，扣5分
2.2.4	按规定做好光伏发电站低电压穿越的记录、统计及分析工作，及时发现、消除并网逆变器低穿功能缺陷	15	检查记录	（1）未开展低电压穿越记录统计工作，不得分。 （2）统计分析工作不完善及缺陷消除不及时的，扣10分
2.2.5	按要求上报光功率预系统数据。定期对系统性能进行统计、分析，并及时修正预测系统参数	20	检查记录	（1）未按要求上报预测数据，扣10分。 （2）未定期统计、分析预测性能指标，扣10分。 （3）预测系统性能或功能不合格的，扣10分
2.3	设备监督重点	65		
2.3.1	无功补偿配置的类型、容量、响应速度及调节精度应满足电网调度机构的要求	25	检查设备技术资料及接入电力系统无功电压专题研究报告	（1）未获得无功补偿装置交接测试报告，扣15分。 （2）任一项不满足要求，扣10分
2.3.2	光伏发电站的电压、频率及电能质量运行适应性应满足要求，在规定的运行范围内能够按要求运行	15	检查设备技术资料，及现场查看	光伏发电站运行适应性应任一项不满足要求，扣5分

表（续）

序号	评价项目	标准分	评价内容与要求	评分标准
2.3.3	电能质量自动监测装置应满足要求，包括： （1）电压监测应具有连续监测和统计功能，其测量精度应不低于0.5级。 （2）电压监测电压幅值测量采样窗口应满足GB/T 17626.30的要求，一般取10个周波，一个基本记录周期为3s。 （3）频率偏差的监测误差不大于±0.01Hz，一个基本记录周期为1s。 （4）谐波监测设备测量采样窗口一般取10个周波，一个基本记录周期为3s。 （5）三相不平衡度监测装置测量采样窗口一般取10个周波，一个基本记录周期为3s。三相电压不平衡度测量允许误差限值为0.2%，三相电流不平衡度测量允许误差限值为1%。 （6）短时闪变的一个基本记录周期为10min，长时闪变的一个基本记录周期为2h	30	检查设备技术资料及现场查看	任一项不满足要求扣5分，无相应监测设备的，对应项不扣分
2.4	监督指标考核	40		
2.4.1	频率和电压合格率指标应满足要求： （1）连续运行统计期内频率合格率应达到本地电网的要求，并至少不低于99.5%。 （2）连续运行统计期内母线电压合格率应满足本地电网调度要求，并至少不低于99%	20	检查记录	任一项不合格，扣10分
2.4.2	（1）AGC装置可用率及调节性能应满足本地电网要求，设备状态良好。 （2）AVC装置投入率及调节合格率应满足本地电网要求，设备状态良好	20	检查记录、设备技术资料	任一项投入率不满足要求，扣10分

中国华能集团公司
CHINA HUANENG GROUP

中国华能集团公司光伏发电站技术监督标准汇编
Q/HN-1-0000.08.062—2016

技术标准篇

光伏发电站监控自动化监督标准

2016-09-14 发布
2016-09-14 实施

目　次

前　言

为加强中国华能集团公司光伏发电站技术监督管理，保证光伏发电站监控自动化设备的安全可靠运行，特制定本标准。本标准依据国家和行业有关标准、规程和规范，以及中国华能集团公司光伏发电站的管理要求，结合国内外光伏发电站的新技术、监督经验制定。

本标准是中国华能集团公司所属光伏发电站监控自动化监督工作的主要依据，是强制性企业标准。

本标准由中国华能集团公司安全监督与生产部提出。

本标准由中国华能集团公司安全监督与生产部归口并解释。

本标准起草单位：西安热工研究院有限公司、华能甘肃能源开发有限公司、华能新疆能源开发有限公司。

本标准主要起草人：牛瑞杰、王靖程、陈仓、姚玲玲、王建峰、杜洪杰。

本标准审核单位：中国华能集团公司、华能甘肃能源开发有限公司、华能新疆能源开发有限公司、西安热工研究院有限公司。

本标准主要审核人：赵贺、罗发青、杜灿勋、蒋宝平、马晋辉、申一洲、任志文、叶剑君、徐君诏。

本标准审定单位：中国华能集团公司技术工作管理委员会。

本标准批准人：叶向东。

光伏发电站监控自动化监督标准

1 范围

本标准规定了中国华能集团公司（以下简称“集团公司”）所属并网光伏发电站监控自动化设备监督的基本原则、监督范围、监督内容和相关的技术管理要求。

本标准适用于集团公司光伏发电站监控自动化设备的监督工作，其他类型光伏发电站（项目）可参照执行。

2 规范性引用文件

下列文件对于本文件的应用是必不可少的。凡是注日期的引用文件，仅注日期的版本适用于本文件。凡是不注日期的引用文件，其最新版本（包括所有的修改单）适用于本文件。

GB/T 19964 光伏发电站接入电力系统技术规定

GB/T 20513 光伏系统性能监测测量、数据交换和分析导则

GB/T 31366 光伏发电站监控系统技术要求

GB 50116 火灾自动报警系统设计规范

GB 50166 火灾自动报警系统施工及验收规范

GB 50171 电气设备安装工程盘、柜及二次回路接线施工及验收规范

GB 50348 安全防范工程技术规范

GB 50394 入侵报警系统工程设计规范

GB 50395 视频安防监控系统工程设计规范

GB 50396 出入口控制系统工程设计规范

GB 50794 光伏发电站施工规范

GB/T 50796 光伏发电工程验收规范

GB 50797 光伏发电站设计规范

GB/T 50866 光伏发电站接入电力系统设计规范

NB/T 32011 光伏发电站功率预测系统技术要求

NB/T 32012 光伏发电站太阳能资源实时监测技术规范

NB/T 32016 并网光伏发电监控系统技术规范

DL/T 516 电力调度自动化系统运行管理规程

DL/T 547 电力系统光纤通信运行管理规程

DL/T 550 地区电网调度控制系统技术规范

DL/T 1040 电网运行准则

DL/T 1379 电力调度数据网设备测试规范

DL/T 5002 地区电网调度自动化设计技术规程

DL/T 5003 电力系统调度自动化设计技术规程

DL/T 5344　电力光纤通信工程验收规范

国能安全〔2014〕161号　防止电力生产事故的二十五项重点要求

国能安全〔2015〕36号　电力监控系统安全防护总体方案等安全防护方案

国家发展和改革委员会令〔2014〕14号　电力监控系统安全防护规定

Q/HN-1-0000.08.049—2015　中国华能集团公司电力技术监督管理办法

3　总则

3.1　监控自动化监督是保证光伏发电站设备安全、经济、稳定运行的重要基础工作，应坚持“安全第一、预防为主”的方针，实行全过程监督。

3.2　监控自动化监督的目的：对监控自动化设备进行设计、安装、调试、验收、运行、维护、检修和技术改造全过程监督，使上述设备和系统处于完好、准确、可靠、稳定的运行状态。

3.3　本标准规定了光伏发电站监控系统、调度自动化系统、光功率预测系统、辅助系统在设计、安装与调试、运行、检修阶段的监督，以及监控自动化监督管理要求、评价与考核标准，它是光伏发电站监控自动化监督工作的基础，也是建立监控自动化监督体系的依据。

3.4　各电站应按照集团公司《华能电厂安全生产管理体系要求》《电力技术监督管理办法》中有关技术监督管理和本标准的要求，结合本站的实际情况，制定电站监控自动化监督管理标准；依据国家和行业有关标准和规范，编制、执行运行规程、检修规程和检验及试验规程等相关支持性文件；以科学、规范的监督管理，保证监控自动化监督工作目标的实现和持续改进。

3.5　监控自动化监督范围为监视、控制电站运行的所有自动检测、控制、通信装置及所属二次回路，主要包括以下几方面：

a）监控系统。

b）调度自动化系统。

c）功率预测系统。

d）辅助系统：包括图像监视及安全警卫、火灾自动报警、门禁、环境监视等子系统。

3.6　从事监控自动化监督的人员，应熟悉和掌握本标准及相关标准和规程中的规定。

4　监督技术标准

4.1　基本要求

4.1.1　监控系统应依据GB/T 31366、GB 50797、NB/T 32016执行，调度自动化系统应依据DL/T 5002、DL/T 5003执行，功率预测系统应依据NB/T 32011、NB/T 32012执行。

4.1.2　光伏发电站监控系统可与继电保护故障信息管理系统、功率预测系统及辅助系统一体化设计和集成。

4.1.3　监控自动化专业各子系统的可靠性、实时性、开放性应满足光伏发电站项目本期及远景规划的要求。

4.1.4　监控自动化专业各子系统的安全防护应符合《电力监控系统安全防护规定》的要求。

4.1.5　大、中型光伏发电站应采用监控系统，主要功能应符合以下要求：

a）应对发电站电气设备进行监控。

b） 应满足电网调度自动化要求，完成遥测、遥信、遥调、遥控等远动功能。

c） 电气参数的实时监测，也可根据需要实现其他电气设备的监控操作。

4.1.6 光伏发电站调度自动化、电能量信息传输应采用主、备信道的通信方式，直送电网调度机构。对于通过110kV（66kV）及以上电压等级接入电网的光伏发电站，至调度端应具备两路通信通道，其中一路为光缆通道。

4.2 设计阶段监督

4.2.1 监控系统

4.2.1.1 监控系统由间隔层和站控层两部分组成，站控层与间隔层宜直接连接，通过分布式、分层式和开放式网络系统实现；站控层与间隔层不具备直接连接条件的，可通过规约转换设备连接；独立配置的功率预测系统相关信息应能在监控系统中展示，独立配置的辅助系统相关信息宜能在监控系统中展示。

4.2.1.2 监控系统应具备开放性，保留与远程集中监控系统通信接口，能够上传监控数据和接收远程集控中心的控制指令；远程集中监控系统的建设应不改变站控层监控系统的系统结构，不影响站控层监控系统的操作。

4.2.1.3 监控系统应采用DC 110V/220V系统或AC 220V不间断电源供电。不间断电源应符合GB/T 13729的要求，在交流电源失电或电源不符合要求时，维持系统正常工作不低于2h。

4.2.1.4 大型光伏发电站应配置GPS或北斗对时设备。监控系统应支持接收卫星定位系统或基于调度部门的对时系统的信号并进行对时，并以此同步站内设备的时钟。

4.2.1.5 光伏发电站监控系统的硬件设置宜由以下几部分组成：

a） 站控层设备：服务器、操作员站、远动通信装置及其他接口设备等。

b） 网络及通信安全设备：网络交换机、路由器、防火墙、电力专用横向单向安全隔离装置、纵向认证加密设备等。

c） 间隔层设备：光伏逆变器、汇流箱、太阳能跟踪系统、气象监测系统及辅助系统的通信控制单元，光伏发电单元规约转换器等设备。

d） 其他设备：对时设备、网络打印机等。

4.2.1.6 站控层应具备较高的可靠性，宜采用标准以太网结构，监控服务器、远动通信装置、网络交换机及通信信道宜冗余配置。对大规模光伏发电站宜采用主备服务器、主备监控工作站的四机配置结构，并采用热备用方式运行，具备故障时的自动主备切换功能。

4.2.1.7 间隔层宜采用现场总线网络，应具备足够的传输效率和极高的可靠性，可采用单网络配置。站控层需接入监控系统的设备和装置，宜具备以太网通信接口。

4.2.1.8 监控系统软件配置。软件配置应包含数据采集、数据处理、控制操作、防误闭锁、告警、事故顺序记录和事故追忆、画面生成及显示、计算及制表、系统时钟对时、系统自诊断、有功功率控制、无功电压控制和其他专业应用等功能，并具备与继电保护故障信息管理系统和功率预测系统信息交互的功能。

4.2.1.9 监控功能。

4.2.1.9.1 数据采集。

a） 系统应通过光伏发电站间隔层设备实施采集模拟量、开关量及其他相关数据，间隔层采集信息表见 GB/T 31366 中附录 C。

b） 间隔层测控装置采集的模拟量、开关量电气特性应符合 GB/T 13729 的要求。

c） 间隔层测控装置应对所采集的实时信息进行数字滤波、有效性检查、工程值转换、信号接点抖动消除、刻度计算等处理。

4.2.1.9.2 数据处理。

a） 监控系统应实现数据合理性检查、异常数据分析、事件分类等处理，并支持常用的计算功能。

b） 监控系统支持灵活设定历史数据存储周期，具有不少于一年的历史数据存储能力。

c） 监控系统应具有灵活的统计计算能力并提供方便、灵活的查询功能。

4.2.1.9.3 控制操作。

a） 控制对象范围：断路器、隔离开关、接地开关、光伏逆变器、主变压器分接头、无功补偿装置和其他重要设备。

b） 具备自动控制和人工控制两种控制方式。控制操作级别由高到低为就地、站内监控、远方调度/集控，三种控制级别间应相互闭锁。

c） 自动控制应包括顺序控制和调节控制，应具有有功功率控制、变压器分接头联调控制及操作顺序控制等功能，这些功能应各自独立，互不影响。

d） 在自动控制过程中，程序遇到任何软、硬件故障均应输出报警信息，并不影响系统的正常运行。

e） 系统应支持在站内和远方两种控制的方式，各类控制应通过防误闭锁校验。

4.2.1.9.4 防误闭锁。

a） 监控系统应具有防误闭锁功能，并具有闭锁逻辑判断结果及出错报警信息输出功能。

b） 设备操作应同时满足站控层防误、间隔层防误和现场电气防误的闭锁要求。任意一层出现故障，应不影响其他层的正常闭锁。

c） 防误操作的闭锁逻辑经授权后方可修改。

4.2.1.9.5 告警。

a） 告警内容应包括设备状态异常、故障，测量值越限，监控系统的软/硬件、通信接口及网络故障等。

b） 告警发生时应能退出告警条文和画面，可打印输出。对事故告警应伴以声、光等提示。

c） 应提供历史告警信息查询检索功能。

4.2.1.9.6 事故顺序记录和事故追忆。

a） 光伏发电站内重要设备的状态变化应列为时间顺序记录，主要包括：断路器、隔离开关、光伏逆变器及其操作机构的动作型号和故障信号；继电保护装置、光伏逆变器、汇流箱、公共接口设备等的动作信号、故障信号。

b） 事故追忆的时间跨度和记录点的时间间隔应能方便设定，应至少记录事故前 1min 至事故后 5min 的相关模拟量和事件动作信息，并能反演事故过程。

4.2.1.9.7 计算及制表。

a） 应支持对光伏发电站各类历史数据进行统计计算，至少应包括功率、电压、电流、电量等日、月、年中最大或最小值及其出现的时间，电压合格率、功率预测合格率、电能量不平衡度、辐照度等。

b） 应具有用户自定义特殊公式功能，并可按要求设定周期进行计算。

4.2.1.9.8 系统自诊断。

a） 系统应在线诊断各软件和硬件的运行工况，当发生异常和故障时能及时告警并存储。

b） 各类有冗余配置的设备发生软/硬件故障应能自动切换至备用设备，切换过程不影响整个系统的正常运行。

4.2.1.10 有功功率控制。

4.2.1.10.1 光伏发电站监控系统应具备有功功率控制功能，应能接收并执行电网调度部门发送的有功功率控制指令。

4.2.1.10.2 监控系统应能根据有功功率控制要求人工或自动对逆变器进行启停、限制有功功率输出等控制操作。

4.2.1.10.3 光伏发电站监控系统应能实时上送全站有功功率的输出范围、有功功率变化率、有功功率等信息，有功功率控制出现异常时，应提供告警信息。

4.2.1.11 无功电压控制。

4.2.1.11.1 光伏发电站监控系统应具备无功电压控制功能，应能接收并执行电网调度部门发送的无功电压控制指令。

4.2.1.11.2 监控系统应能根据无功电压控制要求对升压变压器变比、光伏逆变器无功输出和无功补偿装置等进行操作控制。

4.2.1.11.3 光伏发电站监控系统应能实时上送全站无功功率的输出范围、无功功率等信息，无功功率控制出现异常时，应提供告警信息。

4.2.1.12 信息交互。

4.2.1.12.1 功率预测系统独立配置时，光伏发电站监控系统应能向功率预测系统提供实时功率数据、实时气象数据等信息，并能接收功率预测系统提供的短期和超短期功率预测结果、短期数值天气预报。

4.2.1.12.2 辅助系统独立配置时，光伏发电站监控系统宜能接收辅助系统提供的防盗报警、火灾报警、门禁报警和环境量超限报警信号。

4.2.1.13 监控系统的性能应满足 GB/T 31366—2015、NB/T 32016—2013 的要求。

4.2.2 调度自动化系统

4.2.2.1 大、中型光伏发电站应配置相应的调度自动化终端设备，采集发电装置及并网线路的遥测和遥信量，接收遥控、遥调指令，通过专门通道与电力调度部门相连。

4.2.2.2 现场设备的信息采集、接口和传输规约必须满足调度自动化主站系统的要求。

4.2.2.3 在正常运行情况下，光伏发电站向电力调度部门提供的远动信息应包括遥测量和遥信量，并符合以下要求：

a） 遥测量应包括下列内容：

1） 发电总有功功率和总无功功率。

2） 无功补偿装置进相及滞相运行时的无功功率。

3） 升压变压器高压侧有功功率和无功功率。

4） 双向传输功率的线路、变压器的双向功率。

5） 站用总有功电能量。

6）光伏发电站的电压、电流、频率、功率因数。

7）大、中型光伏发电站的辐照强度、温度等。

b）遥信量应包括下列内容：

1）并网点断路器的位置信号。

2）有载调压主变压器分接头位置。

3）逆变器、变压器和无功补偿设备的断路器位置信号。

4）事故总信号。

5）出现主要保护动作信号。

4.2.2.4 电力调度部门根据需要可向光伏发电站传送以下遥控或遥调指令。

a）并网线路断路器的分合。

b）无功补偿装置的投切。

c）有载调压变压器分接头的调节。

d）光伏发电站的启停。

e）光伏发电站的功率调节。

4.2.2.5 接入220kV及以上电压等级的光伏发电站应配置相量测量单元（PMU）。

4.2.2.6 中、小型光伏发电站可根据当地电网实际情况对调度自动化设备进行适当简化。

4.2.2.7 远动系统与电力调度数据网之间应配置经过国家指定部门检测认证的电力专用纵向加密认证装置或者加密认证网关及相应设施进行安全防护。

4.2.3 光功率预测系统

4.2.3.1 装机容量10MW及以上的光伏发电站应配置光伏发电功率预测系统，系统具有0h～72h短期光伏发电预测及15min～4h超短期光伏发电功率预测功能。

4.2.3.2 气象观测设备宜建在光伏发电站内，便于观测人员到达，感应元件等传感器设备应无任何障碍物，或与障碍物保持高差10倍以上距离，减少周围环境对仪器设备的影响。

4.2.3.3 光伏发电站功率预测所需的数据至少包括天气预报数据、实时气象数据、实时功率数据、运行状态、计划检修信息等。光功率预测系统应包含数据采集、数据处理、数据存储三个部分，并满足相关标准要求。

4.2.3.4 光伏发电站应每15min自动向电网调度机构滚动上报未来15min～4h的光伏发电站发电功率预测曲线，预测值的时间分辨率为15min。光伏发电站每天按照电网调度机构规定的时间上报次日0:00～24:00光伏发电站发电功率预测曲线，预测值的时间分辨率为15min。

4.2.3.5 光伏发电站发电时段（不含处理受控时段）的功率预测应满足：短期预测月平均绝对误差应小于0.15，月合格率应大于80%；超短期预测的4h月平均绝对误差应小于0.10，月合格率应大于85%。光伏发电站功率预测系统应达到当地电网考核标准的要求。

4.2.4 辅助系统

4.2.4.1 光伏发电站在综合控制楼（室）、配电装置楼（室）、继电器间、可燃介质电容器室、电缆夹层及电缆竖井处应设置火灾自动报警系统。

4.2.4.2 火灾自动报警系统的设计应符合GB 50116的规定。

4.2.4.3 消防水泵、火灾探测报警、火灾应急照明应按2类负荷供电；应急照明可采用蓄电池作备用电源，其连续性供电时间不应小于20min。

4.2.4.4 电站主控制室、配电装置室和建筑疏散通道应设置应急照明；人员疏散用的应急照明照度不低于0.5lx，连续工作应急照明不低于正常照明照度值的10%。

4.2.4.5 光伏发电站宜设置安全防护设施，该设施宜包括入侵报警系统、视频安防系统和出/入口控制系统，并能互相联动。

4.2.4.6 安装于室外的安全防护设施应采取防雷、防尘、防雨、防冻等措施。

4.2.4.7 入侵报警系统应符合GB 50394的规定；应能与视频监控系统、出/入口控制系统等联动；应有报警记录功能，按照时间、区域、部位任意变成设防和撤防。

4.2.4.8 视频安防监控系统应符合GB 50395的规定，并具有对图像信号的分配、切换、存储、还原、远传等功能；应满足监控区域有效覆盖、布局合理、图像清晰、控制有效的要求；摄像机、解码器等宜有控制中心专线集中供电。

4.2.4.9 出/入口控制系统设计应符合GB 50396的规定，应与火灾报警系统及其他紧急疏散系统联动，并满足逃生人员疏散的要求。

4.3 安装、调试阶段监督

4.3.1 监控自动化设备的检验

4.3.1.1 产品外观：产品表面不应有明显的凹痕、划伤、裂缝、变形和污染等，表面涂镀层应均匀，不应起泡、脱落和磨损，金属零部件不应有松动及其他机械损伤。内部元器件的安装及内部连线应正确、牢固、无松动，控制部件的操作应灵活、可靠，接线端子的布置及内部布线应合理、美观、标志清晰，盘、柜布局应合理。

4.3.1.2 产品软/硬件配置：检查产品的硬件数量、型号与合同一致，软件的配置、文档及其载体应符合受检产品技术条件规定。

4.3.1.3 产品技术文件的检查：检查产品（包括外购配套设备）技术文件应完整、详尽、有效。技术文件包括设备清单、设备连接图，机柜设备布置图、布线图，硬件技术资料（自制设备），软件技术资料（包括系统软件和应用软件清单等），软件使用、维护说明书，全部外购设备所附文件，产品出厂检验合格证。

4.3.2 监控自动化设备的安装

4.3.2.1 设备安装应满足GB 50117、CECS 81等国家和行业标准及规范要求。

4.3.2.2 设备安装工程施工应以设计和制造厂的技术文件为依据，如需设计更改，应办理审批手续，并提供完整的设计更改资料，竣工图应按设计更改内容编制。

4.3.2.3 设备安装工程施工、监理单位应具备相应资质。安装单位技术负责人应在安装前对安装人员进行技术交底。工程主管部门应及时了解并掌握工程进展情况，对设计错误、工程施工质量、违规等问题，应及时向设计、施工、监理等单位提出具体要求。

4.3.2.4 控制箱、台、柜安装时，安装允许偏差应满足DL 5190.4的相关要求，固定时不应采用电焊进行固定，宜采用经防腐、锈的压板螺栓进行固定连接，盘柜接地电阻值不应大于4Ω。设备安装在振动较大区域时，还应按要求采取防振动措施。

4.3.2.5 光纤通信系统设备的安装标准参照DL/T 5344相关技术条款执行。光缆线路投运前应对所有光缆接续盒进行检查验收、拍照存档，同时，对光缆纤芯测试数据进行记录并存档，应防止引入缆封堵不严或接续盒安装不正确造成管内或盒内进水结冰，导致光纤受力引起断纤故障的发生。

4.3.2.6 通信光缆或信号电缆敷设应避免与一次动力电缆同沟（架、竖井）布放，并绑扎醒目的识别标志；如不具备条件，应采取电缆沟（架、竖井）内部分隔离等措施进行有效隔离；电缆敷设完毕后应进行防尘处理，盘、台、柜底地板电缆孔洞应采用松软的耐火材料进行严密封堵。

4.3.2.7 光功率预测系统安装。各类辐射表应安装在专用的台柱上，距地坪不低于1.5m；温度计、湿度计应置于百叶箱内，距离地面不低于1.5m；风速、风向传感器安装在牢固的高杆或塔架上，距地面不低于3m。

4.3.2.8 安防监控设备的安装应符合GB 50348的相关规定。

4.3.3 监控自动化设备的调试

4.3.3.1 新投产设备在调试前，调试单位应针对设备的特点及系统配置，编制详细的调试措施及调试计划。调试措施的内容应包括各部分的调试步骤、完成时间和质量标准；调试计划应规定投入的项目、范围和质量要求，并在计划安排中保证各系统、装置有充足的调试时间和验收时间。

4.3.3.2 系统调试工作，应由有相应资质的调试机构承担。调试单位和监督、监理单位应参与工程前期的设计审定及验收等工作。

4.3.3.3 系统调试应编制完整的调试方案，调试结束应提交完整的报告和记录。严格按照设计图纸资料进行系统通电前检查，相关性能指标应满足规程和设备技术要求。

4.3.3.4 监控自动化专业各子系统应进行电力二次安全防护功能调试，内容包含横向隔离装置、纵向加密装置调试，软/硬件防火墙调试等。

4.3.3.5 监控系统调试。

4.3.3.5.1 设备通电检查和硬件性能测试，内容包含设备运行情况、网络通信情况、各应用软件工作情况检查，硬件功能性测试、冗余切换测试等。

4.3.3.5.2 系统软件功能静态调试，内容包含计算机监控系统监控画面、运行报表、实时数据存储、历史数据记录、AGC功能、AVC功能、冗余切换、控制与调节功能、防误闭锁等功能调试。

4.3.3.5.3 系统软件功能动态调试，应按照本标准中光伏发电站监控系统功能要求、设计合同中监控系统的功能要求进行逐项调试。

4.3.3.5.4 外围联络回路检查调试。根据现场设备的接口特性，检查、测试柜内接线和外部接线，更改和完善错误部分；对与各级调度及其他外部系统和设备的通信性能调试检查。

4.3.3.6 调度自动化系统调试。

4.3.3.6.1 设备通电检查和硬件性能测试，内容包含设备运行情况、系统二次接线、网络连接、电源接线回路、硬件配置检查，网络通信性能测试、时钟同步系统测试，调度自动化系统厂站端测量回路精度调试等。

4.3.3.6.2 系统软件测试检查，内容包含：

a） 软件版本检查。

b） 冗余切换测试。
c） 系统负荷率指标测试，指标满足设计要求。
d） 安全性检查，内容包含：根据国家发展和改革委员会令〔2014〕14 号相关规定，检查系统是否按要求进行设计安装，并对性能进行测试；还应检查系统的权限设置功能满足调度管理规程要求。
e） 远程控制及调节功能测试，内容包含设备控制权、调节权闭锁切换测试等。
f） 通信系统性能测试，内容包含主通道、备用通道故障冗余切换测试、通信信道延迟时间测试、通信数据传输误码率测试等。
g） 远动传动调试，保证系统操作动作的正确性和响应速度。

4.3.3.6.3 试生产期结束前，光伏发电站的 AGC、AVC 和一次调频应具备完善的功能，其性能指标达到并网调度协议或其他有关规定的要求，并可随时投入运行。

4.3.3.7 火灾自动报警系统。

4.3.3.7.1 火灾自动报警系统施工应符合 GB 50166 的规定。

4.3.3.7.2 火灾自动报警系统调试，应先分别对探测器、区域报警控制器、集中报警控制器、火灾报警装置和消防控制设备等逐个进行单机通电检查，正常后方可进行系统调试。

4.3.3.7.3 火灾自动报警系统通电后，应按照 GB 4717 的相关规定进行检测，对报警控制器主要进行以下功能检查：
a） 火灾报警自检功能；消声、复位功能。
b） 故障报警功能。
c） 火灾优先功能。
d） 报警记忆功能。
e） 电源自动切换和备用电源的自动充电功能。
f） 备用电源的欠电压和过电压报警功能。

4.4 运行阶段监督

4.4.1 光伏发电站调度自动化系统的运行按照 DL/T 516、DL/T 547、DL/T 1040 的要求进行。

4.4.2 监控系统、调度自动化系统投入运行后，维护人员对监控系统做的维护工作必须办理工作票，厂家技术人员在系统上工作时也应办理工作票。

4.4.3 系统运行时，运行人员应进行定期巡回检查和维护，对重要运行、监视画面进行定时检查和定期分析，对重要模拟量、温度量越限提示应及时核对其限值。发生故障应立即处理，发现异常应增加巡检次数。

4.4.4 光伏发电站应保证设备的正常运行及信息的完整性和正确性，发现故障或接到设备故障通知后，应立即进行处理，涉及涉网调度管理的应及时报调度机构自动化值班人员；对于监控系统、调度自动化系统的重要报警信号，如设备掉电、存储器故障、系统通信中断等，应及时处理。事后应详细记录故障现象、原因及处理过程，必要时编制故障分析报告。

4.4.5 每季度统计、计算缺陷消除率，间隔层设备合格率和监控系统可用率，随季度报告上报。

4.4.6 站控层配置有冗余服务器、通信网络等设备系统应按规定进行定期切换试验。

4.4.7 参加AGC、AVC运行的光伏发电站应保证其设备的正常投入。若需修改厂站AGC、AVC系统的控制策略，应报电网调度机构同意后方可实施；更改后，需要对安全控制逻辑、闭锁策略、二次系统安全防护等方面进行全面测试验证合格后方可投入运行，确保自AGC、AVC系统在启动过程、系统维护、版本升级、切换、异常工况等过程中不发出或执行控制指令。

4.4.8 监控系统、调度自动化系统的参数设置、限值整定、程序修改等工作，应有技术审批通知单，由维护人员持工作票进行。工作完成后应做好记录，并对运行值班人员进行检修交代，参数设置和限值整定的回执单由维护人员签字确认后，分别存技术主管部门和中控室各一份。

4.4.9 定期对应用软件、数据进行备份，软件、数据改动后应立即进行备份，在软件无改动的情况下，应至少每半年备份一次，备份介质实行异地存放。

4.4.10 非监控系统工作人员未经批准，不得进入机房进行工作（运行人员巡回检查除外）。

4.4.11 光伏发电站应制定有相应的系统故障应急处理措施，当系统发生影响发电站运行的异常情况时，应按规定采取措施，并及时联系维护单位进行处理。

4.4.12 光伏发电站应建立完善的安全管理制度，应指定专人负责网络安全管理，严禁使用非监控系统专用设备接入计算机监控系统网络和主机。

4.4.13 管辖范围内调度自动化系统及设备主要运行指标应达到：

a） 远动（数据采集）装置月可用率：≥99%。

b） 事故时遥信年动作正确率：≥99%。

c） 遥测月合格率：≥98%。

4.4.14 根据电网调度机构的要求，结合光伏发电站的检修情况，开展遥测、遥信等信息的核对工作。

4.4.15 光伏发电站运行人员应每天检查光功率预测系统，按要求向电网调度机构滚动上报发电功率预测曲线；每月末检查光功率预测系统的短期、超短期预测月均方根误差和月合格率。

4.5 检修阶段监督

4.5.1 监控系统检修

4.5.1.1 监控系统的主要检修内容应包括系统的功能校验及性能测试。

4.5.1.2 检修前，应按检修文件包相关要求完成检修准备工作，按照作业指导书的要求进行系统软件、数据库备份，开展涉及控制回路、控制参数等的修改工作应履行相应的审批手续，工作完毕按规程标准做好原始记录和验收工作。

4.5.1.3 开展计算机监控系统试验检修过程中，针对每个检修项目应制定相应的技术措施、安全措施，出具检修试验原始记录，并进行投运前控制系统功能调试。

4.5.1.4 检修后投运前，监控自动化装置技术指标及控制系统性能应满足设计要求，并验收合格；对不满足性能指标要求的应进行整改。

4.5.1.5　检修结束后，应出具检修试验报告，并对检修期间的资料如检修试验记录、检修试验报告、事故处理记录、技术改造资料等按设备及年份分类进行归档保存。

4.5.2　调度自动化系统检修监督

4.5.2.1　系统检修开展前应编制检修计划，影响与电网调度系统通信联络的系统检修项目，应按电网调度机构规定和要求提前与电网调度主管部门联系，并上报检修计划进行审批，检修工作应经调度机构审批通过并经调度值班人员许可后方可开展。

4.5.2.2　与一次设备相关的调度自动化子站设备的检验时间，应结合一次设备检修进行定期测试。

4.5.2.3　开展调度自动化系统服务器及通信系统设备检修工作时，应做好数据库、应用软件、装置参数配置等数据的备份工作。

4.5.2.4　系统检修项目应包含：

a）硬件冗余切换和数据传输通道冗余切换测试。进行通信冗余切换试验时，应做好通信中断应急处理措施，试验不合格的应进行整改。

b）通信设备测试，内容包括设备性能、网管与监视功能测试等。应对通信设备测试结果进行分析，发现存在的问题，及时进行整改。

c）光纤通信通道测试，内容包含线路衰减、熔接点损耗、光纤长度等，测试结果应满足 DL/T 547 相关技术指标要求。

d）系统硬、软件更新。该项工作应取得上级调度机构及对侧的许可后方可进行，并保证上行数据和下行指令及时、准确。系统更新完毕应进行系统安全防护检查工作，并做好系统功能功能性复核工作。

e）系统升级改造。如需结合检修进行系统升级改造的，应对系统电源容量配置、服务器及数据信息传输网络负荷、二次系统安全防护等进行评估，制定技术方案并经上级主管部门或上级调度机构审核后，才可进行升级改造工作；开展升级改造时，应按 DL/T 838 做好安全措施及事故应急处理预案。

4.5.2.5　检修结束后对原始记录及试验报告进行归档管理。

5　监督管理要求

5.1　监督基础管理工作

5.1.1　监控自动化监督管理的依据

应按照 Q/HN-1-0000.08.049—2015《电力技术监督管理办法》和本标准的要求，制定光伏发电站监控自动化监督管理标准，并根据国家法律、法规及国家、行业、集团公司标准、规范、规程、制度，结合光伏发电站实际情况，编制监控自动化监督相关/支持性文件。

5.1.2　监控自动化监督管理应具备的相关/支持性文件

光伏发电站应编制相应的监控自动化相关文件，或在相应文件中应包含监控自动化专业相关内容，至少包括：监控自动化设备的运行、检修规程（或实施细则）；技术资料、图纸管理制度。

5.1.3 技术资料档案

5.1.3.1 基建阶段报告和记录：

a）符合实际情况的监控自动化设备原理图、安装接线图、电源系统图等图纸资料。

b）制造厂的整套图纸、说明书、出厂试验报告。

c）设备安装、验收记录、设计修改文件、缺陷处理报告、调试试验报告、投产验收报告。

5.1.3.2 设备清册及设备台账：

a）监控自动化设备台账。

b）软件、硬件设备配置清册。

5.1.3.3 试验报告和记录：

a）并网电能质量检测报告。

b）计算机监控网络性能测试报告或记录。

5.1.3.4 运行维护记录和报告：

a）异常、障碍、事故、故障、缺陷及处理记录。

b）定期切换记录。

c）系统软件、数据修改、备份记录。

5.1.3.5 检修维护报告和记录：设备检修、调整、定检、试验记录及报告台账。

5.1.3.6 事故管理报告和记录：

a）设备非计划停运、障碍、事故统计记录。

b）事故分析报告。

5.1.3.7 技术改进报告和记录：

a）技术改进可行性报告。

b）技术改进图纸、资料、说明书。

c）技术改进质量监督和验收报告。

5.1.3.8 监督管理文件：

a）与监控自动化技术监督有关的国家法律、法规及国家、行业、集团公司标准、规范、规程、制度。

b）光伏发电站监控自动化技术监督标准、规定、措施等。

c）技术监督网络文件。

d）监控自动化技术监督工作计划和总结。

e）监控自动化技术监督季报、年报、速报。

f）监控自动化技术监督预警通知单和验收单。

g）监控自动化技术监督会议纪要。

h）监控自动化技术监督工作自我评价报告和外部检查评价报告。

i）监控自动化技术监督人员技术档案、上岗考试成绩和证书。

j）与设备质量有关的重要工作来往文件。

5.2 日常管理内容和要求

5.2.1 监督网络与职责

5.2.1.1 按照集团公司《电力技术监督管理办法》《华能电厂安全生产管理体系》要求编制本单位监控自动化监督管理标准，做到分工、职责明确，责任到人。

5.2.1.2 工程设计阶段、建设阶段的技术监督，由产业公司、区域公司或电站建设管理单位规定归口职能管理部门，在本单位技术监督领导小组的领导下，负责监控自动化技术监督的组织建设工作。

5.2.1.3 生产运行阶段的技术监督，由产业公司、区域公司、光伏发电站规定的归口职能管理部门，在光伏发电站技术监督领导小组的领导下，负责监控自动化技术监督的组织建设工作，并设监控自动化技术监督专责人，负责全厂监控自动化技术监督日常工作的开展和监督管理。

5.2.1.4 技术监督归口职能管理部门每年年初要根据人员变动情况及时对网络成员进行调整；按照人员培训和上岗资格管理办法的要求，定期对技术监督专责人和特殊技能岗位人员进行专业和技能培训，保证持证上岗。

5.2.2 确认监督标准符合性

5.2.2.1 监控自动化技术监督标准应符合国家、行业及上级主管单位的有关标准、规范、规定和要求。

5.2.2.2 每年年初，技术监督专责人应根据新颁布的标准规范及设备异动情况，组织对监控自动化运行和检修维护等规程、制度的有效性、准确性进行评估，修订不符合项，经归口职能管理部门领导审核、生产主管领导审批后发布实施。国家标准、行业标准及上级单位监督规程、规定中涵盖的相关监控自动化技术监督工作均应在光伏发电站规程及规定中详细列写齐全。

5.2.2.3 光伏发电站应建立监控自动化监督用仪器仪表设备台账，根据检验、使用及更新情况进行补充完善。

5.2.3 技术监督年度计划管理

5.2.3.1 监控自动化技术监督专责人应在每年 11 月 30 日前组织编制下年度技术监督工作计划，计划批准发布后报送产业公司、区域公司，同时抄送西安热工研究院。

5.2.3.2 监控自动化技术监督年度计划的制定依据至少应包括以下方面：

a） 国家、行业、地方有关电力生产方面的法规、政策、标准、规范、反事故措施要求。

b） 集团公司、产业公司、区域公司、电站技术监督工作规划和年度生产目标。

c） 集团公司、产业公司、区域公司、电站技术监督管理制度和年度技术监督动态管理要求。

d） 监控自动化设备上年度特殊、异常运行工况，事故缺陷等。

e） 监控自动化设备目前的运行状态。

f） 技术监督动态检查、预警、季（月报）提出的问题。

g） 收集的其他有关监控自动化设备设计选型、制造、安装、运行、检修、技术改造等方面的动态信息。

5.2.3.3 监控自动化技术监督年度计划主要内容应包括以下方面：

a） 健全技术监督组织机构。

b） 制定或修订监督标准、相关生产技术标准、规范和管理制度。

c） 制定检修期间应开展的技术监督项目计划。

d） 制定技术监督工作自我评价与外部检查迎检计划。

e） 制定技术监督发现问题的整改计划。

f） 制定人员培训计划（主要包括内部培训、外部培训取证，规程宣贯）。

5.2.3.4 监控自动化技术监督专责人每季度应对监督年度计划执行和监督工作开展情况进行检查评估，对不满足监督要求的问题，通过技术监督不符合项通知单下发到相关部门监督整改，并对相关部门进行考评。技术监督不符合项通知单编写格式见附录B。

5.2.3.5 确认仪器、仪表有效性。

a） 应建立监控自动化监督用仪器仪表设备台账，根据检验、使用及更新情况进行补充完善。

b） 根据检定周期，每年应制定仪器仪表的检验计划，根据检验计划定期进行检验或送检，对检验合格的可继续使用，对检验不合格的则送修，对送修仍不合格的做报废处理。

5.2.4 监督档案管理

5.2.4.1 光伏发电站应建立健全监控自动化技术监督档案、规程、制度和技术资料，确保技术监督原始档案和技术资料的完整性和连续性。

5.2.4.2 根据监控自动化技术监督组织机构的设置和设备的实际情况，明确档案资料的分级存放地点，并指定专人负责整理保管。

5.2.4.3 监控自动化技术监督专责人应建立监控自动化档案资料目录清册，并负责及时更新。

5.2.5 监督报告报送管理

5.2.5.1 监控自动化监督季报的报送。监控自动化技术监督专责人应按照附录C的季报格式和要求，组织编写上季度监控自动化技术监督季报，每季度首月5日前报送产业公司、区域公司和西安热工研究院。

5.2.5.2 监控自动化监督速报的报送。光伏发电站发生重大监督指标异常，受监控设备重大缺陷、故障和损坏事件，火灾事故等重大事件后24h内，监控自动化技术监督专责人应将事件概况、原因分析、采取措施按照附录D的格式，填写速报并报送产业公司、区域公司和西安热工研究院。

5.2.5.3 监控自动化监督年度工作总结报告的报送。

每年1月5日前编制完成上年度技术监督工作总结，并报送产业公司、区域公司和西安热工研究院。

年度监督工作总结主要包括以下内容：

a） 年度监督计划执行及监督工作开展情况。

b） 设备一般事故和异常统计分析。

c） 监控自动化技术监督存在的主要问题。
d） 监控自动化技术监督下年度工作要点。

5.2.6 监督例会管理

5.2.6.1 光伏发电站每年至少召开两次监控自动化技术监督工作会，检查、总结、布置技术监督工作，对技术监督中出现的问题提出处理意见和防范措施，形成会议纪要，按管理流程批准后发布实施。

5.2.6.2 例会主要内容包括：

a） 落实上次例会安排工作完成情况。
b） 设备及系统的故障、缺陷分析及处理措施。
c） 技术监督标准，相关生产技术标准、规范和管理制度的编制修订情况。
d） 技术监督工作计划发布及执行情况。
e） 技术监督工作及考核指标完成情况。
f） 技术监督工作经验交流总结。
g） 集团公司技术监督季报，监督通讯，新颁布的国家、行业标准规范，监督新技术学习交流。
h） 下一阶段技术监督工作的布置。

5.2.7 监督预警管理

a） 监控自动化监督三级预警项目见附录 E，光伏发电站应将三级预警识别纳入监控自动化技术监督管理和考核工作中。
b） 光伏发电站应根据监督单位签发的预警通知单（见附录 F）制定整改计划，明确整改措施、责任人、完成日期。
c） 问题整改完成后，光伏发电站应按照技术监督预警管理办法规定提出验收申请，验收合格后，由监督单位签发预警验收单（见附录 G）并备案。

5.2.8 监督问题整改管理

5.2.8.1 整改问题的提出

a） 上级单位、西安热工研究院、属地技术监督服务单位在技术监督动态检查、评价时提出的整改问题。
b） 集团公司监督季报中提出的集团公司、产业公司、区域公司督办问题。
c） 集团公司监督季报中提出的发电企业需要关注及解决的问题。
d） 每季度对监控自动化监督计划的执行情况进行检查，对不满足监督要求提出的整改问题。

5.2.8.2 问题整改管理

a） 光伏发电站收到技术监督评价报告后，应组织有关人员会同西安热工研究院或属地技术监督服务单位在两周内完成整改计划的制定和审核，并将整改计划报送集团公司、产业公司、区域公司，同时抄送西安热工研究院或属地技术监督服务单位。

b） 整改计划应列入或补充列入年度监督工作计划，光伏发电站按照整改计划落实整改工作，并将整改实施情况及时在技术监督季报中总结上报。

c） 对整改完成的问题，光伏发电站应保留问题整改相关的试验报告、现场图片、影像等技术资料，作为问题整改情况评估的依据。

5.2.9 监督评价与考核

5.2.9.1 光伏发电站应按照《监控自动化技术监督工作评价表》中的各项要求，编制完善监控自动化技术监督管理制度和规定，贯彻执行；完善各项监控自动化监督的日常管理和检修维护记录，加强监控自动化设备的运行、检修维护技术监督。

5.2.9.2 光伏发电站应定期对技术监督工作开展情况进行评价，对不满足监督要求的不符合项以通知单的形式下发到相关部门进行整改，并对相关部门及责任人进行考核。

5.3 各阶段监督重点工作

5.3.1 设计与设备选型阶段

设计审核工作：

a） 监督监控自动化系统与设备的新、改、扩建工程设计选型单位的资质。

b） 参与并监督系统与设备的新、改、扩建工程的设计选型与审查工作。

c） 技术监督服务单位指导和监督监控自动化设备及系统设计选型过程中技术监督工作的开展情况。

5.3.2 安装、调试和并网验收阶段

5.3.2.1 应严格遵照集团公司工程建设阶段质量监督的规定及国家、行业相关规程和设计要求，进行安装、调试和验收工作，确保工程质量；并将设计单位、制造厂家和供货部门为工程提供的技术资料、试验记录、验收单等有关资料列出清册，全部移交生产单位。

a） 对系统与设备新建、扩建、改建工程的安装与调试过程进行全过程监督，对项目的施工单位和监理单位的施工资质、监理资质进行监督，对发现的安装、调试质量问题应及时予以指出，要求限时整改。

b） 对重要设备的验收工作进行监督，应按照订货合同和相关标准等进行验收，并形成验收报告，重点检查可能影响重要电子设备防尘、受潮，电子元器件精度等情况。

c） 安装与调试工作开展前，对施工单位编制的安装施工和调试施工方案进行审核，提出对施工单位的工作要求，如施工方案需明确安装方法与质量要求、调试项目与质量控制指标，施工方案应经监理单位和项目实施主管单位审批。

d） 安装与调试工作开展前，对监理单位或部门编制的监理实施方案进行审核，提出对监理单位的工作要求，如监理方案应明确监理实施细则及验收质量标准，监理方案需经监理单位和项目实施主管单位审批。

e） 安装实施工程监理时，应对监理单位的工作提出监控自动化技术监督的意见，如要求监理方派遣工作经验丰富的监理工程师常驻施工现场，负责对安装工程全过程进

行见证、检查、监督，以确保设备安装质量。

f） 对设备安装和调试工作进行监督。如按相关标准、订货技术要求、调试大纲的要求进行设备安装和调试；监督重要设备的主要试验项目由具备相应资质和试验能力的单位进行试验；对安装和调试工作不符合监控自动化技术监督要求的问题，应要求立即整改，直至合格。

g） 调试工作结束后，对调试单位编制的调试报告进行监督，包含各调试项目开展情况、测试数据分析情况及调试结论。对不满足国家、行业相关技术指标的，应提出整改方案并监督实施。

h） 对技术监督服务单位在系统安装和调试过程中的工作开展情况进行监督。

5.3.2.2 技术资料交接。验收合格后，移交的技术资料包括（但不限于）：试验（调试）报告、安装施工图纸、使用说明书、出厂及投运检定证书、备品配件清单、验收单等，各类技术资料应归档保存。

5.3.3 生产运营阶段

计算机监控系统运行：

a） 监督系统巡检制度、巡检维护记录、巡检过程中发现的问题及缺陷处理情况。

b） 监督系统软件、数据定期备份管理制度、备份、存档记录情况。

c） 监督系统软件、数据修改制度，系统软件、数据修改记录情况。

d） 监督监控自动化系统和设备定值的定期复核。系统参数发生大的变化、主设备技术参数变更、运行控制方式变化、运行条件变化时，相应设备定值应对照国家、行业规程、标准、制度，设备运行参数进行重新整定并审批执行。

e） 对监控自动化系统及设备应急预案和故障恢复措施的制定进行监督，检查反事故演习情况，数据备份、病毒防范和安全防护工作落实情况。

6 监督评价与考核

6.1 评价内容

监控自动化技术监督评价内容分为监控自动化技术监督管理、技术监督实施两部分，总分为1000分，其中监督管理评价和考核部分包括7个大项24小项共400分，技术监督标准实施评价和考核部分包括3大项46个小项共600分；详见附录H。

6.2 评价标准

6.2.1 被评价的光伏发电站按得分率高低分为四个级别，即优秀、良好、合格、不符合。

6.2.2 得分率高于或等于 90%为“优秀”；80%～90%（不含 90%）为“良好”；70%～80%（不含 80%）为“合格”；低于 70%为“不符合”。

6.3 评价组织与考核

6.3.1 技术监督评价包括集团公司技术监督评价、属地电力技术监督服务单位技术监督评价、电站技术监督自我评价。

6.3.2 集团公司每年组织西安热工研究院和公司内部专家，对电站技术监督工作开展情况、设备状态进行评价，评价工作按照集团公司《电力技术监督管理办法》中附录 D 规定执行，分为现场评价和定期评价。

6.3.2.1 集团公司技术监督现场评价按照集团公司年度技术监督工作计划中所列的电站名单和时间安排进行。各电站在现场评价实施前应按监控自动化技术监督工作评价表进行自查，编写自查报告。西安热工研究院在现场评价结束后三周内，应按照集团公司《电力技术监督管理办法》中附录 D2 的格式要求完成评价报告，并将评价报告电子版报送集团公司安生部，同时发送产业公司、区域公司及光伏发电站。

6.3.2.2 集团公司技术监督定期评价按照集团公司《电力技术监督管理办法》及《监控自动化技术监督标准》要求和规定，对电站生产技术管理情况、设备障碍及非计划停运情况、监控自动化技术监督报告的内容符合性、准确性、及时性等进行评价，通过年度技术监督报告发布评价结果。

6.3.2.3 对严重违反技术监督制度、由于技术监督不当或监督项目缺失、降低监督标准而造成严重后果、对技术监督发现问题不进行整改的电站，予以通报并限期整改。

6.3.3 电站应督促属地技术监督服务单位依据技术监督服务合同的规定，提供技术支持和监督服务，依据相关监督标准定期对电站技术监督工作开展情况进行检查和评价分析，形成评价报告报送电站，电站应将报告归档管理，并落实问题整改。

6.3.4 电站应按照集团公司《电力技术监督管理办法》及《华能电厂安全生产管理体系要求》建立完善技术监督评价与考核管理标准，明确各项评价内容和考核标准。

6.3.5 电站应每年按监控自动化技术监督工作评价表，组织安排监控自动化监督工作开展情况的自我评价，并按集团公司《电力技术监督管理办法》中附录 D1 格式编写自查报告，根据评价情况对相关部门和责任人开展技术监督考核工作。

附 录 A
（资料性附录）
光伏发电站监控系统性能指标表

序号	被控参数或控制品质	要求指标	实际指标
监控系统	控制命令生成到输出	≤1s	
	测控装置模拟量响应时间（I/O 输入端到站控层）	≤2s	
	测控装置状态量响应时间（I/O 输入端到站控层）	≤3s	
	SOE 分辨率	光伏发电站间隔层装置≤2ms	
	调用新画面的响应时间	实时画面：≤1s 其他画面：≤2s	
	画面实时数据刷新时间	≤3s	
	控制操作正确率	≥99.99%	
	系统内主要设备运行寿命	≥10 年	
	双机系统年可用率	≥99.98%	
	MTBF	站控层：≥20 000h 间隔层：≥30 000h	
	CPU 负载率	系统正常，30min 内：≤30% 系统故障，10s 内：≤70%	
	网络负载率	系统正常，30min 内：≤20% 系统故障，10s 内：≤30%	
	对时精度	站控层：≤1s 间隔层保护设备：≤1ms	
	模拟量容量	≥8000 点	
	状态量容量	≥10 000 点	
	AGC 控制	满足调度规定	
	AVC 控制	满足调度规定	
	与上级调度联络控制	响应时间满足当地调度规定	
调度自动化系统	系统时间与标准时间差	≤1ms	
	遥测量	综合误差：≤±1.5%（额定值）	
		合格率：≥98%	
	遥信量	正确动作率（年）：≥99%	

表（续）

序号	被控参数或控制品质	要求指标	实际指标
调度自动化系统	遥信量	SOE 站间分辨率：≤10ms	
	远动系统	SOE 分辨率：≤2ms	
	遥控正确率	100%	
	遥调正确率	≥99.9%	
	遥测传送时间	≤4s	
	遥信变化传送时间	≤3s	
	遥控、遥调命令传送时间	≤4s	
	CPU 负载率	≤20%	电网正常运行时，任意 30min
		≤50%	系统事故下，10s 内
	网络负载率	≤10%	
	调度数据网络	传送速率：n×2M	
功率预测系统	预测系统月可用率	＞99%	
	预测误差	短期预测月均方根误差：＜0.15	
		短期预测月合格率：＞80%	
		4h 超短期月均方根误差：＜0.1	
		4h 超短期月合格率：＞85%	
	CPU 负荷率	任意 5min：＜30%	
		峰值负荷：＜50%	
	MTBF	≥30 000h	
	遥控正确率	100%	

附　录　B
（规范性附录）
技术监督不符合项通知单

编号（No）　　：××-××-××

发现部门（人）：　专业：　被通知部门、班组（人）：　签发：　日期：20××年××月××日

不符合项描述	1. 不符合项描述： 2. 不符合标准或规程条款说明：
整改措施	3. 整改措施： 制订人/日期：　　审核人/日期：
整改验收情况	4. 整改自查验收评价： 整改人/日期：　　自查验收人/日期：
复查验收评价	5. 复查验收评价： 复查验收人/日期：
改进建议	6. 对此类不符合项的改进建议： 建议提出人/日期：
不符合项关闭	整改人：　自查验收人：　复查验收人：　签发人：
编号说明	年份+专业代码+本专业不符合项顺序号

附　录　C
（规范性附录）
光伏发电站技术监督季报编写格式

××电站20××年×季度技术监督季报

编写人：×××　　固定电话/手机：××××××

审核人：×××

批准人：×××

上报时间：20××年××月××日

C.1　工作开展情况

C.1.1　工作计划完成情况

根据本年度技术监督具体的工作计划，将各专业要开展的工作分解到每季度，统计年初到季报填写日期工作计划的完成情况。对已开展的工作完成情况做扼要说明，未按要求完成的工作计划应说明原因。

C.1.2　日常工作开展情况

针对日常的技术监督工作，包括管理和专业技术方面，即人员与监督网的调整、制度的完善、台账的建立、学习与培训、全站设备状况开展的运行、维护、检修、消缺等工作的开展情况。

C.2　运行数据分析

针对电站的各个专业相关设备运行的数据进行填报，并作简要分析（各专业提电站能够统计且相对重要的指标数据，可附 Excel 表）。

C.2.1　绝缘监督

色谱分析数据、预试报告数据。

C.2.2　电测监督

电测仪表运行状况及异常数据。

C.2.3　继电保护监督

保护及故障录波异常启动，保护系统故障。

C.2.4　电能质量监督

并网点及各 35kV 母线电压谐波、三相不平衡度、电压波动及闪变运行状况及分析。

C.2.5　监控自动化监督

C.2.6　能效监督

本季度内，选择填报典型发电单元（逆变器为单位）的发电量，并对不同组件厂家典型发电单元发电量（注明组件制造商、类型、型号、安装时间、辐照量等信息）进行对比。

C.3　存在问题和处理措施

针对电站运行和日常技术监督工作中发现的问题及问题处理情况做详细说明。

C.4　需要解决的问题

C.4.1　绝缘监督

C.4.2　电测监督

C.4.3　继电保护监督

C.4.4　电能质量监督

C.4.5　监控自动化监督

C.4.6　能效监督

C.5　下季度工作计划及重点开展工作

C.6　问题整改完成情况

C.6.1　技术监督动态查评提出问题整改完成情况

截至本季度动态查评提出问题整改完成情况统计报表见表C.1。

表C.1　截至本季度动态查评提出问题整改完成情况统计报表

上次查评提出问题项目数 项			截至本季度问题整改完成统计结果			
重要问题项数	一般问题项数	问题项合计	重要问题完成项数	一般问题完成项数	完成项目数小计	整改完成率 %
问题整改完成说明						

表 C.1（续）

序号	问题描述	专业	问题性质	整改完成说明
1				
2				
3				
注：问题性质是指问题的重要性和一般性，可填写“重要”或“一般”				

C.6.2 上季度《技术监督季报告》提出问题整改完成情况

上季度《技术监督季报告》提出问题整改完成情况报表见表 C.2。

表 C.2 上季度《技术监督季报告》提出问题整改完成情况报表

上季度《技术监督季报告》提出问题项目数 项			截至本季度问题整改完成统计结果			
重要问题项数	一般问题项数	问题项合计	重要问题完成项数	一般问题完成项数	完成项目数小计	整改完成率 %

问题整改完成说明				
序号	问题描述	专业	问题性质	整改完成说明
1				
2				
3				
注：问题性质是指问题的重要性和一般性，可填写“重要”或“一般”				

C.7 附表

华能集团公司技术监督动态检查专业提出问题至本季度整改完成情况见表 C.3。华能集团公司《光伏发电技术监督报告》专业提出的存在问题至本季度整改完成情况见表 C.4。技术监督预警问题至本季度整改完成情况见表 C.5。

表 C.3 华能集团公司技术监督动态检查专业提出问题至本季度整改完成情况

序号	问题描述	问题性质	西安热工研究院提出的整改建议	发电站制定的整改措施和计划完成时间	目前整改状态或情况说明
注1：填报此表时需要注明集团公司技术监督动态检查的年度。 注2：如4年内开展了2次检查，应按此表分别填报。待年度检查问题全部整改完毕后，不再填报					

表 C.4　华能集团公司《光伏发电技术监督报告》专业提出的存在问题至本季度整改完成情况

序号	问题描述	问题性质	问题分析	解决问题的措施及建议	目前整改状态或情况说明
注：要注明提出问题的技术监督报告的出版年度和季度					

表 C.5　技术监督预警问题至本季度整改完成情况

预警通知单编号	预警类别	问题描述	西安热工研究院提出的整改建议	发电站制定的整改措施和计划完成时间	目前整改状态或情况说明

附 录 D
（规范性附录）
技术监督信息速报

<table>
<tr><td>单位名称</td><td colspan="4"></td></tr>
<tr><td>设备名称</td><td colspan="2"></td><td>事件发生时间</td><td></td></tr>
<tr><td>事件概况</td><td colspan="4">注：有照片时应附照片说明。</td></tr>
<tr><td>原因分析</td><td colspan="4"></td></tr>
<tr><td>已采取的措施</td><td colspan="4"></td></tr>
<tr><td>监督专责人签字</td><td></td><td>联系电话：
传　　真：</td><td colspan="2"></td></tr>
<tr><td>生产副厂长或总工程师签字</td><td></td><td>邮　　箱：</td><td colspan="2"></td></tr>
</table>

附　录　E
（规范性附录）
光伏发电站监控自动化技术监督预警项目

E.1　一级预警

无。

E.2　二级预警

a）在监控系统技术改造（或基建）、投产过程中，未按照监控系统技术规范书及 NB/T 32016—2013 等有关行业规程标准对系统进行测试验收。

b）计算机监控系统、调度自动化系统、通信设备重要功能故障未及时处理，影响安全生产。

c）经三级预警后，未按期完成整改任务。

d）计算机监控系统、调度自动化系统、通信系统重要功能发生连续性故障，未能彻底消除。

e）调度自动化系统与电网调度机构通信功能长时间失效不能投入。

E.3　三级预警

a）计算机监控系统重要检测测点，如有功功率、无功功率等，未配置或长时间不能投入或投入不正常。

b）计算机监控系统的主要控制功能如 AGC、AVC、顺序开、停机等，长时间不能投入或投用不正常。

c）系统配置不满足电力二次安全防护措施。

d）监督制度中要求的重要保护装置随意退出、停用。

e）监督制度中要求的重要保护装置虽经批准退出，但未在规定时间恢复并正常投入。

附　录　F

（规范性附录）

技术监督预警通知单

通知单编号：T-　　　　预警类别：　　　　日期：　　年　　月　　日

发电企业名称			
设备（系统）　名称及编号			
异常情况			
可能造成或已造成的后果			
整改建议			
整改时间要求			
提出单位		签发人	

注：通知单编号：T-预警类别编号-顺序号-年度。预警类别编号：一级预警为1，二级预警为2，三级预警为3。

附　录　G

（规范性附录）

技术监督预警验收单

验收单编号：Y-　　　　预警类别：　　　　日期：　　年　　月　　日

发电企业名称			
设备（系统）　名称及编号			
异常情况			
技术监督服务单位整改建议			
整改计划			
整改结果			
验收单位		验收人	

注：验收单编号：Y–预警类别编号–顺序号–年度。预警类别编号：一级预警为1，二级预警为2，三级预警为3。

附 录 H
（规范性附录）
光伏发电站监控自动化技术监督工作评价表

序号	评价项目	标准分	评价内容与要求	评分标准
1	监控自动化监督管理	400		
1.1	组织与职责	50	查看光伏发电站技术监督机构文件、上岗资格证	
1.1.1	监督组织健全	20	建立健全监督领导小组领导下的监控自动化监督网	（1）未建立监控自动化监督网络，扣20分。 （2）未落实监控自动化监督专责人或人员调动未及时变更，扣10分
1.1.2	职责明确并得到落实	15	专业岗位职责明确，落实到人	专业岗位设置不全或未落实到人，每一岗位扣5分
1.1.3	监控自动化专责持证上岗	15	厂级监控自动化监督专责人持有效上岗资格证	未取得资格证书或证书超期，扣15分
1.2	标准符合性	50	查看： （1）保存现行有效的国家、行业与监控自动化监督有关的技术标准、规范。 （2）监控自动化监督管理标准。 （3）企业技术标准	
1.2.1	监控自动化监督管理标准	20	（1）《监控自动化监督管理标准》编写的内容、格式应符合《华能电厂安全生产管理体系要求》和《华能电厂安全生产管理体系管理标准编制导则》的要求，并统一编号。 （2）《监控自动化监督管理标准》的内容应符合国家、行业法律、法规、标准和华能集团公司《电力技术监督管理办法》相关的要求，并符合光伏发电站实际	（1）不符合《华能电厂安全生产管理体系要求》和《华能电厂安全生产管理体系管理标准编制导则》的编制要求，扣10分。 （2）不符合国家、行业法律、法规、标准和华能集团公司《电力技术监督管理办法》相关的要求和光伏发电站实际，扣10分
1.2.2	国家、行业技术标准	10	保存的技术标准符合集团公司年初发布的监控自动化监督标准目录；及时收集新标准，并在厂内发布	（1）缺少标准或未更新，每个扣5分。 （2）标准未在厂内发布，扣10分
1.2.3	企业技术标准	20	企业制度和规程应符合国家和行业技术标准；符合本厂实际情况，并按时修订。 （1）主要制度：	（1）主要制度未制定一项扣5分。 （2）主要规程未制定一项扣5分。

表（续）

序号	评价项目	标准分	评价内容与要求	评分标准
1.2.3	企业技术标准	20	1）监控自动化系统运行维护管理制度。 2）监控自动化设备巡回检查制度。 3）设备缺陷管理制度。 4）机房安全管理制度。 5）密码权限使用和管理制度。 （2）主要规程： 1）监控自动化设备运行规程。 2）监控自动化设备检修规程	（3）制度内容建立不全或不符合要求，每项扣2分。 （4）规程内容建立不全或不符合要求每项扣1~5分，如性能指标、运行控制指标不符合要求，每项扣5分。 （5）企业标准未按时修编，每一个企业标准扣5分
1.3	监督计划	50	现场查看监督计划	
1.3.1	计划的制定	20	（1）计划制定时间、依据符合要求。 （2）计划内容应包括： 1）管理制度制定或修订计划。 2）培训计划（内部及外部培训、资格取证、规程宣贯等）。 3）检修中监控自动化监督项目计划。 4）动态检查提出问题整改计划。 5）监控自动化监督中发现重大问题整改计划。 6）仪器仪表送检计划。 7）技改中监控自动化监督项目计划。 8）定期工作（预试、工作会议等）计划	（1）计划制定时间、依据不符合，一个计划扣5分。 （2）计划内容不全，一个计划扣5～10分
1.3.2	计划的审批	15	符合工作流程：监控自动化监督专责人编制→主管主任审核→生产厂长审批→下发实施	审批工作流程缺少环节，一个扣5分
1.3.3	计划的上报	15	每年11月30日前上报产业、区域子公司，同时抄送西安热工研究院	计划上报不按时，扣15分
1.4	监督档案	50	现场查看监督档案、档案管理的记录	
1.4.1	监督档案清单	10	应建有监督档案资料清单。每类资料有编号、存放地点、保存期限	不符合要求，扣5分
1.4.2	报告和记录	20	健全监控自动化设备清册、技术档案及记录资料，做到档案管理规范化：	（1）缺失一项扣2分。 （2）报告记录内容不完整或有误，一项扣1分

表（续）

序号	评价项目	标准分	评价内容与要求	评分标准
1.4.2	报告和记录	20	（1）监控自动化设备出厂技术资料（包括说明书、出厂试验报告等）。 （2）监控自动设备投产资料(包括验收记录、调试试验报告、投产验收报告等)。 （3）设备原理图、安装接线图、电源系统图、安装竣工图等。 （4）软件、硬件设备配置清册。 （5）监控自动化设备检修、调整、定检、试验及定期切换记录及报告台账。 （6）设备巡回检查记录。 （7）蓄电池充放电记录。 （8）监控自动化事故管理报告和记录（设备非计划停运、障碍、事故统计记录，事故分析报告）。 （9）监控自动化设备技术改进报告及记录(包括技改可行性报告，技改图纸、资料、说明书，技改质量监督和验收报告)	（1）缺失一项扣2分。 （2）报告记录内容不完整或有误，一项扣1分
1.4.3	档案管理	20	（1）资料按规定储存，由专人管理。 （2）记录借阅应有借、还记录。 （3）有过期文件处置的记录	不符合要求，一项扣10分
1.5	评价与考核	60	查阅评价与考核记录	
1.5.1	动态检查前自我检查	15	自我检查评价切合实际	（1）没有自查报告扣10分。 （2）自我检查评价与动态检查评价的评分相差20分及以上，扣10分
1.5.2	定期监督工作评价	15	有监督工作评价记录	无工作评价记录，扣10分
1.5.3	定期监督工作会议	15	有监督工作会议纪要	（1）未召开技术监督工作会议，不得分。 （2）无工作会议纪要，扣10分
1.5.4	监督工作考核	15	有监督工作考核记录	发生监督不力事件而未考核，扣10分
1.6	工作报告制度执行情况	60	查阅检查之日前四个季度季报、检查速报事件及上报时间	

表（续）

序号	评价项目	标准分	评价内容与要求	评分标准
1.6.1	监督季报、年报	20	（1）每季度首月5日前，应将技术监督季报报送产业、区域子公司和西安热工研究院。 （2）格式和内容符合要求	（1）季报、年报上报迟报1天扣5分。 （2）格式不符合，一项扣5分。 （3）统计报表数据不准确，一项扣5分。 （4）检查发现的问题，未在季报中上报，每1个问题扣10分
1.6.2	技术监督速报	20	按规定格式和内容编写技术监督速报并及时上报	发现或者出现重大设备问题和异常及障碍未及时、真实、准确上报技术监督速报，每一项扣10分；上报速保事件描述不符合实际，一件扣10分
1.6.3	年度工作总结报告	20	（1）每年1月5日前组织完成上年度技术监督工作总结报告的编写工作，并将总结报告报送产业、区域子公司和西安热工研究院。 （2）格式和内容符合要求	（1）未按规定时间上报，扣10分。 （2）内容不全，扣10分
1.7	监督工作考核指标	80	查看仪器仪表校验报告；监督预警问题验收单；整改问题完成证明文件。现场查看，查看检修报告、缺陷记录	
1.7.1	监督预警、季报问题整改完成率	15	要求：100%	不符合要求，不得分
1.7.2	动态检查存在问题整改完成率	15	要求：从发电企业收到动态检查报告之日起：第1年整改完成率不低于85%；第2年整改完成率不低于95%	不符合要求，不得分
1.7.3	缺陷消除率	15	要求： （1）危急缺陷100%； （2）严重缺陷90%	不符合要求，不得分
1.7.4	间隔层设备合格率	15	要求：90%	不符合要求，不得分
1.7.5	监控系统可用率	20	要求：99%	不符合要求，不得分
2	监控自动化技术监督	600		
2.1	监控系统	300		
2.1.1	系统安全性	120		

表（续）

序号	评价项目	标准分	评价内容与要求	评分标准
2.1.1.1	电源设计	10	查看现场设备配置及试验记录。要求： （1）电源应设计应有可靠的后备手段，备用电源的切换时间应小于5ms，电源的切换时间应保证控制器不被初始化。 （2）当交流电源消失时，维持供电不小于2h	（1）没有后备电源不得分。 （2）备用电源切换时间不满足要求，扣5分。 （3）放电时间不满足要求，扣5分。 （4）未开展相应测试工作项，扣5分
2.1.1.2	操作权限	10	查阅现场规章制度及记录。要求：计算机监控系统、通信系统应针对不同职责的运行维护人员，设置有不同安全等级操作权限	（1）没有设置不得分。 （2）设置不合理扣5分
2.1.1.3	系统重要设备冗余、独立配置	10	查看现场设备及记录。要求：主计算机、通信网络等均应采用完全独立的冗余配置，并处于热备用状态，定期开展冗余切换试验	（1）不满足要求，一项扣5分。 （2）未开展切换试验，一项扣5分
2.1.1.4	软件防误操作闭锁功能	5	查看现场设备。要求：监控系统控制流程应具备闭锁功能，远方、就地操作均应具备防止误操作闭锁功能；被控设备标示清晰，设备操作画面醒目，设计有设备操作闭锁条件提示画面，有对所控逆变器和设备基本的防误操作闭锁功能	（1）无软件防误操作闭锁功能不得分。 （2）功能设置不合理扣2分
2.1.1.5	电气闭锁	5	查看现场设备。要求：计算机监控系统的远方、现地操作均应具备电气闭锁功能，且闭锁联动试验正确	（1）没有电气闭锁功能不得分。 （2）没有联动试验记录一项扣2分
2.1.1.6	安全校核功能	5	查看现场设备及技术资料。要求：自动发电控制（AGC）和自动电压控制（AVC） 子站应具有可靠的技术措施，对调度自动化主站下发的自动发电控制指令和自动电压控制指令进行安全校核，确保发电运行安全	（1）无安全校核功能不得分。 （2）校核功能未开展过测试每项扣2分
2.1.1.7	自诊断及自恢复功能	10	查看现场设备及记录。要求：系统应有完善的自诊断功能，及时发现自身故障，并指出故障部位。系统还应具备自恢复功能，即当监控系统出现程序死锁或失控时，能自动恢复到原来运行状态；对于冗余配置的设备，监控系统应能自动切换到备用设备运行	发现一项不符合要求扣1分

表（续）

序号	评价项目	标准分	评价内容与要求	评分标准
2.1.1.8	事故追忆	10	查看现场设备及记录。要求：系统应具有事故追忆的功能，对各种事故记录时间长度不少于180s。一般事故前60s，事故后120s，追忆记录采样速率为1次/s	事故追忆功能一项不符合要求扣2分
2.1.1.9	接地	10	查看现场设备。要求：计算机监控系统盘柜应设置工作地和保护地： （1）盘柜应设置工作地，即盘柜外，沿着盘柜布置方向敷设截面面积100mm²的专用铜排，将该铜排首末连接成环，形成等电位接地网，等电位接地网应经由至少4根截面面积不小于50mm²的多股铜导线接入光伏发电站的主接地网。监控系统盘柜内应设与柜体绝缘、截面面积不小于100mm²的接地铜排，并应经由截面面积不小于50mm²的铜排分别引至等电位接地网，盘柜内与接地网相连的各种功能地（工作地）应采用截面面积不小于4mm²的多股铜导线连接到柜内铜排。如果监控系统盘柜近旁设置有继电保护盘柜，则两者应共用合为一体的等电位接地网。 （2）盘柜应设置保护地，应当与光伏发电站的主接地网可靠连接，盘柜接地电阻值不应大于4Ω	不满足要求一项扣5分
2.1.1.10	运行环境	10	查看现场设备。要求：计算机室应保持室温18℃～25℃，湿度为45%～65%；现地控制单元的场地环境温度应保持为0℃～40℃，湿度为20%～90%	（1）没有温度、湿度记录，扣5分。 （2）不满足要求，一项扣2分
2.1.1.11	二次安全防护	20	查看现场设备、技术资料及记录。要求： （1）与非控制区（安全区Ⅱ）设备之间应采用具备访问控制功能的设备、防火墙或者相当功能的设施，实现逻辑隔离。 （2）与管理信息大区设备之间应采取接近于物理隔离强度的隔离措施。如以网络方式连接，则应设置经国家指定部门检测认证的电力专用横向单向安全隔离装置。	发现一项不符合要求，扣5分

表（续）

序号	评价项目	标准分	评价内容与要求	评分标准
2.1.1.11	二次安全防护	20	（3）生产控制大区的业务系统在与其终端的纵向连接中使用无线通信网、电力企业其他数据网（非电力调度数据网）或者外部公用数据网的虚拟专用网络方式等进行通信的，应当设立安全接入区。安全接入区与其他部分的连接处必须设置经国家制定部门监测认证的电力专用横向单向安全隔离装置。 （4）与电力调度数据网联网之前应配置经过国家指定部门检测认证的电力专用纵向加密认证装置或者加密认证网关及相应设施进行安全防护。 （5）同一套时钟同步系统接受和授时装置不应采用网络方式为不同安全大区的设备提供授时服务	发现一项不符合要求，扣5分
2.1.1.12	防病毒保护措施	10	查看现场设备及记录。要求：必须建立有针对性的系统防病毒保护措施，并定期对防护设备进行系统升级	（1）没有措施不得分。 （2）有措施未定期开展防护设备升级工作的扣2分
2.1.1.13	应急预案和故障恢复措施	10	查阅现场技术资料及记录。要求：制订监控系统应急预案和故障恢复措施，并定期进行反事故演习	（1）没有应急预案或措施不得分。 （2）无定期反事故演习记录，扣2分
2.1.2	程序控制与调节功能	50		
2.1.2.1	控制功能	20	查看现场设备、技术资料及记录。要求：启停程控、开关操作控制流程；调节功能包括：自动有、无功调节、电压以及设备操作权、控制权切换；系统设计功能全部实现	（1）一项功能没能实现扣5分。 （2）自动控制系统投入率每降低一个百分点扣1分
2.1.2.2	自动发电控制（AGC）	15	查看现场设备、技术资料及记录。要求：具备自动发电控制AGC或有功功率联合控制功能，能按负荷曲线、功率定值、系统频率方式自动调节功率。AGC功能的调节范围、响应速度、调节精度及投运率等参数、指标应满足电力行业相关规程及当地电网调度机构的技术要求	（1）AGC功能设置不全每项扣2分。 （2）指标参数不合格一项扣2分。 （3）没有开展AGC功能测试试验不得分

表（续）

序号	评价项目	标准分	评价内容与要求	评分标准
2.1.2.3	自动电压控制（AVC）	15	查看现场设备、技术资料及记录。要求：具备自动电压控制 AVC 或无功功率联合控制功能，AVC 功能的调节范围、响应速度、调节精度及投运率等参数、指标应满足电力行业相关规程及当地电网调度机构的技术要求	（1）AVC 功能设置不全每项扣 2 分。 （2）指标参数不合格一项扣 2 分。 （3）没有开展 AVC 功能测试试验不得分
2.1.3	监视功能	40		
2.1.3.1	越、复限报警	10	查看现场记录。要求：各越、复限报警功能正常，变、复位功能正常，历史记录数据功能正常	（1）检测功能不正常扣 2 分。 （2）报警及历史记录不正确扣 1 分
2.1.3.2	数据采集测点	10	查看现场设备、记录。要求：监控系统数据采集测点投入率应不小于 99%，合格率不小于 98%，主要检测参数合格率 100%	投入率和合格率每降低 1%扣 2 分
2.1.3.3	主要检测参数	10	查看现场设备及记录。要求：主要检测参数数据显示正确，历史记录数据正确	（1）主要检测参数数据显示不正确，每发现一条扣 2 分。 （2）报警及历史记录不正确扣 2 分
2.1.3.4	数字量显示	10	查看现场记录。要求：数字量显示正确，状变量、故障、事故记录一览表显示正常，历史记录正确；事故、故障信号语音报警、移动电话文字报警功能正常	（1）数字量显示功能不正常扣 2 分。 （2）各一览表显示及历史记录不正确扣 2 分。 （3）报警功能缺失一项扣 1 分
2.1.4	间隔层要求功能	30		
2.1.4.1	人机接口设备要求	15	查看现场设备。要求：逆变器设备应有人机接口设备，在其上可以进行现场控制操作，还能显示相应的操作画面、操作提示、相关数据及事故、故障指示信号	不符合要求每项扣 2 分
2.1.4.2	误操作闭锁功能	15	查看现场设备、技术资料及记录。要求：对任何现地的自动或手动操作应设计有误操作闭锁功能，误操作能被自动禁止并报警，各现地控制单元人机接口应设置不同密码	不符合要求每项扣 2 分
2.1.5	性能测试	30		
2.1.5.1	绝缘电阻测试	10	查看现场记录。要求： （1）计算机监控系统交流回路外部端子对地的绝缘电阻应不小于 10MΩ；不接地直流回路对地的绝缘电阻应不小于 1MΩ。 （2）应定期开展绝缘电阻测试	（1）未开展定期测试不得分。 （2）测试一项不合格扣 2 分

表（续）

序号	评价项目	标准分	评价内容与要求	评分标准
2.1.5.2	接地电阻测试	10	查看现场记录。要求：定期对计算机监控系统开展接地电阻测试，接地电阻应不大于1Ω	（1）未开展定期测试不得分。 （2）测试一项不合格扣2分
2.1.5.3	冗余切换测试	10	查看现场记录。要求：应定期进行服务器、电源等设备的切换测试	（1）未开展定期测试不得分。 （2）切换测试不合格一项扣2分
2.1.6	光缆、电缆屏蔽	10	查看现场设备。要求：开关量输入应采用总屏蔽电缆，屏蔽层应在现地控制单元侧一点接地；模拟量输入应采用对绞屏蔽加总屏蔽电缆，屏蔽层应在计算机侧接地，对绞的组合应是同一设备的两条信号线；测温电阻采用三线制接线时，应采用三绞分屏蔽加总屏蔽电缆，绞合的三条芯线应是连接同一测温电阻的三根导体；用于通信的屏蔽电缆屏蔽层应在现地控制单元侧一点接地；电缆和光缆应为阻燃型，宜采用铠装、护套或其他预防机械损伤和虫鼠害的措施；不同电压等级、不同电源类型的回路不能在同一根电缆内	不满足要求，一项扣1分
2.1.7	巡检和记录	10	查看巡检记录。要求： （1）运行巡检； （2）专业巡检； （3）特殊巡检的巡视周期和项目符合规定	（1）未按要求开展巡检一次，扣1分。 （2）巡检记录不全，扣2分。 （3）巡检项目不符合规定，扣3分
2.1.8	检修过程监督	10	查看检修文件卡记录。要求： （1）按期检修； （2）项目齐全； （3）检修试验合格； （4）检修记录、检修报告完整	不满足要求一项扣2分
2.2	调度自动化系统及通信系统	200		
2.2.1	调度自动化系统主要运行指标	15	查看现场设备及记录。要求：管辖范围内自动化系统及设备主要运行指标应达到： （1）远动（数据采集） 装置月可用率不小于99%。	上述指标，每项每降低1%扣2分，直至扣完

表（续）

序号	评价项目	标准分	评价内容与要求	评分标准
2.2.1	调度自动化系统主要运行指标	15	（2）事故时遥信年动作正确率99%。 （3）遥测月合格率不小于98%	上述指标，每项每降低1%扣2分，直至扣完
2.2.2	远动信息	15	查看现场设备及记录。要求：远动系统信息采集符合直调直采、直采直送，且上送调度机构远动信息满足当地调度机构要求；上传调度主站的每路测量数据，其电压、电流量测量精度应不低于0.2级，其功率量测量精度应不低于0.5级	不符合一项扣2分
2.2.3	系统维护	15	查看现场记录。要求：系统维护、数据库调整或设备变更等可能影响上级调度机构实时信息，事前未通知中调；未经上级调度同意影响上级调度实时信息的系统停运、更新、改造和设备检修	发生1次扣2分
2.2.4	参数修改	15	查看现场记录。要求：调度自动化系统的参数设置、限值整定、程序修改等工作，必须有技术审批通知单，由维护人员持工作票进行	（1）无审批单扣5分。 （2）修改工作未履行手续扣5分
2.2.5	远动系统安全防护	10	查看现场设备、技术资料。要求：远动系统与电力调度数据网之前应配置经过国家指定部门检测认证的电力专用纵向加密认证装置或者加密认证网关及相应设施进行安全防护	（1）与上级调度机构未配置纵向加密认证装置扣2分。 （2）远动系统主机无安全防护措施，一台主机扣1分
2.2.6	防误操作功能	10	查看现场设技术资料及记录。要求：调度自动化系统应有防误操作功能	（1）无防误操作功能不得分。 （2）防误操作功能不全扣2分
2.2.7	通信指标	15	查看现场设备及记录。通信指标达到以下要求： （1）通信设备月运行率达到：交换机不小于99.85%；通信设备供电可用率100%；通信电源冗余配置。	（1）无技术指标记录一项扣2分。 （2）技术指标每减低1%扣2分

表（续）

序号	评价项目	标准分	评价内容与要求	评分标准
2.2.7	通信指标	15	（2）数据通信系统月可用率不小于96%。单机系统年可用率不小于96%；双机系统年可用率不小于99.9%	（1）无技术指标记录一项扣2分。 （2）技术指标每减低1%扣2分
2.2.8	通信终端安全防护	10	查看现场设备及记录。要求：通信系统的计算机和维护终端为专用设备，应有专人负责管理，并分级设置密码和权限，应严禁无关人员操作网管系统	（1）计算机及终端无密码，一台扣1分。 （2）网管系统未采取措施防止无关人员操作，扣2分
2.2.9	与调度端通信通道设置	10	查看现场设备、技术资料及记录。要求：调度端与远动端的通信应具有两路及以上不同路由的独立通信通道（主/备双通道），宜采用网络和专线相结合的方式，以网络方式为主、专线方式为辅；当数据网络不能到达时，应设置两路独立的专线远动通道；网络通道应满足至少两个不同方向接入调度数据网	（1）由于光伏发电站原因不满足通道冗余配置要求扣5分。 （2）网络通道同向接入调度数据网扣2分
2.2.10	定期备份	10	查看现场设备记录。要求：调度交换机及网管系统运行数据应定期进行备份	（1）无备份扣5分。 （2）未按规定的周期进行备份一次扣2分
2.2.11	光缆引入与敷设	10	查看现场设备。要求： （1）架空地线复合光缆、全介质自承式光缆（ADSS）等光缆在进站门型架处的引入光缆必须悬挂醒目光缆标示牌，同时应采取防止踩踏从门型架落地光缆的措施，避免造成光缆损伤。 （2）应防止引入缆封堵不严或接续盒安装不正确造成管内或盒内进水结冰导致光纤受力引起断纤故障的发生。 （3）通信光缆或信号电缆敷设应与一次动力电缆隔离。 （4）通信光缆或电缆应采用不同路径的电缆沟（竖井）进入监控机房和主控室；远程控制柜与主系统的两路通信电（光）缆要分层敷设；盘、台、柜底地板光缆或电缆孔洞应采用松软的耐火材料进行严密封堵	（1）未在引入光纤处挂标示牌，一处扣1分。 （2）未采取防踩踏光缆的措施，一处扣2分。 （3）引入缆处无防止断纤措施扣2分。 （4）通信光缆或信号电缆敷设未与一次动力电力隔离扣3分。 （5）通信光缆或电缆采用同路径进入监控机房和主控室扣2分。 （6）主系统的两路通信电（光）缆未分层敷设，扣2分。 （7）通信光缆或电缆孔洞未封堵一处扣2分

表（续）

序号	评价项目	标准分	评价内容与要求	评分标准
2.2.12	电源配置	10	查看现场设备及记录。要求：通信系统必须设置冗余配置独立、可靠的专用供电电源；交流外供电源失电后维持供电不小于2h；每台不间断电源容量应按另一台不间断电源故障情况下能同时承载所有负荷的要求的设计，并留有裕量；交流电厂不可靠的通信站除应增加蓄电池容量外，还应配备其他备用电源；通信网络设备应采用独立的自动空气开关供电，禁止多台设备共用一个分路开关，各级开关保护范围应逐级配合	不符合一项扣2分
2.2.13	通信机房	10	查看现场、记录。要求： （1）通信机房环境满足要求。 （2）通信机房动力环境和无人值班机房内主要设备的告警信号应接到有人值班的地方或接入通信综合监测系统。 （3）有可靠地工作照明及事故照明	（1）通信机房环境不满足规程规范要求，扣3分。 （2）通信机房动力环境和无人值班机房内一项主要设备的告警信号未接到有人值班室或综合监测系统，扣2分。 （3）无事故照明，扣2分
2.2.14	巡检和记录	15	查看巡检记录。要求： （1）运行巡检； （2）专业巡检； （3）特殊巡检的巡视周期和项目符合规定	（1）未按要求开展巡检一次，扣1分。 （2）巡检记录不全，扣2分。 （3）巡检项目不符合规定，扣3分
2.2.15	检修过程监督	15	查看检修文件卡记录。要求： （1）按期检修； （2）项目齐全； （3）检修试验合格； （4）检修记录、检修报告完整； （5）存在的检修遗留问题应制定整改计划，并实施	不满足要求一项扣2分
2.2.16	时钟同步系统	15	查看现场设备及记录。要求：配置时钟同步接受和授时装置，与协调世界时（UTC）时钟同步准确度应不大于1μs，并实现全厂具有对时接口控制设备统一对时。对时钟同步系统准确度应进行定期测试	（1）未配置GPS时钟，扣2分。 （2）GPS对时同步性、守时性不满足要求，扣2分

表（续）

序号	评价项目	标准分	评价内容与要求	评分标准
2.3	功率预测系统	100		
2.3.1	功率预测系统功能	50	（1）装机容量10MW及以上的光伏发电站应配置光伏发电功率预测系统，系统具有0h～72h短期光伏发电预测以及15min～4h超短期光伏发电功率预测功能； （2）光伏发电站每15min自动向电网调度机构滚动上报未来15min～4h的光伏发电站发电功率预测曲线，预测值的时间分辨率为15min； （3）光伏发电站每天按照电网调度机构规定的时间上报次日0时～24时光伏发电站发电功率预测曲线，预测值的时间分辨率为15min	（1）未按要求安装光功率预测系统，不得分。 （2）光功率预测系统不具备实际光功率测量功能，扣20分。 （3）不能按要求进行功率预测和上报的，扣20分
2.3.2	功率预测系统性能	50	光伏发电站发电时段（不含处理受控时段）的短期预测月平均绝对误差应小于0.15，月合格率应大于80%；超短期预测的4h月平均绝对误差应小于0.10，月合格率应大于85%	任一项不合格，扣10分

Q/HN-1-0000.08.063—2016

技术标准篇

光伏发电站能效监督标准

2016－09－14 发布
2016－09－14 实施

目　次

前　言

为加强中国华能集团公司光伏发电站技术监督管理，保证发电站能效监督设备的经济运行，特制定本标准。本标准依据国家和行业有关标准、规程和规范，以及中国华能集团公司光伏发电站的管理要求，结合国内外光伏发电的新技术、监督经验制定。

本标准是中国华能集团公司所属光伏发电站能效技术监督工作的主要技术依据，是强制性企业标准。

本标准由中国华能集团公司安全监督与生产部提出。

本标准由中国华能集团公司安全监督与生产部归口并解释。

本标准起草单位：西安热工研究院有限公司、华能青海发电有限公司、华能新疆能源开发有限公司。

本标准主要起草人：汪俊波、王靖程、马晋辉、陈仓、牛瑞杰、姚玲玲、邓安洲、杜洪杰。

本标准审核单位：中国华能集团公司、华能青海发电有限公司、华能新疆能源开发有限公司、西安热工研究院有限公司。

本标准主要审核人：赵贺、罗发青、杜灿勋、蒋宝平、申一洲、都劲松、陈仓、刘祥、陈沫。

本标准审定单位：中国华能集团公司技术工作管理委员会。

本标准批准人：叶向东。

光伏发电站能效监督标准

1 范围

本标准规定了中国华能集团公司（以下简称“集团公司”）所属并网光伏发电站能效监督的基本原则、监督范围、监督内容和相关的技术管理要求。

本标准适用于集团公司并网光伏发电站的能效技术监督工作，其他类型光伏发电站（项目）可参照执行。

2 规范性引用文件

下列文件对于本文件的应用是必不可少的。凡是注日期的引用文件，仅注日期的版本适用于本文件。凡是不注日期的引用文件，其最新版本（包括所有的修改单）适用于本文件。

GB/T 6422 用能设备能量测试导则

GB/T 6495.4 晶体硅光伏器件的 I-V 实测特性的温度和辐照度修正方法

GB/T 9535 地面用晶体硅光伏组件设计鉴定和定型

GB 15316 节能监测技术通则

GB/T 15587 工业企业能源管理导则

GB 17167 用能单位能源计量器具配备和管理通则

GB/T 18210 晶体硅光伏（PV）方阵 I-V 特性的现场测量

GB/T 18479 地面用光伏（PV）发电系统概述和导则

GB/T 18911 地面用薄膜光伏组件设计鉴定和定型

GB/T 18912 光伏组件盐雾腐蚀试验

GB/T 19394 光伏（PV）组件紫外试验

GB/T 20047.1 光伏（PV）组件安全鉴定 第 1 部分：结构要求

GB/T 20513 光伏系统性能监测测量、数据交换和分析导则

GB/T 20514 光伏系统功率调节器效率测量程序

GB/T 28557 电力企业节能降耗主要指标的监管评价

GB/T 29319 光伏发电系统接入配电网技术规定

GB/T 29320 光伏电站太阳跟踪系统技术要求

GB/T 30427 并网光伏发电专用逆变器技术要求和试验方法

GB 50017 钢结构设计规范

GB/T 50063 电力装置的电测量仪表装置设计规范

GB 50168 电缆线路施工及验收规范

GB 50205 钢结构工程施工质量验收规范

GB 50794 光伏发电站施工规范

GB 50797 光伏发电站设计规范

GB/T 50866　光伏发电站接入电力系统设计规范
DL/T 586　电力设备用户监造技术导则
NB/T 32004　光伏发电并网逆变器技术规范
NB/T 32011　光伏发电站功率预测系统技术要求
QX/T 55　地面气象观测规范
QX/T 89　太阳能资源评估方法
CNCA/CTS 0001　光伏汇流设备技术规范

3　总则

3.1　能效监督是保证光伏发电站能效相关设备稳定、经济运行的重要基础工作，应坚持“安全第一、预防为主”的方针，实行全过程监督。

3.2　能效监督的目的是贯彻国家、行业有关能效技术监督的标准、规程、条例，建立健全以质量为中心、以标准为依据、以计量为手段的能效技术监督体系，实行技术责任制，使光伏发电单元达到最佳水平，保证能效监督工作持续、高效、健康的发展。

3.3　本标准规定了光伏发电站在设计选型、安装调试、运行维护等阶段的技术监督要求，以及能效监督管理要求、评价与考核标准，它是光伏发电站能效监督工作的基础，也是建立能效技术监督体系的依据。

3.4　电站应按照集团公司《华能电厂安全生产管理体系要求》《电力技术监督管理办法》中有关技术监督管理和本标准的要求，结合本站的实际情况，制定电站能效监督管理标准；依据国家和行业有关标准和规范，编制、执行运行规程、检修规程和检修维护作业指导书等相关支持性文件；以科学、规范的监督管理，保证能效监督工作目标的实现和持续改进。

3.5　能效监督的范围包括：光伏发电单元（光伏组件、直流柜、逆变器、汇流箱、跟踪系统、支架）、光功率预测系统、光伏发电单元效率、电站用电、指标统计等方面。

3.6　从事能效监督的人员，应熟悉和掌握本标准及相关标准和规程中的规定。

4　监督技术标准

4.1　设计阶段

4.1.1　总体要求

4.1.1.1　光伏发电单元的设计、选型应符合 GB/T 29320、GB 50797、NB/T 32004 的相关要求。

4.1.1.2　光伏发电单元的设计应综合考虑日照、土地与建筑条件、安装与运输条件等因素，并满足安全可靠、经济适用、便于安装和维护的要求。

4.1.1.3　光伏发电单元的设计在满足安全性与可靠性的同时，应优先采用新技术、新工艺、新设备、新材料。

4.1.1.4　大、中型光伏发电站（容量在 1MW 以上）内宜装设太阳能辐射现场观测装置。

4.1.1.5　电站发电量预测应根据站址所在地的太阳能资源情况，并考虑光伏发电站系统设计、光伏方阵布置和环境条件等各种因素后计算确定。

4.1.2 太阳能资源的分析

4.1.2.1 数据采集要求

4.1.2.1.1 参考气象站应具有连续 10 年以上的太阳辐射长期观测记录。

4.1.2.1.2 参考气象站所在地与光伏发电站站址所在地的气候特征、地理特征应基本一致。

4.1.2.1.3 参考气象站的辐射观测资料与光伏发电站站址现场太阳辐射观测装置的同期辐射观测资料应具有较好的相关性。

4.1.2.1.4 采集信息应包括以下内容：

a）气象站长期观测记录所采用的标准、辐射仪器型号、安装位置、高程、周边环境状况，以及建站以来的站址迁移、辐射设备维护记录、周边环境变动等基本情况和时间。

b）最近连续 10 年以上的逐年各月的总辐射量、直接辐射量、散射辐射量、日照时数的观测记录，且与站址现场观测站同期至少一个完整年、逐小时地观测记录。

c）最近连续 10 年的逐年各月最大辐照度的平均值。

d）近 30 年来的月平均气温、极端最高气温、极端最低气温、昼间最高气温、昼间最低气温。

e）近 30 年来的平均风速、多年极大风速及发生时间、主导风向，多年最大冻土深度和积雪厚度，多年年平均降水量和蒸发量。

f）近 30 年来的连续阴雨天数、雷暴日数、冰雹次数、沙尘暴次数、强风次数等灾害性天气情况。

4.1.2.2 数据验证与分析

4.1.2.2.1 应对太阳辐射观测数据的完整性、合理性进行检验，并对缺测和不合理的数据进行补充和修正。

4.1.2.2.2 太阳能资源分析应满足 QX/T 89 以及设计文件的要求。

4.1.2.2.3 当光伏方阵采用固定倾角、斜单轴、平单轴、斜面垂直单轴或双轴跟踪布置时，应依据电站使用年限内的平均年总辐射量预测值进行固定倾角、斜单轴、平单轴、斜面垂直单轴或双轴跟踪受光面上的平均年总辐射量预测。

4.1.3 光伏发电单元及设备

4.1.3.1 光伏组件

4.1.3.1.1 光伏组件的性能应满足 GB/T 9535、GB/T 18911 的相关要求。

4.1.3.1.2 光伏组件选型应考虑组件类型、峰值功率、转换效率、最大功率电流、温度系数、组件尺寸和重量、功率辐照度特性等技术条件，根据太阳辐射量、气候特征、场地面积等因素，经技术经济比较确定。

4.1.3.1.3 光伏组件应按太阳辐照度、工作温度等使用环境条件进行性能参数校验。

4.1.3.2 支架

4.1.3.2.1 光伏支架应结合工程实际选用材料、设计结构方案和构造措施，保证支架结构在运输、安装和使用过程中满足强度、稳定性和刚度要求，并符合抗震、抗风和防腐等要求。

4.1.3.2.2 采用钢材的光伏支架，材料的选用和支架的设计应符合 GB 50017 的规定。

4.1.3.2.3 固定式支架最佳倾角和间距应根据太阳能资源分析结果确定。

4.1.3.2.4 跟踪系统支架应考虑防风、防沙、防腐等要求，根据不同地区特点采取相应的防护措施。

4.1.3.3 汇流箱

4.1.3.3.1 汇流箱的性能应满足 CNCA/CTS 0001 的相关要求。

4.1.3.3.2 汇流箱选型应考虑型式、绝缘水平、电压、温升、防护等级、输入/输出回路数、输入/输出额定电流等技术条件。

4.1.3.3.3 汇流箱应按环境温度、相对湿度、海拔高度、污秽等级、地震烈度等使用环境条件进行性能参数校验。

4.1.3.3.4 汇流箱应具有防雷、防逆流、过流、输出回路隔离等保护。

4.1.3.3.5 室外汇流箱应有防腐、防锈、防暴晒等措施，防护等级不低于 IP54；室内防护等级不低于 IP20。

4.1.3.4 逆变器

4.1.3.4.1 并网光伏发电系统的逆变器（以下简称“逆变器”）性能应符合 GB/T 30427、NB/T 32004 以及接入公用电网的相关技术要求和规定。

4.1.3.4.2 逆变器选型应考虑型式、容量、相数、频率、冷却方式、功率因数、过载能力、温升、效率、输入/输出电压、最大功率点跟踪（Maximum Power Point Tracking，MPPT）、保护和监测功能、通信接口、防护等级等技术条件。

4.1.3.4.3 逆变器应按环境温度、相对湿度、海拔高度、地震烈度、污秽等级等使用环境条件进行校验。

4.1.3.4.4 湿热带、工业污秽严重和沿海滩涂地区使用的逆变器，应考虑潮湿、污秽及盐雾的影响。

4.1.3.4.5 海拔高度在 1000m 以上高原地区使用的逆变器，应考虑电流容量的修正；海拔高度在 2000m 及以上高原地区使用的逆变器，应选用高原型产品或采取降容使用措施。

4.1.3.5 跟踪系统

4.1.3.5.1 跟踪系统的性能应满足 GB/T 29320、GB 50797 的技术要求。

4.1.3.5.2 跟踪系统的选型应结合安装地点的环境情况、气候特征等因素，经技术经济比较后确定。水平单轴跟踪系统宜安装在低纬度地区；倾斜单轴和斜面垂直单轴跟踪系统宜安装在中、高纬度地区；双轴跟踪系统宜安装在中、高纬度地区；容易对传感器产生污染的地区不宜选用被动控制方式的跟踪系统。

4.1.3.5.3 跟踪系统的运行过程中，光伏方阵组件串最下端与地面的距离不宜小于 300mm。

4.1.3.5.4 宜具备在紧急状态下通过远程控制将跟踪系统的角度调整至受风最小位置的功能。

4.1.3.5.5 单轴跟踪系统跟踪精度不应低于±5°，双轴跟踪系统跟踪精度不应低于±2°。

4.1.3.6 光功率预测系统

光功率预测系统的预测数据、软件、硬件、性能指标应满足NB/T 32011的技术要求。

4.2 安装调试阶段

光伏发电单元的施工、安装及调试应按照GB/T 30427、GB 50204、GB 50794、设计文件及合同文件的要求进行。

4.2.1 支架基础及安装

4.2.1.1 混凝土基础施工要求

4.2.1.1.1 在混凝土浇筑前应先进行基槽验收，轴线、基坑尺寸、基底标高应符合设计要求。基坑内浮土、杂物应清除干净。
4.2.1.1.2 基础拆模后，应对外观质量和尺寸偏差进行检查，并及时对缺陷进行处理。
4.2.1.1.3 外露的金属预埋件应进行防腐处理。
4.2.1.1.4 在同一支架基础混凝土上浇筑时，宜一次浇筑完成，混凝土浇筑间歇时间不应超过混凝土初凝时间，超过混凝土初凝时间应做施工缝处理。
4.2.1.1.5 混凝土浇筑完毕后，应及时采取有效的养护措施。
4.2.1.1.6 支架基础在安装支架前，混凝土养护应达到70%强度。
4.2.1.1.7 支架基础的混凝土施工应根据与施工方式相一致的且便于控制施工质量的原则，按工作班次及施工段划分为若干检验批。
4.2.1.1.8 预制混凝土基础不应有影响结构性能、使用功能的尺寸偏差，对超过尺寸允许偏差且影响结构性能、使用功能的部位，应按技术处理方案进行处理，并重新检查验收。

4.2.1.2 桩式基础施工要求

4.2.1.2.1 压（打、旋）式桩在进场后和施工前应进行外观及桩体质量检查。
4.2.1.2.2 成桩设备的就位应稳固，设备在成桩过程中不应出现倾斜和偏移。
4.2.1.2.3 压桩过程中应检查压力、桩垂直度及压入深度。
4.2.1.2.4 压（打、旋）入桩施工过程中，桩身应保持竖直，不应偏心加载。
4.2.1.2.5 灌注桩成孔钻具上应设置控制深度的标尺，并应在施工中进行观测记录。
4.2.1.2.6 灌注桩施工中应对成孔、清渣、放置钢筋笼、灌注混凝土（水泥浆）等进行全过程检查。
4.2.1.2.7 灌注桩成孔质量检查合格后，应尽快灌注混凝土（水泥浆）。
4.2.1.2.8 采用桩式支架基础的强度和承载力检测，宜按照控制施工质量的原则，分区域进行抽检。

4.2.1.3 基础尺寸允许偏差

混凝土独立基础、条形基础、桩式基础以及支架基础预埋螺栓的尺寸允许偏差应符合GB 50794的相关要求。

4.2.1.4 固定式支架安装

4.2.1.4.1 采用型钢结构的支架，其紧固度应符合设计图纸要求及 GB 50205 的相关规定。
4.2.1.4.2 支架安装的允许偏差应符合以下要求：倾斜角度偏差不应大于±1°，中心线偏差不应大于±2mm，同组梁标高偏差不应大于±3mm，同组立柱面偏差不应大于±3mm。

4.2.1.5 跟踪式支架安装

4.2.1.5.1 跟踪式支架安装的允许偏差应符合设计文件、GB 50794 的规定。
4.2.1.5.2 跟踪式支架电动机的安装应牢固、可靠，传动部分应动作灵活。

4.2.2 光伏组件的安装与调试

4.2.2.1 到场的光伏组件应外观良好、有厂家提供的性能测试相关报告和检验合格证。
4.2.2.2 组件在运输、搬运过程中，应采取相应的防振动措施，避免组件发生隐裂。
4.2.2.3 光伏组件应按照设计图纸的型号、规格进行安装，同一组串中的组件应为相同的规格。
4.2.2.4 光伏组件固定螺栓的力矩值应符合产品或设计文件的规定。
4.2.2.5 组件安装的允许偏差应符合设计文件、GB 50794 的规定；倾斜角度偏差应不大于±1°，相邻光伏组件间的边缘高差应不大于±2mm，同组光伏组件间的边缘高差应不大于±5mm。
4.2.2.6 光伏组件连接数量和路径应符合设计要求，插件连接牢固，同一光伏组件或组串的正负极不应短接。
4.2.2.7 安装过程中严禁触摸光伏组件串的金属带电部位，严禁在雨中进行光伏组件的连线工作。
4.2.2.8 组串测试应具备下列条件：

a）所有光伏组件应按照设计文件要求的数量和型号组串并接引完毕。
b）汇流箱、逆变器内各回路电缆应接引完毕，且标示应清晰、准确。
c）汇流箱内的熔断器、逆变器直流开关应在断开位置。
d）汇流箱及内部防雷模块接地应牢固、可靠，且导通良好。
e）辐照度宜在高于或等于 700W/m^2 的条件下测试。

4.2.2.9 组串检测应符合下列要求：

a）汇流箱内测试光伏组件串的极性应正确。
b）相同测试条件下的相同光伏组件串之间的开路电压偏差不应大于 2%，但最大偏差不应超过 5V。
c）在发电情况下应使用钳形万用表对接入逆变器的光伏组件串的电流进行检测。相同测试条件下且辐照度不应低于 700W/m^2 时，相同光伏组件串之间的电流偏差不应大于 5%。
d）光伏组件串电缆温度应无超常温等异常情况。
e）光伏组件串测试完成后，应按照本规范附录 A 的格式填写记录。

4.2.2.10 性能测试。

4.2.2.10.1 光伏组件在质保期内应开展相应的性能测试，验证相关的技术参数是否满足厂家设计要求。

4.2.2.10.2　电站应根据实际情况，与组件厂家协商确定抽检比例；抽检的数量应能反映该批次组件的性能指标。

4.2.3　汇流箱的安装与测试

4.2.3.1　安装位置应符合设计要求，支架和固定螺栓应为防锈件。

4.2.3.2　汇流箱安装的垂直偏差应小于±1.5mm。

4.2.3.3　汇流箱安装前应确认箱内开关、熔断器处于断开状态；直流汇流箱内光伏组件串的电缆接引前，必须确认光伏组件侧和逆变器侧均有明显断开点。交流汇流箱的电缆在接引前，必须确认逆变器在关机状态，箱式变电站侧有明显断开点。

4.2.3.4　汇流箱内的电缆应连接可靠，极性正确，密封良好。

4.2.4　逆变器的安装与调试

4.2.4.1　逆变器安装允许偏差、安装方向应满足 GB 50794、设计文件的要求和规定。

4.2.4.2　采用基础型钢固定的逆变器，安装后的基础钢宜高出抹平地面 10mm，基础性钢应有明显的可靠接地。

4.2.4.3　逆变器交流侧和直流侧电缆接线前应检查电缆绝缘，校对电缆相序和极性。

4.2.4.4　逆变器直流侧电缆接线前必须确认汇流箱侧有明显断开点。

4.2.4.5　组串式逆变器应对输入线路进行编号。

4.2.4.6　挂墙或挂支架的组串式逆变器，安装应符合厂家的安装指导技术要求。

4.2.4.7　调试应符合下列要求：

a）逆变器控制回路带电时，工作状态指示灯、人机界面屏幕显示应正常；人机界面上各参数设置应正确；散热装置工作应正常。

b）逆变器直流侧带电而交流侧不带电时，测量直流侧电压值和人机界面显示值之间偏差应在允许范围内；检查人机界面显示直流侧对地阻抗值应符合要求。

c）逆变器直流侧带电、交流侧带电，具备并网条件时，应进行下列工作：测量交流侧电压值和人机界面显示值之间偏差应在允许范围内；交流侧电压及频率应在逆变器额定范围内，且相序正确；具有门限位闭锁功能的逆变器，逆变器盘门在开启状态下，不应做出并网动作。

d）逆变器的相关保护功能测试应按照 GB/T 30427 的要求开展。

4.2.4.8　投产运行前宜开展逆变器的效率测试工作，以验证转换效率、电能质量是否满足技术协议要求，测试过程及要求参考 GB/T 20514。

4.2.5　跟踪系统的安装与调试

4.2.5.1　跟踪系统应与基础固定牢固、可靠，并接地良好。

4.2.5.2　与转动部位连接的电缆应固定牢固并有适当预留长度；转动范围内不应有障碍物。

4.2.5.3　手动模式下跟踪系统应符合下列要求：

a）跟踪系统动作方向应正确；传动装置、转动机构应灵活可靠，无卡涩现象。

b）跟踪系统跟踪转动的最大角度和跟踪精度应满足设计要求。

c） 极限位置保护应动作可靠。

4.2.5.4 自动模式下跟踪系统应符合下列要求：

a） 跟踪系统的跟踪精度应符合产品的技术要求。

b） 设有避风、避雪功能的跟踪系统，在风速、雪压超出正常工作范围时，跟踪系统应启动避风、避雪功能；风速、雪压减弱至正常工作允许范围时，跟踪系统应在设定时间内恢复到正确跟踪位置。

c） 设有自动复位功能的跟踪系统在跟踪结束后应能够自动返回到跟踪初始设定位置。

d） 采用间歇式跟踪的跟踪系统，电动机运行方式应符合产品技术协议的要求。

4.2.6 光功率预测系统的安装与调试

4.2.6.1 光功率预测系统功能、性能测试应满足 NB/T 32011 的技术要求。

4.2.6.2 辐射表应安装在专用的台柱上，距地面不低于 1.5m，安装的水平度和倾角符合设计要求。

4.2.6.3 温度计、湿度计应置于百叶箱内，距地面不低于 1.5m；风速、风向传感器应安装在牢固的高杆或塔架上，距地面不少于 3m。

4.2.6.4 实时气象、功率监测数据传输间隔时间不大于 5min，所有实时数据的延迟时间应不大于 1min，传输数据与现场的读数应在误差范围内。

4.2.7 电缆敷设

电缆线的施工应符合 GB 50168 和设计文件的要求。

4.3 运行阶段

4.3.1 检查维护

4.3.1.1 日常的巡查

4.3.1.1.1 应定期对电站的光伏组件、直流柜、逆变器、汇流箱、光功率预测系统、跟踪系统、支架等设备进行巡视检查。

4.3.1.1.2 大风后，雷电后，雨、雾、雪、冰雹、沙尘天气，仪器检测环境温度超过或低于规定温度时，断路器故障跳闸后，系统异常运行消除后等情况应进行特殊巡视检查。

4.3.1.1.3 重点巡检内容：

a） 太阳能组件：

1） 检查组件框架的是否整洁，有无积灰、积水情况；

2） 检查组件表面的开裂、弯曲、变形情况；

3） 检查组件表面是否有明显色差；

4） 检查接线盒连接是否牢固，电缆线应避免与组件背面接触，以及电缆线老化蜕皮等情况；

5） 检查方阵是否有杂草、树木等障碍物遮挡。

b） 支架基础：

1） 检查光伏方阵整体是否存在变形、错位、松动等情况；

2） 检查受力构件、连接构件和连接螺栓是否存在损坏、松动、生锈、开焊等情况；

3） 检查金属材料的防腐层是否完整，是否存在剥落、锈蚀现象；

4） 检查基础是否存在沉降、移位情况。

c） 汇流箱：

1） 检查汇流箱门是否平整、开启灵活、关闭紧密；

2） 检查汇流箱的防雷保护器是否正常；

3） 检查接线端子的连接情况，是否紧固，有无松动、锈蚀现象。

d） 逆变器：

1） 检查箱体密封情况是否良好，有无腐蚀；

2） 检查逆变器交直流接线端子是否连接可靠，有无松动，与线缆连接处温度是否异常；

3） 检查逆变器散热片有无脏污，冷却系统是否正常运转，进风口滤网有无淤堵情况；

4） 监视触摸屏上的各运行参数、开关位置是否正确；

5） 检查触摸屏、各模块及控制面板上是否有异常报警显示；

6） 检查逆变器有无异常振动、异常响声、异常气味等；

7） 检查逆变器柜门是否锁好，在运行状态下禁止打开高压柜门对设备进行检查；

8） 检查支撑绝缘子是否完整，有无裂纹、放电现象；

9） 检查逆变器上下左右是否有异物贴近，最小距离是否满足制造厂商要求。

e） 跟踪系统：

1） 检查电动机运行状况，转动部位是否有卡塞情况；

2） 检查过风速保护是否正常；

3） 检查通断电测试是否正常；

4） 检查跟踪精度是否符合要求。

f） 光功率预测系统：

1） 检查预测数据的内容、时间传输间隔是否满足要求；

2） 检查辐射表的水平和倾角是否出现偏移；

3） 检查辐射表表面是否清洁；

4） 检查采集数据可用率和数据传输畅通率是否满足要求，可用率和畅通率应不小于95%，预测系统月可用率应不小于99%；

5） 对于缺测和异常数据进行人工补录和修正。

4.3.1.1.4 对于巡视检查的内容，应以文字、图表、影像等方式记录，针对发现的问题应及时上报并跟踪处理。

4.3.1.2 组件的清洗

4.3.1.2.1 应结合电站运行的实际情况，适时开展组件的清洗工作。排除限电影响，当相同或相近辐照度、环境温度下，光伏方阵输出功率低于初始状态（上一次清洗结束时）输出的85%时，应对光伏组件进行清洗。

4.3.1.2.2　光伏组件的清洗工作应规划清洗周期并根据电站的具体情况划分区域进行，在考虑发电量的前提下，合理选择清洗时段。
4.3.1.2.3　清洗过程中应注意防漏电、防热斑、防组件损伤等情况的发生。

4.3.1.3　热斑效应检测

4.3.1.3.1　应根据各个汇流箱组串电流大小的变化情况，对电流较低的组串下的光伏组件进行红外检测。
4.3.1.3.2　光伏组件的红外检测宜在太阳辐照度为500W/m^{2}以上，风速不大于2m/s的条件下进行，同一光伏组件外表面（电池正上方区域）在温度稳定后，温度差异应小于20℃。
4.3.1.3.3　对抽查的光伏阵列下的各个方阵、组件进行编号，记录各个组件的热斑情况，对热斑进行现场检查。对于脏污和植被遮挡造成的热斑，应立即处理；对于其他原因造成的热斑，应根据热斑的大小和温差情况，适时对组件进行更换。

4.3.2　优化运行及节能

4.3.2.1　对于固定可调式支架，应根据季节（太阳与光伏组件夹角）及时进行调节光伏组件角度，确保光伏组件与太阳夹角达到或接近90°。
4.3.2.2　应定期分析设备日间、夜间损耗及下网电量变化原因，在不影响设备安全、可靠运行的前提下，尽可能地降低站用电率。
4.3.2.3　应根据季节设定逆变器风机启停定值，采取“温度控制+功率控制”的控制方式，其中温度控制优先级高于功率控制，功率控制设定在40%~50%时启动风机。根据逆变器室内温度调整逆变器室轴流风机启停时间。
4.3.2.4　根据天气情况估计限电结束时间，提前做好限电方阵加运的准备工作，接到加负荷指令时在最短时间内完成停运方阵的恢复发电工作。
4.3.2.5　定期对干式变压器进行吹灰工作，降低线圈发热程度，避免干式变压器积尘短路。
4.3.2.6　确保光功率预测系统运行稳定、良好，通道正常，根据实际天气情况及时调整不准确的预测，提高光功率预测准确率。
4.3.2.7　每季度进行一次现场与控制室后台汇流支路电流的对比工作，及时发现因电流传感器漂移而产生的误差。
4.3.2.8　利用红外热像仪，定期对汇流箱和直流柜内开关、接线端子进行测温，掌握发热情况，及时处理接线松动等问题。
4.3.2.9　按照集团公司、产业公司、区域公司及光伏发电站节能管理规定，在全站开展节能降耗管理工作。

4.3.3　效率测试

4.3.3.1　*I-V*特性测试

4.3.3.1.1　每年应对电站不同品牌、不同型号的光伏组件进行*I-V*特性测试，获取STC（测试标准）条件下的填充因子、转换效率，并计算组件功率衰减值，及时掌握组件的衰减情况。

4.3.3.1.2　每年对光伏组件的衰减率进行测试，测试比例不低于 1 块/MW，测试的光伏组件宜选择外观完好、无划痕、无裂纹的样本，确保组件衰减非其他缺陷造成。每 3～5 年适当增加组件抽检比例或进行光伏组串的 *I-V* 特性测试，以便掌握电站容量的变化情况。

4.3.3.1.3　测试应在太阳总辐照度大于 700W/m² 下进行，日照强度计应有校准证书。

4.3.3.1.4　测试前应对仪器参数设置进行核查，如被测组件面积、温度系数、组件连接方式等，确保参数设置正确。

4.3.3.1.5　断开光伏组串连接端子之前，需保证直流汇流箱断路器或逆变器直流开关处于断开状态。

4.3.3.1.6　组件及组串的 *I-V* 特性应满足以下要求：

a）同一组串的光伏组件在相同条件下的电压、电流输出应相差不大于 6%。

b）相同条件下接入同一个直流汇流箱的各光伏组串的运行电流及开路电压应相差不大于 6%。

c）光伏组件性能应满足生命周期内衰减要求：晶体硅组件功率衰减 2 年内不大于 2%，10 年内不大于 10%，20 年内不大于 20%；薄膜组件 2 年内不大于 4%，10 年内不大于 10%，20 年内不大于 20%。

4.3.3.2　逆变器的效率测试

4.3.3.2.1　应对不同厂家、不同型号的逆变器的效率定期进行抽查测试、检验和评估，检查逆变器在不同负载率下的转换效率及电能质量，核对逆变器显示数值与实际测试数值偏差。每年对不同厂家逆变器测试数量应不少于 1 台。

4.3.3.2.2　测试应在不同负载率的情况下进行，负载率变化应包含上升及下降阶段，以观察逆变器的实际工作状态。

4.3.3.2.3　功率传感器精度，包括信号处理的精度，应优于其读数的 2%。功率传感器宜具有高速响应的积分功能。

4.3.3.2.4　逆变器在不同负载率下的转换效率应满足产品的设计要求。

4.3.4　系统性能监测

4.3.4.1　测量内容

4.3.4.1.1　为了便于光伏发电站的性能分析，电站应开展相关性能参数的监测工作。

4.3.4.1.2　测量内容应包括辐照度、大气温度、风速、组件温度、电流和电压、电功率、电量等。

4.3.4.2　测量方法

4.3.4.2.1　辐照度测量：倾斜面辐照度应采用经标定的标准电池或辐照计在光伏方阵相同平面内进行测量。如果使用标准电池或组件进行测量，应按照 IEC 60904-2 或 SJ/T 11209 进行标定与维护。这些传感器的位置应能代表方阵辐照度情况。辐照度传感器的精度包括信号处理的精度，应优于其读数的 5%。

4.3.4.2.2 环境大气温度测量：进行环境大气温度测量，其位置应能代表方阵环境，采用温度传感器，将其设置在太阳辐射阴影中。大气温度传感器的精度，包括信号处理的精度，应优于1K（0℃=273.15K）。

4.3.4.2.3 风速测量：在可能的情况下，应在高处和能代表方阵环境的位置进行风速测量。风速传感器的精度，当风速不大于5m/s时，应优于0.5m/s，当风速大于5m/s时，应优于其读数的10%。

4.3.4.2.4 组件温度测量：组件温度测量位置应能代表方阵环境，将温度传感器安装在一个或多个组件的背面。组件位置的选择在GB/T 18210方法A中规定。传感器的精度，包括信号处理的精度，应优于1K。

4.3.4.2.5 电压和电流测量：电压和电流参数可以是直流的或是交流的。电压和电流传感器的精度，包括信号处理的精度，应优于其读数的1%。

4.3.4.2.6 电功率测量：电功率参数可以是直流的、交流的，或两者兼有。直流功率能用实时测量的电压和电流采样值的乘积计算，或用功率传感器直接测量。如果直流功率为计算值，计算应用采样电压和电流值，不能用平均电压和电流值。功率传感器精度，包括信号处理的精度，应优于其读数的2%。可以采用具有高速响应的积分功率传感器以避免采样误差。

4.3.4.2.7 采样间隔：其变化直接和辐照度有关的参数的采样间隔应为1min或更小。对具有很大时间常数的参数，其间隔可以在1min~10min任意确定。随系统负载变化而可能快速变化的任何参数应特殊考虑增加采样频率，在规定的监测时段内，所有参数应连续测量。

4.3.4.2.8 数据采集系统：为了监测，需要一个自动数据采集系统。监测系统的总精度应按GB/T 20513中附录给出的校准方法确定。

4.3.4.2.9 监测时段：监测时段应足够长，以获得能代表负载和环境条件的运行数据。因此，连续监测的最小时段应按照采集数据的最终用途来选择。

4.3.4.3 数据的检验

4.3.4.3.1 在对所有数据进行详细分析之前，应检查所有记录数据的一致性和间隙，以便识别出明显的异常。

4.3.4.3.2 基于已知的参数特性、环境，每一个记录参数应确定相应的合理范围。范围应确定参数最大、最小允许值和连续数据点之间的最大变化量。对超出这个范围的数据，或与其他数据不一致时，应不包括在随后的分析中。

4.3.5 指标统计与分析

4.3.5.1 光伏发电站的运行相关指标可按GB/T 20513以及表1计算和分析。

表1 指标计算及统计方法

类别	指　标	统计说明	计算方法
电量指标	上网电量	统计周期内光伏发电站向电网输送的全部电能，可从光伏发电站与电网的关口表计计取	关口表读数

表1（续）

类别	指　标	统计说明	计算方法
电量指标	用网电量	统计周期内电网向光伏发电站输送的全部电能，可从光伏发电站与电网的关口表计计取	关口表读数
	发电量	统计周期内发电设备向变压器输送的全部电能，可从箱式变压器低压侧计量表计计取	计量表或交流采样装置读数
效率指标	等效年利用小时数	统计周期内设备满负荷运行条件下的运行小时数	统计周期内光伏发电站发电量/装机容量
	综合站用电率	统计周期内电站耗电量与发电量的比值	[（统计周期内光伏发电站发电量+用网电量–上网电量）/统计周期内光伏发电站发电量]×100%
	生产站用电率	统计周期内电站生产耗电量与发电量的比值	统计周期内光伏发电站生产站用电量/统计周期内光伏发电站发电量×100%
	弃光率	统计周期内电站弃光电量与理论发电量的比值	（统计周期内弃光电量/统计周期内弃光电量+统计周期内实发电量）×100%
	主要设备可利用率	统计周期内主要设备实际使用时间占计划用时的百分比	{1–（主要设备自身责任停机小时数×停机设备个数）/[（统计周期小时数–设备非自身责任停机小时数）×主要设备总数]}×100%
运行指标	计划停运系数	设备因处于计划检修或维护而停运的状态	（计划停运小时数/统计周期小时数）×100%
	非计划停运系数	设备不可用而且不是计划停运的状态	（非计划停运小时数/统计周期小时数）×100%
	运行系数	设备正常运行小时数占统计小时数的百分比	（运行小时数/统计周期小时数）×100%

4.3.5.2　运行小指标考核管理要求见表2。

表2　运行小指标管理要求

序号	指　标	要　求
1	发电计划完成率	100%
2	生产站用电率	≤2%
3	抽检组件转换效率（衰减率）	转换效率不小于设计值；衰减率不大于设计值； 并且满足：晶体硅组件功率衰减2年内不大于2%，10年内不大于10%，20年内不大于20%；薄膜组件2年内不大于4%，10年内不大于10%，20年内不大于20%

表 2（续）

序号	指　　标	要　　求
4	逆变器转换效率	不小于设计值
5	弃光率	年弃光发电量不大于年计划发电量的 5%
6	主要设备可利用率	100%
7	非计划停运系数	≤2%

4.3.5.3　对发电量、站用电率等主要综合经济技术指标影响较大的重要参数，应每月进行定量的分析比较，从而发现问题，并提出解决措施。

4.3.5.4　应建立健全能耗小指标记录、统计制度，完善统计台账，为能耗指标分析提供可靠依据。

4.3.5.5　运行人员应加强巡检和对参数的监视，及时进行分析、判断和调整；发现缺陷应按规定填写缺陷单或做好记录，及时联系检修处理，确保发电系统安全经济运行。

4.3.5.6　电站应定期对各光伏阵列下的发电量进行横向和纵向的比较，以及光功率系统预测发电量与实际发电量的比较。具体比较方式见表 3。

表 3　光伏阵列的发电量比较

序号	比较类型	比较方式	目　　的
1	横向	同一时间段内，选取相同组件类型、相同容量、不同组件厂家的阵列发电量进行比较	分析不同组件厂家的性能优劣
2		同一时间段内，选取相同容量、相同组件厂家、不同类型组件的阵列发电量进行比较	比较不同类型组件发电量的差异程度
3		同一时间段内，选取相同组件类型、相同容量、相同组件厂家、不同支架方式的阵列发电量进行比较	比较出固定式、平单轴、斜单轴、跟踪式等不同支架方式的发电量
4	纵向	选取某些光伏阵列与历史同期、条件相同或相近的时间段的发电量比较（排除限电影响）	比较组件的衰减情况
5	其他	光功率系统预测发电量与实际发电量的比较	分析存在差异的原因

5　监督管理要求

5.1　监督基础管理工作

5.1.1　监督管理依据

应按照集团公司《电力技术监督管理办法》和本标准的要求，制定光伏发电站能效监督管理标准，并根据国家法律法规及国家、行业、集团公司标准、规范、规程、制度，结合光伏发电站实际情况，编制能效监督相关/支持性文件；建立健全技术资料档案，以科学、规范的监督管理，保证能效设施、设备安全可靠运行。

5.1.2 能效监督相关/支持性文件

a） 能效技术监督管理制度。
b） 能效技术监督实施细则。
c） 运行规程。
d） 检修规程。
e） 试验规程。

5.1.3 技术资料档案

5.1.3.1 设计及建设阶段技术档案
光伏发电站发电单元的设计、施工、监理、竣工、验收等技术资料、图纸。

5.1.3.2 生产运行阶段技术档案：
a） 巡视检查记录。
b） 试验报告和记录。
c） 检修维护报告和记录。
d） 设备非计划停运、障碍、事故统计记录。
e） 事故分析报告。
f） 技术改进报告和记录。

5.1.3.3 设备台账：
a） 能效专业有关设备装置的出厂说明书、合格证及台账，应包括逆变器、组件等设备的各类参数。
b） 能效维护过程中的缺陷台账、消缺记录档案。
c） 能效设备定期维护记录及台账。

5.1.3.4 监督管理文件：
a） 与能效监督有关的国家法律法规及国家、行业、集团公司标准、规范、规程、制度。
b） 光伏发电站能效监督标准、规定、措施等。
c） 能效技术监督年度工作计划和总结。
d） 能效技术监督季报、速报。
e） 能效技术监督预警通知单和验收单。
f） 能效技术监督会议纪要。
g） 能效技术监督工作自我评价报告和外部检查评价报告。
h） 能效技术监督人员技术档案、持证证书。
i） 与能效设备质量有关的重要工作来往文件。

5.2 日常管理内容和要求

5.2.1 监督网络与职责

5.2.1.1 按照集团公司《电力技术监督管理办法》《华能电厂安全生产管理体系》要求编制本

单位能效监督管理标准，做到分工、职责明确，责任到人。

5.2.1.2 工程设计阶段、建设阶段的技术监督，由产业公司、区域公司或电站建设管理单位规定归口职能管理部门，在本单位技术监督领导小组的领导下，负责能效技术监督的组织建设工作。

5.2.1.3 生产运行阶段的技术监督，由产业公司、区域公司、光伏发电站规定的归口职能管理部门，在光伏发电站技术监督领导小组的领导下，负责能效技术监督的组织建设工作，并设能效技术监督专责人，负责全厂能效技术监督日常工作的开展和监督管理。

5.2.1.4 技术监督归口职能管理部门每年年初要根据人员变动情况及时对网络成员进行调整；按照人员培训和上岗资格管理办法的要求，定期对技术监督专责人和特殊技能岗位人员进行专业和技能培训，保证持证上岗。

5.2.2 确认监督标准符合性

5.2.2.1 能效监督标准应符合国家、行业及集团公司的有关标准、规范、规定和要求。

5.2.2.2 每年年初，技术监督专责人应根据新颁布的标准及设施和设备运行情况，对能效监督有关规程、制度的有效性、准确性进行评估，对不符合项进行修订，经归口职能管理部门领导审核、生产主管领导审批完成后发布实施。国家标准、行业标准及上级单位监督规程、规定中涵盖的相关能效监督工作均应在厂内规程及规定中详细列写齐全，在能效设施规划、设计、建设、改造过程中的能效监督要求等采用每年发布的最新相关标准。

5.2.3 确认仪器仪表有效性

5.2.3.1 应建立能效监督用仪器仪表设备台账，根据检验、使用及更新情况进行补充完善。

5.2.3.2 根据检定周期，每年应制定仪器仪表的检验计划，根据检验计划定期进行检验或送检，对检验合格的可继续使用，对检验不合格的则送修，对送修仍不合格的作报废处理。

5.2.4 制定监督工作计划

5.2.4.1 能效技术监督专责人应在每年 11 月 30 日前组织编制下年度技术监督工作计划，计划批准发布后报产业公司、区域公司，同时抄送西安热工研究院（以下简称“西安热工院”）。

5.2.4.2 能效技术监督年度计划的制定依据包括以下方面：

a）国家、行业、地方有关电力生产方面的法规、政策、标准、规范、反措要求。

b）集团公司、产业公司、区域公司、发电企业技术监督工作规划和年度生产目标。

c）集团公司、产业公司、区域公司、发电企业技术监督管理制度和年度技术监督动态管理要求。

d）能效设施及设备上年度特殊、异常运行工况，事故缺陷等。

e）能效设施及设备目前的运行状态。

f）技术监督动态检查、预警、月（季报）提出问题的整改。

g）收集与能效监督有关的其他动态信息。

5.2.4.3 能效技术监督年度计划主要内容应包括以下方面：

a）健全技术监督组织机构。

b）制定或修订监督标准、相关生产技术标准、规范和管理制度。

c） 制定应开展的技术监督项目计划。

d） 制定仪器仪表检定计划。

e） 制定技术监督工作自我评价与外部检查迎检计划。

f） 制定技术监督发现问题的整改计划。

g） 制定人员培训计划（主要包括内部培训、外部培训取证，规程宣贯）。

5.2.4.4 能效监督专责人每季度应对监督年度计划执行和监督工作开展情况进行检查评估，对不满足监督要求的问题，通过技术监督不符合项通知单下发到相关部门监督整改，并对相关部门进行考评。

5.2.5 监督档案管理

5.2.5.1 应按要求建立和健全能效技术监督档案、规程、制度和技术资料，确保技术监督原始档案和技术资料的完整性和连续性。

5.2.5.2 根据能效监督组织机构的设置和受监督对象的实际情况，要明确档案资料的分级存放地点和指定专人负责整理保管。

5.2.5.3 能效技术监督专责人要存有全站能效档案资料目录清册，并负责及时更新。

5.2.6 监督报告报送管理

5.2.6.1 能效监督季报报送

能效技术监督专责人应按照附录 D 的格式和要求，组织编写上季度能效技术监督季报，每季度首月 5 日前报送产业公司、区域公司、西安热工院、技术监督服务单位。

5.2.6.2 能效监督速报报送

光伏发电站发生能效设备异常可能影响电站正常运行时，应在 24h 内，将事件概况、原因分析、采取措施按照规定的格式，以速报的形式报送产业公司、区域公司、西安热工院、技术监督服务单位。

5.2.6.3 能效监督年度工作总结报送

a） 每年 1 月 5 日前编制完成上年度技术监督工作总结，并报送产业公司、区域公司、西安热工院。

b） 年度监督工作总结主要包括以下内容：

1） 主要工作完成情况。

2） 工作亮点。

3） 存在的问题：未完成工作，存在问题分析，工作经验与教训。

4） 下一步工作思路及主要措施。

5.2.7 监督例会管理

5.2.7.1 电站每年至少召开两次能效技术监督工作会，检查、总结、布置技术监督工作，对技术监督中出现的问题提出处理意见和防范措施，形成会议纪要，按管理流程批准后发布实施。

5.2.7.2 例会主要内容包括：

a） 落实上次例会安排工作完成情况。
b） 能效设施及设备的故障、缺陷分析及处理措施。
c） 技术监督标准、相关生产技术标准、规范和管理制度的编制修订情况。
d） 技术监督工作计划发布及执行情况。
e） 技术监督工作及考核指标完成情况。
f） 技术监督工作经验交流总结。
g） 集团公司技术监督季报，监督通信，新颁布的国家、行业标准规范，监督新技术学习交流。
h） 下一阶段技术监督工作的布置。

5.2.8 监督预警管理

5.2.8.1 能效技术监督三级预警项目见附录 F，光伏发电站应将三级预警识别纳入日常能效监督管理和考核工作中。

5.2.8.2 光伏发电站应根据监督单位签发的预警通知单（见附录 G）制定整改计划，明确整改措施、责任人、完成日期。

5.2.8.3 问题整改完成后，电站应按照技术监督预警管理办法的规定提出验收申请，验收合格后，由监督单位签发预警验收单（见附录 H）并备案。

5.2.9 监督问题整改管理

5.2.9.1 整改问题的提出

a） 西安热工院、技术监督服务单位在技术监督动态检查、评价时提出的整改问题。
b） 监督季报中提出的产业公司、区域公司督办问题。
c） 监督季报中提出的发电企业需要关注及解决的问题。
d） 每季度对能效监督计划的执行情况进行检查，对不满足监督要求提出的整改问题。

5.2.9.2 问题整改管理

a） 光伏发电站收到技术监督评价报告后，应组织有关人员会同西安热工院在两周内完成整改计划的制定和审核，并将整改计划报送产业公司、区域公司，同时抄送西安热工院或技术监督服务单位。
b） 整改计划应列入或补充列入年度监督工作计划，光伏发电站按照整改计划落实整改工作，并将整改实施情况及时在技术监督季报中总结上报。
c） 对整改完成的问题，光伏发电站应保留问题整改相关的试验报告、现场图片、影像等技术资料，作为问题整改情况评估的依据。

5.3 各阶段监督重点工作

5.3.1 设计与设备选型阶段

5.3.1.1 按 GB/T 29320、GB 50797、NB/T 32004 相关要求执行。

5.3.1.2　应组织对电站的光伏发电单元以及能效其他相关设备的设计进行审查。

5.3.1.3　应组织对光伏发电站光伏组件、直流柜、逆变器、汇流箱、光功率预测系统、跟踪系统、支架等设备进行选型。

5.3.2　安装和投产验收阶段

5.3.2.1　按 GB/T 30427、GB 50204、GB 50794、设计文件、合同文件等相关要求执行。

5.3.2.2　对安装工程监理工作提出发电单元及能效相关设备监督的意见，监督监理单位工作开展情况，保证设备安装质量。

5.3.2.3　安装结束后，监督相关人员按有关标准、订货合同及调试大纲进行设备交接试验和投产验收工作。

5.3.2.4　投产验收时应进行现场实地查看，发现安装施工及调试不规范、交接试验方法不正确、项目不全或结果不合格、设备达不到相关技术要求、基础资料不全等不符合发电单元及能效监督要求的问题时，应提出监督意见，要求立即整改，直至合格。

5.3.3　生产运行阶段

5.3.3.1　按 GB/T 6495.4、GB/T 18210、GB/T 20513、GB/T 20514 等标准的相关要求执行。

5.3.3.2　根据国家、行业标准，结合光伏发电站的实际修编发电单元及能效监督标准相关设备运行规程。

5.3.3.3　定期对设备进行巡视、检查和记录；对设备缺陷及异常处理进行跟踪监督检查。

5.3.3.4　定期统计分析设备缺陷和异常情况；带缺陷运行的设备应加强运行监视，必要时应制定针对性应急预案。

5.3.3.5　定期对组件、逆变器的效率进行测试，掌握组件的光电转换效率衰减情况，以及逆变器的运行状况。

5.3.3.6　定期对运行数据、发电量等指标进行统计分析，掌握设备运行状态的变化，对设备状况进行预控。

6　监督评价与考核

6.1　评价内容

6.1.1　能效监督评价内容详见附录 I。

6.1.2　能效监督评价内容分为能效监督管理、技术监督实施两部分，总分为 1000 分，其中监督管理评价考核部分包括 8 个大项、31 小项，共 400 分，技术监督实施评价和考核部分包括 5 大项、39 小项，共 600 分；详见附录 I。

6.2　评价标准

6.2.1　被评价的光伏发电站按得分率高低分为四个级别，即优秀、良好、合格、不符合。

6.2.2　得分率高于或等于 90%为“优秀”；80%～90%（不含 90%）为“良好”；70%～80%（不含 80%）为“合格”；低于 70%为“不符合”。

6.3 评价组织与考核

6.3.1 技术监督评价包括集团公司技术监督评价、属地电力技术监督服务单位技术监督评价、电站技术监督自我评价。

6.3.2 集团公司每年组织西安热工院和公司内部专家，对光伏发电站技术监督工作开展情况、设施设备状态进行评价，评价工作按照集团公司《电力技术监督管理办法》规定执行，分为现场评价和定期评价。

6.3.3 集团公司技术监督现场评价按照集团公司年度技术监督工作计划中所列的光伏发电站名单和时间安排进行。各光伏发电站在现场评价实施前应按《能效技术监督工作评价表》进行自查，编写自查报告。西安热工研究院在现场评价结束后三周内，应按照集团公司《电力技术监督管理办法》中附录C的格式要求完成评价报告，并将评价报告电子版报送集团公司安生部，同时发送产业公司、区域公司及光伏发电站。

6.3.4 集团公司技术监督定期评价按照集团公司《电力技术监督管理办法》及《能效技术监督标准》要求和规定，对光伏发电站生产技术管理情况、发电单元设备的运行情况、能效监督报告的内容符合性、准确性、及时性等进行评价，通过年度技术监督报告发布评价结果。

6.3.5 对严重违反技术监督制度、由于技术监督不当或监督项目缺失、降低监督标准而造成严重后果、对技术监督发现问题不进行整改的光伏发电站，予以通报并限期整改。

6.3.6 光伏发电站应督促属地技术监督服务单位依据技术监督服务合同的规定，提供技术支持和监督服务，依据相关监督标准定期对技术监督工作开展情况进行检查和评价分析，形成评价报告，并将评价报告电子版和书面版报送产业公司、区域公司及光伏发电站。电站应将报告归档管理，并落实问题整改。

6.3.7 光伏发电站应按照集团公司《电力技术监督管理办法》及《华能电厂安全生产管理体系》要求建立完善技术监督评价与考核管理标准，明确各项评价内容和考核标准。

6.3.8 光伏发电站应每年按附录I，组织安排能效技术监督工作开展情况的自我评价，根据评价情况对相关部门和责任人开展技术监督考核工作。

附　录　A
（规范性附录）
汇流箱回路测试记录表

工程名称								
汇流箱编号：				测试日期：			天气情况：	
序号	组件型号	组串数量	组串极性	开路电压 V	组串温度 ℃	辐照度 W/m^2	环境温度	测试时间
1								
2								
3								
4								
5								
6								
7								
8								
9								
10								
11								
12								
13								
14								
15								
16								
17								
18								
19								
20								
备注：								

附 录 B

（规范性附录）

并网逆变器现场检查测试表

<table>
<tr><td colspan="4">工程名称</td></tr>
<tr><td colspan="2">逆变器编号：</td><td>测试日期：</td><td>天气情况：</td></tr>
<tr><td>类型</td><td>检查项目</td><td>检查结果</td><td>备注</td></tr>
<tr><td rowspan="7">本体检查</td><td>型号</td><td></td><td></td></tr>
<tr><td>逆变器内部清理检查</td><td></td><td></td></tr>
<tr><td>内部元器件检查</td><td></td><td></td></tr>
<tr><td>连接件及螺栓检查</td><td></td><td></td></tr>
<tr><td>开关手动分合闸检查</td><td></td><td></td></tr>
<tr><td>接地检查</td><td></td><td></td></tr>
<tr><td>孔洞阻燃封堵</td><td></td><td></td></tr>
<tr><td rowspan="2">人机界面检查</td><td>主要参数设置检查</td><td></td><td></td></tr>
<tr><td>通信地址检查</td><td></td><td></td></tr>
<tr><td rowspan="5">直流侧电缆检查、测试</td><td>电缆根数</td><td></td><td></td></tr>
<tr><td>电缆型号</td><td></td><td></td></tr>
<tr><td>电缆绝缘</td><td></td><td></td></tr>
<tr><td>电缆极性</td><td></td><td></td></tr>
<tr><td>开路电压</td><td></td><td></td></tr>
<tr><td rowspan="5">交流侧电缆检查、测试</td><td>电缆根数</td><td></td><td></td></tr>
<tr><td>电缆型号</td><td></td><td></td></tr>
<tr><td>电缆绝缘</td><td></td><td></td></tr>
<tr><td>电缆相序</td><td></td><td></td></tr>
<tr><td>交流侧电压</td><td></td><td></td></tr>
<tr><td rowspan="5">逆变器并网后检查、测试</td><td>冷却装置</td><td></td><td></td></tr>
<tr><td>柜门连锁保护</td><td></td><td></td></tr>
<tr><td>直流侧输入电压低</td><td></td><td></td></tr>
<tr><td>交流侧电源失电</td><td></td><td></td></tr>
<tr><td>通信数据</td><td></td><td></td></tr>
</table>

附 录 C

（规范性附录）

技术监督不符合项通知单

编号（No）：××-××-××

发现部门（人）： 专业： 被通知部门、班组（人）： 签发： 日期：20××年××月××日

<table>
<tr><td>不符合项描述</td><td>1. 不符合项描述：

2. 不符合标准或规程条款说明：</td></tr>
<tr><td>整改措施</td><td>3. 整改措施：

制订人/日期： 审核人/日期：</td></tr>
<tr><td>整改验收情况</td><td>4. 整改自查验收评价：

整改人/日期： 自查验收人/日期：</td></tr>
<tr><td>复查验收评价</td><td>5. 复查验收评价：

复查验收人/日期：</td></tr>
<tr><td>改进建议</td><td>6. 对此类不符合项的改进建议：

建议提出人/日期：</td></tr>
<tr><td>不符合项关闭</td><td>
整改人： 自查验收人： 复查验收人： 签发人：</td></tr>
<tr><td>编号说明</td><td>年份+专业代码+本专业不符合项顺序号</td></tr>
</table>

附 录 D
（规范性附录）
光伏发电站技术监督季报编写格式

××电站20××年×季度技术监督季报

编写人：×××　　固定电话/手机：××××××

审核人：×××

批准人：×××

上报时间：20××年××月××日

D.1　本季度工作开展情况

D.1.1　工作计划完成情况

根据本年度技术监督具体的工作计划，将各专业要开展的工作分解到每季度，统计年初到季报填写日期工作计划的完成情况。对已开展的工作完成情况做扼要说明，未按要求完成的工作计划应说明原因。

D.1.2　日常工作开展情况

针对日常的技术监督工作，包括管理和专业技术方面，即人员与监督网的调整、制度的完善、台账的建立、学习与培训及全站设备状况开展的运行、维护、检修、消缺等工作的开展情况。

D.2　运行数据分析

针对电站各个专业相关设备运行的数据进行填报，并作简要分析（各专业提电站能够统计且相对重要的指标数据，可附Excel表）。

D.2.1　绝缘监督

色谱分析数据、预试报告数据。

D.2.2　电测监督

电测仪表运行状况及异常数据。

D.2.3　继电保护监督

保护及故障录波异常启动，保护系统故障。

D.2.4　电能质量监督

并网点及各35kV母线电压谐波、三相不平衡度、电压波动及闪变运行状况及分析。

D.2.5　监控自动化监督

D.2.6　能效监督

本季度内，选择填报典型发电单元（逆变器为单位）的发电量，并对不同组件厂家典型发电单元发电量（注明组件制造商、类型、型号、安装时间、辐照量等信息）进行对比。

D.3　存在问题和处理措施

针对电站日常技术监督工作中发现的问题及问题处理情况做详细说明。

D.4　需要解决的问题

D.4.1　绝缘监督

D.4.2　电测监督

D.4.3　继电保护监督

D.4.4　电能质量监督

D.4.5　监控自动化监督

D.4.6　能效监督

D.5　下季度工作计划及重点开展工作

D.6　问题整改完成情况

D.6.1　截至本季度技术监督动态查评提出问题整改完成情况统计报表见表D.1。

表D.1　截至本季度技术监督动态查评提出问题整改完成情况统计报表

<table>
<tr><td colspan="3">上次查评提出问题项目数（项）</td><td colspan="4">截至本季度问题整改完成统计结果</td></tr>
<tr><td>重要问题项数</td><td>一般问题项数</td><td>问题项合计</td><td>重要问题完成项数</td><td>一般问题完成项数</td><td>完成项目数小计</td><td>整改完成率%</td></tr>
<tr><td></td><td></td><td></td><td></td><td></td><td></td><td></td></tr>
<tr><td colspan="7">问题整改完成说明</td></tr>
<tr><td>序号</td><td colspan="2">问题描述</td><td>专业</td><td>问题性质</td><td colspan="2">整改完成说明</td></tr>
<tr><td>1</td><td colspan="2"></td><td></td><td></td><td colspan="2"></td></tr>
</table>

表 D.1（续）

序号	问题描述	专业	问题性质	整改完成说明
2				
3				
注：问题性质是指问题的重要性和一般性，可填写“重要”或“一般”				

D.6.2　上季度技术监督季报告提出问题整改完成情况报表见表 D.2。

表 D.2　上季度技术监督季报告提出问题整改完成情况报表

上季度技术监督季报告提出问题项目数（项）			截至本季度问题整改完成统计结果			
重要问题项数	一般问题项数	问题项合计	重要问题完成项数	一般问题完成项数	完成项目数小计	整改完成率%

问题整改完成说明				
序号	问题描述	专业	问题性质	整改完成说明
1				
2				
3				
注：问题性质是指问题的重要性和一般性，可填写“重要”或“一般”				

D.7　附表

华能集团公司技术监督动态检查专业提出问题至本季度整改完成情况见表 D.3。华能集团公司《光伏发电技术监督报告》专业提出的存在问题至本季度整改完成情况见表 D.4。技术监督预警问题至本季度整改完成情况见表 D.5。

表 D.3　华能集团公司技术监督动态检查专业提出问题至本季度整改完成情况

序号	问题描述	问题性质	西安热工院提出的整改建议	发电站制定的整改措施和计划完成时间	目前整改状态或情况说明
注1：填报此表时需要注明集团公司技术监督动态检查的年度。 注2：如4年内开展了2次检查，应按此表分别填报。待年度检查问题全部整改完毕后，不再填报					

表 D.4 华能集团公司《光伏发电技术监督报告》专业提出的存在问题至本季度整改完成情况

序号	问题描述	问题性质	问题分析	解决问题的措施及建议	目前整改状态或情况说明
注：要注明提出问题的《技术监督报告》的出版年度和季度					

表 D.5 技术监督预警问题至本季度整改完成情况

预警通知单编号	预警类别	问题描述	西安热工院提出的整改建议	发电站制定的整改措施和计划完成时间	目前整改状态或情况说明

附 录 E
（规范性附录）
技术监督信息速报

<table>
<tr><td>单位名称</td><td colspan="4"></td></tr>
<tr><td>设备名称</td><td colspan="2"></td><td>事件发生时间</td><td></td></tr>
<tr><td>事件概况</td><td colspan="4">注：有照片时应附照片说明。</td></tr>
<tr><td>原因分析</td><td colspan="4"></td></tr>
<tr><td>已采取的措施</td><td colspan="4"></td></tr>
<tr><td>监督专责人签字</td><td colspan="2"></td><td>联系电话：
传真：</td><td></td></tr>
<tr><td>生产副厂长或
总工程师签字</td><td colspan="2"></td><td>邮箱：</td><td></td></tr>
</table>

附　录　F
（规范性附录）
光伏发电站能效技术监督预警项目

F.1　一级预警

电站的电池组件、逆变器等发电设备具有大面积缺陷，明显低于产品设计要求，严重影响发电的。

F.2　二级预警

a）电站的生产站用电率高于 3%。
b）电站由于运行维护不及时，导致光伏组件、逆变器转换效率低于设计值的 30%。
c）电站未开展电量指标、能效指标、运行指标的统计和分析工作。
d）电站未开展组件、逆变器的效率测试工作。

F.3　三级预警

a）电站的生产站用电率高于 2%。
b）电站由于运行维护不及时，导致光伏组件、逆变器转换效率低于设计值的 20%。
c）电站未按要求开展电量指标、能效指标、运行指标的统计和分析工作。
d）电站未按要求开展组件、逆变器的效率测试工作。

附　录　G

（规范性附录）

技术监督预警通知单

通知单编号：T-　　　　　　　　预警类别：　　　　　　　　日期：　　　　年　　月　　日

发电企业名称			
设备（系统）　名称及编号			
异常情况			
可能造成或已造成的后果			
整改建议			
整改时间要求			
提出单位		签发人	

注：通知单编号：T–预警类别编号–顺序号–年度。预警类别编号：一级预警为1，二级预警为2，三级预警为3。

附　录　H

（规范性附录）

技术监督预警验收单

验收单编号：Y-　　　　预警类别：　　　　　　　　　　　　日期：　　年　　月　　日

<table>
<tr><td colspan="2">发电企业名称</td><td colspan="3"></td></tr>
<tr><td colspan="2">设备（系统）　名称及编号</td><td colspan="3"></td></tr>
<tr><td colspan="2">异常情况</td><td colspan="3"></td></tr>
<tr><td colspan="2">技术监督
服务单位
整改建议</td><td colspan="3"></td></tr>
<tr><td colspan="2">整改计划</td><td colspan="3"></td></tr>
<tr><td colspan="2">整改结果</td><td colspan="3"></td></tr>
<tr><td colspan="2">验收单位</td><td></td><td>验收人</td><td></td></tr>
</table>

注：验收单编号：Y-预警类别编号-顺序号-年度。预警类别编号：一级预警为1，二级预警为2，三级预警为3。

附　录　I
（规范性附录）
光伏发电站能效技术监督工作评价表

序号	评价项目	标准分	评价内容与要求	评分标准
1	能效监督管理	400		
1.1	组织与职责	50	查看光伏发电站技术监督组织机构文件、上岗资格证	
1.1.1	监督组织机构健全	30	建立健全厂级监督领导小组领导下的能效监督组织机构，在归口职能管理部门设置能效监督专责人	（1）未下发正式的文件、未建立能效三级监督网扣30分。 （2）未落实能效监督专责人或人员调动未及时变更，扣10分
1.1.2	职责明确并得到落实	20	查看是否有正式下发的岗位职责文件，各级监督人员职责是否得到落实	专业岗位设置不全或未落实到人，每一岗位扣5分
1.2	标准符合性	50	查看： （1）保存现行有效的国家、行业与能效监督有关的技术标准、规范。 （2）能效监督管理标准。 （3）企业技术标准	
1.2.1	能效监督管理标准	20	（1）“光伏发电站能效技术监督管理标准”编写的内容、格式应符合《华能电厂安全生产管理体系要求》和《华能电厂安全生产管理体系管理标准编制导则》的要求，并统一编号。 （2）“光伏发电站能效技术监督管理标准”的内容应符合国家、行业法律、法规、标准和《华能集团公司电力技术监督管理办法》《华能集团公司光伏发电站能效监督标准》相关的要求，并符合光伏发电站实际	（1）不符合《华能电厂安全生产管理体系要求》和《华能电厂安全生产管理体系管理标准编制导则》的编制要求，扣10分。 （2）不符合国家、行业法律、法规、标准和《华能集团公司电力技术监督管理办法》相关的要求和光伏发电站实际，扣10分
1.2.2	国家、行业技术标准	10	保存的技术标准符合集团公司年初发布的光伏发电站能效监督标准目录；及时收集新标准，并在站内发布	（1）缺少标准或未更新，每个扣2分。 （2）标准未在站内发布，扣10分

表（续）

序号	评价项目	标准分	评价内容与要求	评分标准
1.2.3	企业技术标准	20	是否有正式下发的企业技术标准，内容是否全面合理，符合全厂实际情况，并按时修订	（1）巡视周期、试验周期、检修周期不符合要求，每项扣5分。 （2）性能指标、运行控制指标、工艺控制指标不符合要求，每项扣5分。 （3）企业标准未按时修编，每一个企业标准扣10分
1.3	设备仪器	50	现场查看设备、仪器台账、检验计划、检验报告	
1.3.1	设备仪器台账	20	建立设备仪器台账，包括的主要设备仪器有电池组件、逆变器、光功率预测系统、汇流箱、安全工器具、测试设备等。 栏目应包括：设备仪器及仪表型号、技术参数（电压、电流、功率、转换效率等）、购入时间、供货单位；检验周期、检验日期、使用状态等。	（1）设备仪器记录不全，一台扣5分。 （2）新购仪表未录入或检验；报废仪表未注销和另外存放，每台扣10分
1.3.2	仪器仪表资料	10	（1）保存仪器、仪表使用说明书。 （2）编制主要仪器、仪表的操作规程	（1）使用说明书缺失，一台扣5分。 （2）专用仪器操作规程缺漏，一台扣5分
1.3.3	仪器仪表维护	10	（1）仪器、仪表存放地点整洁、配有温度计、湿度计。 （2）仪器、仪表的接线及附件不许另作他用。 （3）仪器仪表清洁、摆放整齐。 （4）有效期内的仪器仪表应贴上有效期标识，不与其他仪器仪表一道存放。 （5）待修理、已报废的仪器仪表应另外分别存放	不符合要求，一项扣5分
1.3.4	检验计划和检验报告	5	计划送检的仪表应有对应的检验报告	不符合要求，每台扣1分
1.3.5	对外委试验使用仪器仪表的管理	5	应有试验使用的仪器、仪表检验报告复印件	不符合要求，每台扣1分
1.4	监督计划	50		
1.4.1	计划的制定	20	检查是否结合光伏发电站实际情况制定年度技术监督工作计划，并经审核、批准。	（1）计划制定时间、依据不符合，一个计划扣5分。

表（续）

序号	评价项目	标准分	评价内容与要求	评分标准
1.4.1	计划的制定	20	（1）计划制定时间、依据符合要求。 （2）计划内容应包括： 光伏发电单元及能效现场测量设备检定计划（各类仪表的定检周期、依据、数量）； 监督项目工作计划； 标准、管理制度制定或修订计划； 培训计划（内部及外部培训、资格取证、规程宣贯等）； 动态检查提出问题整改计划； 光伏发电单元及能效监督中发现重大问题整改计划	（2）计划内容不全，一个计划扣5～10分。 （3）工作计划未经审核、批准扣10分
1.4.2	计划的审批	15	符合工作流程：班组或部门编制→光伏能效监督专责人审核→主管主任审定→生产经理审批→下发实施	审批工作流程缺少环节，一个扣5分
1.4.3	计划的上报	15	每年11月30日前上报产业公司、区域公司，同时抄送西安热工院	计划上报不按时，扣15分
1.5	监督档案	50	现场查看监督档案、档案管理的记录	
1.5.1	监督档案清单	10	应建有监督档案资料清单。每类资料有编号，内有清单，报告类有保存期限	不符合要求，一类扣5分
1.5.2	报告和记录	20	（1）各类资料内容齐全、时间连续。 （2）及时记录新信息。 （3）及时完成定检报告、缺陷处理与分析、检修总结等报告编写，按档案管理流程审核归档	（1）、（2）项不符合要求，一件扣5分。 （3）项不符合要求，一件扣10分
1.5.3	档案管理	20	（1）资料按规定储放，由专人管理。 （2）借阅应有借、还记录。 （3）有过期文件处置的记录	不符合要求，一项扣10分
1.6	评价与考核	40	查阅评价与考核记录	
1.6.1	动态检查前自我检查	10	自我检查评价切合实际	（1）没有自查报告扣10分。 （2）自我检查评价与动态检查评价的评分相差10分及以上，扣5分
1.6.2	定期监督工作评价	10	有监督工作评价记录	无工作评价记录，扣10分

表（续）

序号	评价项目	标准分	评价内容与要求	评分标准
1.6.3	定期监督工作会议	10	有监督工作会议纪要	无工作会议纪要，扣10分
1.6.4	监督工作考核	10	有监督工作考核记录	发生监督不力事件而未考核，扣10分
1.7	工作报告制度执行情况	50	查阅检查之日前四个季度季报、检查速报事件及上报时间	
1.7.1	监督季报、年报	20	（1）每季度首月5日前，应将技术监督季报报送产业公司、区域公司和西安热工院。 （2）格式和内容符合要求	（1）季报、年报上报迟报1天扣5分。 （2）格式不符合，一项扣5分。 （3）统计报表数据不准确，一项扣10分。 （4）检查发现的问题，未在季报中上报，每1个问题扣10分
1.7.2	技术监督速报	20	按规定格式和内容编写技术监督速报并及时上报	（1）发现或者出现重大设备问题和异常及障碍未及时、真实、准确上报技术监督速报，每1项扣10分。 （2）上报速报事件描述不符合实际，一件扣10分
1.7.3	年度工作总结报告	10	（1）每年元月5日前组织完成上年度技术监督工作总结报告的编写工作，并将总结报告报送产业公司、区域公司和西安热工院。 （2）格式和内容符合要求	（1）未按规定时间上报，扣10分。 （2）内容不全，扣10分
1.8	监督考核指标	60	查看仪器、仪表校验报告；监督预警问题验收单；整改问题完成证明文件。定期检验计划及定期检验、检测报告；现场查看，查看检修报告	
1.8.1	监督预警、季报问题整改完成率	10	要求：100%	不符合要求，不得分
1.8.2	动态检查存在问题整改完成率	10	要求：从发电企业收到动态检查报告之日起，第1年整改完成率不低于85%；第2年整改完成率不低于95%	不符合要求，不得分

表（续）

序号	评价项目	标准分	评价内容与要求	评分标准
1.8.3	发电量计划完成率	5	应为100%	不符合要求，不得分
1.8.4	非计划停运系数	5	应小于或等于2%	不符合要求，不得分
1.8.5	生产站用电率	5	统计周期内不超过2%	不符合要求，不得分
1.8.6	逆变器效率测试合格率	10	抽检的逆变器效率与设计值对比，低于设计值10%的为不合格，不同负载下的逆变器效率合格率不低于95%	不符合要求或未抽检，不得分
1.8.7	组件光伏转换效率衰减率	10	抽检的组件光伏转换效率与设计值相比，低于设计值10%为不合格，合格率不低于95%	不符合要求或未抽检，不得分
1.8.8	光功率预测系统数据通畅率	5	光功率预测系统数据畅通率不低于95%	不符合要求，不得分
2	技术监督实施	600		
2.1	工程设计、选型阶段	50		
2.1.1	电站的太阳能分析符合要求	10	查阅可行性研究报告和设计报告	不符合要求，不得分
2.1.2	组件形式、支架形式的选取应经过充分的调研、论证	10	查阅可行性研究报告和设计报告	不符合要求，不得分
2.1.3	组件逆变器的选择应经过充分的调研，以设备的可靠性、耐久性为前提，同时考虑逆变器的转换效率	10	查阅可行性研究报告和设计报告	不符合要求，不得分
2.1.4	汇流箱和光功率预测系统选型经过论证，技术参数符合规范要求	10	查阅可行性研究报告和设计报告	一项不符合要求，扣5分
2.1.5	跟踪系统的选型应符合相关要求；跟踪精度应符合标准规范的要求	10	（1）跟踪系统的选型应结合安装地点的环境情况、气候特征等因素，经技术经济比较后确定。水平单轴跟踪系统宜安装在低纬度地区；倾斜单轴和斜面垂直单轴跟踪系统宜安装在中、高纬度地区；双轴跟踪系统宜安装在中、高纬度地区。 （2）单轴跟踪系统跟踪精度不应低于±5°，双轴跟踪系统跟踪精度不应低于±2°	（1）跟踪系统的选型未进行充分的技术经济比较，扣5分。 （2）跟踪精度不符合要求扣5分
2.2	安装验收阶段	100		
2.2.1	支架及基础施工符合要求，尺寸、角度偏差符合设计和规范要求	15	查阅报告或现场检查，安装验收是否合格	（1）未查阅到安装、调试、验收等相关报告不得分。 （2）不符合要求每项扣3分

表（续）

序号	评价项目	标准分	评价内容与要求	评分标准
2.2.2	光伏组件的安装符合要求，偏差在允许范围内；组串具有符合要求的测试报告。 （1）相同测试条件下的相同光伏组件串之间的开路电压偏差不应大于2%，但最大偏差不应超过5V。 （2）在发电情况下应使用钳形万用表对汇流箱内光伏组件串的电流进行检测。相同测试条件下且辐照度不应低于700W/m^2 时，相同光伏组件串之间的电流偏差不应大于5%。 （3）光伏组件串电缆温度应无超常温等异常情况	20	查阅报告或现场检查，安装验收是否合格	（1）未查阅到安装、调试、验收、检测等相关报告不得分。 （2）不符合要求每项扣3分
2.2.3	逆变器的安装符合设计文件及标准规范的要求，投运前通过相关的测试工作。不同负载下的转换效率能达到效率要求	20	查阅报告或现场检查，安装验收是否合格	（1）未查阅到安装、调试、验收、检测等相关报告不得分。 （2）不符合要求每项扣3分
2.2.4	跟踪系统的安装调试符合设计文件及标准规范的要求。 跟踪系统的跟踪精度应符合产品的技术要求。 避风、避雪、复位功能正常	15	查阅报告或现场检查，安装验收是否合格	（1）未查阅到安装、调试、验收等相关报告不得分。 （2）不符合要求每项扣3分
2.2.5	光功率预测系统的安装调试应符合设计文件及NB/T 32011的技术要求。 辐射表应安装在专用的台柱上，距地面不低于1.5m，安装的水平度和倾角符合设计要求；温度计、湿度计应置于百叶箱内，距地面不低于1.5m；风速、风向传感器应安装在牢固的高杆或塔架上，距地面不少3m。 监测数据传输间隔时间和延迟时间应满足设计和规范要求，传输数据与现场的读数应在误差范围内	15	查阅报告或现场检查，安装验收是否合格	（1）未查阅到安装、调试、验收等相关报告不得分。 （2）不符合要求每项扣3分

表（续）

序号	评价项目	标准分	评价内容与要求	评分标准
2.2.6	汇流箱的安装调试符合设计文件及标准规范的要求。安装的位置偏差符合要求，电缆应连接可靠，极性正确；密封良好	15	查阅报告或现场检查，安装验收是否合格	（1）未查阅到安装、调试、验收等相关报告不得分。 （2）不符合要求每项扣3分
2.3	运行维护阶段	250		
2.3.1	日常巡查	100		
2.3.1.1	电站应建立光伏发电单元相关设备的巡视检查制度，明确巡视检查的周期、内容和各设备的巡视重点	20	查阅电站的巡视检查制度	（1）未见相关的巡视检查制度不得分。 （2）内容不齐全、不完善每项扣2分
2.3.1.2	电站的巡视检查周期应满足标准规范以及现场实际的要求。 巡视检查的内容应涵盖光伏发电单元的所有设备，光伏组件、直流柜、逆变器、汇流箱、光功率预测系统、跟踪系统、支架等设备进行巡视检查，并明确相关的巡视重点。 巡视检查记录应规范、齐全	50	查阅巡视检查记录	（1）巡视检查周期不满足规范要求，扣10分。 （2）检查内容不齐全，每项扣5分。 （3）巡视检查记录不规范，不全面，每项扣5分，扣完为止
2.3.1.3	针对巡视检查发现的问题应建立缺陷点台账，及时上报并跟踪处理	30	查阅缺陷点台账、故障处理记录	（1）未建立缺陷点台账不得分。 （2）缺陷未及时处理每项扣3分
2.3.2	组件的清洗	30		
2.3.2.1	组件积灰较为严重或发电出力明显下降，应及时进行组件的清洗工作。 排除限电影响，当相同或相近辐照度、环境温度下，光伏方阵输出功率低于初始状态（上一次清洗结束时）输出的85%时，应对光伏组件进行清洗	15	现场查看、查阅清洗的记录、图片等相关文件	未及时清理不得分
2.3.2.2	清洗工作的开展，应制定清洗策略和方案，明确清洗的线路、时间、工艺及注意事项	15	查阅清洗工作方案	（1）未制定清洗方案不得分。 （2）清洗过程中影响发电的、损坏组件设备的、发生不安全事故或事件的，每项扣2分

表（续）

序号	评价项目	标准分	评价内容与要求	评分标准
2.3.3	热斑效应检测	30		
2.3.3.1	电站应定期对组件的热斑效应进行抽检，或选择发电量偏低的逆变器下的光伏阵列进行检测	15	查看红外检测记录	未开展相应工作的不得分
2.3.3.2	对热斑比较大的组件进行编号，分析原因，跟踪和处理	15	查看红外检测记录和报告	（1）未形成记录和报告的扣10分。 （2）未进行组件编号或原因分析的，扣5分。 （3）未进行持续关注和跟踪的扣5分
2.3.4	优化运行	90		
2.3.4.1	对于固定可调支架，应根据季节（太阳与光伏组件夹角） 及时进行调节光伏组件角度，确保光伏组件与太阳夹角达到或接近90°	15	现场查看或查阅相关资料文件	与最佳角度每相差1度扣2分，扣完为止
2.3.4.2	应根据季节设定逆变器风机启停定值，对逆变器室的风机启停时间进行优化	15	查看风机启停优化方案	未进行优化不得分
2.3.4.3	定期对干变进行吹灰工作，降低线圈发热程度，避免干变积尘短路	15	现场查看	未及时吹灰扣5分
2.3.4.4	确保光功率预测系统运行稳定、良好，通道正常，根据实际天气情况及时调整不准确的预测，提高光功率预测准确率	15	查阅相关记录	（1）光功率预测系统数据传输不畅通扣5分； （2）预测准确率较差的（与气象单位提供数据相差20%的），扣5分
2.3.4.5	利用红外热像仪，定期对汇流箱、直流柜内开关、接线端子进行测温，掌握发热情况，及时处理接线松动等问题	15	查阅相关记录及现场查看	未开展相关工作，不得分
2.3.4.6	按照集团公司、产业公司、区域公司及光伏发电站节能管理规定，在全站开展节能降耗管理工作	15	查阅相关记录及现场查看	未开展相关工作，不得分
2.4	效率试验	100		
2.4.1	组件的效率测试	50		

表（续）

序号	评价项目	标准分	评价内容与要求	评分标准
2.4.1.1	电站应按要求定期对组件的效率进行测试	20	查看测试报告	未进行测试不得分
2.4.1.2	测试的抽检比例，测试方法、测试程序符合要求	20	查看测试报告	（1）测试的仪器、设备未进行定期检验扣10分。（2）测试方法不合要求扣5分。（3）测试数量不符合要求的扣5分。（4）测试程序不合要求扣5分
2.4.1.3	对测试的组件转换效率与厂家的设计值进行比对和分析，评价组件的运行状态和衰减率	10	查看测试分析报告	（1）未进行数据比对和评判分析的不得分。（2）光电转换效率与设计值相差20%的，每种扣5分
2.4.2	逆变器效率测试	50		
2.4.2.1	应对不同厂家、不同型号的逆变器的效率定期进行抽查测试、检验和评估	20	查看测试报告	未进行测试不得分
2.4.2.2	测试的条件、仪器、方法、程序应符合相关的要求。测试应包括不同负载率的转换效率	20	查看测试工作方案、测试报告	（1）测试的仪器、设备不满足要求扣10分。（2）测试方法不合要求扣5分。（3）测试数量不符合要求的扣5分。（4）测试程序不合要求扣5分
2.4.2.3	对测试的组件转换效率与厂家的设计值进行比对和分析，评价组件的运行状态和衰减率	10	查看测试分析报告	（1）未进行数据比对和评判分析的不得分。（2）转换效率与设计值相差20%的，每种扣5分
2.5	统计分析	100		
2.5.1	电站应开展光伏系统的性能参数的监测与分析工作。（1）测量内容应包括辐照度、大气温度、风速、组件温度、电流和电压、电功率、电量等。（2）监测数据的方法、精度、采样间隔、监测时段符合要求	30	查看监测数据、报告，或现场查看	（1）未开展相应性能参数的监测不得分。（2）监测内容每少一项扣5分。（3）监测数据不符合要求的每个项目扣3分

表（续）

序号	评价项目	标准分	评价内容与要求	评分标准
2.5.2	监测数据的异常数据判别和初分析	10	查看监测数据、报告	监测数据中明显异常的是否剔除，未进行数据的有效性审核，每发现1处扣1分，扣完为止
2.5.3	电站应对电量指标进行逐日统计。 电量指标包括上网电量、用网电量和发电量	10	查看统计报表	（1）未进行统计不得分。 （2）统计每缺一项扣2.5分，每缺一天扣1分，扣完为止
2.5.4	电站应对效率指标进行统计分析。 效率指标包括等效年利用小时数、站用电率、弃光率、主要设备可利用率	10	查看统计报表	（1）未进行统计不得分。 （2）统计每缺一项扣2.5分，扣完为止
2.5.5	应对发电单元的设备运行指标进行分析。 运行指标包括计划停运系数、非计划停运系数、运行系数等	10	查看统计报表	（1）未进行统计不得分。 （2）统计每缺一项扣3分，扣完为止
2.5.6	电站应开展光伏发电单元的横向数据比较。 同一时间段内，选取相同组件类型、相同容量、不同组件厂家的阵列发电量进行比较，分析不同组件厂家的性能优劣	10	查看统计报表	未进行统计不得分
2.5.7	电站应开展光伏发电单元的纵向数据比较。 选取某些光伏阵列与历史同期、条件相同或相近的时间段的发电量比较（排除限电影响），比较组件的衰减情况	10	查看统计报表	未进行统计不得分
2.5.8	预测发电量与实际发电量的比较	10	查看统计报表	未进行统计不得分

中国华能集团公司
CHINA HUANENG GROUP

中国华能集团公司光伏发电站技术监督标准汇编
Q/HN-1-0000.08.064—2016

技术标准篇

光伏发电站检修与维护导则

2016-09-14 发布
2016-09-14 实施

目 次

前　言

为加强中国华能集团公司光伏发电站检修与维护管理，提高光伏发电站设备的安全性、经济性，特制定本导则。本导则依据国家和行业有关标准、规程和规范，以及中国华能集团公司光伏发电站的管理要求，结合国内外光伏发电站的新技术、检修维护经验制定。

本导则是中国华能集团公司所属光伏发电站检修与维护工作的主要依据，是强制性企业标准。

本导则由中国华能集团公司安全监督与生产部提出。

本导则由中国华能集团公司安全监督与生产部归口并解释。

本导则起草单位：中国华能集团公司、西安热工研究院有限公司、华能青海发电有限公司、华能宁夏能源有限公司、华能甘肃能源开发有限公司。

本导则主要起草人：南江、刘祥、马晋辉、陈仓、邓安洲、董洪良、王建峰、马亮。

本导则审核单位：中国华能集团公司、华能新能源股份有限公司、华能青海发电有限公司、西安热工研究院有限公司。

本导则主要审核人：赵贺、罗发青、杜灿勋、蒋宝平、申一洲、张杰、都劲松、杨振勇。

本导则审定单位：中国华能集团公司技术工作管理委员会。

本导则批准人：叶向东。

光伏发电站检修与维护导则

1 范围

本导则规定了中国华能集团公司（简称“集团公司”）所属并网光伏发电站光伏发电单元、电气及自动化设备的例行检查与维护项目及周期、检修项目及周期、试验项目及要求、异常运行及事故处理。

本导则适用于集团公司并网光伏发电站的检修与维护工作，其他类型光伏发电站（项目）可参照执行。

2 规范性引用文件

下列文件对于本文件的应用是必不可少的。凡是注日期的引用文件，仅注日期的版本适用于本文件。凡是不注日期的引用文件，其最新版本（包括所有的修改单）适用于本文件。

GB/T 7261　继电保护和安全自动装置基本试验方法

GB/T 8349　金属封闭母线

GB 14285　继电保护和安全自动装置技术规程

GB/T 14598.301　微机型发电机变压器故障录波装置技术要求

GB 17467　高压/低压预装式变电站

GB/T 29320　光伏电站太阳跟踪系统技术要求

GB/T 30427　并网光伏发电专用逆变器技术要求和试验方法

GB 50147　电气装置安装工程高压电器施工及验收规范

GB 50148　电气装置安装工程电力变压器、油浸电抗器、互感器施工及验收规范

GB 50149　电气装置安装工程母线装置施工及验收规范

GB 50150　电气装置安装工程电气设备交接试验标准

GB 50217　电力工程电缆设计规范

GB 50797　光伏发电站设计规范

GB/T 50866　光伏发电站接入电力系统设计规范

DL/T 393　输变电设备状态检修试验规程

DL/T 401　高压电缆选用导则

DL/T 403　12kV～40.5kV 变压真空断路器订货技术条件

DL 408　电业安全工作规程

DL/T 413　额定电压 35kV（U_m–40.5kV）及以下电力电缆热缩式附件技术条件

DL/T 474.5　现场绝缘试验实施导则　第 5 部分：避雷器试验

DL/T 475　接地装置特性参数测量导则

DL/T 555　气体绝缘金属封闭开关设备现场耐压及绝缘试验导则

DL/T 573　电力变压器检修导则

DL/T 574　变压器分接开关运行维修导则
DL/T 587　微机继电保护装置运行管理规程
DL/T 596　电力设备预防性试验规程
DL/T 603　气体绝缘金属封闭开关设备运行及维护规程
DL/T 621　交流电气装置的接地
DL/T 664　带电设备红外诊断应用规范
DL/T 724　电力系统用蓄电池直流电源装置运行与维护技术规程
DL/T 727　互感器运行检修导则
DL/T 838　发电企业设备检修导则
DL/T 969　变电站运行导则
DL/T 995　继电保护和电网安全自动装置检验规程
DL/T 1364　光伏发电站防雷技术规程
DL/T 5149　220kV～500kV 变电所计算机监控系统设计技术规程
CEEIA B218.1—2012 光伏发电系统用电缆　第 1 部分：一般要求
CEEIA B218.2—2012 光伏发电系统用电缆　第 2 部分：交直流传输电力电缆
Q/HN-1-0000.08.049—2015　电力技术监督管理办法
Q/HN-1-0000.08.002—2013　电力检修标准化管理实施导则（试行）
国能安全〔2014〕161 号　防止电力生产事故的二十五项重点要求

3　术语和定义

下列术语和定义适用于本标准。

3.1　辐照度

照射到面元上的辐射通量与该面元面积之比，单位为 W/m^2。

3.2　光伏组件

具有封装及内部联结的、能单独提供直流电输出的、最小不可分割的太阳电池组合装置，又称太阳电池组件。

3.3　光伏汇流设备

光伏汇流设备是指光伏系统中将多个电路进行并联连接，并将必要的保护装置安装在其中的设备，包括光伏组串汇流箱（盒）、光伏方阵汇流箱（柜）。

3.4　光伏组件串

在光伏发电系统中，将若干个光伏组件串联后，形成具有一定直流电输出的电路单元。

3.5　光伏方阵

将若干个光伏组件在机械和电气上按一定方式组装在一起并且有固定的支撑结构而构成的直流发电单元。又称光伏阵列。

3.6 光伏发电单元

在光伏发电站中，以一定数量的光伏组件串，通过直流汇流箱汇集，经逆变器逆变与隔离升压变压器（或箱式变压器）升压成符合电网频率和电压要求的电源。

3.7 组件效率

特定测试条件下，受光照组件的最大功率与入射到该组件总面积上的辐照功率的百分比。

注1： 特定测试条件，包括组件温度、所受光照的辐照度及光谱分布。

注2： 通常所称的组件效率，指的是IEC 61215中规定的标准测试条件（Standard Test Conditions）（温度25℃，辐照度1000W/m^2，光谱辐照度分布符合IEC 60904-3的规定）下测得的组件效率。

3.8 逆变器转换效率

在规定的测试周期内，逆变器在交流端口输出的电能与在直流端口输入的电能的比值。

3.9 自动电压控制

利用计算机和通信技术，对电网中的无功资源以及调压设备进行自动控制，以达到保证电网安全、优质和经济运行的目的。

3.10 自动发电量控制

能量管理系统EMS中的一项重要功能，通过控制调节发电设备出力，以满足不断变化的用户电力需求，并使系统处于经济的运行状态。

3.11 光伏发电功率预测

根据气象条件、统计规律等技术和手段，对光伏发电站有功功率进行预报。

3.12 监控系统

指采用数据采集、通信传输和计算机等技术的综合系统，该系统通过对目标系统或目标设备进行连续或定期的监测来核实目标系统或目标设备功能是否被正确执行，并在目标系统或目标设备发生工作状况变化下，人工或自动执行必要操作或控制使其适应变化的运行要求。

3.13 低电压穿越

在电力系统故障或扰动引起光伏发电站并网点电压跌落时，在一定的电压跌落范围和时间间隔内，光伏发电站能够保证不脱网连续运行。

4 总则

4.1 光伏电站检修、维护工作要坚持“应修必修、修必修好”的原则，要以消除重大隐患和缺陷为重点，恢复设备性能延长设备使用寿命为目标，在现行定期检修的基础上，运用有效的在线、离线检测手段，最终形成一套融定期检修、故障检修、状态检修为一体的综合检修模式。

4.2 检修人员应熟悉光伏电站系统和设备的构造、性能；熟悉设备的装配工艺、工序和质量标准；熟悉安全规程。

4.3 进行设备检修维护时，宜避开大风天气；雷雨天气不得检修户外设备、光伏组件。

4.4 光伏电站的检修巡视分为例行巡视检查与特殊巡视检查（本导则所涉及巡视均指检修巡视）。夜间，大风后，雷电后，雨、雾、雪、冰雹、沙尘天气，仪器检测环境温度超过或低于规定温度时，断路器故障跳闸后，系统异常运行消除后等情况应进行特殊巡视检查。

5 光伏组件的检查与维护

光伏电站检修维护人员应定期对光伏阵列内组件及其附件进行外观检查，及时发现、处理组件的各种异常情况。

5.1 例行检查与维护

a） 组件背面接线盒粘接应牢固，MC4 接线插头应接触良好。

b） 直流电缆线绑扎应牢固，不得与组件背板贴靠。

c） 组件面板无裂痕。

d） 薄膜光伏组件两层面板玻璃之间密封应良好。

e） 多晶硅背板材料无老化、开裂。

f） 光伏组件无热斑。

g） 组件内焊接银线应无灼烧痕迹，无银线脱落。

h） 采用螺栓连接的组件，螺栓应无松动，螺母无脱落。

i） 对组串号进行核对检查，组串直流电缆埋深正常，无破损。

j） 植被遮挡的检查、清理，支架螺栓、卡片的腐蚀情况检查。

k） 检查周期：每季度不少于 1 次对光伏阵列进行巡视，在春秋风沙季节可适当增加巡视次数，强沙尘暴天气过后应及时对方阵进行巡视。

5.2 维护项目与周期

5.2.1 组件清洁

5.2.1.1 组件清洁要求：光伏发电站应根据当地实际情况制定组件清洁预案；在光伏组件出现异常遮挡时，应及时进行现场维护；通常光伏方阵输出功率低于初始状态（上一次清洁结束时）相同条件时输出功率的 85%时，应对光伏组件进行清洁。

5.2.1.2 清洁光伏组件时应符合下列规定：

a） 可使用柔软洁净的布料擦拭光伏组件，不应使用腐蚀性溶剂或硬物擦拭光伏组件。

b） 不宜使用与光伏组件温差较大的液体清洗组件。

c） 不宜在有碍运行维护人员人身安全的情况下清洗组件。

d） 严禁恶劣气象条件下进行组件的清洗。

e） 不宜在组件温度过高或辐照度过强的条件下进行清洗。

f） 特殊地域环境需做针对性的清洁预案。

g） 冲洗清洁：清洗过程一般使用清水，配合柔性毛刷来进行清洗，如遇到油性污物等，可用洗洁精或肥皂水等相关溶剂对污染区域进行单独清洗。

h） 冬季清洁应避免冲洗，以防气温过低而结冰，造成污垢堆积。

5.2.2 阵列除草

对处于草场或半荒漠地带光伏电站应每年进行一次除草工作，避免造成组件遮挡影响发电，消除冬季火灾隐患。

5.2.3 组件更换

5.2.3.1 对存在破损、变形、热斑、隐裂的组件，通过红外成像仪初步确认后，应进行组件效率测试后再决定是否更换。

5.2.3.2 更换技术要求：

a） 搬运过程中组件不得碰撞受损。

b） 光伏组件在安装时受光面表面应铺遮光板，防止电击危险。

c） 光伏组件的输出电缆不得发生非正常短路。

d） 连接无断弧功能的开关时，不得在有负荷或能够形成低阻回路的情况下接通或断开。

e） 遇有光伏组件破裂的情况应及时设置限制接近的警示牌，并由专业人员处置。

f） 接通电路后不得局部遮挡光伏组件，防止热斑效应产生不利影响。

g） 在高处安装施工时，应使用专用踏脚板，禁止踩踏组件。

5.3 设备故障及处理

5.3.1 组串发电故障

a） 组件插头发热烧坏，需更换新的组件插头，并保证插头间接触良好。

b） 组件脱落，检查组件是否正常，如正常，将组件重新安装并固定牢固，否则，需更换新组件。

5.3.2 组件本体故障

光伏组件本体故障检查方法及处理措施见表 1。

表 1 光伏组件本体故障检查方法及处理措施

序号	异常现象	异常原因	危害	检查方法或部位	处理措施
1	光伏组件受光面变色	通常为封装材料变色，主要因封装材料质量问题和环境因素（高温和高湿）导致	到达太阳电池片表面的太阳辐照强度减少，造成组件输出功率下降	组件外观	当组件输出功率下降至 80%铭牌功率以下，需更换新组件或增加组件对容量进行补偿
2	组件裂纹	组件生产时由于机械或者化学应力产生的微小裂纹，逐渐扩展变大	光伏组件输出功率下降	组件外观	当组件输出功率下降至 80%铭牌功率以下时，需更换新组件或增加组件对容量进行补偿

表 1（续）

序号	异常现象	异常原因	危害	检查方法或部位	处理措施
3	电池片栅线氧化或腐蚀	封装材料在恶劣的环境中发生老化，使材料之间的黏合力降低造成分层，使氧气侵入，与太阳电池片栅线发生化学反应	严重影响光伏组件输出功率	检查组件电池片外观及功率测试	应更换光伏组件
4	封装材料失效	EVA 在阳光照射和一定环境温度下老化分解，使电池片与 EVA 之间、EVA 与玻璃之间分层；背板材料分层、剥离甚至开裂	组件破损	组件外观	更换光伏组件
5	组件玻璃破损	外力作用或电池板短路	组件破损	组件外观	更换光伏组件

5.4 组件试验

5.4.1 极性测试

a） 极性测试的目的是检验光伏方阵的接线是否正确，避免组串的极性反接。

b） 组件批量更换时，应对有更换的组串进行此项试验。

c） 检查所有直流电缆的极性并标明，确保电缆连接正确。

d） 测量每个光伏组串的开路电压。在对开路电压测量之前，应关闭所有的开关和过电流保护装置。

e） 对于相同的多个组串系统，应在稳定的光照条件下对组串之间的开路电压（短路电流）进行比较。在稳定的光照条件下这些组串开路电压值（短路电流）应相等（±5%内）。对于非稳定光照条件，可以采用以下方法处理：

1） 延长测试时间。

2） 采用多个仪表，一个仪表测量一个光伏组串。

3） 使用辐照表来标定读数。

f） 测量值应与预期值进行比较，比较的结果作为检查安装是否正确的依据。测试电压值低于预期值可能表明一个或多个组件的极性连接错误，或者绝缘等级低，或者导管和接线盒有损坏或有积水；高于预期值并有较大出入通常是由于接线错误导致。

5.4.2 光伏组件标称功率测试

a） 光伏组件标称功率测试试验目的是将测试得到的最大输出功率转换到峰值功率，获得组件功率衰减情况。

b） 通常要求在质保期内进行一次组件标称功率测试，此后每 2 年进行 1 次。运行 1 年后应按照 2 片/MWp 的比例进行抽检。

c） 光伏组件标称功率测试测试仪器可采用便携式光伏阵列测试仪、辐照度计、温湿度计、红外热像仪。

d） 现场功率的测定采用经校准的便携式光伏阵列测试仪，测试太阳电池支路的 *I–V* 特性曲线。该部分测量采用抽检方式进行可以得出该组件的最大输出功率，为了将测试得到的最大输出功率转换到峰值功率，需进行以下校正：

1） 光强校正：在非标准条件下测试应当按照线性法进行光强校正。

2） 温度校正：结温一般按 60℃估计，按照高于 25℃时每升高 1℃，功率下降 2‰ 计算（晶体硅按照 5‰计算），合计下降 7‰。

e） 现场功率的测定采用便携式光伏阵列测试仪，抽测光伏组件的 *I–V* 特性曲线。

f） 找出需要抽检的组件位置，记录测试时间。根据天气情况，在晴天且日照和风力达到稳定时，辐照度宜大于 700W/m^2 的条件下测试。

g） 在测试前清洗组件，保证组件表面无异物，无水泥斑、鸟屎、灰尘及杂草遮挡。

5.4.3 光伏组件温度测试

a） 试验目的为检测组件质量，电池片接线、背板接线盒是否存在虚焊等。红外热像仪可精确测量光伏组件表面和背板的温度情况，便于分析组件最大功率变化的原因。

b） 在怀疑设备存在问题或必要时开展此项测试。

c） 当太阳辐照度为 500W/m^2 以上，风速不大于 2m/s，且无阴影遮挡时，同一光伏组件外表面（电池正上方区域）在温度稳定后，温度差异应小于 20℃。

6 组件支架的检查与维护

对检查中发现的缺陷，应根据危害严重程度及时予以消除。

6.1 例行检查与维护

6.1.1 跟踪支架例行检查与维护

a） 检查跟踪系统应跟踪正常。

b） 检查跟踪系统夜返功能应正常。

c） 检查跟踪系统 PLC 控制箱密封应良好，箱体内 PLC 工作正常。

d） 检查跟踪系统驱动装置正常运行，减速机外部无破损，减速箱密封良好、无漏油。

e） 检查太阳能支架牢固，连接处无松动、脱落，转动机械部分无卡涩。

6.1.2 固定支架例行检查与维护

a） 检查组件支架腐蚀情况，并定期对支架进行防腐处理。

b） 检查支架各部无变形，连接螺栓紧固。

c） 检查支架各部位焊点无开裂，满足相应的强度等级要求。

d） 检查支架接地应良好。

6.1.3 固定可调支架例行检查与维护

a）检测角度有无偏差。

b） 检查组件支架腐蚀情况，并定期对支架进行防腐处理。

c） 检查支架各部位焊点无开裂，满足相应的强度等级要求。

d） 检查调节机构无卡涩。

e） 检测支架无变形，连接螺栓紧固。

6.1.4 支架基础例行检查与维护

a） 检查基础混凝土表面无裂痕、剥离情况。

b）基础金属部件无锈蚀、无损坏。

c）检查基础无沉降现象。

d） 检测基础有无倾斜。

6.2 维护周期

每季度不少于 1 次巡视，在春秋风沙季节可适当增加巡视频率，强沙尘暴天气过后应及时对支架进行巡视。对固定可调式根据季节调节支架固定角度。每年至少 1 次对跟踪支架系统进行维护，重点检查减速机、万向节及紧固螺栓。

6.3 设备故障及处理

跟踪系统异常情况的检查方法与处理措施见表 2。

表 2 跟踪系统异常情况的检查方法与处理措施

序号	异常现象	异常原因	检查方法或部位	处 理 措 施
1	不能正常跟踪	相位角问题	外观检查	重新调整相位角
		电动机损坏		及时更换电动机
		PLC 控制板时间紊乱		用配套软件重新对 PLC 控制板进行设定
		PLC 控制板损坏		及时更换 PLC 控制板
2	跟踪精度不准	跟踪支架转动机械故障	机械部分转动时发出“咔咔”的摩擦声	对整体支架进行调整并在轴承处添加润滑油
3	减速机法兰螺栓断裂	螺栓强度不足	外观	及时更换强度较高的螺栓螺母
4	万向节脱落	紧固螺栓松动，转动轴偏移	斜单轴顶部	对顶部螺栓进行紧固，必要加装双螺母

7 汇流箱的检查与维护

7.1 直流汇流箱例行检查与维护

a） 汇流箱门板密封条脱落老化，应及时更换密封条，进出线处防火封堵应良好。

b） 汇流箱通信线屏蔽层接地必须可靠，接触良好。
c） 汇流箱、防雷器接地线良好，浪涌保护器工作正常。
d） 电源模块工作正常，汇流箱通信工作正常。
e） 每路发电单元正负极接线端子无虚接，无发热灼烧现象，熔断器正常。

7.2 交流汇流箱例行检查与维护

a） 汇流箱门板密封条脱落老化，应及时更换密封条，进出线处防火封堵应良好。
b） 汇流箱接地线必须可靠，接触良好。
c） 防雷器接地线良好，避雷器工作正常。
d） 每路接线端子无虚接，无发热灼烧现象。

7.3 检查项目与周期

a） 例行检查汇流箱每季度应巡视 1 次。
b） 直流汇流箱电流采集板的更换，根据电流采集板的使用年限，出现采集异常时，进行全部更换或针对故障采集板进行更换。
c） 交直流汇流箱防雷器检查更换，雷雨天气后对动作后的防雷器进行集中更换处理。
d） 汇流箱密封条应定期更换，建议 4 年更换一次，确保汇流箱密封良好。
e） 对汇流箱分支接线穿管固定位置进行检查，电缆应固定良好、外皮无磨损。

7.4 设备故障及处理

a） 电流采集板数据异常，数据采集元器件故障，及时更换采集板。
b） 主通信板地址丢失时通过配套软件重新设置通信地址。
c） 通信电源失电应检查熔断器是否正常，接线是否牢靠，电源模块是否故障。

8 逆变器的检查与维护

8.1 集中式逆变器例行检查与维护

a） 观察逆变器外观无损坏或变形。
b） 检查逆变器周围环境的湿度与灰尘、入口滤网是否破损，如有破损应及时更换。
c） 检查防火封堵无脱落，如防火泥脱落及时填补。
d） 检查电路板以及元器件的清洁，检查散热器温度以及灰尘。如有必要，须使用鼓风机并打开风机，对模块进行清扫。
e） 检查逆变器电压电流准确性，保证上传电量的准确率。
f） 检查电缆、接线端子连接无松动，交直流侧母排螺栓紧固，无发热灼烧现象，交直流侧断路器工作正常。
g） 检查逆变器风机工作正常，无异音，电源切换装置正常。
h） 检查逆变器外壳接地良好，交直流防雷器良好。
i） 检查逆变器软件是否需要更新。
j） 检查逆变器 IGBT 元件是否工作正常。

k） 检查逆变器备用电源、事故照明、通信柜是否工作正常。

l） 检查逆变器消防装置（灭火器、烟雾探测器）、感温探测器是否工作正常。

m） 制定集中式逆变器巡视周期：根据环境状况，制定巡视周期，至少每3个月巡视1次。

8.2 组串式逆变器例行检查与维护

a） 检查组串式逆变器背板散热片温度。

b） 检查组串式逆变器密封是否良好。

c） 检查组串式逆变器引出线接线是否牢固。

d） 检查组串式逆变器固定是否良好。

e） 检查组串式逆变器面板显示是否正常。

f） 检查组串式逆变器软件是否需要更新。

g） 检查组串式逆变器IGBT元件是否工作正常。

h） 制定组串式逆变器巡视周期：根据环境状况，制定巡视周期，至少每3个月巡视1次。

8.3 设备故障及处理

逆变器常见异常情况的检查方法与处理措施见表3及参见设备厂家用户手册。

表3 逆变器常见异常情况的检查方法与处理措施

序号	异常现象	异 常 原 因	检查方法及处理措施
1	模块过温保护	（1）逆变器模块温度采样电路损坏导致。 （2）冷却风扇故障导致	（1）更换模块温度采样电路板。 （2）逆变器风扇运行情况（风扇本身运行、供电、调速电路）
2	防雷器故障保护	（1）节点检测通道损坏导致。 （2）防雷器失效导致	（1）检查继电器板。 （2）检查防雷器。 （3）检查逆变器绝缘
3	直流熔断器故障保护	（1）节点检测通道损坏导致。 （2）直流熔丝失效导致	（1）检查继电器板。 （2）检查熔丝
4	模块故障（PDP）	（1）模块及驱动板本身异常导致。 （2）交流电流过流导致。 （3）故障返回光纤头损坏或驱动板供电电源损坏	（1）检查现场模块及驱动板情况。 （2）检查现场逆变器运行环境。 （3）检查故障返回光纤头及光纤板上电源情况。 （4）检查逆变器散热装置
5	控制电源异常保护	内/外供电继电器同时闭合或者开通	检查继电器状态
6	逆变器保护动作	（1）内部线路接地或短路故障。 （2）电网电压瞬间波动、负荷波动较大	就地查看故障信息，检测绝缘是否良好、相序是否正确、输入电压是否正常，如果无异常，则可以重新启动逆变器

8.4 试验

每年应进行一次逆变器效率测试、逆变器电能质量测试，抽查比例为10%，且要涵盖所有类型的逆变器。

9 监控自动化系统检修与维护

9.1 综合自动化系统检修与维护

9.1.1 例行检查的项目与周期

a） 运行显示灯：显示灯正常。
b） 系统时钟：时钟对位。
c） 供电模块工作电压：工作电压正常。
d） 定值检查：定值区与定值通知单相符。
e）遥信动作检查：与调度核对模拟量和状态量无误。
f） 插件检查：插件无过热现象。
g）监控主机基本硬件情况：主机硬件清洁，无积灰。
h）监控主机连接线检查：连线无松动。
i） 遥控命令及保护定值获取：可实施遥控命令及获取保护定值。
j） 主机系统检查：主机系统无病毒，系统软件运行良好。
k） 系统故障后的系统软硬件：应用软件重新安装。
l） 数据及系统备份：监控程序修改之前应先做好备份，定期对监控程序进行备份，维护工作前做好监控程序和相关数据备份工作。
m）版本升级及功能改进：按收集软件功能改进意见进行升级。
n） 通信可靠性检查：每天检查确保包括调度电话通信通道和设备、继电保护或安稳装置通信通道、远动信息通信通道以及站内的任一条光纤和通信设备的运行状态良好。

检修周期综合自动化系统例行检查至少每月进行 1 次。

9.1.2 检修项目与周期

a）外观及接线检查。
b） 绝缘检验。
c） 装置上电检查。
d） 遥测校验。
e） 遥信变位校验。
f） 断路器和刀闸控制试验。
g） 遥测传输检测。
h） 遥信传输检测。
i） 主站端遥控试验。

检修周期：根据设备运行情况，应每 3 年～5 年进行 1 次。

9.1.3 检修要求

a） 铭牌参数：测控装置铭牌参数记录完整，包括装置型号、制造厂家、装置工作电压、

TA 变比、TV 变比、所属屏柜、测控对象、出厂编号、装置地址。

b） 外观及接线检查：

1） 屏体固定良好，无明显变形及损坏，各部件安装端正牢固。

2） 所有单元、压板、导线接头、光纤、网络线、电缆接头、信号指示等应有正确标识，标识字迹清晰。

3） 各部件应清洁良好。

c） 绝缘检验：

交流电流回路对地、直流回路对地、遥控分合回路对地及出口各接点之间：使用 500V 摇表按表进行有关回路绝缘检验，各回路绝缘大于 10MΩ。检验时应断开装置电源，断开遥信回路与装置遥信板的连接，并做好相关防护措施。

d） 装置上电检查：

1） 测控装置通电自检：装置运行灯亮，液晶显示清晰正常、文字清楚。装置无告警灯亮，液晶显示无告警报文。

2） 时钟整定及对时功能检查：在直流失电一段时间的情况下，走时仍准确，整定值不发生变化；装置时钟会自动被修改与标准时钟相同；装置对时准确度测试。断、合装置电源至少有 5min 间隔。可用综自测试仪测对时准确度，要求误差不大于 1ms。

3） 软件版本和校验码检查。

4） 定值整定及其失电保护检查：按整定单进行整定，核查无误。在直流失电一段时间的情况下，整定值不发生变化。断、合装置电源时间间隔应根据设备厂家说明书进行。

e）遥测校验：

1） 电流幅值检验：在二次电流 $0I_n$、$0.2I_n$、$0.5I_n$ 及 $1I_n$ 分别测量测控装置与操作员工作站各相电流最大基本误差，误差绝对值应小于 0.2%。

2） 电压幅值检验：在二次电压 $0U_n$、$1U_n$、$1.2U_n$ 分别测量测控装置各相电压显示值与操作员工作站线电压显示值的最大基本误差，并测量同期电压的最大基本误差；对没有设计同期回路的装置，同期电压可不校验，误差绝对值应小于 0.2%。

3） 功率测量检验：加三相对称额定电压 $U_a=U_b=U_c=57.7$V。相位角 $\psi=60°$、$\psi=210°$。在二次电流 $0I_n$、$0.5I_n$ 及 $1I_n$ 分别测量测控装置与操作员工作站有功、无功功率显示值与计算值。误差绝对值应小于 0.5%。

4） 频率测量校验：在 49.50Hz、50.00Hz、50.50Hz 分别测量测控装置及操作员工作站 A 相母线电压计同期频率显示值；对没有设计同期回路的装置，同期电压可不校验。误差绝对值应小于 0.2%。

5） 主变油温测量检验：在对应温度标准值 20℃、40℃、60℃、80℃、100℃时分别测量测控装置与操作员工作站温度显示最大基本误差。误差绝对值应小于 0.5%。

f） 遥信变位校验：

当断路器（刀闸）进行操作时，其返回的接点信号应正确无误地在操作员工作站上反应。测控屏上的远方/就地切换开关及开入类的压板也应进行核对。

g） 断路器和刀闸控制试验：

断路器进行传动试验。当“就地/远控”切换开关或压板处于“就地”位置时，或“刀闸遥控投退”切换开关或压板处于“退出”位置时，遥控不应出口；当断路器或刀闸出口压板处于退出位置时，遥控不应出口。

h） 遥测传输检测：遥测系数与实际相符，遥测值的实际值核对无误。

i） 遥信传输检测：

1） 常规遥信传输检测：所有断路器变位都有 SOE 信息，主站和当地显示的 SOE 时间相同且与实际相符。

2） 事故总信号传输检测：事故总信号与遥信变位同时收信无遗漏。

j） 主站端遥控试验：各遥控点表上的控制对象传动无误。

9.2 光功率预测系统检修与维护

9.2.1 例行检查与维护

a） 定期重启：计算机操作系统与软件预测系统定期进行重启，重启后软件系统正常。

b） 光功率分析软件的所有命令和功能符合要求。

c） 监控系统连接的数据通道完好。

d） 交换机工作正常。

e） 天气预报、实时功率、短期预测、超短期预测指示灯显示正常。

f） 太阳辐射监测仪外观无异常，工作正常。

9.2.2 检查周期

光功率预测系统例行检查至少每月 1 次。

9.2.3 缺陷及故障处理

光功率预测系统缺陷及故障处理见表 4。

表 4 光功率预测系统缺陷及故障处理

序号	异常现象	检查方法及处理措施
1	数据库连接不上	查看数据库服务是否启动，查看系统配置文件，数据库相关配置是否正确
2	短期数据正常显示，超短期预测数据不显示	检查接收实发送功率程序运行是否正常
3	短期预测数据不显示	查看服务器指示灯是否正常，与预测主机相连的网线是否连接正常，重启预测程序
4	实时功率更新异常	检查接收数据相关服务日志信息，确定程序是否异常。若无法查出相关信息，查看后台转发数据相关设备是否运行正常，重启接收数据相关服务

9.3 自动电压控制（AVC）及自动发电控制（AGC）系统检修与维护

9.3.1 例行检查与维护

a） 设备卫生清扫：设备清洁无积灰。拆卸设备应放在防静电板上，清扫时吹风枪外壳应接地。
b） 系统的命令和功能是否正常。
c） 数据传输是否及时，传输性能是否满足设计参数。
d） 散热风扇运转状况是否良好、无异响。
e） 环境温度、湿度、清洁度应符合相关规定。
f） 对重要异常信息（如重要信号丢失、数据溢出、通信故障等）做好详细记录。
g） 不间断电源（UPS）供电电压是否正常，运行状态是否良好。
h） 计算机控制系统软件和数据是否定期备份。

9.3.2 例行检查周期

自动电压控制及自动发电控制系统至少每月检查 1 次。

9.3.3 检修项目及要求

a） AVC、AGC 装置所处环境温度、湿度、清洁度应符合设备的要求。
b） 硬件检查：
  1） 控制柜密封良好。
  2） 装置电源回路端子紧固。
  3） 线路板应无明显损伤和烧焦痕迹，线路板上各元器件应无脱焊；内部各连线或连接电缆应无断线，各部件设备、板卡及连接件应安装牢固无松动，安装螺栓齐全。
  4） 计算机设备外观应完好，无缺件、锈蚀、变形和明显的损伤。设备应摆放整齐，各种标识应齐全、清晰、明确。
  5） 服务器是否正常工作：接通电源启动后，设备应无异音、异味等异常现象发生，能正常地启动并进入操作系统，自检过程无出错信息，各状态指示灯及界面显示正常。检查散热风扇转动应正常无卡涩，方向正确。
c） 权限设置：
  1） 各操作员站和服务站的用户权限设置符合管理和安全要求。
  2） 各网络接口站或网关的用户权限设置符合管理和安全要求。
  3） 各网络接口站或网关的端口服务设置符合管理和安全要求，关闭不使用的端口服务。

9.3.3.1 检修周期

自动电压控制及自动发电控制系统的检修应每年进行 1 次。

9.3.4 缺陷及故障处理

AVC、AGC 系统异常情况的检查方法与处理措施见表 5。

表 5 AVC、AGC 系统异常情况的检查方法与处理措施

序号	异常现象	可能的原因	处 理 措 施
1	实时功率、电压等数据采集异常	程序异常	分析来往报文，并重启服务器全部进程，完成后刷新数据
		与后台转发数据装置链路断裂	Ping 对侧装置 IP，查看相关通信线缆是否异常
		若链路正常工作，后台转发装置组态出错，通信不通	重新下装备份的通信组态，并重启装置
2	监控界面所有数据不能正常刷新	服务器相关进程错误	打开 Windows 任务管理器，结束相应进程并重新启动
3	主控界面无响应或空白	服务器相关进程错误	相应进程并重新启动，若仍未解决，重启计算机
4	所有统计信息丢失	服务器网线松动或死机	通则检查网线是否松动并紧固
5	调度下发指令不更新，不能接受正常指令	省调主站相关关卡死机	与调度联系，调度重新下发一次指令
		若调度重新下发后还未接受指令，可能是站内调度数据网关卡不能正常工作	申请调度重启调度数据网设备与相关通信装置
6	指令下发后逆变器未响应相关命令	可能为数据量较大而堵塞相关下发命令通道	重启服务器所有进程，并重新下发一次命令

10 变配电设备检修与维护

10.1 箱式变压器及站用变压器检修与维护

10.1.1 例行检查与维护

10.1.1.1 例行检查周期

箱式变压器及站用变压器的日常巡视检查应根据实际情况确定巡视周期。建议：

a） 箱式变压器每月巡视 1 次。

b） 站用变压器按照升压站设备巡视周期执行。

c） 遇恶劣天气或严重缺陷、特殊运行方式时应增加巡视次数。

10.1.1.2 例行检查的项目与要求

a） 变压器的油温和温度计应正常，储油柜的油位应与温度对应，各部位无渗油、漏油。

b） 变压器外观无破损裂纹，无严重锈蚀、油污，无放电痕迹及其他异常现象。
c） 变压器声响均匀、正常。
d） 吸湿器完好、吸附剂干燥。
e） 引线接头、电缆、母线应无松动，无发热迹象。
f） 气体继电器内应无气体（一般情况）。
g） 各控制箱和二次端子箱、机构箱应关严，无受潮，温控装置工作正常。
h） 箱式变压器及站用变压器室的门窗、照明应完好，房屋不漏水，防盗、防小动物措施完善；电缆孔洞的封堵完好，基础无积水现象。
i） 各部位接地完好，无放电现象。
j） 外壳应无异常发热。
k） 各种标志应齐全明显。
l） 各种保护装置应齐全良好。
m） 消防设施应完好。
n） 箱式变压器及站用变压器室通风设备应完好；检查箱式变压器内绝缘防护情况，裸露的带电部分应进行防护隔离。
o） 每半年应对箱式变压器及站用变压器红外成像检查1次。
p） 箱式变压器内高低压配电装置，UPS系统、测控系统、电流互感器、电压互感器、计量监控表计、电磁闭锁装置、带电指示装置等工况良好。
q） 检查箱式变压器内开关（负荷开关）的机械寿命，熔断器接触良好，无异常。
r） 光伏发电站根据本站箱式变压器、站用变压器的结构特点补充其他项目。

10.1.2 检修项目与周期

10.1.2.1 检修周期

10.1.2.1.1 检修周期一般每3年1次。建议制定滚动检修计划，合理安排。
10.1.2.1.2 经过预防性试验、变压器油化验分析并结合运行情况，如判定有变压器内部故障或本体严重渗漏油时，应进行大修。
10.1.2.1.3 箱式变压器内变压器及站用变压器承受出口短路或发现异常状况，经综合诊断分析以及试验判明有内部故障时，应进行大修。

10.1.2.2 检修项目

a） 处理已发现的缺陷。
b） 放出储油柜积污器中的污油。
c） 检修油位计，调整油位。
d） 检修冷却装置。
e） 检修安全保护装置，包括压力释放阀（安全气道）、气体继电器、速动油压继电器等。
f） 检修油保护装置。
g） 检修测温装置，包括压力式温度计、电阻温度计（绕组温度计）、棒形温度计等。
h） 检查接地系统。

i） 检修全部阀门和塞子，检查全部密封状态，处理渗漏油。
j） 清扫油箱和附件，必要时进行补漆。
k） 清扫外绝缘和检查导电接头（包括套管将军帽）。
l） 按有关规程规定进行测量和试验。
m） 检查、清扫箱式变压器高、低压侧开关等电器元件。
n） 检查、校验二次回路。
o） 临时检修项目。

10.1.3 缺陷及故障处理

10.1.3.1 运行中的异常情况

a） 噪声较大，声音异常。
b） 套管裂纹，有放电现象。
c） 引线发热变色，但未熔化。
d） 上部落物危及安全，不停电无法消除。
e） 上层油温超出正常值。
f） 油位显著下降或升高。
g） 油变色，油质不合格。
h） 瓦斯继电器内有气体。

10.1.3.2 异常运行与处理

10.1.3.2.1 异常运行与处理的原则

a） 加强监视、检查，做好事故预想。
b） 发现威胁变压器安全的异常情况，立即采取措施，必要时应停电处理。

10.1.3.2.2 上层油温超过正常值

a） 对变压器负荷和油温与此负荷和冷却条件下应有的油温进行核对。
b） 检查变压器室的通风情况及各冷却风扇运行情况。
c） 核对温度表指示是否正确（可借助测温仪测量）。
d） 油温在正常负荷和冷却条件下上升超过 10℃或上层油温不断上升，负荷和温度表计均正常，且变压器室的通风情况良好，则认为变压器内部故障，应将变压器停电检修。

10.1.3.2.3 油位异常

a） 当发现变压器油面较当时油温所应有的油位显著降低时，应查明原因并补油。
b） 如因大量漏油致油位迅速下降，禁止将重瓦斯保护改投信号，应迅速查明原因，必要时停电处理，采取堵漏措施并加油。
c） 油位因温度升高可能超过油位指示极限，经查明不是假油位所致时，则应放油，使油位降至与当时油温所相对应的高度，以免溢油。

10.1.3.3　变压器的故障处理

10.1.3.3.1　发现下列情况之一，应立即停电处理：

a）变压器内部有较大异音或爆裂声。

b）在正常负荷和冷却条件下，变压器上层油温异常，上升速率较快。

c）油枕、防爆门或压力释放阀喷油。

d）严重漏油，油位计无油位显示。

e）油色变化明显，油内出现碳质。

f）瓦斯继电器内产生大量气泡。

g）套管有严重破损及放电。

h）套管接头和引线过热发红、熔化或熔断。

i）变压器范围内发生人身事故，必须停电时。

j）发生危及变压器安全的故障，而变压器有关保护装置拒动时。

k）变压器冒烟着火。

l）当变压器附近设备着火、爆炸或发生其他情况，对变压器构成严重威胁时。

10.1.3.3.2　变压器保护动作处理的原则

a）保护装置动作跳闸后，应查明故障原因，若属保护装置及二次回路故障误动，应对保护装置及二次回路进行检查校验，缺陷消除后方可恢复运行；若因电气一次设备故障，则需对箱式变压器进行必要的检查与试验，故障消除并经试验合格后方可投入运行。

b）若属断路器越级跳闸，应查明越级跳闸原因和波及的设备范围，故障处理后方可恢复送电。

10.1.3.3.3　瓦斯保护装置动作的处理

a）轻瓦斯保护动作的处理：

1）应立即对变压器进行检查，查明动作原因，是否因积聚空气、油位降低、二次回路故障或变压器内部故障导致。

2）如气体继电器内有气体，应记录气量，观察气体颜色及试验是否可燃，并取气样及油样做色谱分析，判断变压器故障类型。

3）若气体继电器内的气体为无色、无臭且不可燃，色谱分析判断为空气，则变压器可继续运行，并及时消除进气缺陷。

4）若气体是可燃的或油中溶解气体分析结果异常，应综合判断确定变压器是否停用。

b）重瓦斯动作跳闸的处理：

1）在查明原因消除故障前不得将变压器投入运行。

2）排查是否呼吸不畅或排气未尽，保护及直流等二次回路是否正常。

3）观察变压器外观有无明显反映故障性质的异常现象。

4）检查气体继电器中积集气体量，是否可燃，对气体继电器中的气体和油中溶解气体进行色谱分析。

5） 进行必要的电气试验（绕组绝缘、直阻、介损等）。

6） 分析变压器其他继电保护装置动作情况。

10.1.4 试验

10.1.4.1 箱式变压器与站用变压器

箱式变压器与站用变压器试验项目及周期见表 6。

表 6 箱式变压器与站用变压器试验项目及周期

序号	项　目	周　期
1	红外成像	6 个月
2	油中溶解气体色谱分析	（1）1 年～3 年； （2）大修后
3	绕组直流电阻	（1）3 年或自行规定； （2）无励磁调压变压器调整分接位置后； （3）大修前后； （4）出口或近区短路后； （5）交接时； （6）必要时
4	绕组绝缘电阻、吸收比	（1）3 年或自行规定； （2）大修前后； （3）必要时
5	交流耐压试验	（1）交接时； （2）更换绕组后； （3）必要时
6	测量与铁芯绝缘的各紧固件（连接片可拆开者）及铁芯（有外引接地线的）绝缘电阻	（1）大修前、后； （2）必要时
7	穿心螺栓、铁轭夹件、绑扎钢带、铁芯、线圈压环及屏蔽等的绝缘电阻	（1）大修中； （2）器身检查时
8	绕组所有分接的电压比	（1）分接开关引线拆装后； （2）更换绕组后； （3）必要时
9	测温装置校验	必要时或自行规定
10	气体继电器校验	必要时或自行规定
11	压力释放器校验	必要时
12	变压器油试验	参照表 8

注：干式变压器小修试验项目见表中序号 3、4、5、9；干式变压器大修试验项目见表中序号 3、4、5、7、8、9

10.2 10kV/35kV 配电系统检修与维护

10.2.1 高压开关柜例行检查与维护

10.2.1.1 例行检查周期

10kV/35kV 配电系统的不停电检查至少每月进行 1 次。停电检查根据实际情况确定检查周期。

10.2.1.2 例行检查的项目与要求

10.2.1.2.1 例行（不停电）检查：

a） 应无异常放电声、异味和不均匀的机械噪声。
b） 柜体温度正常，通风及温控设备运转良好。
c） 各指示灯、带电显示器、表计指示应正常。
d） 操作方式选择开关应正确，操作方式切换开关正常且在“远控”位置。
e） 断路器分、合闸位置指示器与实际运行方式相符。
f） 综合保护装置无异常报警。
g） 柜体清洁，无变形、脱漆、锈蚀、过热、下沉，锁扣完好、到位；各部螺栓无松动、缺失。
h） 设备标识正确齐全。
i） 保护室、电缆室照明正常。
j） 电缆头连接紧固、无发热，绝缘无损伤，电缆孔洞封堵完整、无脱落。
k） 用红外热像仪测量各连接部位、断路器、刀闸触头等部位。

10.2.1.2.2 例行（停电）检查：

a） 外观检查：
   1） 断路器分、合闸位置指示器与实际运行方式相符。
   2） 综合保护装置无异常报警。
   3） 柜体清洁，无变形、脱漆、锈蚀、过热、下沉，锁扣完好、到位；各部螺栓无松动、缺失。
   4） 设备标识是否齐全。
b） 柜内检查：
   1） 保护室、电缆室照明正常。
   2） 接地刀闸操作灵活，接触良好。
   3） 电缆头连接紧固、无发热，绝缘无损伤、防火封堵完整、无脱落。
   4） 避雷器清洁、完好，连接紧固、正确。
   5） 互感器无灰尘、积垢，完好，无裂纹，并检查连接是否正确。
   6） 各绝缘子支撑是否牢固，有无裂纹、变色。
   7） 静触头清洁，无磨损、发热、烧蚀、变形，压簧完好，三相间的中心距离符合图纸要求。

8） 挡板机构操作灵活、可靠。

9） 各闭锁装置可靠。

10）二次回路端子排无灰尘，螺栓、接头、插件无松动、发热，电源开关完好。

11）温湿度控制器及加热器工作正常。

c） 断路器检查：

1） 动触头清洁，无磨损、发热、烧蚀、变形，压簧完好。

2） 控制回路螺丝、接头、插件无松动、发热。

3） 手动储能，对断路器手动分、合闸一次，检查断路器动作是否正确、完好，操作机构是否灵活，有无卡涩。断路器推进至试验位置，进行断路器电动操作试验。

10.2.2 检修项目与周期

10.2.2.1 小修周期

小修周期结合设备的预防性试验结果和设备状态确定，一般不应超过3年。

10.2.2.2 大修周期

一般每6年～8年进行1次，结合设备运行状况可适当缩短大修周期。

10.2.2.3 小修项目

a） 断路器：外观检查与清扫，导流回路检查，绝缘电阻与辅助触点检查，操作机构检查。

b） 互感器：外观检查与清扫，紧固法兰及螺栓受力的检查，基础支撑部件及引线的检查，本体接线盒油位、金属膨胀器的检查，变压器油试验。

c） 隔离开关：支持绝缘子、触头检查清扫，基础、底架部件和引线的检查，合、分闸位置的检查，操作机构部件的紧固及润滑。

d） 避雷装置：本体与瓷套的检查与清扫，底架部件和引线的检查，在线监测仪的检查。

e） 过电压保护器：本体与瓷套的检查与清扫，底架部件和引线的检查。

10.2.2.4 大修项目

包含小修项目及下列各项内容：

a） 断路器：各相触头开距超程检调、操作机构检修。

b） 隔离开关：操作机构检修。

c） 高压母线：绝缘子、杆塔及构架的检修与清扫，导线（含引线）的检查，金具的检查。

10.2.3 缺陷及故障处理

高压开关柜缺陷及故障处理见表7。

表7 高压开关柜缺陷及故障处理

异常现象	可能的异常原因	处 理 措 施
断路器不能电动合闸	二次插头未插上	插上二次插头
	二次控制回路接线松动	将有关松动的接头接好
	断路器未储能	手动或电动储能
	手车未到位，处于试验位置和工作位置之间	把手车摇到试验位置或工作位置
手车推不到工作位置或无法打开断路器推进操作孔盖板	柜门未关闭	取出断路器，将活门关闭
	接地开关未分闸	把接地开关分闸
	断路器未分闸	把断路器分闸
手车无法从工作位置摇出	断路器未分闸	把断路器分闸
手车在试验位置无法拉出柜外	联锁销未打开	将联锁销提起并向外旋出
接地开关合不上	手车在工作位置	把手车摇到试验位置
	电缆头带电	检查电缆头带电原因并解除
	接地开关操作手柄未插到底	将接地开关操作手柄插到底
带电显示器灯不亮	传感器损坏	更换传感器
	带电显示器故障	更换带电显示器
电磁锁不动作	电磁锁故障	更换电磁锁
TA 二次侧无信号	TA 二次短接线未解除	解除二次短接线
	连接线或连接不良	确保连接线及连接良好

10.2.4 试验

10.2.4.1 一般规定

10.2.4.1.1 10kV/35kV 高压配电系统（断路器、避雷器、电流互感器、电压互感器）预防性试验项目、周期应符合 DL/T 596 的规定。

10.2.4.1.2 高压支柱绝缘子应定期进行探伤检查。

10.2.4.1.3 红外检测参照 DL/T 664 规定的检测方法、检测仪器及评定标准进行。

10.3 主变压器检修与维护

10.3.1 例行检查与维护

10.3.1.1 例行检查周期

不停电检查至少每月进行 1 次。停电检查根据实际情况确定检查周期。

10.3.1.2 例行检查的项目与要求

主变压器例行检查（包括不停电检查和停电检查）的项目与要求参照 DL/T 573 表 1、表 2 执行。

10.3.2 检修项目与周期

10.3.2.1 小修周期

小修一般每年 1 次；安装在 d 级以上污秽地区的变压器，其小修周期应在现场规程中予以规定。

10.3.2.2 大修周期

变压器大修周期一般应在 10 年以上。运行中的变压器承受出口短路后，经综合诊断分析，可考虑大修。箱沿焊接的变压器或制造厂另有规定者，若经过试验与检查并结合运行情况，判定有内部故障或本体严重渗漏油时，可进行大修。运行中的变压器，当发现异常状况或经试验判明有内部故障时，应进行大修。设计或制造中存在共性缺陷的变压器可进行有针对性大修。

10.3.2.3 小修项目

a） 处理已发现的缺陷。
b） 放出储油柜积污器中的污油。
c） 检修油位计，包括调整油位。
d） 检修冷却油泵、风扇，必要时清洗冷却器管束。
e） 检修安全保护装置。
f） 检修油保护装置（净油器、吸湿器）。
g） 检修测温装置。
h） 检修调压装置、测量装置及控制箱，并进行调试。
i） 检修全部阀门和放气塞，检查全部密封状态，处理渗漏油。
j） 清扫套管和检查导电接头（包括套管将军帽）。
k） 检查接地系统。
l） 清扫油箱和附件，必要时进行补漆。
m） 紧固导线连接螺栓及法兰密封垫连接螺栓。

10.3.2.4 大修项目

a） 绕组、引线装置的检修。
b） 铁芯、铁芯紧固件（穿心螺杆、夹件、拉带、绑带等）、压钉、压板及接地片的检修。
c） 油箱、磁（电）屏蔽及升高座的解体检修，套管检修。
d） 冷却系统的解体检修，包括冷却器、油泵、油流继电器、风扇、阀门及管道等：

e） 安全保护装置的检修及校验，包括压力释放装置、气体继电器、速动油压继电器、控流阀等。
f） 油保护装置的解体检修，包括储油柜、吸湿器、净油器等。
g） 测温装置的校验，包括压力式温度计、电阻温度计（绕组温度计）、棒形温度计等。
h） 操作控制箱的检修和试验。
i） 无励磁分接开关或有载分接开关的检修。
j） 全部阀门和放气塞的检修。
k） 全部密封胶垫的更换。
l） 必要时对器身绝缘进行干燥处理。
m） 变压器油的处理。
n） 清扫油箱并进行喷涂油漆。
o） 检查接地系统。

10.3.3 缺陷及故障处理

主变常见缺陷及处理措施参照 DL/T 573 表 3～表 8 执行。

10.3.4 试验

10.3.4.1 预防性试验项目、周期应符合 DL/T 596 的规定。
10.3.4.2 红外检测参照 DL/T 664 规定的检测方法、检测仪器及评定标准进行。
10.3.4.3 主变压器油试验项目和要求见表 8。

表 8 主变压器油试验项目和要求

序号	项目	周期	质量指标		检验方法
			投入运行前油	运行油	
1	外观	（1）1 年～3 年； （2）大修后； （3）必要时	透明、无杂质或悬浮物		将油样注入试管中冷却至 5℃，在光线充足的地方观察
2	水溶性酸（pH 值）	（1）1 年～3 年； （2）大修后； （3）必要时	≥5.4	≥4.2	GB/T 7598
3	酸值 mgKOH/g	（1）1 年～3 年； （2）大修后； （3）必要时	≤0.03	≤0.1	NB/SH/T 0836
4	水分 mg/L	（1）1 年～3 年； （2）大修后； （3）必要时	66kV～110kV 时不大于 20； 220kV 时不大于 15； 330kV～500kV 时不大于 10	66kV～110kV 时不大于 35； 220kV 时不大于 25； 330kV～500kV 时不大于 15	GB/T 7600 或 GB/T 7601

表 8（续）

序号	项目	周期	质量指标		检验方法
			投入运行前油	运行油	
5	击穿电压 kV	（1）1 年～3 年； （2）大修后； （3）必要时	15kV 以下时 不小于 30； 15kV～35kV 时 不小于 35； 66kV～220kV 时 不小于 40； 330kV 时 不小于 50	15kV 以下时 不小于 25； 15kV～35kV 时 不小于 30； 66kV～220kV 时 不小于 35； 330kV 时 不小于 45	GB/T 507
6	油介损指标 tanδ（90℃） %	（1）1 年～3 年； （2）大修后； （3）必要时	330kV 及以下时 不大于 1	300kV 及以下时 不大于 4	GB/T 5654

10.4 GIS 及室外配电系统检修与维护

10.4.1 例行检查与维护

10.4.1.1 例行检查周期

GIS 及室外配电系统的例行检查至少每月进行 1 次。

10.4.1.2 例行检查的项目与要求

10.4.1.2.1 GIS

a） 断路器、隔离开关及接地开关的位置指示器指示正确，并与当时实际运行工况相符。
b） 现场控制盘上各种信号指示，控制开关的位置及盘内加热器指示正确，加热器能按规定投入或切除。
c） 照明、通风系统、防火器具完好无缺、工作正常。
d） 各种压力表、密度计、油位计指示正确。
e） 隔离开关、接地开关触头接触良好。
f） 断路器、避雷器的动作计数器指示正确。
g） 外部接线端子、熔断器无松动、无过热、指示正常。
h） 在 GIS 设备附近无杂音、无异味。
i） 各类箱、门关闭正常、无脱落。
j） 外壳、支架、瓷套金属外壳温度不超过规定，锈蚀、损失、裂纹、破损。
k） 各类配管及闸门、绝缘法兰与绝缘支架开闭位置指示正确，无损伤、锈蚀。
l） 设备本体及操作机构无漏气（SF_6 气体、压缩空气）；无漏油（液压油、电缆油）；室内 SF_6 气体检测报警装置完好。

m）电缆接地端子接触良好，无发热。
n）压力释放装置防护罩无异样，其释放出口无障碍物。
o）所有设备清洁、完整，标志完整。
p）本体接地装置连接完好。

10.4.1.2.2 支柱式 SF_6 断路器

a）断路器分合闸的位置指示正确，并与当时实际运行工况相符。
b）现场控制盘上各种信号指示，控制开关的位置及盘内加热器指示正确，加热器能按规定投入或切除。
c）各种压力表、密度计、油位计指示正确。
d）断路器动作计数器指示正确。
e）外部接线端子无松动、过热。
f）设备附近无杂音、异味。
g）各类箱、门关闭正常，无脱落。
h）外壳、支架、瓷套金属外壳温度不超过规定，无锈蚀、损失、裂纹、破损。
i）电缆接地端子接触良好，无发热。
j）设备标识清洁、完整，标志完整。
k）本体接地装置连接完好。

10.4.1.2.3 隔离开关

a）分合闸的位置指示正确，并与当时实际运行工况相符。
b）线端子无松动、过热。
c）设备附近无杂音、异味。
d）各类箱、门关闭正常，无脱落。
e）设备标识清洁、完整，标志完整。
f）本体接地装置连接完好。

10.4.1.2.4 互感器

a）检查脏污附着处的瓷件上有无裂纹。如果表面污秽、裂纹损伤轻微，底座、支架变形轻微，可等停电机会处理。如或瓷质部分裂纹明显，应立刻汇报运行人员，及时停电处理。
b）检查硅橡胶增爬裙或 RTV 有无放电痕迹，如有放电痕迹应及时更换。
c）套管瓷套根部若有放电现象应涂以半导体绝缘漆。
d）通过红外热像检查，检测高压引线连接处、本体等，应无异常温升、温差。
e）如果密封处渗油，则紧固密封件，如紧固无效应更换密封件；对焊缝渗漏油应进行补焊；如果防爆膜渗漏油，重点检查油位是否过高；防爆膜如有裂纹及时更换，同时检查本体通往膨胀器管路是否有堵塞。
f）端子箱内应无潮气或雨水进入，电压互感器端子箱熔断器和二次空气开关正常。
g）应无异常声响和异常振动，如判断噪声或振动谐振引起的，应及时汇报运行人员破坏谐振条件，消除谐振。

h） SF_6气体压力表指示正常。

i） 各部位（含备用的二次绕组端子）接地应良好。

10.4.1.2.5 电容式电压互感器

电容式电压互感器例行检查除包含 10.4.1.2.4 外还包含以下项目：

a） 分压电容器及电磁单元无渗漏油，如分压电容器单元渗漏油，应停止运行进行更换。

b） 二次端子（或表盘）出现二次电压（开口三角形电压）异常，可能为内部电容元件故障，应停电检查处理。

c） 电磁单元各部分应正常，阻尼器应接入并正常运行。

d） 电容分压器低压端子须直接可靠接地。

10.4.2 检修项目与周期

10.4.2.1 检修周期

10.4.2.1.1 GIS

a） GIS 解体大修的周期根据 GIS 制造厂家规定的设备技术条件制定。

b） 定期检修：GIS 投运后一年进行 1 次一般性维护及气室的微水测量，若情况正常以后每 3 年～4 年进行 1 次检修，同时进行 GIS 气室的微水测量，必要时校验密度继电器动作压力值，进行 GIS 本体 SF_6气体检漏。

10.4.2.1.2 SF_6断路器

a） 大修周期：累计故障开断电流或机械操作次数达到设备技术条件中的规定时进行。

b） 定期检修：应结合设备的预防性试验进行，一般不应超过 3 年。

10.4.2.1.3 隔离开关

a） 大修周期：推荐每 5 年～8 年对其进行 1 次大修。

b） 定期检修：应结合设备的预防性试验进行，一般不应超过 3 年。

10.4.2.1.4 互感器

a） 大修周期：根据互感器预防性试验结果、在线监测结果进行综合分析判断。

b） 定期检修周期：应结合设备的预防性试验和实际运行情况进行，应每 1 年～3 年进行 1 次。

10.4.2.1.5 其他

母线及绝缘子检修每年进行 1 次。

10.4.2.2 检修项目

10.4.2.2.1 GIS

a） SF_6气体压力的检查及补充。

b） 对操动机构维修检查，处理漏油、漏气或某些缺陷，更换某些零部件。

c） 操作电动机检查维修。

d） 维修检查控制回路。

e） 液压油泵和加热器自动投运定值校验。

f） 检查操作机构压力，校验压力表、压力（微动）开关、密度继电器或密度压力表。

g） 检查传动部件磨损情况，对转动部件添加润滑剂。

h） 检查各种外露连杆的紧固情况。

i） 检查接地装置。

j） 喷漆或补漆工作。

k） 扫外壳，对压缩空气系统排污。

10.4.2.2.2 SF_6断路器

a） 瓷套（柱式断路器）或套管（罐式断路器）检修：

1） 检查均压环。

2） 检查瓷件内外表面。

3） 检查主接线板。

4） 检查法兰密封面。

5） 对柱式断路器并联电容器进行检查。

b） SF_6气体系统检修：

1） SF_6充放气止回阀的检修：更换止回阀密封圈，对顶杆和阀芯进行检查。

2） 对管路接头进行检查并进行检漏。

3） 对SF_6密度继电器的整定值进行校验，按检修后现场试验项目标准进行。

4） SF_6气体压力的检查、补充。

c） 加热和温控装置：

1） 检查加热装置。

2） 检查温控装置。

d） 液压操作机构：

1） 检查机构箱。

2） 检查传动连杆及其他外露零件。

3） 检查辅助开关。

4） 检查压力开关。

5） 检查分合闸指示器。

6） 检查二次接线。

7） 校验油压表。

8） 检查操作计数器。

e） 弹簧操作机构：

1） 检查机构箱。

2） 检查清理电磁铁扣板、掣子。

3） 检查传动连杆及其他外露零件。

4） 检查辅助开关。

5） 检查分合闸弹簧。

6） 检查分合闸缓冲器。

7） 检查分合闸指示器。

8） 检查二次接线。

9） 储能开关。

10）检查储能电动机。

f） 气动操作机构：

1） 储气罐：检查、清洗储气罐；清理密封面，更换所有密封件。

2） 电磁阀系统：分、合闸电磁铁的检修；分闸一、二级阀的检修；主阀体的检修；检查安全阀。

3） 工作缸：检查缸体、活塞及活塞杆；组装工作缸。

4） 缓冲器和传动部分：缓冲器检修；传动部分检查。

5） 合闸弹簧：合闸弹簧检查。

6） 压缩机及电动机：压缩机检修；气水分离器及自动排污阀检查；电动机检修。

7） 压缩空气管路：检查、清洗及连接管路。

8） 加热和温控装置：检查加热装置；检查温控装置。

9） 其他部位：检查机构箱；检查传动连杆及其他外露零件；检查辅助开关；检查压力开关；检查分合闸指示器；检查二次接线；校验气压表（空气）；检查操作计数器。

g） 灭弧室：

1） 弧触头和喷口：检查弧触头和喷口的磨损和烧损情况。

2） 绝缘件的检查：检查绝缘拉杆、绝缘件表面情况。

3） 合闸电阻的检修：检查电阻片外观，测量每极合闸电阻阻值；检查电阻动、静触头的情况。

4） 灭弧室内并联电容器的检修（罐式）：检查并联电容的紧固件是否松动，进行电容量测试和介损测试。

5） 压气缸检修：检查压气缸等部件内表面。

10.4.2.2.3 隔离开关

a） 导电部分：

1） 主触头的检修。

2） 触头弹簧的检修。

3） 导电臂的检修。

4） 接线座的检修。

b） 机构和传动部分：

1） 轴承座的检修。

2） 轴套、轴销的检修。

3） 传动部件的检修。

4） 机构箱检查。

5） 辅助开关及二次元件检查。

6） 机构输出轴的检查。

7） 主断路器和接地开关联锁的检修。

c） 绝缘子检查。

10.4.2.2.4 互感器

a） 瓷套检修：

1） 清除外表积污。

2） 修补破损瓷裙。

3） 在污秽地区若爬距不够，可在清扫后涂防污闪涂料或加装硅橡胶增爬裙。

4） 查防污涂层的憎水性，若失效应擦净重新涂覆，增爬裙失效时应更换。

b） 渗漏油检修：储油柜、瓷套、油箱、底座有无渗漏；检查油位计、瓷套的两端面、一次引出线、二次接线板、末屏及监视屏引出小瓷套、压力释放阀及防油阀等部位有无渗漏。如分压电容器与电磁单元箱体密封处渗油，则紧固密封件，如紧固无效则更换密封件。

c） 检查油位或盒式膨胀器的油位压力指示，油位压力指示是否正确。

d） 检查二次接线板，二次接线板的绝缘、外观接地端子是否可靠接地。

e） 检查接地端子，发现接触不良应清除锈蚀后紧固。

10.4.2.2.5 SF_6 互感器

SF_6 互感器大修时除更换一些易于装配的密封件外，不允许对密封壳解体，必要时返厂修理。

a） 清除复合绝缘套管的硅胶伞裙外表积污。

b） 检查一次引线连接。

c） 检查气体压力表和 SF_6 密度继电器。

d） 检查一次接线板。

10.4.2.2.6 其他设备

a） 母线：

1） 硬母线：母线、绝缘子清扫、检查；不良瓷瓶检出或进行绝缘电阻测定；接点分解，检查处理；检查各种线夹，金具等的紧固螺栓是否松动，瓷瓶轴销及开口销是否齐全，锈蚀的更换，平垫、弹簧垫补齐；检查导线有无损伤，断股，压接头处有无过热，发黑现象；母线构架及基础检查。

2） 软母线：母线检查；档距检查；检查软母线与电器端子连接压力是否在规定范围内；检查母线压接管弯曲度是否符合要求；检查压接管表面是否符合要求。

b） 绝缘子（穿墙套管）：

1） 绝缘子及穿墙套管表面及铁件与瓷件检查。

2） 悬式绝缘子检查。

3） 绝缘子串检查。

4） 套管检查。

c） 构架：

1） 螺栓检查。

2） 基础检查。

3） 接地线检查。

10.4.2.3 检修要求

10.4.2.3.1 GIS

a） SF_6气体压力指示正常，符合要求。

b） 操动机构手动或电动分、合正常，无卡涩、漏油、漏气，液压油位或氮气罐压力及弹簧储能工作正常。

c） 电动机定、转子绝缘电阻大于1MΩ，试运正常。

d） 控制回路线路完好、线号清晰、断路器接点无烧损、变色，动作准确、可靠。

e） 液压油泵和加热器自动投运定值符合厂家说明书。

f） 操作机构压力，校验压力表、压力（微动）开关、密度继电器或密度压力表按制造厂规定。压力（微动）开关在压力允许范围内可靠动作。表计校验合格。

g） 传动部件润滑良好，无锈蚀，传动时无杂音。

h） 各种外露连杆螺栓连接紧固，无松脱。

i） 接地装置连接良好，接地电阻不大于4Ω。

j） 油漆完好，无锈蚀，色标清晰、正确。

k） 设备见本色。压缩空气系统无阻塞、无冷凝水。

10.4.2.3.2 SF_6断路器

a） 瓷套（柱式断路器）或套管（罐式断路器）检修：

1） 均压环应完好无变形。

2） 瓷套内外无可见裂纹，浇装无脱落，裙边无损坏。

3） 接线板密封面沟槽平整无划伤。

4） 电容器应无渗漏油现象，电容量和介损值符合要求。

b） SF_6气体系统检修：

1） 电容器应无渗漏油现象，电容量和介损值符合要求。

2） 顶杆和阀芯应无变形，否则应进行更换。

3） SF_6管接头密封面无伤痕。

4）密度继电器整定值应符合制造厂规定。

5）压力指示正常，符合要求。

c）加热和温控装置：

1）加热装置应无损坏，接线良好，工作正常。加热器功率消耗偏差在制造厂规定范围以内。

2）温度控制动作应准确，加热器接通和切断的温度范围符合制造厂规定。

d）液压操作机构：

1）机构箱表面无锈蚀、变形，应无渗漏雨水现象。

2）传动连杆及其他外露零件无锈蚀，连接紧固。

3）辅助开关触点接触良好，切换角度合适，接线正确。

4）压力开关整定值应符合制造厂要求。

5）分、合闸指示器指示位置正确，安装连接牢固。

6）二次接线正确。

7）油压表指示正确，无渗漏油现象。

8）检查操作计数器动作应正确。

e）弹簧操作机构：

1）检查清理电磁铁扣板、掣子分、合闸线圈安装牢固，无松动、卡伤、断线现象，直流电阻符合要求，绝缘应良好。衔铁、扣板、掣子无变形，动作灵活。

2）传动连杆及其他外露零件无锈蚀，连接紧固。

3）辅助开关触点接触良好，切换角度合适，接线正确。

4）分合闸弹簧无锈蚀，拉伸长度应符合要求。

5）分合闸缓冲器测量缓冲曲线符合要求。

6）分合闸指示器指示位置正确，安装连接牢固。

7）二次接线正确。

8）储能开关动作正确。

9）储能电动机零储能时间符合要求。

f）气动操作机构：

1）储气罐罐体内外均不得有裂纹等缺陷；储气罐内部应干燥，无油污、锈蚀。

2）电磁阀系统：分、合闸电磁铁线圈安装牢固，无松动、卡伤、断线现象，直流电阻符合要求，绝缘应良好；衔铁、挚子、扣板及弹簧等动作灵活，无卡滞；衔铁与挚子、扣板与挚子间的扣合间隙符合要求；分闸一、二级阀，阀杆、阀体应无划伤、变形，密封面无凹陷；装复后动作灵活，装配紧固；主阀体活塞、主阀杆无划伤、变形；弹簧无变形，弹性良好；装配紧固，不漏气；安全阀动作及返回值符合要求。

3）工作缸：工作缸缸体内表、活塞外表应光滑、无沟痕；活塞杆应无弯曲，表面无划伤、锈蚀；组装工作缸应更换全部密封垫；组装后，活塞杆运动应灵活，无别动现象。

4）缓冲器和传动部分：缓冲器缸体内表、活塞外表应光滑、无沟痕；缓冲弹簧（若有）应无锈蚀、变形；装配后，缓冲器应无渗漏油、连接无松动；传动部分传动连杆与转动轴无松动，润滑良好；拐臂和相邻的轴销无变形、锈蚀，转动灵活。

5） 合闸弹簧：合闸弹簧无锈蚀、变形；弹簧与传动臂连接无松动。

6） 压缩机及电动机：压缩机吸气阀上无积炭和污垢、无划伤，阀弹簧无锈蚀，弹性良好；一级和二级缸零部件无严重磨损，连杆（滚针轴承）与活塞销的配合间隙符合要求；空气滤清器、曲轴箱应清洁；电磁阀和止回阀应动作正确，无漏气现象；皮带的松紧度合适，且应成一条直线；若压缩机补气时间超过制造厂规定，应更换；气水分离器应能有效工作；自动排污阀应动作可靠；电动机轴承应无磨损，转动应灵活；定子与转子间的间隙应均匀，无摩擦现象；整流子磨损深度不超过规定值；电动机绝缘电阻应符合标准要求。

7） 压缩空气管路：管路、管接头、密封面、卡套及螺帽应无卡伤、锈蚀、变形及开裂现象；连接后的管路及接头应紧固，无渗漏气现象。

8） 加热和温控装置：加热装置应无损坏，接线良好，工作正常；加热器功率消耗偏差在制造厂规定范围以内；温控装置温度控制动作应准确，加热器接通和切断的温度范围符合制造厂规定。

9） 其他部位：机构箱表面无锈蚀、变形，应无渗漏雨水现象；传动连杆及其他外露零件无锈蚀，连接紧固；辅助开关触点接触良好，切换角度合适，接线正确；压力开关整定值应符合制造厂要求；分合闸指示器指示位置正确，安装连接牢固；二次接线正确；气压表指示正确，无渗漏气现象；操作计数器动作应正确。

g） 灭弧室：

1） 弧触头和喷口：如弧触头烧损大于制造厂规定值，或有明显碎裂，或触头表面有铜析出现象，应更换新弧触头；喷口和罩的内径大于制造厂规定值或有裂纹、有明显的剥落或清理不干净时，应更换喷口、罩。

2） 绝缘件的检查：表面无裂痕、划伤，如有损伤，应更换。

3） 合闸电阻的检修：电阻片无裂痕、烧痕及破损；电阻值应符合制造厂规定；合闸电阻动、静触头无损伤，如损伤情况严重，应予以更换。

4） 灭弧室内并联电容器的检修（罐式）：电容器完好、干净，如有裂纹应整体更换；并联电容值和介损应符合规定。

5） 压气缸检修：压气缸等部件内表面无划伤，镀银面完好。

10.4.2.3.3 隔离开关

a） 导电部分：

1） 主触头接触面无过热、烧伤痕迹，镀银层无脱落现象。

2） 触头弹簧无锈蚀、分流现象。

3） 导电臂无锈蚀、起层现象。

4） 接线座无腐蚀，转动灵活，接触可靠。

5） 接线板应无变形、开裂，镀层应完好。

b） 机构和传动部分：

1） 轴承座应采用全密封结构，加优质二硫化钼锂基润滑脂。
2） 轴套应具有自润滑措施，应转动灵活，无锈蚀，新换轴销应采用防腐材料。
3） 传动部件应无变形、锈蚀、严重磨损，水平连杆端部应密封，内部无积水，传动轴应采用装配式结构，不应在施工现场进行切焊配装。
4） 机构箱应达到防雨、防潮、防小动物等要求，机构箱门无变形。
5） 二次元件及辅助开关接线无松动，端子排无锈蚀；辅助开关与传动杆的连接可靠。
6） 机构输出轴与传动轴的连接紧密，定位销无松动。
7） 主刀与接地刀的机械联锁可靠，具有足够的机械强度，电气闭锁动作可靠。

c） 绝缘子检查：
1） 绝缘子完好、清洁，无掉瓷现象，上下节绝缘子同心度良好。
2） 法兰无开裂、锈蚀，油漆完好。法兰与绝缘子的结合部位应涂防水胶。

10.4.2.3.4 互感器

a） 瓷套检修：
1） 瓷套外表清洁无积污。
2） 瓷套外表修补良好，如瓷套径向有穿透性裂纹，外表破损面超过单个伞群 10%或破损总面积虽不超过单个伞群 10%，但同一方向破损伞裙多于两个以上者，应更换瓷套。
3） 检查增爬裙的黏着情况及憎水性。若有黏着不良，应补黏牢固，若老化失效应予更换。
4） 检查防污涂层的憎水性，若失效应擦净重新涂覆。
5） 涂料及硅橡胶增爬裙的憎水性良好。

b） 渗漏油检修：各组件、部件应无渗漏，密封件中尺寸规格与质量符合要求，无老化失效现象；密封部位螺栓紧固。
c） 油位指示值应与环境温度相符。
d） 二次接线板应完整，绝缘良好，标志清晰，无裂纹、起皮、放电、发热痕迹。小瓷套应清洁，无积污，无破损渗漏，无放电烧伤痕迹。油浸式电流互感器的末屏，电压互感器的 N（X）端引出线及互感器二次引线的接地端，应与接地端子可靠连接。
e） 接地端子：接地可靠，接地线完好。

10.4.2.3.5 SF_6 互感器

a） 清除复合绝缘套管的硅胶伞裙外表积污，一般用肥皂水或酒精擦洗，严禁用矿物油、甲苯、氯仿等化学药品。
b） 一次引线连接如有过热，应清除氧化层，涂导电膏或重新紧固。
c） 气体压力表和 SF_6 密度继电器应完好，如有破损应更换新品，SF_6 气体压力低于规定值，应补气。
d） 一次接线板如有松动应紧固或更换。

10.4.2.3.6 其他设备

a） 母线：

1） 硬母线：母线配置及安装架设符合规定，排列整齐，相间及对地电气距离符合要求；各部螺栓、垫圈、开口销等零部件齐全、可靠；各种相同布置的母线、引下线及设备连接线应对称一致、横平竖直、整齐美观，相色正确、鲜明；母线表面应光洁平整，不得有裂纹、折叠及夹杂物，管形、槽形母线不应有变形、扭曲现象；母线弯曲处不得有裂纹及显著的折皱，弯曲半径不得小于规定。母线间或母线与电器端子间采用螺栓连接时，搭接面应符合如下要求：紧固件应符合国家标准，精制或半精制的，用于户外或潮湿室内时，应采用镀锌件。母线平置时，贯穿螺栓应由下向上穿，在其余情况下螺母应置于维护侧、螺栓长度宜露出螺母 2 扣～3 扣，螺栓两侧均应装有垫圈，螺母侧有弹簧垫圈或锁紧螺母。接触面应清洁、平整，并涂以中性凡士林。接触面应紧密结合。母线搭接部分长度不小于母线宽度的 1.5 倍。母线在绝缘子上固定时应符合下列要求：母线工作电流大于 1500A 时，每相母线的支持金具或固定金具应不构成闭合磁路。母线支持夹板的上部压板与母线间应保持 1mm～2mm 间隙。母线在支持“夹板”上的固定地点，应位于母线全长的中点。

2） 软母线：软母线不得有扭结、松股、断股、其他明显的损伤或严重腐蚀等缺陷；挡距内不允许有直线接头，软母线经耐张螺栓线夹固定时，导线的被夹紧部分应以铝包带包绕，其包绕方向应与外层铝胶旋向一致，两端露出线夹口 30mm；软母线与电器端子连接时，不应使电器端子受到超过允许的外加压力；母线压接管的弯曲度不得大于管度的 1%，超过 1%但在 3%内，允许用锤子垫以木块轻轻敲击校正，超过 3%时，必须切去后重新压接；压接管表面不得有裂纹，如有裂纹必须切去重新压接。

b） 绝缘子（穿墙套管）：

1） 绝缘子及穿墙套管应无裂纹、破损及闪络痕迹，瓷面无掉釉，铁件与瓷件间填料无脱落，填料外部涂防潮漆。

2） 悬式绝缘子：销子应齐全，开口销子末端必须分开，不得折断或裂纹，弹簧销子弹力必须充足。

3） 绝缘子串组合时，螺栓、穿钉及弹簧销子等必须完整，穿向应一致，耐张绝缘子串碗口应向上。

4） 电流在 1000A 及以上的套管直接固定在钢板上时，套管周围应形成闭合磁路。

c） 构架：

1） 铁构架的螺栓应紧固、无缺损，构件无弯曲、折断或损伤现象，铁构镀锌或涂漆，无严重脱落及生锈现象。

2） 架构基础应无裂纹和塌落现象。

3） 接地线连接紧固良好，无锈蚀。

10.4.3 试验

SF_6断路器、GIS、隔离开关、电压互感器、电流互感器、母线、绝缘子预防性试验项目、周期、要求参照 DL/T 596 执行。

10.5 电力电缆检修与维护

10.5.1 例行检查与维护

10.5.1.1 例行检查周期

10.5.1.1.1 定期巡视：电缆线路每 3 个月巡视 1 次。35kV 及以下箱式变压器、开关柜、分支箱内的电缆终端 2 年～3 年结合停电巡视检查 1 次。电缆线路巡视应结合运行状态评价结果，适当调整巡视周期。

10.5.1.1.2 特殊巡视：电缆线路发生故障后应立即进行巡视，具有交叉互联的电缆线路跳闸后，应同时对线路上的交叉互联箱、接地箱进行巡视。因恶劣天气、自然灾害、外力破坏等因素影响及电网安全稳定有特殊运行要求时，应组织开展巡视。对电缆线路周边的施工行为应加强巡视，已开挖暴露的电缆线路，应缩短巡视周期。

10.5.1.2 例行检查的项目与要求

10.5.1.2.1 电缆保护区

a） 电缆线路的标志、符号是否完整。
b） 外露电缆是否有下沉及被砸伤的危险。
c） 电缆线路与铁路、公路及排水沟交叉处有无缺陷。
d） 电缆保护区内土壤、构筑物有无下沉、电缆有无外露。
e） 有可能受机械或人为损伤的地方有无保护装置。

10.5.1.2.2 电缆井、沟

a） 电缆井、沟盖是否丢失或损坏，电缆井是否被杂物压上。
b） 电缆井、沟是否有积水、可燃气体、有毒气体或其他异常变化。
c） 电缆井、沟内中间接头是否有损伤或变形。
d） 电缆本身的标志是否脱落损失。
e） 电缆井、沟内空气及电缆本身的温度是否有异常。
f） 电缆及电缆头是否有损伤，铅套或钢带是否松弛、受拉力或悬浮摆动。
g） 电缆井、沟内电缆支架是否牢固。
h） 电缆井、沟内是否清洁、无杂物。

10.5.1.2.3 电缆及三头

a） 裸露电缆的外护套、裸钢带、中间头、户外头有无损伤或锈蚀。

b） 户外头密封性能是否良好。

c） 户外头的接线端子、地线的连接是否牢固。

d） 终端头的引线有无爬电痕迹，对地距离是否充足。

e） 电缆垂直部分是否有干枯现象。

f） 对并列运行的电缆，在验电确认安全的情况下，应用测温仪检查电缆温度，当差别较大时，应用卡流表测量电流分布情况。

g） 风暴、雷雨或线路跳闸时，应做特殊检查，必要时应进行巡线。

10.5.1.2.4 其他

a） 通过孔洞的电缆是否拉的过紧，保护管或槽有无脱开或锈烂现象。

b） 安装有保护器的单芯电缆是否出现阀片或球间隙击穿或烧熔现象。

c） 户外与架空电缆和终端头是否完整，引出线的接点有无发热现象，靠近地面电缆是否被撞碰等。

d） 检查电缆分支箱等有无放电声，是否进水、锈蚀，绝缘气体压力值是否正常。

10.5.2 检修项目与周期

10.5.2.1 小修周期

按照工作性质内容及工作涉及范围，将电缆线路的常规性和不停电状态下的检查、维护、维修、试验视为小修。动力电缆小修周期每年 1 次或依照实际运行情况。

10.5.2.2 大修周期

按照工作性质内容及工作涉及范围，将电缆线路的整体解体性检查、维修、更换、试验，局部性的检修，部件的解体检查、维修、更换、试验视为大修。一般动力电缆每 3 年～5 年进行 1 次或依照实际运行情况，一般电气设备的电力电缆检修应结合设备检修开展。

10.5.2.3 小修项目

10.5.2.3.1 常规性检查、维护

a） 绝缘子表面清扫。

b）电缆线路过电压保护器检查。

c） 金具紧固检查。

d） 电缆外绝缘层修补。

10.5.2.3.2 不停电状态下的带电测试、外观检查和维修

a） 修复基础、护坡、防洪、防碰撞设施。

b） 带电处理线夹发热。

c） 更换接地装置。

d） 安装或修补附属设施。

e） 回流线修补。

f） 电缆附属设施接地连通性测量。

10.5.2.4 大修项目

10.5.2.4.1 整体性解体检查、维修、更换

a） 电缆检查更换。

b） 电缆附件检查更换。

10.5.2.4.2 局部性检修，部件解体检查、维修、更换

a） 主要部件更换及加装：更换少量电缆；更换部分电缆附件。

b） 其他部件批量更换及加装，更换回流线。

c） 主要部件处理：更换或修复电缆线路附属设备；修复电缆线路附属设施。

d） 诊断性试验。

e） 交直流耐压试验。

10.5.2.5 检修要求

10.5.2.5.1 电缆及附件的运输与储存

a） 电缆盘不得平放运输及储存。滚动电缆盘前应检查牢固性，应沿电缆缠紧方向滚动并根据情况采取防滑脱措施。

b） 电缆及附件到货后应检查。

c） 电缆应分类存放，电缆盘之间应有通道，地面应坚实不得积水，电缆端头密封可靠。储存的电缆、电缆附件与绝缘材料应编号建卡注明型号、规格等信息。电缆附件与绝缘材料防潮包装密封良好。

d） 电缆附件的存放应干燥通风、防潮、防尘，避免日光暴晒。

10.5.2.5.2 电缆施工

a） 检修应根据已审定批准的设计或检修方案进行。

b） 所用材料应按规定进行加工并妥善保管，防止受潮、受损、受污染。

c） 电缆终端头固定后的接线端子及其引线各相对地及相间带电体间距离应满足表 9，电缆头三岔口以上至接线端子各相距离不宜小于 300mm。

表 9 接线端子及其引线各相对地及相间带电体间的距离

电压 kV	户内 mm	户外 mm
1～3	75	200
6	100	200
10	125	200

表 9（续）

电压 kV	户内 mm	户外 mm
20	180	300
35	300	400
注：海拔 1000m 以上的地区应根据规范进行修正		

d） 电缆终端头截面应与引线截面配合。当电缆线芯截面：铜芯大于 35mm、铝芯大于 50mm 时，可选用与其同材质小一规格的引线线芯截面。

e） 固定电缆终端头支架应接地，接地电阻应小于 10Ω。

f） 电缆安装完毕后及时装设标志牌，终端头、中间接头、隧道及竖井的两端、人井内，电缆隧道内每 20m 安装一个。标志牌上应注明电缆名称、型号、规格及起讫点，并联电缆应有序号，标志牌规格统一、防腐、牢固。

g） 所有电缆金具及标准件应做防腐处理。

h） 电缆土建工程应符合设计要求，验收合格后方可敷设电缆。

i） 敷设长度 250m 内的电缆不应有接头。

j） 每段电缆竣工时，应绘制带地形的电缆位置图，电缆与其他管线交叉时，应有断面图，并填写施工、安装、检修、试验等记录。

k） 对电缆密集处或易着火蔓延的电缆须按设计采取防火堵料密实封堵，分段设置阻火墙，设置感温、感烟报警器和灭火设施，采用阻燃或耐火电缆等防火阻燃措施；重要电缆可单独敷设于专门的沟道或封闭槽盒内或施加防火涂料、防火包带；电力电缆接头两侧内及相邻区段电缆均应施加防火涂料或防火包带，严禁可燃气体及液体与电缆同隧道敷设。

l） 电缆头（终端头及中间接头）制作人员应经培训并考试合格。

m）制作的电缆头电气、绝缘、密封和机械性能应符合要求。

n） 电缆头制作宜在 0℃以上，70%相对湿度以下，无粉尘或腐蚀性气体的环境中进行；避免在潮湿、大风天气进行户外施工，必要时应采取防尘、防潮措施。

o） 电缆剖开后的工作必须在短时间内连续进行，严禁电缆绝缘长时间暴露在空气中。

p） 按照定长度扎好绑线后方可剥除铠装，不得损伤铅包或内衬层。

q） 使用无水酒精、三氯乙烯、丙酮或厂家提供的专用清洗剂和专用清洗纸清洗电缆绝缘表面，擦洗应由绝缘开始向半导电层进行。

r） 热收缩管切割时端面应平整，应力管严禁切割使用。

s） 收缩管加热温度应控制在 120℃～140℃，宜采用丙烷加热方式，采用汽油喷灯时火焰应柔和。首先确保径向收缩均匀后再缓慢延伸，火焰朝向待收缩方向；收缩完毕管子应光滑，无皱折、气泡，内部结构轮廓清晰，密封部位应有少量密封胶挤出。

t） 接线端子应用实心棒材制成。

10.5.3 试验

电缆的直流耐压试验现场难度较大，且易对电缆有损伤，推荐进行交流耐压试验。橡塑绝缘电力电缆线路的试验项目及周期见表 10。

表 10 橡塑绝缘电力电缆线路的试验项目及周期

<table>
<tr><th>序号</th><th>项目</th><th>周期</th><th>要求</th><th>说　明</th></tr>
<tr><td>1</td><td>电缆主绝缘电阻</td><td>（1）重要电缆：1 年；
（2）一般电缆：
1）3.6kV/6kV 及以上 3 年；
2）3.6kV/6kV 以下 5 年</td><td>自行规定</td><td>（1）0.6kV/1kV 电缆用 1000V 兆欧表；
（2）0.6kV/1kV 以上电缆用 2500V 兆欧表（6kV/6kV 及以上电缆也可用 5000V 兆欧表）</td></tr>
<tr><td>2</td><td>电缆外护套绝缘电阻</td><td>（1）重要电缆：1 年；
（2）一般电缆：
1）3.6kV/6kV 及以上 3 年；
2）3.6kV/6kV 以下 5 年</td><td>每千米绝缘电阻值不应低于 0.5MΩ</td><td>（1）采用 500V 兆欧表；
（2）当每千米的绝缘电阻低于 0.5MΩ 时应采用附录 D 中叙述的方法判断外护套是否进水；
（3）本项试验只适用于三芯电缆的外护套，单芯电缆外护套试验按本表第 6 项</td></tr>
<tr><td>3</td><td>电缆内衬层绝缘电阻</td><td>（1）重要电缆：1 年；
（2）一般电缆：
1）3.6kV/6kV 及以上 3 年；
2）3.6kV/6kV 以下 5 年</td><td>每千米绝缘电阻值不应低于 0.5MΩ</td><td>（1）采用 500V 兆欧表；
（2）当每千米的绝缘电阻低于 0.5MΩ 时应采用附录 D 中叙述的方法判断内衬层是否进水</td></tr>
<tr><td>4</td><td>铜屏蔽层电阻和导体电阻比</td><td>（1）投运前；
（2）重作终端或接头后；
（3）内衬层破损进水后</td><td>对照投运前测量数据自行规定</td><td></td></tr>
<tr><td>5</td><td>电缆主绝缘耐压试验</td><td>新作终端或接头后</td><td colspan="2">（1）直流耐压（35kV 及以下）。
1）塑料绝缘电缆试验电压和加压时间如下：
<table>
<tr><th>额定电压 U_0/U
kV</th><th>试验电压（交接/其他）
kV</th></tr>
<tr><td>加压时间（min）</td><td>15/5</td></tr>
<tr><td>3.6/6</td><td>15/15</td></tr>
<tr><td>6/6</td><td>24/24</td></tr>
<tr><td>6/10</td><td>24/24</td></tr>
<tr><td>8.7/10</td><td>35/35</td></tr>
<tr><td>21/35</td><td>84/63</td></tr>
<tr><td>26/35</td><td>104/78</td></tr>
</table></td></tr>
</table>

表 10（续）

<table>
<tr><th>序号</th><th>项目</th><th>周期</th><th>要求</th><th>说　明</th></tr>
<tr><td>5</td><td>电缆主绝缘耐压试验</td><td>新作终端或接头后</td><td colspan="2">2）额定电压 U=6kV 的橡皮绝缘电缆，试验电压 15kV，时间 5min。
3）耐压结束时的泄漏电流不应大于耐压 1min 时的泄漏电流。
（2）交流耐压。
1）0.1Hz 耐压试验（35kV 及以下）：
<table>
<tr><th>周期</th><th>试验电压</th><th>时间
min</th></tr>
<tr><td>交接时</td><td>$3U_0$</td><td>60</td></tr>
<tr><td>其他</td><td>$2.1U_0$</td><td>5</td></tr>
</table>
2）20Hz～300Hz 谐振耐压试验：
<table>
<tr><th></th><th>电压等级</th><th>试验电压</th><th>时间
min</th></tr>
<tr><td rowspan="3">交接时</td><td>35kV 及以下</td><td>$2U_0$</td><td>60</td></tr>
<tr><td>110kV</td><td>$1.7U_0$</td><td>5</td></tr>
<tr><td>220kV</td><td>$1.4U_0$</td><td>60</td></tr>
</table>
<table>
<tr><th></th><th>电压等级</th><th>试验电压</th><th>时间
min</th></tr>
<tr><td rowspan="3">其他</td><td>35kV 及以下</td><td>$1.6U_0$</td><td>5</td></tr>
<tr><td>110kV</td><td>$1.36U_0$</td><td>5</td></tr>
<tr><td>220kV</td><td>$1.12U_0$</td><td>5</td></tr>
</table>
</td></tr>
<tr><td>6</td><td>交叉互联系统</td><td>2 年～3 年</td><td></td><td></td></tr>
<tr><td>7</td><td>红外检测</td><td>220kV：1 年 4 次或以上；
110kV：1 年 2 次或以上</td><td>按 DL/T 664—2008《带电设备红外诊断应用规范》执行</td><td>（1）用红外热像仪测量，对电缆终端接头和非直埋式中间接头进行；
（2）结合运行巡视进行，试验人员每年至少进行 1 次红外检测，同时加强对电压致热型设备的检测，并记录红外成像谱图</td></tr>
</table>

11 无功补偿装置检修与维护

11.1 SVG 设备检修与维护

11.1.1 例行检查与维护

11.1.1.1 例行检查周期

不停电检查至少每月进行 1 次。停电检查至少每年进行 1 次。

11.1.1.2 例行检查的项目与要求

a） 每个链接电压差、温度在要求范围之内。
b） 接地应可靠，接地螺栓应紧固链接本体无异常。
c） 外观检查：引出线端连接用的螺母、垫圈应齐全。
d） 瓷件检查，瓷件应完好无破损。
e） 链接编号检查：编号应向外。
f） 铭牌检查：铭牌应完整。
g） 连接母线检查：母线应平整无弯曲。
h） 冷却装置正常。
i） 进气口滤棉无异常。
j） 经常检查室内温度，通风情况，注意室内温度不应超过 40℃，保持室内清洁卫生。
k） SVG 柜体无异常振动、发热、损坏、变形及异味。
l） 散热型材及风机周边无异物，温度正常。
m）电路板及原件无松动、破损、变形、腐蚀。

11.1.2 检修项目与周期

11.1.2.1 检修周期

SVG 装置经过检查与试验并结合运行情况，结合定期预防性试验进行相应的检查、缺陷处理、校验、调整等检查工作，至少每年 1 次。其维护包括：各元件的外观检查，各支路电容、电感值的测试，元件及绝缘子表面清扫等内容；判定存在内部故障时，或制造厂对检修周期有明确要求时，应进行检修；对由于制造质量原因造成故障频发的同类型设备，可进行检修。

11.1.2.2 检修项目

a） 检查所有电力电缆、控制电缆有无损伤，电力电缆端子是否松动。
b） 更换进气口滤棉。
c） 检查冷却装置正常。

d） 校验所有保护装置及二次接线。

e） 电器元件的试验。

f） 将变压器所有进出线电缆、功率单元进出线电缆紧固一遍，并用吸尘器清除柜内灰尘。

11.1.3 缺陷及故障处理

SVG 异常运行和故障处理见表 11。

表 11 SVG 异常运行和故障处理

序号	异常现象	处 理 方 法
1	SVG 无法工作	检查充电接触器是否吸合，控制柜电源是否正常，连接电缆及螺钉是否松动
2	SVG 运行中停机	检查网侧是否停电，控制柜电源是否正常，变压器是否正常，控制柜中各电路板输出信号是否正常
3	功率单元无法工作	检查功率单元控制电源是否正常，控制柜中发出的驱动信号是否正常
4	功率单元板上的指示灯全熄灭	检查功率单元控制电源是否正常，功率单元板是否正常
5	工控机显示器不显示或显示异常	检查工控机中电源是否正常，显示器驱动板是否正常
6	功率单元光纤通信故障	检查功率单元控制电源是否正常，功率单元以及控制柜的光纤连接头是否脱落，光纤是否折断
7	功率单元过压、过流故障	检查柜间连线是否断开，光纤连接头是否脱落，光纤是否折断

11.2 电抗器的检修与维护

11.2.1 例行检查与维护

11.2.1.1 例行检查周期

不停电检查至少每月进行 1 次。停电检查至少每年进行 1 次。

11.2.1.2 例行检查的项目与要求

a） 不停电检查：

1） 目测检查表面脏污情况及有无异物。

2） 目测检查表面是否明显变色。

3） 声音是否正常。

4） 红外测温检查各部件有无过热现象。

5） 目测检查瓷绝缘有无破损裂纹、放电痕迹，表面是否清洁。
6） 目测检查母线及引线是否过紧、过松，设备连接处有无松动、过热。
7） 目测检查电抗器附近无磁性杂物存在；油漆无脱落、线圈无变形；无放电及焦味。

b） 停电检查：
1） 目测检查电抗器上下汇流排是否有变形裂纹现象。
2） 目测检查电抗器线圈至汇流排引线是否存在断裂、松焊现象。
3） 目测和手动检查电抗器包封与支架间紧固带是否有松动、断裂现象。
4） 目测和测量接触电阻检查接线桩头接触是否良好，有无烧伤痕迹。
5） 用扳手手动检查紧固件有无松动现象。
6） 目测检查器身及金属件有无过热现象。
7） 目测和手动检查检查防护罩及防雨隔栅有无松动和破损。
8） 测量绝缘电阻，用手动工具检查支座绝缘及支座是否紧固并受力均匀。
9） 目测检查，必要时用内窥镜检查通风道及器身的卫生。
10）手动检查电抗器包封间导风撑条是否完好牢固。
11）目测检查表面涂层有无龟裂脱落、变色。
12）目测检查包封表面憎水性能。
13）用手动工具检查及目测检查铁芯有无松动及是否有过热现象。
14）测直流电阻检查导电回路接触是否良好。
15）通过绝缘试验，必要时可测量径向绝缘电阻检查绝缘性能是否良好。
16）目测检查瓷瓶是否完好和清洁。

11.2.2 检修项目与周期

11.2.2.1 检修周期

干式电抗器的定期检修应结合预防性试验和实际运行情况进行，至少每 3 年 1 次。

11.2.2.2 检修项目

a） 电抗器上下汇流排连接排。
b） 电抗器线圈至汇流排。
c） 电抗器包封与支架间紧固带。
d） 接线桩头。
e） 紧固件。
f） 器身及金属件。
g） 防护罩及防雨隔栅。
h） 支座绝缘及支座。
i） 通风道及器身。
j） 电抗器包封间导风撑条。
k） 器身表面涂层。

l） 器身表面。
m）铁芯。
n） 瓷瓶。
o） 电抗器整体。

11.2.2.3 检修要求

a） 电抗器上下汇流排应无变形和裂纹。
b） 电抗器线圈至汇流排引线无断裂、松焊。
c） 电抗器包封与支架间紧固带螺栓不存在松动、断裂。
d） 接线桩头螺栓无烧伤痕迹，接触良好。
e） 紧固件螺栓紧固无松动。
f） 器身及金属件连接件、螺栓无变色、过热现象。
g） 防护罩及防雨隔栅紧固件、螺栓完好、紧固且无破损。
h） 支座绝缘及支座绝缘良好，支座紧固且受力均匀。
i） 通风道无堵塞，器身卫生无尘土、脏物，无流胶、裂纹现象。
j） 电抗器包封间导风撑条完好牢固。
k） 器身表面涂层完好无龟裂。
l） 器身表面无浸润现象。
m）铁芯应紧固无松动、过热现象。
n） 瓷瓶无异常、干净。
o） 电抗器整体外观清洁，完好无缺损；支持绝缘子接地良好；线圈无变形，绝缘良好；螺栓齐全紧固；油漆完整无变色。

11.2.3 缺陷及故障处理

电抗器异常情况的检查方法与处理措施见表12。

表12 电抗器异常情况的检查方法与处理措施

序号	异常现象	处 理 措 施
1	电抗器局部发热	减少负荷，增加通风，有机会停电时进行螺栓和连接件的紧固工作
2	电抗器支持绝缘子故障处理	发现水泥支柱和支持绝缘子有裂纹则应用备用电抗器将故障电抗器停运进行更换绝缘支柱的更换处理
3	电抗器烧坏	做更换处理，更换后做绝缘电阻和直流电阻的测量
4	电抗器表面放电	做电抗器表面涂层处理涂料喷涂应均匀，无流痕、垂珠现象

11.2.4 试验

干式电抗器试验项目及要求见表13。

表 13 干式电抗器试验项目及要求

序号	试验项目	周期	要求
1	直流电阻测量	必要时	换算至同一温度下与出厂值相比串联电抗器不大于 2%、并联电抗器不大于 1%；三相间的差别不大于三相平均值的 2%
2	绝缘电阻测量（并联电抗器的径向必要时进行）	1 年～5 年	同一温度下与历年数据比较无明显变化
3	外施交流耐压试验	必要时	无闪络、击穿
4	阻抗（或电感）测量	必要时	与出厂值比无明显变化，符合运行要求
5	瓷瓶探伤	必要时	无判废的情况
6	表面憎水性试验	必要时	无浸润现象

11.3 电容器的检修与维护

11.3.1 例行检查与维护

11.3.1.1 例行检查周期

不停电检查至少每月进行 1 次，停电检查至少每年进行 1 次。

11.3.1.2 例行检查的项目与要求

a） 连接电容器金具检查：金具应使用铜螺母，且无烧伤损坏，连接紧固。
b） 固定金具检查：使用铝制金具，无裂纹，尺寸合适。
c） 电容器本体检查：套管应完好，本体无膨胀、渗漏油。
d） 外观检查：引出线端连接用的螺母、垫圈应齐全，外壳无显著变形。
e） 瓷件检查：瓷件应完好无破损。
f） 导电杆检查：无弯曲变形。
g） 电容器接地检查：接地应可靠，接地螺钉应紧固。
h） 电容器编号检查：编号应向外。
i） 电容器铭牌检查：铭牌应完整。
j） 连接母线检查：母线应平整无弯曲。

11.3.2 检修项目与周期

11.3.2.1 检修周期

电容器经过检查与试验并结合运行情况，判定存在内部故障或本体严重渗漏油时，或制造厂对检修周期有明确要求时，应进行检修；对由于制造质量原因造成故障频发的同类型电容器，可进行检修；结合定期预防性试验进行相应的检查、缺陷处理、校验、调整等检查工作，至少每3年1次。

11.3.2.2 检修项目

a）电容器清洁，紧固件、瓷瓶、外壳。
b）支持绝缘子清洁，紧固螺栓。
c）构架紧固带螺栓，防腐漆。
d）接地线清洁。
e）与母线连接引线螺钉。
f）放电回路操作机构。
g）熔断器熔丝。
h）自动补偿控制器服务器。
i）放电线圈检修。
j）操作回路机构。
k）保护装置传动。
l）保护装置校验。
m）保护装置核对定值。
n）电容器整体检修。

11.3.2.3 检修要求

a）电容器：
　1）清洁无灰尘，固定牢固。
　2）套管无裂纹、破损或掉釉现象。
　3）引出线连接牢固。
　4）套管芯棒无弯曲、滑扣。
　5）外壳无裂纹、渗油。
　6）外壳上设有温度计插筒时，筒内应清洁，并注入绝缘油。
b）支持绝缘子：
　1）清洁无灰尘，固定牢固。
　2）无裂纹、破损或放电痕迹。
c）构架：
　1）固定牢固。
　2）防腐良好。
d）接地线完整良好。
e）母线连接引线紧固无松动，连接螺栓齐全、牢固，接头接触良好。
f）放电回路操作机构。放电电阻回路完整，操作灵活。
g）熔断器熔丝：
　1）换熔丝前，应先检测电容量，超过其额定值10%时，电容器不宜继续运行。
　2）熔丝额定电流一般不超过电容器额定电流的130%。
　3）检查熔断器清洁无灰尘，接触良好，无锈蚀现象。

h） 自动补偿控制装置屏柜：

1） 支座绝缘良好，支座紧固且受力均匀。

2） 外观应清洁，盘面、键盘、显示器和指示灯完好。

3） 接线良好，插件和固定螺栓无松动和锈蚀现象。

4） 控制回路的元器件和插件板应清洁，无损伤、焊脱、过热现象。

i） 放电线圈瓷套无破损，油位应正常，无渗漏现象，二次接线应紧固。

j） 操作回路机构：

1） 手动分合回路。

2） 断路器防跳回路。

3） 断路器压力试验。

k） 保护装置传动：

1） 模拟故障查看保护动作行为、断路器动作是否正确。

2） 模拟故障查看就地信号是否正确。

3） 模拟故障查后台机、远方监控系统显示情况、光子牌显示是否正确。

l） 保护装置校验，按照装置校验检修工艺标准对所用装置进行校验。

m） 保护装置核对定值，打印定值单与最新保护定值通知单进行核对正确。

n） 电容整体：

1） 外观完整无缺。

2） 箱体无渗漏油。

3） 支持绝缘子、瓷套管等清洁。

4） 连接螺栓完好，外壳构架接地良好。

5） 熔断器完好，接触紧密。

6） 防腐良好，相色正常。

11.3.3 缺陷及故障处理

电容器异常情况的检查方法与处理措施见表 14。

表 14 电容器异常情况的检查方法与处理措施

序号	异常现象	处理措施
1	电容器瓷瓶表面闪络	对电容器组进行定期清扫，对瓷瓶损伤的进行更换
2	电容器外壳膨胀	更换电容器
3	电容器渗漏油	对电容器箱体渗漏处进行补焊，应带油补焊。短时点焊，可直接在箱壁上进行；若补焊面积较大或时间较长，应同时实施真空补焊工艺
4	电容器熔丝熔断	测量电容器电容值合格后更换熔丝
5	电容器有异响	查找故障电容器做更换处理

11.3.4 试验

电容器试验项目及要求见表 15。

表 15　电容器试验项目及要求

序号	试验项目	周期	要　求
1	测量两极对外壳及两极间绝缘电阻	1 年或必要时	绝缘电阻按厂家说明规定
2	测量电容值	必要时	电容值的偏差不超过铭牌值的±10%
3	冲击合闸试验	必要时	在电网额定电压下进行 3 次合闸试验，当断路器合闸时，熔断器不应熔断，电容器组各相电流差值不应超过 5%
4	两极对外壳的交流耐压试验	2 年或必要时	1）试验电压按出厂电压的 85%； 2）试验持续时间为 10s

12　继电保护及自动装置检修与维护

12.1　继电保护装置检修与维护

12.1.1　例行检查与维护

12.1.1.1　保护装置

a）运行环境：记录保护运行现场的环境温度，要求环境温度在 5℃～30℃之间。

b）装置面板及外部检查：运行指示灯、显示屏无异常，检查定值区号与实际运行情况相符。

c）装置内部设备检查：各功能开关、方式开关、压板投退符合运行状况。

d）绝缘状况及防尘：直流检测装置误报警、保护装置运行指示正常、端子排无放电现象，装置无积尘。

e）数据采样：模拟量和开关量采样与实际工况相符，注意设备运行方式发生变化（如断路器跳闸、倒排）时断路器状态的变化情况。

f）通信状况：时钟同步系统对时、与监控后台及保护信息子站的通信正常，数据传输正确。

g）通道运行情况：装置无通信异常报警，通信误码率无增加。

h）差流检查情况：检查主变压器、线路和母线差流，较投运无较大变化。

i）装置动作情况：装置有无启动记录及异常动作记录，及时分析记录内容，发现设备隐患及时处理。

j）封堵情况：防火墙、防火涂料符合要求。

k）继电保护装置的例行检查至少每周进行 1 次。

12.1.1.2　二次回路

a）运行环境：端子箱密封良好，端子排无积尘、无凝露。

b）绝缘情况：交、直流回路绝缘良好，端子排、元器件无放电情况。

c） 二次回路红外测温：TA 回路端子排接线压接紧固，无松动、放电、过热情况。
d） 电缆封堵状况：电缆孔洞封堵良好。
e） TA 二次接地状况：TA 二次绕组有且只有一个接地点，接地点位置按反措规程要求装设；接地线压接良好，无放电现象。
f） TV 二次接地状况：TV 二次绕组有且只有一个接地点，接地点位置按反措规程要求装设；接地线压接良好，无放电现象。

12.1.2 检修项目与周期

12.1.2.1 检验种类

a） 新安装装置验收检验。
b） 运行中装置的定期检验（简称定期检验）。
c） 运行中装置的补充检验（简称补充检验）。

12.1.2.2 新安装装置的验收检验，在下列情况进行

a） 当新安装的一次设备投入运行时。
b） 当在现有的一次设备上投入新安装的装置时。

12.1.2.3 定期检验的分类

a） 全部检验。
b） 部分检验。
c） 用装置进行断路器跳、合闸试验。

12.1.2.4 补充检验

a） 装置进行较大的更新或增设新的回路后的检验。
b） 检修或更换一次设备后的检修。
c） 运行中发现异常情况后的检验。
d） 事故后的检验。
e） 已投运的装置停电一年及以上，再次投入运行时的检验。

12.1.2.5 定期检验周期

a） 一般情况下，定期检验应尽可能配合在一次设备停电检修期间进行。微机型继电保护装置的定期检验周期及检验项目见表 16 和表 17。电网安全自动装置的定期检验参照微机型继电保护装置的定期检验周期进行。
b） 制定部分检验周期计划时，可视装置的电压等级、制造质量、运行工况、运行环境与条件，适当缩短检验周期、增加检验项目。
c） 新安装装置投运后一年内必须进行第一次全部检验。在装置第二次全部检验后，若发现装置运行情况较差或已暴露出了需予以监督的缺陷，可考虑适当缩短部分检验周期，并有目的、有重点地选择检验项目。

d） 利用装置进行断路器的跳、合闸试验宜与一次设备检修结合进行。必要时，可进行补充检验。

e） 母线差动保护、断路器失灵保护及电网安全自动装置中切除负荷、切除线路或变压器的跳、合断路器试验，允许用导通方法分别证实至每个断路器接线的正确性。

表16 定期检验周期表

序号	设备类型	全部检验周期 年	全部检验范围说明	部分检验周期 年	部分检验范围说明
1	微机型装置	6	包括装置引入端子外的交、直流及操作回路以及涉及的辅助继电器、操作机构的辅助触点、直流控制回路的自动开关等	2	包括装置引入端子外的交、直流及操作回路以及涉及的辅助继电器、操作机构的辅助触点、直流控制回路的自动断路器等
2	保护专用光纤通道，复用光纤或微波连接通道	6	保护装置连接用光纤通道及光电转换装置	2	指光头擦拭、收信裕度测试等

12.1.2.6 定期检验项目

定期检验项目表见表17。

表17 定期检验项目表

序号	检验项目		新安装	全部检验	部分检验
1	外观及接线检查	外观及接线检查	√	√	√
		装置硬件跳线的检查	√	√	
2	逆变电源检查	自启动性能检查	√	√	√
		输出电压及稳定性检测	√	√	√
3	通电检验	装置通电初步检查	√	√	√
		人机对话功能及软件版本检查	√	√	√
		校对时钟	√	√	√
		定值整定及功能检查	√	√	√
		模数转换系统经验	√	√	√
		开关量输入/输出回路检验	√	√	√
4	装置功能及定值检验	装置定值校验	√	√	
		装置功能校验	√	√	√

表 17（续）

序号	检验项目			新安装	全部检验	部分检验
5	整组试验	与其他保护装置联动试验		√	√	√
		与断路器失灵保护配合联动试验		√	√	√
		与监控系统的联动试验		√	√	√
		开关量输入的联动试验		√	√	
		断路器传动试验		√	√	√
6	带通道联调试验	通道检查试验		√	√	√
		保护装置带通道试验		√	√	√
7	二次回路检查	二次回路常规检查	户外端子箱检查及清扫	√	√	√
			屏蔽接地检查	√	√	
		二次回路绝缘检查	电缆线芯对地	√	√	√
			电缆线芯之间	√		
		TA 二次回路检验	电流回路直阻测量	√	√	√
			电流回路接地点检查	√	√	
			电流回路绝缘检查	√	√	
			其他检查项目	√		
		TV 二次回路检验	TV 端子箱自动开关试验	√	√	
			电压回路接地检查	√	√	
			其他检查项目	√		
8	配合进行断路器相关回路的检查	结合断路器压力闭锁检查跳合闸试验		√	√	√
		断路器跳合闸回路直阻检查		√	√	
		断路器防跳功能检查		√	√	√
		断路器本体非全相保护传动		√	√	√
9	定值及保护状态打印核对	定值及保护状态打印核对		√	√	√
10	带一次负荷试验	新设备投入或电流、电压回路变动的，利用工作电压及负荷电流检查接线的正确性		√	√	

12.1.2.7　检验方法及要求

继电保护装置检验方法参照 DL/T 995 有关规定执行。

12.1.2.8 高压输电线路保护

高压输电线路保护重点检验项目方法与要求见表18。

表18 高压输电线路保护重点检验项目方法与要求

序号	检查项目	内容	检查方法	要求
1	外观检查	保护屏上的压板编号以及设备标示的检查	目测	保护屏上的所有设备（压板、按钮、把手等）应采用双重编号，内容标示明确规范，并应与图纸标示内容相符，满足运行部门要求。宜将备用压板连片拆除。保护屏上端子排名称运行编号应正确，符合设计要求
		保护装置外部检查	目测	保护装置外观完整性和端子压接良好
		保护装置屏内接地线、电缆屏蔽层、接地铜牌检查	目测及测试	保护装置接地线压接良好，电缆屏蔽层焊接良好，接地线、接地网满足规程要求
2	保护电源检查	检查电源的自启动性能	电源试验	拉合空开应正常自启动，电源电压缓慢上升至80%额定值应正常自启动
		检查输出电压及其稳定性	万用表测量	输出电压幅值应在装置技术参数正常范围以内
		检查输出电源是否有接地	万用表测量	检查正、负对地是否有电压，检查工作地与保安地是否相连（要求不连），检查逆变输出电源对地是否有电压
3	电流电压回路检查	检查电流回路接地情况	绝缘测试	电流互感器的二次应有且只有一个接地点
			目测及测试	对于有几组电流互感器连接在一起的保护，应在保护屏上经端子排接地
			目测及测试	独立的、与其他电流互感器没有电的联系的电流回路，宜在配电装置端子箱接地
			目测	专用接地线截面不小于4mm²
		电流互感器伏安特性	伏安特性试验	利用饱和电压、励磁电流和电流互感器二次回路阻抗近似校验，是否满足10%误差要求
		电流互感器极性、变比	互感器特性试验	电流互感器极性应满足设计要求，变比应与定值单一致
		电流互感器配置原则检查	目测	保护采用的电流互感器绕组级别是否符合有关要求，是否存在保护死区的情况，是否与设计要求一致
		电压回路检查	目测	检查线路保护电压回路的正确性，是否满足反措要求
4	二次回路	交流回路绝缘检查	绝缘测试	在保护屏的端子排处将所有外部引入的回路及电缆全部断开，分别将电流、电压、直流控制信号回路的所有端子各自连接在一起，用1000V摇表测量绝缘电阻，其阻值均应大于10MΩ

表 18（续）

序号	检查项目	内容	检查方法	要求
4	二次回路	直流回路绝缘检查	绝缘测试	在保护屏的端子排处将所有电流、电压、直流回路的端子连接在一起，并将电流回路的接地点拆开，用 1000V 摇表测量回路对地的绝缘电阻，其绝缘电阻应大于 1MΩ
		双跳操作电源配置情况，保护电源配置情况	目测	断路器操作电源与保护电源分开且独立：第一路操作电源与第二路操作电源分别引自不同直流小母线，第一套主保护与第二套主保护直流电源分别取自不同直流小母线，其他辅助保护电源、不同断路器的操作电源应有专用直流电源空开供电
		检查操作电源之间、操作电源与保护电源之间寄生回路检查	万用表测量	试验前所有保护、操作电源均投入，断开某路电源，分别测试其直流端子对地电压，其结果均为 0V，且不含交流成分
5	装置的数模转换	电压测量采样	模拟量测试	误差应小于 5%，初值差小于 3%；在最小精确工作电压和电流下测量值误差小于 10%
		电流测量采样	模拟量测试	误差应小于 5%，初值差小于 3%；在最小精确工作电压和电流下测量值误差小于 10%；误差应在装置技术参数允许范围以内
		相位角度测量采样	模拟量测试	误差应在装置技术参数允许范围以内
6	开关量的输入	检查软压板和硬压板的逻辑关系	保护功能校验	应与装置技术规范及逻辑要求一致
		保护压板投退开入	装置面板目测	与实际保护压板投入情况一致
		开关位置的开入	装置面板目测	与实际开关量状态位置一致
		其他开入量	装置面板目测	变位情况应与装置及设计要求一致
7	定值校验	0.95 倍、1.05 倍定值校验	保护定值校验	保护正、反向故障和区内、外故障动作正确
8	通道调试	光纤通道 通道完好性	装置面板目测	检查保护装置面板通信无异常报警，装置误码率无变化
		传输设备光功率检查	光功率测试	对于利用专用光纤通道传输保护信息的远方传输设备还应对其发信电平、收信灵敏电平进行测试并保证通道的裕度满足厂家要求
		纵联保护联调	保护联调试验	分别模拟区内、区外故障，保护装置动作行为、故障相选择正确

表 18（续）

序号	检查项目	内　容	检查方法	要　求
9	整组传动试验	断路器防跳跃检查	断路器传动试验	断路器处合闸状态，短接合闸控制回路，手动分闸断路器，此时断路器不应出现合闸情况；检查防跳回路正确
		操作回路闭锁情况检查	断路器传动试验	断路器 SF_6 压力、空气压力（或油压）降低和弹簧未储能，禁止重合闸、禁止合闸及禁止分闸等功能正确
		断路器双操双跳检查	断路器传动试验	断路器机构内及操作箱内需配置两套完整的操作回路，且由不同的直流电源供电
		保护带断路器传动试验	断路器传动试验	分别模拟保护单相、相间瞬时性及永久性故障，断路器动作行为正确
		三相不一致保护检查	断路器传动试验	实际模拟断路器三相不一致，价差保护开入及动作出口回路正确性
10	投运前检查	装置定值核对	定值核对	装置打印定值与定值单核对，满足规定的误差要求
		CRC 码和软件版本检查	装置目测	要求与定值单及调度有关要求一致
		时钟同步系统对时检查	装置目测	要求精度为毫秒级以上
11	带负荷测试	电流、电压幅值及相位	装置目测及测试	要求与实际潮流大小及方向核对
		光纤差动保护差流检查	装置目测	检查并记录差流数值，判断差动回路是否正常
		零序保护方向检查	装置目测	符合系统实际潮流方向
12	重点回路	三线不一致回路	断路器试验	三相不一致时间整定正确，控制回路断线时可靠不启动
		失灵启动回路	模拟试验	检查回路接线正确
		各侧电压闭锁	核对定值	与定值单一致
		出口跳、合闸回路	断路器试验	主保护、后备保护出口跳断路器回路正确
		重合闸启动、闭锁回路	断路器试验	应检查不对应、保护启动重合闸；手分、手合、永跳（包括母差动作）等闭锁重合闸回路正确
		保护与收发信联系、切换回路	回路检查、断路器试验	保护收发信机装置信号及电源切换回路正确

12.1.2.9　**主变压器保护**

主变压器保护重点检验项目检验方法与要求见表 19。

表 19　主变压器保护重点检验项目检验方法与要求

序号	检查项目	内容	检查方法	要　求
1	外观检查	检查保护屏上的压板编号以及设备标示	目测	保护屏上的所有设备（压板、按钮、把手等）应采用双重编号，内容标示明确规范，并应与图纸标示内容相符，满足运行部门要求；宜将备用压板连片拆除；保护屏上端子排名称运行编号应正确，符合设计要求
		检查保护装置外部	目测	保护装置外观完整性和端子压接良好
		检查保护装置屏内接地线、电缆屏蔽层、接地铜牌	目测及测试	保护装置接地线压接良好，电缆屏蔽层焊接良好，接地线、接地网满足规程要求
2	保护电源检查	检查电源的自启动性能	电源试验	拉合空开应正常自启动，电源电压缓慢上升至 80%额定值应正常自启动
		检查输出电压及其稳定性	万用表测量	输出电压幅值应在装置技术参数正常范围以内
		检查输出电源是否有接地	万用表测量	检查正、负对地是否有电压；检查工作地与保安地是否相连（要求不连）；检查逆变输出电源对地是否有电压
3	电流电压回路检查	检查电流回路接地情况	绝缘测试	电流互感器的二次应有且只有一个接地点
			目测及测试	对于有几组电流互感器连接在一起的保护，应在保护屏上经端子排接地
			目测及测试	独立的、与其他电流互感器没有电的联系的电流回路，宜在配电装置端子箱接地
			目测	专用接地线截面积不小于 $4mm^2$
		检查电流互感器伏安特性	伏安特性试验	利用饱和电压、励磁电流和电流互感器二次回路阻抗近似校验，是否满足 10%误差要求
		检查电流互感器极性、变比	互感器特性试验	电流互感器极性应满足设计要求，变比应与定值单要求一致
		检查电流互感器配置原则	目测	保护采用的电流互感器绕组级别是否符合有关要求，是否存在保护死区的情况，是否与设计要求一致
		电压回路检查	目测	检查线路保护电压回路的正确性，是否满足反措要求
4	二次回路	交流回路绝缘检查	绝缘测试	保护屏的端子排处将所有外部引入的回路及电缆全部断开，分别将电流、电压、直流控制信号回路的所有端子各自连接在一起，用 1000V 摇表测量绝缘电阻，其阻值均应大于 10MΩ
		直流回路绝缘检查	绝缘测试	在保护屏的端子排处将所有电流、电压、直流回路的端子连接在一起，并将电流回路的接地点拆开，用 1000V 摇表测量回路对地的绝缘电阻，其绝缘电阻应大于 1MΩ

表 19（续）

序号	检查项目	内容	检查方法	要　求
4	二次回路	双跳操作电源配置情况，保护电源配置情况	目测	断路器操作电源与保护电源分开且独立：第一路操作电源与第二路操作电源分别引自不同直流小母线，第一套主保护与第二套主保护直流电源分别取自不同直流小母线，其他辅助保护电源、不同断路器的操作电源应有专用直流电源空开供电
		检查操作电源之间、操作电源与保护电源之间寄生回路检查	万用表测量	试验前所有保护、操作电源均投入，断开某路电源，分别测试其直流端子对地电压，其结果均为0V，且不含交流成分
		主变压器本体回路检查		包括有载、本体重瓦斯投跳闸，轻瓦斯、绕温高、油温高、油压速动投信号，冷控失电不受断路器位置节点闭锁，受油温高闭锁投跳闸
5	装置的数模转换	电压测量采样	模拟量测试	误差应小于5%，初值差小于3%；在最小精确工作电压和电流下测量值误差小于10%
		电流测量采样	模拟量测试	误差应小于5%，初值差小于3%；在最小精确工作电压和电流下测量值误差小于10%；误差应在装置技术参数允许范围以内
		相位角度测量采样	模拟量测试	误差应在装置技术参数允许范围以内
6	开关量的输入	检查软压板和硬压板的逻辑关系	保护功能校验	应与装置技术规范及逻辑要求一致
		保护压板投退开入	装置面板目测	与实际保护压板投入情况一致
		断路器位置的开入	装置面板目测	与实际开关量状态位置一致
		各侧电压闭锁投入	装置面板目测	变位情况应与装置及设计要求一致
7	定值校验	0.95倍、1.05倍定值校验	保护定值校验	保护正、反向故障和区内、外故障动作正确
8	整组传动试验	断路器防跳跃检查	断路器传动试验	断路器处合闸状态，短接合闸控制回路，手动分闸断路器，此时断路器不应出现合闸情况；检查防跳回路正确
		操作回路闭锁情况检查	断路器传动试验	断路器 SF_6 压力、空气压力（或油压）降低和弹簧未储能禁止重合闸、禁止合闸及禁止分闸等功能正确
		断路器双操双跳检查	断路器传动试验	断路器机构内及操作箱内需配置两套完整的操作回路，且由不同的直流电源供电
		保护带断路器传动试验	断路器传动试验	分别模拟保护单相、相间瞬时性及永久性故障，断路器动作行为正确
		三相不一致保护检查	断路器传动试验	实际模拟断路器三相不一致，价差保护开入及动作出口回路正确性

表 19（续）

序号	检查项目	内容	检查方法	要　求
9	投运前检查	装置定值核对	定值核对	装置打印定值与定值单核对，满足规定的误差要求
		CRC 码和软件版本检查	装置目测	要求与定值单及调度有关要求一致
		时钟同步系统对时检查	装置目测	要求精度为毫秒级以上
10	带负荷测试	电流、电压幅值及相位	装置目测及测试	要求与实际潮流大小及方向一致
		差动保护差流检查	装置目测	检查并记录差流数值，判断差动回路是否正常
		方向零序、方向过流保护方向测试	装置目测	符合系统实际潮流方向
11	重点回路	本体保护回路	断路器试验	检查本体保护信号、跳闸回路正确
		三线不一致回路	断路器试验	三相不一致时间整定正确，控制回路断线时可靠不启动
		失灵启动回路	模拟试验	检查回路接线正确
		各侧电压闭锁	核对定值	与定值单一致
		出口跳、合闸回路	断路器试验	主保护、后备保护出口跳各侧断路器和母联回路正确

12.1.2.10　35kV 输电线路保护

35kV 输电线路保护重点检验项目方法与要求见表 20。

表 20　35kV 输电线路保护重点检验项目方法与要求

序号	检查项目	内容	检查方法	要　求
1	外观检查	保护屏上的压板编号以及设备标识检查	目测	保护屏上的所有设备（压板、按钮、把手等）应采用双重编号，内容标示明确规范，并应与图纸标示内容相符，满足运行部门要求；宜将备用压板连片拆除；保护屏上端子排名称运行编号应正确，符合设计要求
		保护装置外部检查	目测	保护装置外观完整性和端子压接良好
		保护装置屏内接地线、电缆屏蔽层、接地铜牌检查	目测及测试	保护装置接地线压接良好，电缆屏蔽层焊接良好，接地线、接地网满足规程要求

表 20（续）

序号	检查项目	内容	检查方法	要　求
2	保护电源检查	检查输出电压及其稳定性	万用表测量	输出电压幅值应在装置技术参数正常范围以内
		检查输出电源是否有接地	万用表测量	检查正、负对地是否有电压；检查工作地与保安地是否相连（要求不连）；检查逆变输出电源对地是否有电压
3	电流电压回路检查	检查电流回路接地情况	绝缘测试	电流互感器的二次应有且只有一个接地点
			目测	专用接地线截面不小于 $4mm^2$
		电流互感器极性、变比	互感器特性试验	电流互感器极性应满足设计要求，变比应与定值单要求一致
		电压回路检查	目测	检查线路保护电压回路的正确性，是否满足反措要求
4	二次回路	交流回路绝缘检查	绝缘测试	保护屏的端子排处将所有外部引入的回路及电缆全部断开，分别将电流、电压、直流控制信号回路的所有端子各自连接在一起，用 1000V 摇表测量下列绝缘电阻，其阻值均应大于 10MΩ：各回路对地电阻，各回路相互间电阻
		直流回路绝缘检查	绝缘测试	在保护屏的端子排处将所有电流、电压、直流回路的端子连接在一起，并将电流回路的接地点拆开，用 1000Ω 摇表测量回路对地的绝缘电阻，其绝缘电阻应大于 1MΩ
		检查操作电源之间、操作电源与保护电源之间寄生回路检查	万用表测量	试验前所有保护、操作电源均投入，断开某路电源，分别测试其直流端子对地电压，其结果均为 0V，且不含交流成分
5	装置的数模转换	电压测量采样	模拟量测试	误差应小于 5%，初值差小于 3%；在最小精确工作电压和电流下测量值误差小于 10%
		电流测量采样	模拟量测试	误差应小于 5%，初值差小于 3%；在最小精确工作电压和电流下测量值误差小于 10%；误差应在装置技术参数允许范围以内
		相位角度测量采样	模拟量测试	误差应在装置技术参数允许范围以内
6	开关量的输入	检查软压板和硬压板的逻辑关系	保护功能校验	应与装置技术规范及逻辑要求一致
		保护压板投退开入	装置面板目测	与实际保护压板投入情况一致
		断路器位置的开入	装置面板目测	与实际开关量状态位置一致
		其他开入量	装置面板目测	变位情况应与装置及设计要求一致

表 20（续）

序号	检查项目	内容	检查方法	要　求
7	定值校验	0.95 倍、1.05 倍定值校验	保护定值校验	保护正、反向故障和区内、外故障动作正确
8	整组传动试验	断路器防跳跃检查	断路器传动试验	断路器处合闸状态，短接合闸控制回路，手动分闸断路器，此时断路器不应出现合闸情况；检查防跳回路正确
		保护带断路器传动试验	断路器传动试验	分别模拟保护单相、相间瞬时性及永久性故障，断路器动作行为正确
9	投运前检查	装置定值核对	定值核对	装置打印定值与定值单核对，满足规定的误差要求
		CRC 码和软件版本检查	装置目测	要求与定值单及调度有关要求一致
		时钟同步系统对时检查	装置目测	要求精度为毫秒级以上
10	带负荷测试	电流、电压幅值及相位	装置目测及测试	要求与实际潮流大小及方向核对
11	重点回路	出口跳、合闸回路	断路器试验	主保护、后备保护出口跳断路器回路正确

12.1.2.11　**35kV 变压器保护**

35kV 变压器保护重点检验项目检验方法与要求见表 21。

表 21　35kV 变压器保护重点检验项目检验方法与要求

序号	检查项目	内容	检查方法	要　求
1	外观检查	保护屏上的压板编号以及设备标示的检查	目测	保护屏上的所有设备（压板、按钮、把手等）应采用双重编号，内容标示明确规范，并应与图纸标示内容相符，满足运行部门要求；宜将备用压板连片拆除；保护屏上端子排名称运行编号应正确，符合设计要求
		保护装置外部检查	目测	保护装置外观完整性和端子压接良好
		保护装置屏内接地线、电缆屏蔽层、接地铜牌检查	目测及测试	保护装置接地线压接良好，电缆屏蔽层焊接良好，接地线、接地网满足规程要求
2	保护电源检查	检查输出电压及其稳定性	万用表测量	输出电压幅值应在装置技术参数正常范围以内

表 21（续）

序号	检查项目	内容	检查方法	要求
2	保护电源检查	检查输出电源是否有接地	万用表测量	检查正、负对地是否有电压；检查工作地与保安地是否相连（要求不连）；检查逆变输出电源对地是否有电压
3	电流电压回路检查	检查电流回路接地情况	绝缘测试	电流互感器的二次应有且只有一个接地点
			目测	专用接地线截面不小于 $4mm^2$
		电流互感器极性、变比	互感器特性试验	电流互感器极性应满足设计要求，变比应与定值单要求一致
		电压回路检查	目测	检查线路保护电压回路的正确性，是否满足反措要求
4	二次回路	交流回路绝缘检查	绝缘测试	保护屏的端子排处将所有外部引入的回路及电缆全部断开，分别将电流、电压、直流控制信号回路的所有端子各自连接在一起，用 1000V 摇表测量下列绝缘电阻，其阻值均应大于 10MΩ：各回路对地电阻，各回路相互间电阻
		直流回路绝缘检查	绝缘测试	在保护屏的端子排处将所有电流、电压、直流回路的端子连接在一起，并将电流回路的接地点拆开，用 1000V 摇表测量回路对地的绝缘电阻，其绝缘电阻应大于 1MΩ
		检查操作电源之间、操作电源与保护电源之间寄生回路检查	万用表测量	试验前所有保护、操作电源均投入，断开某路电源，分别测试其直流端子对地电压，其结果均为 0V，且不含交流成分
		主变本体回路检查	传动试验	包括有载、本体重瓦斯投跳闸，轻瓦斯、绕温高、油温高、压力释放投信号
5	装置的数模转换	电压测量采样	模拟量测试	误差应小于 5%，初值差小于 3%；在最小精确工作电压和电流下测量值误差小于 10%
		电流测量采样	模拟量测试	误差应小于 5%，初值差小于 3%；在最小精确工作电压和电流下测量值误差小于 10%；误差应在装置技术参数允许范围以内
		相位角度测量采样	模拟量测试	误差应在装置技术参数允许范围以内
6	开关量的输入	检查软压板和硬压板的逻辑关系	保护功能校验	应与装置技术规范及逻辑要求一致
		保护压板投退开入	装置面板目测	与实际保护压板投入情况一致
		断路器位置的开入	装置面板目测	与实际开关量状态位置一致
		各侧电压闭锁投入	装置面板目测	变位情况应与装置及设计要求一致

表 21（续）

序号	检查项目	内容	检查方法	要求
7	定值校验	0.95 倍、1.05 倍定值校验	保护定值校验	保护正、反向故障和区内、外故障动作正确
8	整组传动试验	断路器防跳跃检查	断路器传动试验	断路器处合闸状态，短接合闸控制回路，手动分闸断路器，此时断路器不应出现合闸情况；检查防跳回路正确
		保护带断路器传动试验	断路器传动试验	分别模拟保护单相、相间瞬时性及永久性故障，断路器动作行为正确
9	投运前检查	装置定值核对	定值核对	装置打印定值与定值单核对，满足规定的误差要求
		CRC 码和软件版本检查	装置目测	要求与定值单及调度有关要求一致
		时钟同步系统对时检查	装置目测	要求精度为毫秒级以上
10	带负荷测试	电流、电压幅值及相位	装置目测及测试	要求与实际潮流大小及方向核对
11	重点回路	本体保护回路	断路器试验	检查本体保护信号、跳闸回路正确
		出口跳、合闸回路	断路器试验	主保护、后备保护出口跳各侧断路器和母联回路正确

12.1.2.12 母线保护

母线保护重点检验项目方法与要求见表 22。

表 22 母线保护重点检验项目方法与要求

序号	检查项目	内容	检查方法	要求
1	外观检查	保护屏上的压板编号以及设备标示的检查	目测	保护屏上的所有设备（压板、按钮、把手等）应采用双重编号，内容标示明确规范，并应与图纸标示内容相符，满足运行部门要求；宜将备用压板连片拆除；保护屏上端子排名称运行编号应正确，符合设计要求
		保护装置外部检查	目测	保护装置外观完整性和端子压接良好
		保护装置屏内接地线、电缆屏蔽层、接地铜牌检查	目测及测试	保护装置接地线压接良好，电缆屏蔽层焊接良好，接地线、接地网满足规程要求

表 22（续）

序号	检查项目	内容	检查方法	要　求
2	保护电源检查	检查电源的自启动性能	电源试验	拉合空开应正常自启动，电源电压缓慢上升至 80%额定值应正常自启动
		检查输出电压及其稳定性	万用表测量	输出电压幅值应在装置技术参数正常范围以内
		检查输出电源是否有接地	万用表测量	检查正、负对地是否有电压；检查工作地与保安地是否相连（要求不连）；检查逆变输出电源对地是否有电压
3	电流电压回路检查	检查电流回路接地情况	绝缘测试	电流互感器的二次应有且在保护屏上一个接地点
			目测	专用接地线截面不小于 $4mm^2$
		电流互感器伏安特性	伏安特性试验	利用饱和电压、励磁电流和电流互感器二次回路阻抗近似校验，是否满足 10%误差要求
		电流互感器极性、变比	互感器特性试验	电流互感器极性应满足设计要求，变比应与定值单一致
		电流互感器配置原则检查	目测	保护采用的电流互感器绕组级别是否符合有关要求，是否存在保护死区的情况，是否与设计要求一致
		电压回路检查	目测	检查线路保护电压回路的正确性，是否满足反措要求
4	二次回路	交流回路绝缘检查	绝缘测试	保护屏的端子排处将所有外部引入的回路及电缆全部断开，分别将电流、电压、直流控制信号回路的所有端子各自连接在一起，用 1000V 摇表测量绝缘电阻，其阻值均应大于 10MΩ
		直流回路绝缘检查	绝缘测试	在保护屏的端子排处将所有电流、电压、直流回路的端子连接在一起，并将电流回路的接地点拆开，用 1000V 摇表测量回路对地的绝缘电阻，其绝缘电阻应大于 1MΩ
5	装置的数模转换	电压测量采样	模拟量测试	误差应小于 5%，初值差小于 3%；在最小精确工作电压和电流下测量值误差小于 10%
		电流测量采样	模拟量测试	误差应小于 5%，初值差小于 3%；在最小精确工作电压和电流下测量值误差小于 10%；误差应在装置技术参数允许范围以内
		相位角度测量采样	模拟量测试	误差应在装置技术参数允许范围以内
6	开关量的输入	检查软压板和硬压板的逻辑关系	保护功能校验	应与装置技术规范及逻辑要求一致
		保护压板投退开入	装置面板目测	与实际保护压板投入情况一致
		各间隔刀闸切换接点	装置面板目测	与实际开关量状态位置一致

表 22（续）

序号	检查项目	内容	检查方法	要　求
7	定值校验	0.95 倍、1.05 倍定值校验	保护定值校验	保护正、反向故障和区内、外故障动作正确
8	整组传动试验	保护动作出口保持时间	导通试验	80%直流电压做保护带断路器传动试验，保证所有间隔断路器可靠动作
		差动保护整组出口试验	导通试验	母线保护出口动作正确
9	投运前检查	装置定值核对	定值核对	装置打印定值与定值单核对，满足规定的误差要求
		CRC 码和软件版本检查	装置目测	要求与定值单及调度有关要求一致
		时钟同步系统对时检查	装置目测	要求精度为毫秒级以上
10	带负荷测试	各间隔电流、电压幅值及相位	装置目测及测试	要求与实际潮流大小及方向核对
		母差保护差流检查	装置目测	检查并记录差流数值，判断差动回路是否正常
11	重点回路	检查各间隔电流与刀闸开入的对应性	回路检查	各间隔的隔离开关接点及电流应与一次系统设备相符
		失灵启动回路	导通试验	检查回路接线正确
		电压切换、闭锁回路	功能试验	电压自动切换、闭锁功能正常
		出口跳闸回路	导通试验	检查跳闸回路的正确性及跳闸出口保持时间
		闭锁重合闸回路	回路检查	应检查不对应、保护启动重合闸；手分、手合、永跳（包括母差动作）等闭锁重合闸回路正确

12.2 故障录波器检修与维护

12.2.1 例行检查的项目与要求

a） 运行环境：记录保护运行现场的环境温度，要求环境温度在 5℃～30℃之间。

b） 装置面板及外部检查：运行指示灯亮、显示屏无异常；屏内接地线完好无损坏或锈蚀。

c） 装置内部设备检查：检查各个箱内无异常声音、无冒烟现象；检查各箱与箱之间的连接电缆完好无损坏，两端插头插入牢固并接触良好。

d） 绝缘状况及防尘直流：检测装置误报警、故障录波装置运行指示正常、端子排无放电现象，装置无积尘。

e） 数据采样：模拟量和开关量采样与实际工况相符，注意设备运行方式发生变化（如断路器跳闸、倒排）时断路器状态的变化情况。

f） 通信状况：时钟同步系统、监控系统、保护信息子站的通信正常，数据传输正确。

g） 装置录波记录：装置录波记录，及时分析录波波形，发现设备隐患及时处理。

h） 封堵情况：防火墙、防火涂料符合要求。

i） 二次回路红外测温：TA 回路端子排接线压接紧固，无松动、放电、过热情况。

j） 电缆封堵状况：电缆孔洞封堵良好。

k） TA 二次接地状况：TA 二次绕组有且只有一个接地点，接地点位置按反措规程要求装设，接地线压接良好，无放电现象。

l） TV 二次接地状况：TV 二次绕组有且只有一个接地点，接地点位置按反措规程要求装设，接地线压接良好，无放电现象。

12.2.2 检修项目与周期

12.2.2.1 校验周期

故障录波器的校验至少每 2 年进行 1 次。

12.2.2.2 校验项目

故障录波器检修内容与要求见表 23。

表 23 故障录波器检修内容与要求

序号	检查项目	检查方法	要　　求
1	外观检查	目测	参考 GB/T 7261—2008
2	零漂检查	各交流回路不加任何激励量（电压回路短路，电流回路开路），查看装置记录数据	电压零漂在 0.05V 内，电流零漂在 $0.01I_n$ 以内
3	电压通道检查	各相电压、开口三角 $3U_0$ 电压回路端子同极性并联，加入测试电压	装置所记录数据的测量误差应满足要求
4	电流通道检查	各电流回路端子顺极性串联，加入测试电流	装置所记录数据的测量误差应满足要求
5	直流通道检查	直流电压回路加入测试电压，直流电流回路加入测试电流	装置所记录数据的测量误差应满足要求
6	交流电压、电流相位一致性检查	各电压回路端子同极性并联，各电流回路端子顺极性串联，通入同相位额定电压、额定电流	各路电压电流波形相位一致，相互间相位测量误差不大于 2 路
7	开关量分辨率检查	用空触点闭合/断开方式检查开关量分辨率	整空触点闭合/断开时间为 10.0ms/10.0ms，装置闭合、断开时间误差不得大于 1.0ms
8	定值检查	定值修改固化	装置定值与定值单相符

表 23（续）

序号	检查项目	检查方法	要　求
9	记录数据安全性检查	交替、同时改变交流输入和开关量状态等方法模拟扰动	装置所记录数据应完整、准确
10	装置的数据传输功能检查	数据调用检查	装置的数据传输功能正常
11	时钟同步功能检查	目测	装置可由外部标准时钟信号（GPS、北斗等时钟同步系统）进行同步，在同步时钟信号中断情况下，要求装置在 24h 内与外部标准时钟误差不超过±1s
12	存储容量检查	目测	配置不少于 64 路模拟量、128 路开关量的装置连续运行 7 天，检查 7 天内记录的数据应保存良好
13	绝缘性能测试	试验	按 GB/T 14598.3 规定的方法进行
14	重要告警信号试验	信号传动	检查装置异常告警信号、装置失电告警信号、故障录波装置启动信号等信号正确；检查与监控后台机遥信一致

12.2.3　缺陷及故障处理

故障录波器的缺陷及故障处理见表 24。

表 24　故障录波器的缺陷及故障处理

序号	项　目	处 理 措 施
1	装置自检异常报警	手动自检一次，查看自检报文，及时联系厂家处理
2	开机后，运行灯都不亮	直流电源模块接触不良，关掉电源，紧固电源模块； 直流电源模块坏，更换直流电源模块
3	远方信号不工作	检查装置直流电源输出是否正常； 检查信号回路是否接线正确，压接良好
4	故障不能启动录波	检查定值设置是否恰当，重新校对参数，重新写定值； 检查线路的启动参量在参数设置里是否被屏蔽，重新校对参数，重新写定值
5	电流、电压端子排打火	检查电流回路是否存在开路现象，电流端子连接片是否压接良好；电压回路是否存在短路现象
6	打印机故障（缺纸、卡纸）	打印机电源开关应处于印机电状态，打印机电缆应连接好，每次打印后，应及时取走打印结果，避免绞纸、卡纸现象；如不因缺纸、卡纸原因发生打印机不能打印，应请专业人员维修或更换打印机

13 直流及 UPS 系统检修与维护

13.1 直流系统检修与维护

13.1.1 例行检查与维护

13.1.1.1 例行检查周期

直流系统例行检查应每月进行 1 次。

13.1.1.2 例行检查的项目与要求

a） 充放电装置：
  1） 装置应完整、外观清洁。
  2） 查看各模块电压、电流应均衡。
b） 蓄电池：
  1） 壳体清洁，密封良好。
  2） 柱极极性无误，无变形、盐沉积。
  3） 浮充电运行蓄电池组，环境温度不得长期超过 30℃。
  4） 连接条、螺栓及螺母齐全，无锈蚀松动。
  5） 漏液安全阀阀体完好，无漏液。
  6） 至少每月检测单只蓄电池电压，及时活化或更换不合格电池。
c） 直流馈电屏：外观完整、清洁。

13.1.2 检修项目与周期

13.1.2.1 检修周期

阀控蓄电池检修应每年进行 1 次。

13.1.2.2 检修项目

a） 外观检查。
b） 直流屏清扫。
c） 内阻或电导测量。
d） 充放电。
e） 直流屏回路检查。
f） 充电装置回路检查。

13.1.2.3 检修要求

a） 外观：
  1） 壳体外观清洁，无变形、损伤，密封良好。

2） 正、负极柱无变形，极性正确。

3） 连接条、螺栓及螺母完整，无锈蚀。

4） 安全阀良好，无漏液。

b） 内阻或电导：测试阻值与设备参数偏差小于±10%。

c） 充放电：

1） 厂家充放电记录应符合国家标准。

2） 电池容量应满足要求。

d） 直流屏回路检查：查清接线，做好标记，必要时修正接线图使其实际一致。

e） 充电装置回路检查：查清接线，做好标记，必要时修正接线图使其实际一致。

13.1.3 缺陷及故障处理

直流系统异常运行与故障处理见表25。

表25 直流系统异常运行与故障处理

序号	项目		处理措施
1	阀控密封铅酸蓄电池	壳体变形	及时降低充电电压、电流，并查看安全阀
		放电电压快速达到终止电压值	更换蓄电池
2	直流系统	充电装置内部故障跳闸	及时隔离故障充电装置
		短路，交流、直流失压	尽快恢复直流系统正常运行或投入备用设备
		220V直流系统两极对地电压绝对值差超过40V或绝缘能力降低到25K以下，48V直流系统任一极对地电压变化明显	直流系统接地
		熔断器熔断	及时采取措施防止直流母线失电
		蓄电池爆炸、开路	断开总熔断器或空气断路器，投入备用设备并及时恢复正常运行方式

13.1.4 试验

直流系统试验项目及周期见表26。

表26 直流系统试验项目及周期

序号	项目	周期	要求
1	全核对性放电	（1）新投产的应1年内进行1次； （2）每3年进行1次；	（1）放电过程中试验环境温度应保持基本稳定； （2）蓄电池放电开始时，测量并记录蓄电池组放电前开路电压、温度、放电电流与放电开始时的端电压； （3）蓄电池组放电期间，每隔1h，应测量并记录环境温度、蓄电池端电压、放电电流和放电时间；

表 26（续）

序号	项目	周　期	要　　求
1	全核对性放电	（3）6 年以上每年 1 次	（4）当其中有一只蓄电池端电压降至下表的规定值时，停止放电，计算容量； （5）放电结束后，如果放不出额定容量，隔（1h～2h）后，再用 I_{10} 电流进行恒流限压充电→恒压充电→浮充电方式。反复充、放电 2 次～3 次，容量可以得以恢复
2	开路电压测试	必要时	单个电池电压最大值与最小值差值应符合 DL/T 724 相关要求
3	核对性放电	（1）新投产的应 1 年内进行 1 次； （2）每 3 年进行 1 次； （3）6 年以上每年 1 次	用 I_{10} 电流恒流放出额定容量的 50%，在放电过程中，蓄电池组端电压不得低于 $2V \times N$（或 $6V \times N$，或 $12V$，其中 N 为蓄电池数）

13.2 UPS 检修与维护

13.2.1 例行检查与维护

13.2.1.1 例行检查周期

UPS 例行检查每月进行 1 次。

13.2.1.2 例行检查的项目与要求

a） 系统主机柜清扫检查：主机柜尘、污垢等，空气流量、异常噪声。

b） 柜体检查：检查所有柜体温度；检查 UPS 机柜的运行情况；检查外置温湿度指示表的读数是否满足运行要求。

c） 机柜的地面积尘情况和防尘防水措施检查：检查机柜地面积尘情况和防尘防水措施。

d） 检查 UPS 系统各面板故障报警信息并及时处理故障报警。

e） 连接处检测：连接处有无松动、腐蚀现象。

13.2.2 检修项目与周期

13.2.2.1 检修周期

UPS 检修应每年进行 1 次。

13.2.2.2 检修项目

a） 检查 UPS 系统主机柜尘、污垢等，空气流量、异常噪声。

b） 电源开关、熔丝及插座。

c） 紧固各接线。

d） 启动自检。

e） UPS 电源参数。

f） 开关接线。

13.2.2.3 检修要求

a） 外观检查应清洁无灰、无污渍。

b） 电源开关、熔丝及插座输出侧电源分配盘电源开关、熔丝及插座应完好。

c） 启动自检正常，各指示灯应指示正常，无出错报警。

d） UPS 电源各参数应符合制造厂规定。

e） UPS 开关接线无松动或损毁，以及积尘情况。

13.2.3 缺陷及故障处理

UPS 异常运行与故障处理见表 27。

表 27 UPS 异常运行与故障处理

序号	项　目	处 理 措 施
1	市电开关置 ON，面板无显示，系统不自检	用电压检查表 UPS 输入电压是否符合规格要求
2	UPS 未报故障，但输出无电压	检查输出电源线连接是否牢固
3	蜂鸣器发出每 0.5s 一声的高警，LCD 显示输出过载	当 UPS 负载超过定值或规定时间时，UPS 从逆变输出模式转为旁路供电模式，卸除部分负载直至 UPS 不再高警，待 5min 后输出将自动转为逆变模式
4	故障指示灯亮，LCD 显示充电器故障	与经销商联系更换/维修充电器
5	蜂鸣器长鸣，故障指示灯亮，LCD 显示机内过热	UPS 输出将转为旁路运行，此时应切除 UPS 输入电源； 检查有无风从机内吹出； 移开阻碍风道的杂物，或增大与墙壁之间的距离； 等待 10min，UPS 冷却后重新接入市电、开机启动
6	蜂鸣器长鸣，故障指示灯亮，LCD 显示输出短路	检查哪一条支路过载，切除过载支路，重新启动
7	蜂鸣器长鸣，故障指示灯亮，LCD 显示整流器故障、逆变器故障、辅助电源故障、输出故障	UPS 需要维修，与经销商联系
8	机内发出异常声响或气味	立即关闭 UPS，切断电源输入，联系经销商处理

13.2.4 试验

UPS 试验项目及周期见表 28。

表28 试验项目及周期

序号	项目		周期	要求
1	性能测试	输出电压	1年	UPS电源的输出电压应在交流
		电源切换	1年	切换过程相应声光报警、故障诊断显示及打印信息应正确，计算机控制系统及设备的运行应无任何异常
2	UPS与计算机通信检查	UPS和计算机的通信	1年	启动UPS自检功能，检查计算机中的UPS自检报告，应正常、无出错信息
		通信检查	1年	从计算机中启动UPS电源测试程序，检查与UPS的通信应正常
		供电切换	1年	供电切换正常，报警信息无误

14 防雷系统及接地装置检修与维护

14.1 定期检查与维护

14.1.1 例行检查周期

接地装置例行检查应与电气设备巡检周期一致。

14.1.2 例行检查项目

a） 组件、汇流箱、逆变器、主变压器外壳、铁芯、中性点接地引下线应固定牢固、无脱落且连接可靠，外露部分无腐蚀、裂纹。
b） 汇流箱内电涌保护器、熔断器应完好未失效。
c） 设备等电位连接可靠、完好，设备外壳可靠接地。
d） 配电、控制、保护用的屏（柜、箱）及操作台等的金属框架接地装置无腐蚀、裂纹、变形，且与地网连接良好，固定牢固。
e） 主接地网无外露。
f） 外露接地极的规格尺寸和防腐措施满足要求。
g） 避雷器外观完好，表面清洁。
h） 避雷器在线监测仪完好，泄漏电流正常。
i） 互感器的二次绕组应可靠接地。
j） 电气装置的接地线中未串联其他需要接地的电气装置。
k） 接地标志明显、清晰。

14.2 检修项目与周期

14.2.1 检修周期

接地装置检修根据其运行状况、巡视和检测结果以及反事故措施确定。一般在雷雨季节前完成，可结合主设备检修进行，检修工作应遵守相关规程规范中对检修工艺和质量标准的要求。

接地装置检修包括小修和大修。小修主要针对接地装置的地上部分，大修主要针对地下埋设的接地网、接地极，如重新敷设或更换腐蚀接地体或扩建接地网等。

14.2.2 检修项目

a） 紧固或更换连接螺栓、压接件，加防松垫片。
b） 紧固或更换接地线支撑件、固定件。
c） 对焊接点及虚焊部位加强焊接、增加搭接长度。
d） 更换、增设或重新布置、排直接地线。
e） 接地线及其连接点除锈、清除渣滓。
f） 涂防腐层如油漆、沥青或做其他防腐处理。
g） 接地线表面涂刷条纹标记或其他统一标志。
h） 等电位连接点螺栓紧固。
i） 更换失效浪涌保护、熔断器、避雷器及在线监测仪。
j） 避雷器表面清洁。
k） 对外露的接地极实施掩埋，做防腐处理。

14.3 试验

14.3.1 接地装置的测试方法参见 DL/T 475、DL/T 596、DL/T 887 的相关规定。

14.3.2 电气装置的接地电阻测试结果的判断和处理：

接地阻抗是否合格，首先要参照 DL/T 621 中的有关规定，同时也要根据实际情况，包括地形、地质和接地装置的大小，综合判断。

架空输电线路杆塔的工频接地电阻应符合 DL/T 620 中的要求。

14.3.3 接地装置的电气完整性测试结果的判断和处理：

a） 状况良好的设备测试值应在 50mΩ 以下。
b） 50mΩ～200mΩ 的设备状况尚可，宜在以后例行测试中重点关注其变化，重要的设备宜在适当时候检查处理。
c） 200mΩ～1Ω 的设备状况不佳，对重要的设备应尽快检查处理，其他设备宜在适当时候检查处理。
d） 1Ω 以上的设备与主地网未连接，应尽快检查处理。
e） 独立避雷针的测试值应在 500mΩ 以上。
f） 测试中相对值明显高于其他设备，而绝对值又不大的，按状况尚可对待。

14.3.4 光伏阵列防雷系统

光伏阵列防雷系统定期试验项目及周期见表 29。

表 29 光伏阵列防雷系统定期试验项目及周期

序号	项 目	周 期
1	地网接地电阻	6 年或必要时（如故障或改造后）

表 29（续）

序号	项　目	周　期
2	等电位连接处过渡电阻测试	3 年或必要时（如故障或改造后）
3	接地网电气完整性测试	3 年及必要时（如故障或改造后）
4	抽样开挖检查接地装置的腐蚀情况	10 年
5	接地极抽样开挖检查	设计寿命内 10 年、设计寿命外 5 年

14.3.5　站内电气装置防雷接地系统

站内电气装置防雷接地系统定期试验项目及周期见表 30。

表 30　站内电气装置防雷接地系统定期试验项目及周期

序号	项　目	周　期
1	接地网的接地电阻	6 年或必要时（如故障或改造后）
2	接地装置的电气完整性测试	3 年及必要时（如故障或改造后）
3	抽样开挖检查接地装置的腐蚀情况	10 年
4	接地极抽样开挖检查	设计寿命内 10 年、设计寿命外 5 年

14.3.6　避雷针

避雷针定期试验项目及周期见表 31。

表 31　避雷针定期试验项目及周期

序号	项　目	周　期
1	接地引下线和地网电气完整性测试	3 年或必要时（如故障或改造后）
2	抽样开挖检查接地装置的腐蚀情况	10 年
3	避雷针接地电阻试验	3 年或必要时（如故障或改造后）

14.3.7　避雷器

避雷器试验项目及周期见表 32。

表 32　避雷器试验项目及周期

序号	项　目	周　期	要　求
1	绝缘电阻	（1）升压站避雷器每年雷雨前； （2）必要时	（1）35kV 以上，不低于 2500MΩ； （2）35kV 及以下，不低于 1000MΩ
2	底座绝缘电阻	（1）升压站避雷器每年雷雨前； （2）必要时	不小于 5MΩ

表 32（续）

<table>
<tr><th>序号</th><th colspan="2">项　目</th><th>周　期</th><th>要　求</th></tr>
<tr><td>3</td><td colspan="2">检查放电计数器的放电情况</td><td>（1）升压站避雷器每年雷雨前；
（2）必要时</td><td>测试 3 次～5 次均应正常动作，测试后计数器指示应调到“0”</td></tr>
<tr><td>4</td><td colspan="2">直流 1mA（U_{1mA}）电压及 0.75 U_{1mA} 下的泄漏电流</td><td>（1）升压站避雷器每年雷雨前；
（2）必要时</td><td>（1）不得低于 GB 11032 规定值；
（2）U_{1mA} 实测值与初始值或制造厂技术要求变化不应大于±5%；
（3）0.75U_{1mA} 下的泄漏电流不应大于 50μA</td></tr>
<tr><td>5</td><td colspan="2">工频参考电流下的工频参考电压</td><td>必要时</td><td>应符合 GB 11032 或制造厂规定</td></tr>
<tr><td rowspan="3">6</td><td rowspan="3">带电测试</td><td>电阻片柱的漏电流</td><td rowspan="3">（1）升压站避雷器每年雷雨前；
（2）必要时</td><td rowspan="3">应符合 DL/T 475.5 或制造厂规定</td></tr>
<tr><td>绝缘支架的漏电流</td></tr>
<tr><td>绝缘外套的漏电流</td></tr>
</table>

中国华能集团公司光伏发电站技术监督标准汇编
Q/HN-1-0000.08.065—2016

技术标准篇

光伏发电站运行导则

2016－09－14 发布
2016－09－14 实施

目　次

前　言

为加强中国华能集团公司光伏发电站运行管理，提高光伏发电站设备的安全性、经济性，特制定本导则。本导则依据国家和行业有关标准、规程和规范，以及中国华能集团公司光伏发电站的管理要求，结合国内外光伏发电站的新技术、运行经验制定。

本导则是中国华能集团公司所属光伏发电站运行工作的主要依据，是强制性企业标准。

本导则由中国华能集团公司安全监督与生产部提出。

本导则由中国华能集团公司安全监督与生产部归口并解释。

本导则起草单位：中国华能集团公司、西安热工研究院有限公司、华能新疆能源开发有限公司、华能陕西发电有限公司、华能澜沧江水电股份有限公司。

本导则主要起草人：牛瑞杰、杜洪杰、马晋辉、陈仓、王靖程、赵平顺、付渊、李帆。

本导则审核单位：中国华能集团公司、华能新能源股份有限公司、华能新疆能源开发有限公司、西安热工研究院有限公司。

本导则主要审核人：赵贺、罗发青、杜灿勋、蒋宝平、申一洲、郭俊文、马剑民、张杰、陈沫。

本导则审定单位：中国华能集团公司技术工作管理委员会。

本导则批准人：叶向东。

光伏发电站运行导则

1 范围

本导则规定了中国华能集团公司（以下简称“集团公司”）所属并网光伏发电站正常运行、巡视检查的内容和方法以及运行异常处理的原则。

本导则适用于集团公司并网光伏发电站的日常运行工作，其他类型光伏发电站（项目）可参照执行。

2 规范性引用文件

下列文件对于本文件的应用是必不可少的。凡是注日期的引用文件，仅注日期的版本适用于本文件。凡是不注日期的引用文件，其最新版本（包括所有的修改单）适用于本文件。

GB 1094.11　电力变压器　第11部分：干式变压器

GB/T 19939　光伏系统并网技术要求

GB/T 29320　光伏电站太阳跟踪系统技术要求

GB/T 30427　并网光伏发电专用逆变器技术要求和试验方法

GB/T 31366　光伏发电站监控系统技术要求

GB 50794　光伏发电站施工规范

GB/T 50796　光伏发电工程验收规范

GB 50797　光伏发电站设计规范

DL/T 516　电力调度自动化系统运行管理规程

DL/T 572　电力变压器运行规程

DL/T 596　电力设备预防性试验规程

DL/T 741　架空输电线路运行规程

DL/T 969　变电站运行导则

DL/T 1040　电网运行准则

DL/T 1102　配电变压器运行规程

DL/T 1253　电力电缆线路运行规程

NB/T 32004　光伏发电并网逆变器技术规范

NB/T 32007　光伏发电站功率控制能力检测技术规程

NB/T 32011　光伏发电站功率预测系统技术要求

NB/T 32012　光伏发电站太阳能资源实时监测技术规范

NB/T 32016　并网光伏发电监控系统技术规范

国能安全〔2014〕161号　防止电力生产事故的二十五项重点要求

Q/HN-1-0000.08.049—2015　中国华能集团公司电力技术监督管理办法

Q/HN-1-0000.08.050—2015　中国华能集团公司电力设备运行标准化管理实施导则（试行）

3 术语和定义

下列术语和定义适用于本标准。

3.1 光伏发电单元

光伏发电站中，以一定数量的光伏组件串，通过直流汇流箱汇集，经逆变器逆变与隔离升压变压器升压成符合电网频率和电压要求的电源。

3.2 光伏发电站

以利用太阳电池的光生伏特效应，将太阳辐射能直接转换成电能的光伏发电系统为主，包含各类建（构）筑物及检修、维护、生活等辅助设施在内的发电站。

小型光伏发电站：安装容量小于或等于 1MW。

中型光伏发电站：安装容量大于 1MW 和小于或等于 30MW。

大型光伏发电站：安装容量大于 30MW。

3.3 发电量

统计周期内逆变器显示发电量的综合，单位为 kW·h。

3.4 上网电量

统计周期内光伏发电站与电网关口表计计量的发电站向电网输送的电能，单位为 kW·h。

3.5 购网电量

统计周期内光伏发电站与电网关口表计计量的电网向发电站输送的电能，单位为 kW·h。

3.6 生产站用电

统计周期内光伏发电站的生产用电量，单位为 kW·h。

3.7 综合站用电

统计周期内光伏发电站的生产、生活用电量，单位为 kW·h。

3.8 生产站用电率

统计周期内生产站用电占发电量的百分比。计算公式如下：

生产站用电率=（发电量+购网电量-上网电量-生活用电量）/发电量×100%　　（1）

3.9 综合站用电率

统计周期内综合站用电占发电量的百分比。计算公式如下：

综合站用电率=（发电量＋购网电量-上网电量）/发电量×100%。　　（2）

3.10 光伏发电单元可利用率

指统计周期内，光伏发电单元的可用小时数与统计期间的小时数的比率（简写 *AF*）。计算公式如下：

$$AF=AH/PH\times 100\% \tag{3}$$

a） 可用小时数（*AH*）——设备处于可用状态的小时数。

可用状态是指设备处于能够执行预定功能的状态，而无论其是否在运行，也无论其提供了多少出力。可用状态分为运行（S）和备用（R）。

b） 统计期间小时数（*PH*）——设备处于在使用状态的日历小时数。

c） 运行小时（*SH*）——设备处于运行状态的小时数。

运行状态是指设备在电气上处于连接到电力系统的状态，或虽未连接到电力系统但在光照条件满足时，可以自动连接到电力系统的状态。

d） 备用小时（*RH*）——设备处于备用状态的小时数。

备用状态是指设备处于可用，但不在运行状态。备用可分为调度停运备用（DR）、站内原因受累停运备用（PRI）和站外原因受累停运备用（PRO）。

1） 调度停运备用（DR）——设备本身可用，但因电力系统需要，执行调度命令的停运状态。

2） 站内原因受累停运备用（PRI）——设备本身可用，因机组以外的站内设备停运（如汇流线路、箱式变压器、主变压器等故障或计划检修）造成发电设备被迫退出运行的状态。

3） 站外原因受累停运备用（PRO）——设备本身可用，因站外原因（如外部输电线路、电力系统故障等）造成发电单元被迫退出运行的状态。

3.11 光伏发电站利用小时

光伏发电站在统计周期内的发电量折算到该站全部装机额定负荷条件下的发电小时数，单位为h。计算公式如下：

$$利用小时=发电量/光伏发电站额定容量 \tag{4}$$

4 总则

4.1 基本原则

4.1.1 光伏发电站运行应坚持“安全第一，预防为主，综合治理”的方针，监测设备的运行状态，及时发现和消除设备缺陷，预防运行过程中的不安全现象和设备故障的发生，坚持保人身、保电网、保设备的原则，杜绝人身、电网和设备故障。

4.1.2 各光伏发电站应根据本标准，结合电站实际情况制定相应的运行规程，并随设备变更及时进行修订。

4.1.3 鼓励各光伏发电站通过新技术、新方法提升发电站的运行水平，以促进光伏发电站“无人值班（少人值守）”。

4.2 运行人员基本要求

4.2.1 应经过安全培训并考试合格，熟练掌握现场触电急救方法，掌握安全工器具、消防器材的使用方法。
4.2.2 应经过岗前培训、考核合格且身体状况符合上岗条件方可正式上岗，新聘员工应经过至少 3 个月的实习期，实习期内不得独立工作；接受调度机构值班调度员调度指令的人员应参加电网调度部门组织的电力业务培训，取得调度值班员证书方可上岗。
4.2.3 掌握生产设备的工作原理、基本结构和运行操作。
4.2.4 掌握本导则及发电企业运行规程的要求。熟悉发电企业各项规章制度，了解相关的标准和规程。
4.2.5 应掌握光伏发电站数据采集、监控、调度等系统的使用方法，熟悉设备各种状态信息、故障信号、故障类型，掌握一般故障的原因和处理方法。
4.2.6 应熟悉操作票、工作票的填写。
4.2.7 应能够完成光伏发电站运行各项指标的统计、计算、分析。

4.3 设备基本要求

4.3.1 光伏发电站应满足电网并网安全要求，具备低电压穿越、高电压穿越、防孤岛、无功补偿等能力。
4.3.2 站内设备质量应满足国家、行业标准，应考虑当地海拔高度、温度和湿度、污秽等级、绝缘等环境因素对设备的要求。
4.3.3 站内设备在生产、装配、调试过程中无重大遗留缺陷，按照 GB/T 50796 进行整套工程启动试运验收，正式移交。
4.3.4 光伏发电站设备技术说明书、图纸、文件、使用说明书等相关资料完善；设备监造、调试报告等工程资料保存完善。
4.3.5 光伏发电站应配备相应的备品配件及必要的检测仪器。
4.3.6 光伏发电站设备现场标志标示完整，安全、消防设施齐全良好。

5 运行管理

5.1 运行指标

各光伏发电站应参考光伏发电站技术监督标准的内容，进行以下（包含但不限于）运行指标的记录、分析工作，形成相应的总结、报告。

5.1.1 气象指标

气象指标指光辐照度、温度、风向、风速、雷暴日等，光伏发电站应根据年度气象指标制订发电计划。

5.1.2 电量指标

电量指标指发电量、上网电量、购网电量、生产站用电量、综合站用电量、生产站用电率、综合站用电率、利用小时、弃光率指标等指标。

5.1.3 能效指标

能效指标指由光伏组件衰减、电缆线损、逆变器损耗、变压器损耗等组成的光伏发电单元损耗值，以核算光伏发电单元的发电效率。光伏发电站应根据电量、能效指标开展光伏组件清洗工作。

5.1.4 可靠性指标

可靠性指标指光伏发电单元可利用率，以反映设备运行的可靠性。

5.2 现场工作

5.2.1 运行监视操作。光伏发电站应坚持运行值班制度，安排值班员在光伏发电站（或区域公司）的监控中心进行运行监视操作，保证设备安全稳定、经济运行，记录（或保存）运行数据。

5.2.2 运行交接班应适应电力生产连续性的要求，明确运行责任人交接的时间、地点、程序及交接双方职责。

5.2.3 厂网协调工作。光伏发电站应建立健全发电运行调度系统，涉网人员应依据电网调度规程和本企业的授权，配合调度机构的统一调度管理，接受电网调度人员的调度和指挥。

5.2.4 值长负责制。当站内出现威胁人身或设备安全的情况时，值长应依据运行规程和事故处理原则先行处置，事后必须在第一时间向上级汇报。

5.2.5 重要设备的启、停及重大操作，试验和事故处理等实行全站统一调度指挥，主管生产的领导和专业技术人员应对运行操作进行现场指导和监督。

5.2.6 巡回检查制度。巡视检查运行人员需要每天至少一次对升压站内设备巡视，根据现场情况对光伏发电单元进行巡视，巡视过程中应记录设备运行重要参数和异常情况。

5.3 运行计划与分析

5.3.1 光伏发电站运行工作应实行计划管理。运行工作计划是发电企业生产计划和其他组织技术措施计划的重要组成部分。运行工作计划应按年度、月度分别制订和实施。

5.3.2 运行工作计划应将指标和工作任务逐层分解落实到责任人，定期检查、考核、评比和统计、分析，及时发现和解决存在的问题，并注意总结和推广先进经验。

5.3.3 发电企业应每月召开一次运行分析会议，主要总结分析上月安全、经济指标完成情况，对各光伏发电站运行情况、技术监督指标、可靠性指标、节能指标、目前发电设备存在的问题、与发电设备设计值的偏差等进行分析比较，提出改进措施和建议，并跟踪落实。

5.3.4 运行人员应认真进行试验和运行数据对比，通过专业分析及时掌握设备状况；应有针对性地开展专题分析，对影响设备安全、经济和可靠性的问题提出改进运行操作的方法和加强运行管理的措施，并提出设备维修和改造建议。

5.3.5 运行人员应根据发电设备运行方式、运行参数的变化，及时进行优化调整，保证发电设备处于安全、经济、环保、稳定运行状态。

5.4 安全运行

5.4.1 严格执行国家、行业、上级公司和本企业有关安全规章制度和标准，认真制定、切实落实反事故措施和相关技术措施，定期开展反事故演习和事故预想，认真开展危险点分析和预控工作，加强检查、监督与考核。

5.4.2 光伏发电站应加强对运行人员和运行管理人员的安全教育、安全培训工作，保证安全学习时间和效果，切实提高自我防范意识和安全技能。

5.4.3 运行操作应进行全过程管理，包括确定操作条件、填写操作票、开展危险点分析和预控、编写重大操作技术措施、召开重大操作风险管控会议、重大操作到位规定、防止误操作、操作中断及恢复、操作安全控制、事故处理、检修维护消缺的操作等内容。

5.4.4 光伏发电站应按“四不放过”的原则，对发生的不安全事件及时进行事故分析，落实事故责任，制定防范措施。

5.5 运行技术管理

5.5.1 运行技术管理工作主要包括有关发电运行生产的各项规程、管理标准、规章制度、技术措施的制订与执行，以及其他基础工作。光伏发电站应根据上级公司的要求和运行管理的实践经验，建立健全发电运行管理标准、规章制度和各项运行规程，使运行工作达到标准化、规范化、制度化、科学化的要求。

5.5.2 光伏发电站应结合实际情况，制定运行管理（包括运行调度、运行规程和系统图的管理、岗位培训、台账与记录、经济运行、运行分析、检查与考核等内容）、交接班管理、设备定期试验和轮换管理、发电设备巡回检查管理、防洪防汛管理、防大风及强台风管理、防暴风雪及凝冻管理、防沙尘暴管理等相关标准。

5.5.3 运行规程应以国家和行业有关电力生产的技术管理法规、典型规程、制造厂设备说明书、设计说明书以及反事故措施的要求为依据进行编写。运行系统图应以现场设备实际布置情况和国家有关电力行业制图标准绘制。运行规程和系统图应经光伏发电站主管生产领导批准，报上级公司备案。

5.5.4 光伏发电站应视具体情况对运行规程及系统图进行修订，每隔 5 年或设备系统有较大变化时，应对运行规程及系统图进行一次全面修编，并履行必要的审批手续。当运行设备系统发生变更时，应及时对运行规程及系统图进行补充或修订。在变更设备或系统投运前，应组织运行人员对修订后的规程及系统图进行学习。

5.5.5 光伏发电站运行控制室现场应能及时查阅以下相关的技术文件和管理标准或规章制度：

a） 光伏发电站编制的运行规程、系统图、保护定值清单、消防规程、岗位工作标准、运行管理标准、运行交接班管理标准、发电设备巡回检查管理标准、设备定期试验和轮换管理标准、工作票和操作票管理标准、设备缺陷管理标准、设备异动管理标准、光伏发电站 6 项技术监督标准、应急管理标准等。

b） 集团公司印发的安全生产工作规定、安全生产监督工作管理办法、安全工作规程（电气部分、热力和机械部分）、事故调查规程、防止电力生产事故重点要求。

c） 所在电网公司印发的电网调度规程和反事故措施。

d） 运行日志及其他记录应实事求是、详细认真，按规定的要求填写。运行历史记录不得更改，运行日志和运行表单至少保存5年。

e） 运行管理、维护人员应根据季节特点、设备特性、重要时段、事故教训、设备存在的重大隐患或缺陷等，及时有针对性地制订技术方案或反事故措施，并检查落实，保证发电生产安全。

5.6 运行培训

5.6.1 运行人员的培训是企业全员培训的重要组成部分，培训工作应有计划、检查、奖惩，应建立健全运行人员的“培训、考核、任用、待遇”相结合的机制。运行人员必须先培训，后上岗，进行持续培训、动态考核，建立能上能下的竞争上岗机制，促进运行人员技能的提高。

5.6.2 通过培训，运行人员应做到熟悉现场设备构造、性能、原理及运行要求，熟悉运行规程及有关规章制度，熟悉有关环保要求及消防规定，掌握设备的运行操作技能，提高事故处理能力。涉网运行人员还应熟悉电网调度规程。

6 光伏发电站的运行

6.1 一般规定

6.1.1 新安装调试的光伏发电站在正式并网运行前，应满足当地电网运行要求。

6.1.2 光伏发电站的运行应结合技术监督标准要求和电网调度机构的规定，根据电站情况制定相应的运行规程。

6.1.3 光伏发电站所属集电线路的运行按照DL/T 741的规定进行。

6.1.4 光伏发电站升压站的运行按照DL/T 969的规定进行。

6.2 光伏发电站监控

6.2.1 设备要求

6.2.1.1 光伏发电站设备应参照GB/T 19939的规定和当地电网调度机构的要求，配置AGC/AVC系统、无功补偿装置、功率预测系统、防孤岛、低/高电压穿越等系统或功能，并满足性能指标要求。

6.2.1.2 监控自动化设备的配置、功能、性能应满足《光伏发电站监控自动化监督标准》的要求，对监控系统、光功率预测系统、电网调度自动化系统、辅助系统进行运行监盘。

6.2.1.3 监控系统的软件操作权限应分级管理，未经授权不能越级操作。

6.2.2 运行维护

6.2.2.1 运行人员应定期对光伏发电站监控系统数据备份进行检查，确保数据的准确、完整。

6.2.2.2 运行人员应对监控系统、AGC/AVC系统、光功率预测系统的运行状况进行监视，保持汇流箱、逆变器、箱式变压器通信畅通，设备监控系统运行正常，光功率预测系统性能指标满足当地电网调度要求，发现异常情况后应及时处理。

6.2.2.3 进行电压和无功功率的监视、检查和调整，防止光伏发电站母线电压或吸收电网无功功率超出允许范围。

6.2.2.4 定期对生产设备进行巡视，发现缺陷及时处理。做好设备运行中的故障和缺陷统计分析工作，对于可能导致事故的设备故障或缺陷，应立即停止运行。

6.2.2.5 定期检查安防系统、消防报警系统和视频监控系统等光伏发电站的生产辅助系统，对其功能进行检验。

6.2.2.6 遇有可能造成光伏发电站停运的灾害性气候现象（如沙尘暴、大风、洪水等），应向电网调度及相关部门报告，并及时启动光伏发电站应急预案。

6.2.2.7 对已投运的调度自动化系统运行缺陷及故障处理进行统计和上报。

6.2.3 运行记录

6.2.3.1 应每天及时收集和记录当地天气预报，做好光伏发电站安全运行的事故预案。

6.2.3.2 通过监控系统监视光伏组件、汇流箱、逆变器、箱式变压器、输电线路、升压站设备的各项参数变化情况，并做好相关运行记录。

6.2.3.3 应根据监控系统的运行参数，检查分析各项参数变化情况，发现异常情况应通过计算机屏幕对该设备进行连续监视，并根据变化趋势做出必要处理，同时在运行日志上写明原因。

6.2.3.4 应完成运行日志，运行日报、月报、年报，气象（辐照量、气温等），“两票”，缺陷及消缺记录单，设备定期试验记录单，缺陷验收单等的填写与报送工作。

6.2.3.5 应定期统计光伏发电站的运行小时、发电量、上网电量、购网电量，计算并记录光伏发电站的站用电量、利用小时。

6.2.3.6 应定期与历史数据进行对比，出现异常要及时汇报、分析、处理，并全部记录。

6.3 光伏发电单元

6.3.1 光伏发电单元的主要工作为监视电站设备的主要运行参数、统计电站发电量、接受电网调度指令，巡视检查电站设备的状态；检查光伏组件的完好性和污染程度，检查电气设备的运行状况。根据电网调度指令和检修工作要求进行电气设备停送电倒闸操作。

6.3.2 值班员每天对全部逆变器并网情况进行巡屏，查看逆变器是否并网正常、负荷柱形图高度是否一致，数据是否相近。负荷高峰期对比相同方阵内逆变器输出功率，存在输出功率偏差且持续增大时，应查找偏差原因。

6.3.3 定期巡盘监视汇流箱各支路的电流值，存在电流偏差持续较大或支路电流为0时，应立即检查故障原因。

6.3.4 定期进行现场与控制室后台汇流支路电流的对比工作，及时发现因电流传感器漂移而产生的误差。使用直流钳型电流表在太阳辐射强度基本一致的条件下测量接入同一个直流汇流箱的各光伏组件串的输入电流，其偏差应在合理范围内。

6.3.5 核对电站出线侧和对侧变电站进线侧电量数据，及时发现计量设备缺陷，避免电量损失。

6.3.6 光伏发电站地网的接地电阻应小于4Ω，接地导体最小截面积不应小于48mm²。

6.3.7 逆变器的启停机条件及操作步骤

6.3.7.1 逆变器启机

6.3.7.1.1 启动条件。

a） 长期停运和新投入的逆变器在投入运行前应测试绝缘，合格后才允许启动。

b） 经维修的逆变器在启动前，设立的各种安全措施均已拆除，工作票已终结。

c） 外界环境条件满足逆变器的运行条件。

d） 逆变器动力电源、控制电源处于接通位置，电源相序正确，控制系统自检无故障信息。

e） 远程通信装置工作正常，远程监控逆变器状态参数正确。

6.3.7.1.2 启动方式：逆变器启动方式分为自动、手动两种，包括自动启动、就地人工启动和远程启动。

6.3.7.2 逆变器停机

逆变器停机方式分为自动、手动两种，包括自动停机、远程停机、就地正常停机、就地故障紧急停机。

6.3.8 箱式变电站

6.3.8.1 变压器的运行

6.3.8.1.1 变压器在额定使用条件下，全年可按额定容量运行。

6.3.8.1.2 变压器上层油温不宜超过 85℃，温升限值为 60K（1K= –272.15℃）。

6.3.8.1.3 变压器各绕组负荷不得超过额定值。

6.3.8.1.4 变压器三相负荷不平衡时，应监视最大电流相的负荷。

6.3.8.1.5 变压器的外加一次电压可以较额定电压高，一般不超过该运行分接头额定电压的105%。

6.3.8.1.6 变压器运行时，重瓦斯保护应动作于跳闸，其余非电量保护出口方式由光伏发电站根据现场情况规定。

6.3.8.1.7 变压器投运前，应确认在完好状态，各项试验合格，具备带电运行条件。

6.3.8.1.8 大修、事故抢修和换油后，变压器宜至少静止 24h，待消除油中气泡后方可投入运行。

6.3.8.2 断路器的运行

6.3.8.2.1 观察分、合闸位置是否正确无误，机构动作是否正常，并做好记录。

6.3.8.2.2 观察断路器内部有无异常响声、严重发热等异常现象，如发现问题，需查明原因。

6.3.8.2.3 运行中的断路器机构箱不得擅自打开，利用停电机会进行清扫、检查及缺陷处理时，所进行的维护项目均应记入有关记录。

6.3.8.2.4 电动储能机构完成一次储能后，应将储能开关断开，此次储能只用于此次的合闸，下次合闸前再进行储能。当停电需要检修试验合闸时，可使用手动储能。

6.3.8.3 隔离开关的运行

6.3.8.3.1 观察隔离开关支持瓷瓶是否清洁、完整、有无裂纹及破损、有无放电痕迹。
6.3.8.3.2 观察机械连锁装置是否完整可靠。
6.3.8.3.3 检查引线接头应无过热、无变色、无氧化、无断裂等现象。
6.3.8.3.4 隔离开关卡涩时，不可用强力拉合，以免隔离开关损伤或损坏接地连锁装置。

6.3.8.4 负荷开关的运行

6.3.8.4.1 检查瓷瓶应清洁、完整，无裂纹及破损、无放电痕迹。
6.3.8.4.2 检查各接触点接触良好，弹簧是否良好，各部螺钉、销子应紧固齐备，灭弧室应无损坏。
6.3.8.4.3 操作机构是否灵活，辅助接点拉杆位置正确。
6.3.8.4.4 负荷开关卡涩时，不可用强力拉合，以免负荷开关损伤或损坏接地连锁装置。

6.4 升压站

6.4.1 一般规定

6.4.1.1 光伏发电站应根据安全性和可靠性的要求，结合光伏发电站变（配）电系统的一次主接线方式合理规定系统运行方式。
6.4.1.2 值班人员应严格执行调度指令，并根据光伏发电站运行规程的规定进行相应的操作。
6.4.1.3 值班人员在正常倒闸操作和事故处理中，应严格按照调度管辖范围执行指令。值班人员对调度指令产生疑问时，应及时向调度提出，确认无误后再进行操作。
6.4.1.4 运行设备发生异常或故障时，值班人员应立即报告调度或上级领导。若发生人身触电、设备爆炸起火时，值班人员可先切断电源进行抢救和处理，然后报告调度或上级领导。
6.4.1.5 110kV 及以上系统一般为有效接地系统，中性点运行方式应按照调度具体要求执行。中性点接地方式的改变应由调度下令变更，具体由光伏发电站运行人员执行。
6.4.1.6 正常运行时，母线电压应满足调度下达的电压曲线要求，系统频率变化应在（50±0.2）Hz 内。
6.4.1.7 电气设备的四种状态：

a） 运行状态：设备的隔离开关及断路器均在合位，设备带电运行，相应保护投入运行。
b） 热备用状态：设备的隔离开关在合位，断路器在断开位置，相应保护投入运行。
c） 冷备用状态：设备的隔离开关及断路器均在断开位置，相应保护投入运行。
d） 检修状态：设备的隔离开关及断路器均在断开位置，在有可能来电端挂好接地线及安全标示牌，相应保护退出运行（属省调、地调所辖调度范围的，保护按省调、地调令执行）。

6.4.2 变压器运行

6.4.2.1 变压器的运行电压一般不应高于该运行分接额定电压的 105%。对于特殊的使用情况，允许在不超过110%的额定电压下运行，对电流与电压的相互关系如无特殊要求，当负载电流为额定电流的 k（$k\leqslant1$）倍时，按式（4）对电压 U 加以限制：

$$U(\%)=110-5k^2 \quad (5)$$

6.4.2.2 无励磁调压变压器在额定电压±5%范围内改换分接位置运行时，其额定容量不变。有载调压变压器各分接位置的容量，按制造厂的规定。

6.4.2.3 油浸式变压器顶层油温一般不超过表 1 的规定（制造厂有规定的按制造厂规定执行）。当冷却介质温度较低时，顶层油温也相应降低。

表1 油浸式变压器顶层油温的一般限值

冷却方式	冷却介质最高温度 ℃	最高顶层油温 ℃
自然循环自冷、风冷	40	95
强迫油循环风冷	40	85

6.4.2.4 干式变压器的温度限值应按 GB 1094.11 的规定，绕阻温升限值见表 2。

表2 绕组温升限值

绝缘系统温度等级 ℃	额定电流下的绕组平均温升限值 K
105（A）	≤60
120（E）	≤75
130（B）	≤80
155（F）	≤100
180（H）	≤125
注：括号内字母为绝缘系统温度等级代号	

6.4.2.5 变压器三相负载不平衡时，应监视最大一相的电流。

6.4.2.6 接地变压器在系统单相接地时的运行时间和顶层油温不应超过制造厂的规定。

6.4.2.7 强油循环冷却变压器运行时，应投入冷却器。空载和轻载时不应投入过多的冷却器（空载状态下允许短时不投）。各种负载下投入冷却器的相应台数应按制造厂的规定，与温度和（或）负载投切冷却器的自动装置应保持正常。

6.4.2.8 用熔断器保护变压器时，熔断器性能应满足系统短路容量、灵敏度和选择性的要求。

6.4.2.9 一般变压器的非电量保护应将变压器本体重瓦斯、有载调压重瓦斯投跳闸，其余非电量保护如压力释放、绕组温度和油面温度过高等宜投信号。

6.4.3 变压器的并列运行

6.4.3.1 变压器并列运行的基本条件：

a） 联结组标号相同。

b） 电压比应相同，差值不得超过±0.5%。

c） 阻抗电压值偏差小于 10%。

6.4.3.2 光伏发电站变压器并列运行时，应防止一台变压器故障跳闸时造成其他变压器长时间严重超负荷运行。

6.4.3.3 新装或变动过内外连接线的变压器，并列运行前应核定相位。

6.4.4 变压器投运和停运

6.4.4.1 在投运变压器之前，值班人员应仔细检查，确认变压器及其保护装置在完好状态，具备带电运行条件，并注意外部有无异物，临时接地线是否已拆除，分接开关位置是否正确，各阀门开闭是否正确。变压器在低温投运时，应防止呼吸器因结冰被堵。

6.4.4.2 运用中的备用变压器应随时可以投入运行。长期停运者应定期充电，同时投入冷却装置。如为强油循环变压器，充电后不带负载运行时，应轮流投入部分冷却器，其数量不应超过制造厂规定空载时的运行台数。

6.4.4.3 变压器投运和停运的操作程序应在光伏发电站运行规程中规定，并应符合下列要求：

a） 强油循环变压器投运时应逐台投入冷却器，并按负载情况控制投入冷却器的台数。

b） 变压器的充电应在有保护装置的电源侧用断路器操作，停运时应先停负载侧，后停电源侧。

c） 在无断路器时，可用隔离开关投切 110kV 及以下且电流不超过 2A 的空载变压器；用于切断 20kV 及以上变压器的隔离开关，应三相联动且装有消弧角；装在室内的隔离开关应在各相之间安装耐弧的绝缘隔板。

d） 允许用熔断器投切空载配电变压器和站用变压器。

e） 强油循环变压器投运时应逐台投入冷却器，并按负载情况控制投入冷却器的台数；水冷却器应先启动油泵，再开启水系统；停电操作先停水后停油泵；冬季停运时将冷却器中的水放尽。

6.4.4.4 新安装、大修后的变压器投入运行前，应在额定电压下做空载全电压冲击试验。加压前应将变压器全部保护投入。新变压器冲击 5 次，大修后的变压器冲击 3 次。

6.4.4.5 新装、大修、事故检修或换油后的变压器，在施加电压前静止时间不应少于以下规定：

a） 110kV 及以下 24h。

b） 220kV 及以下 48h。

c） 500kV 及以下 72h。

6.4.4.6 在 110kV 及以上中性点有效接地系统中，投运或停运变压器时，中性点应先接地。投入后可按系统需要或调度指令决定中性点是否断开。

6.4.4.7 变压器在受到近区短路冲击后，宜做低电压短路阻抗测试或用频响法测试绕组变形，并与原始记录比较，判断变压器无故障后，方可投运。光伏发电站运行人员应记录近区短路发生的详细情况。

6.4.4.8 干式变压器在停运和保管期间，应防止绝缘受潮。

6.4.4.9 安装在光伏发电站内的变压器，应经常监视仪表的指示，及时掌握变压器运行情况，监视仪表的抄表次数由现场规程规定。

6.4.4.10 当变压器超过额定电流运行时，应做好记录。

6.4.5 变压器分接开关的运行

6.4.5.1 无励磁调压变压器在变换分接挡位时，应做多次转动，以便消除触头上的氧化膜和油污。在确认变换分接挡位正确并锁紧后，应测量绕组的直流电阻并记录。

6.4.5.2 变压器有载分接开关的操作，应遵守以下规定：

a）应逐级调压，同时监视分接位置及电压、电流的变化。

b）单相变压器组和三相变压器分相安装的有载分接开关，宜三相同步电动操作。

c）有载调压变压器并联运行时，其调压操作应同步进行。

d）应核对系统电压与分接额定电压间的差值，使其符合相关的规定。

e）变压器过负荷运行时应禁止调压，或按制造厂规定执行。

f）新装或大修后的有载调压开关，应在变压器空载运行时，在电压允许的范围内用电动操动机构至少操作一个循环，确认各项指示正确、电压变动正常、极限位置电气闭锁可靠后方可调至调度指定的位置运行。

6.4.6 高压配电设备

6.4.6.1 高压断路器

6.4.6.1.1 断路器分、合闸指示器应指示清晰、正确。

6.4.6.1.2 断路器应有动作次数计数器，计数器调零时应作记录并累计统计。

6.4.6.1.3 端子箱和机构箱内整洁，箱门平整，开启灵活，关闭严密，有防雨、防尘、防潮、防小动物措施。电缆孔洞封堵严密，箱内电气元件标示清晰、正确，螺栓无锈蚀、松动。

6.4.6.1.4 应具备远方和就地操作方式。

6.4.6.1.5 每年应对断路器安装地点的母线短路电流与断路器的额定短路开断电流进行一次校核。

6.4.6.1.6 应按制造厂规定投、退驱潮装置和保温装置。

6.4.6.1.7 定期对断路器的端子箱、操作箱、机构箱清扫及通风。

6.4.6.1.8 新投入或更换灭弧室的真空断路器应检测真空压力，已运行的断路器应配合预防性试验检测真空压力，不合格应及时更换；真空断路器允许开断次数按制造厂规定和设备实际情况确定，当触头磨损累计超过厂家规定，应通知维护人员安排更换。

6.4.6.1.9 定期检查 SF_6 断路器有无漏气点；按规程要求检测 SF_6 气体含水量；依靠通风装置保持空气流通的 SF_6 设备室内，在其入口处人身高度位置安装 SF_6 气体泄漏报警器。

6.4.6.1.10 长期处于备用状态的断路器应定期进行分、合操作检查，在低温地区还应采取防寒措施和进行低温下的操作试验。

6.4.6.1.11 对操动机构的要求：

a）气动操动机构在低温季节应采取保温措施，防止控制阀结冰。

b）液压操动机构及采用差压原理的气动操动机构应具有防失压“慢分”装置并配有防“慢分”卡具。

c）电磁操动机构严禁用手力杠杆或千斤顶的办法带电进行合闸操作。

d）液压或气动机构，应有压力安全释放装置。

6.4.6.1.12 断路器的机械脱扣方法宜写入《光伏发电站运行规程》。

6.4.6.2 气体绝缘金属封闭电器（GIS）

6.4.6.2.1 SF_6泄漏报警时，未采取安全措施前，不得在该场所停留。
6.4.6.2.2 运行人员出入装有SF_6设备的场所前，应定期通风，通风时间应不少于15min。
6.4.6.2.3 进入电缆沟或低凹处工作时，应测量SF_6气体浓度，合格后方可进入。
6.4.6.2.4 运行人员应记录断路器切断故障电流的次数和电流数值，定期记录动作计数器的数值。
6.4.6.2.5 运行人员应定期记录各气室SF_6气体压力值，达到报警值时应尽快进行补气工作。
6.4.6.2.6 设备气体管道应有符合规定的颜色标示，在现场应配置与实际相符的SF_6系统模拟图和操作系统图，应标明气室分隔情况、气室编号，汇控柜上应有本间隔的主接线示意图，设备各阀门上应有接通或关断的标示。

6.4.6.3 高压开关柜

6.4.6.3.1 应具备“五防”功能，操作时应按照连锁条件进行。
6.4.6.3.2 柜体前后应标有设备名称和运行编号，柜内一次电气回路应有相色标识，电缆孔洞封堵应严密。
6.4.6.3.3 小车开关推入“运行”位置前应释放断路器操动机构的能量，推入“运行”位置后应检查是否已到位并锁定；小车开关拉出在“试验”位置应完全锁定；任何时候均不准将小车开关置于“试验”与 “运行”位置之间的自由位置上；小车开关拉出后，活门隔板应完全关闭；每次推入手推式开关柜之前，应检查相应断路器的位置，严禁在合闸位置推入手车。
6.4.6.3.4 当环境湿度大于设备允许运行湿度时，应开启驱潮装置；当环境温度低于设备允许运行温度时，应开启加热装置。
6.4.6.3.5 配合停电检查绝缘部件及灭弧室外壳、二次接线、机构箱辅助触点、活门隔板，二次插头应无氧化、变形现象。

6.4.6.4 隔离开关

6.4.6.4.1 隔离开关导电回路长期工作温度不宜超过80℃。
6.4.6.4.2 用隔离开关可以进行如下操作：

a） 拉、合系统无接地故障的消弧线圈。
b） 拉、合无故障的电压互感器、避雷器或空载母线。
c） 拉、合系统无接地故障的变压器中性点的接地开关。
d） 拉、合与运行断路器并联的旁路电流。
e） 拉、合空载站用变压器。
f） 拉、合110kV及以下且电流不超过2A的空载变压器和充电电流不超过5A的空载线路。
g） 拉、合电压在10kV及以下时，电流小于70A的环路均衡电流。

6.4.6.5 互感器

6.4.6.5.1 电压互感器二次侧严禁短路，电流互感器二次侧严禁开路，备用的二次绕组应可靠短路接地。

6.4.6.5.2　互感器二次侧应有且仅有一个接地点。

6.4.6.5.3　中性点非有效接地系统，电压互感器一次中性点应接地，为防止谐振过电压，宜在一次中性点或二次回路中装设消谐装置。

6.4.6.5.4　电压互感器一次侧熔断器熔断时，应查明原因，不得擅自增大熔断器容量。

6.4.6.5.5　停用电压互感器前应注意下列事项：

a）防止继电保护和安全稳定自动装置发生误动。

b）将二次回路主熔断器或空气开关断开，防止电压反送。

6.4.6.5.6　新更换或检修后互感器投运前，应进行下列检查：

a）检查一、二次接线相序及极性是否正确。

b）测量一、二次线圈绝缘电阻。

c）测量保险器、消谐装置是否良好。

d）检查二次回路有无开路或短路。

6.4.6.5.7　分别接在两段母线上的电压互感器，二次侧并列前应先将一次侧并列。

6.4.6.5.8　长期停运的互感器应按 DL/T 596 的试验要求检查合格后，方可投运。

6.4.6.6　避雷器和接地引下线

6.4.6.6.1　应定期对设备接地引下线进行检查测试，满足动、热稳定和接地电阻要求。

6.4.6.6.2　雷雨季节到来前，应完成预防性试验。

6.4.6.6.3　110kV 及以上氧化锌避雷器应定期进行运行电压下的全电流和阻性电流测量并记录，检查放电动作情况。

6.4.6.6.4　变压器中性点应装有两根与地网不同处相连的接地引下线，重要设备及设备架构等宜有两根与主接地网不同地点连接的接地引下线，每根接地引下线均应符合热稳定要求，应定期进行接地引下线导通性测试。

6.4.6.7　消弧线圈

6.4.6.7.1　非自动调节的消弧线圈调整分接头后，应测量直阻。

6.4.6.7.2　消弧线圈二次电压回路应安装熔断器。

6.4.6.7.3　消弧线圈只有在系统无接地故障时方可进行拉、合操作，雷雨天气时禁止用隔离开关拉、合消弧线圈。

6.4.6.7.4　自动补偿的消弧线圈，当自动失灵时，应改为手动调整。

6.4.6.7.5　消弧线圈倒换分接头或有检修工作时，一次侧应有明显断开点并验电后接地。

6.4.6.7.6　消弧线圈分接头位置应在模拟图上予以指示，指示位置应与消弧线圈分头实际位置一致。

6.4.6.7.7　当系统发生接地时，消弧线圈允许运行 2h 或按设备铭牌规定的时间运行，小电流选线装置应能正确选线并迅速切除故障点。

6.4.6.7.8　带有消弧线圈运行的主变压器需要停电时，应先停消弧线圈，后停变压器；送电时先投入变压器再投入消弧线圈。

6.4.6.7.9　为避免线路跳闸后发生串联谐振，宜采用过补偿方式运行。运行中，消弧线圈的端电压超过相电压 15%时信号装置动作，应立即报告调度，查找接地点。

6.4.6.7.10 中性点位移电压超过50%额定相电压或35kV系统不对称电流超过10A时，禁止用隔离开关投、停消弧线圈。

6.4.6.8 小电阻接地装置

6.4.6.8.1 电阻柜应定期进行清扫检查、测量接地是否良好。
6.4.6.8.2 一套接地装置停运时，允许两段母线共用一套接地装置。
6.4.6.8.3 中性点接地装置投入前，应先投入相应的零序保护。
6.4.6.8.4 配合停电，应测量接地电阻的电阻值。
6.4.6.8.5 中性点分别经接地变压器接地的两段母线，在倒闸操作或故障异常运行方式下，允许短时并列运行。
6.4.6.8.6 中性点经接地变压器接地装置投入运行后，若要改为中性点不接地方式运行，应经上级部门同意。

6.4.7 公用系统

6.4.7.1 直流系统

6.4.7.1.1 直流母线电压允许在额定电压±10%范围内变化，直流母线对地的绝缘状态应保持良好。
6.4.7.1.2 正常运行时，蓄电池组以浮充方式自带本段直流母线运行，蓄电池组出口开关在合闸位置。
6.4.7.1.3 防酸蓄电池组浮充电压值宜控制为（2.15V～2.17V）×N（其中N为串联的蓄电池个数）；阀控蓄电池组宜控制为（2.23V～2.28V）×N，均衡充电电压值宜控制为（2.30V～2.35V）×N。
6.4.7.1.4 直流回路不可环路运行，在环路中间应有明显断开点。
6.4.7.1.5 两组蓄电池的直流系统可短时间并列运行，并列前两侧母线电压应调整一致；由一组蓄电池通过并、解列接代另一组蓄电池的负载时，禁止在有接地故障的情况下进行。
6.4.7.1.6 蓄电池室应配置温、湿度仪，室内环境应保持干燥，应有良好的通风采暖措施，室内温度宜经常保持在5℃～30℃。
6.4.7.1.7 发生直流接地故障时应尽快处理，需停用继电保护和自动装置时，应经调度或光伏发电站站长同意。
6.4.7.1.8 充电装置的精度、纹波系数、效率、噪声和均流不平衡度应满足运行要求。
6.4.7.1.9 充电装置应具有限流功能，限流值整定范围为直流输出额定值的50%～105%，当母线或出线支路发生短路时，应具有短路保护功能，其整定值为额定电流的115%。
6.4.7.1.10 正常运行时，直流系统各绝缘监察装置应投入运行。

6.4.8 二次设备

6.4.8.1 继电保护及自动装置

6.4.8.1.1 保护及自动装置的投入和退出，可通过运行方式开关或连接片来实现，原则上不允许运行人员通过修改控制字的方式实现保护投退。

6.4.8.1.2 运行人员应根据运行方式的改变，及时对保护装置的部分保护功能进行投、退操作。

6.4.8.1.3 保护装置投入前，应检查与保护装置相关的二次回路接线正常，操作及控制电源正常，核对连接片投入正确。

6.4.8.1.4 保护出口连接片投入前应确认压板状态，测量跳闸连接片极性（正常一端呈负极，另一端无电压），确认保护未出口后方可投入跳闸连接片。

6.4.8.1.5 保护功能连接片投退前应确认连接片状态，测量功能连接片极性，投退后应确认功能连接片开入量状态正常。

6.4.8.1.6 保护装置投入后，应观察模拟量采样正确，设备无任何报警信号。

6.4.8.1.7 若属保护装置本身停止运行，则需断开保护连接片，切除保护装置电源直流，必要时还应短接电流回路，断开电压回路。

6.4.8.1.8 继电保护及自动装置的退出应有值长指令，属于调度管辖的设备应在调度指令下达后执行。

6.4.8.1.9 长期停运或需要检修的保护装置，除断开必要的功能连接片和出口连接片外，还应断开相应的控制电源和操作电源，必要时应解除与带电设备的跳闸接线。

6.4.8.1.10 任何保护装置或保护功能的投入和退出都应有相应的记录。

6.4.8.1.11 保护定值的运行管理。

a） 接到继电保护定值单后，应一式三份分别由运行班、检修班、档案室保管并及时登记。

b） 最新定值单执行并确认无误后应有“已执行”字样，已作废的定值单应有“作废”字样，新、旧定值应分开保管。

c） 委托外委运行单位进行运行管理的，在收到新定值后应及时通知光伏发电站人员并由其保管。

d） 保护定值更改后，应与检修人员一起核对定值无误，并在未投运前与调度一起核对定值无误。

e） 运行中随运行方式变更的定值，应有调度的命令。变更后要与调度核对无误，并作好书面记录。

f） 属于光伏发电站管理的保护定值的下发、审核、执行、回执应有专用的通知单，应保证保护定值的闭环管理。

g） 定值修改、执行后宜打印装置定值，逐条核对，确认无误后应填写日期并签名，随同下发通知单一并归档。

6.4.8.2 远动装置

6.4.8.2.1 远动装置的双通道应相互独立。

a） 远动装置投运后，应定期校核遥测的准确度及遥信的正确性；对运行不稳定的设备加强监视检查，不定期地进行检验。

b） 应将监控系统不间断电源、逆变装置电源系统、操作员站、远动终端装置、电能量采集装置、光端机的运行注意事项编入光伏发电站运行规程。

c） 远动装置应采用双电源供电方式，应定期进行电源切换试验。

6.4.9 无功补偿装置

6.4.9.1 电容器

a） 运行中的电容器组三相电流应基本平衡。电容器组应装设内部故障保护装置。每台电容器应有表示其安装位置的编号。

b） 单台容量大于 1600kvar 的集合式电容器应装有压力释放装置；较大容量的集合式电容器组应装设气体继电器。

c） 新安装的电力电容器组应进行各种容量组合的谐波测试和投切试验，满足要求后方可投运。

d） 电容器的连续运行电压不得大于 $1.05U_n$，长期运行过电压值不应超过 $1.1U_n$，最高过电压值不应超过 $1.3U_n$，持续时间不超过 1min。

e） 电容器室应符合防火要求，室外电容器组应配有专用消防器材。

f） 在接触停运的电容器端子前，应进行放电处理。

6.4.9.2 电抗器

a） 电抗器应满足安装地点的最大负载、工作电压等条件的要求。正常运行中，串联电抗器的工作电流不大于其 1.3 倍额定电流。

b） 电抗器接地应良好，干式电抗器的上方架构和四周围栏应避免出现闭合环路。

c） 油浸式电抗器的防火要求参照油浸式变压器的要求执行，室内油浸式电抗器应有单独间隔，应安装防火门并有良好通风设施。

6.5 运行优化

6.5.1 光伏发电站应结合当地实际情况，通过采取不同的优化措施，达到系统、设备在最经济的工况下运行的目标；通过不同措施降低系统损耗，协调和指导系统及设备始终处于优化运行状态。

6.5.2 加强市场营销工作，对外积极与电网公司沟通，密切关注新能源市场动态，及时了解电网网架结构、运行方式、负荷分配以及地区装机容量情况，及时掌握电网检修计划，做到站内涉网设备与调管设备同步检修。

6.5.3 光伏组件串的优化。

6.5.3.1 对固定可调支架，根据季节（太阳与电池板夹角）及时进行调节电池板角度，确保电池板与太阳夹角达到或接近 90°。

6.5.3.2 对平单轴、斜单轴基础沉降进行跟踪检查，确保支架各转动支点平衡，基础在同一平面，发挥组件最好发电水平。

6.5.3.3 平单轴、斜单轴的跟踪系统应根据季节和对标结果进行程序更新，确定最佳的转动频次，发挥最大发电效率。

6.5.3.4 根据电池板脏污程度，及时进行电池组件清洗工作，确保组件清洁、高效发电。

6.5.3.5　定期对光伏组件、汇流箱、直流柜、逆变器等设备接线端子进行测温，掌握发热情况，杜绝虚接发热及时处理接线松动等问题。

6.5.4　逆变器运行。

6.5.4.1　根据季节设定逆变器风机启停定值，采取“温度控制+功率控制”的控制方式，其中温度控制优先级高于功率控制。

6.5.4.2　积极开展月度对标工作，对内加强各方阵、逆变器等设备横向对标，对外加强站与站之间主要指标纵向对标分析，查找差距，制定措施。

6.5.4.3　分析设备空载、负载损耗及下网电量变化原因，确保每日站用电率最低。

6.5.5　电网考核。

6.5.5.1　要确保光功率预测系统运行稳定、良好，通道正常，根据实际天气情况及时修正不准确的预测，提高光功率预测准确率。

6.5.5.2　光伏发电站的功率控制应满足电网要求，避免电网公司考核。在限电情况下，光伏发电站运行人员依据现场情况，优化发电设备运行。细化调度考核细则，提高对调度考核的自动化设备和各类辅助平台及装置（电网调度平台、光功率预测、SVG、AGC/AVC、稳定控制系统等）的投入率、准确率，减少调度考核。

6.5.5.3　根据电网电压和站内电压等情况，合理确定无功补偿装置运行方式，降低无功补偿装置的耗电量。

6.5.6　消缺工作。

为避免影响发电，除紧急情况外，消缺工作宜安排在夜间进行，并做好照明及安全防护措施。

7　光伏发电站的巡视与检查

7.1　基本要求

7.1.1　光伏发电站应结合设备运行状况和气候、环境变化情况以及上级生产管理部门的要求，制定切实可行的管理办法，编制计划并合理安排线路、设备的巡视和检查（以下简称巡视）工作，上级生产管理部门应对光伏发电站开展的巡视工作进行监督与考核。

7.1.2　进入巡视现场要佩戴相应的防护用具，注意支架、线缆等地面环境状况。

7.2　巡视分类和要求

7.2.1　巡视分类

a）定期巡视：由运行人员进行，以掌握设备设施的运行状况、运行环境变化情况为目的，及时发现设备缺陷和威胁光伏发电站安全运行情况的巡视。

b）特殊巡视：在有外力破坏可能、恶劣气象条件（如大风、暴雨、覆冰、高温等）、重要保电任务、设备带缺陷运行或其他特殊情况下由运行人员对设备进行的全部或部分巡视。

c）夜间巡视：由运行人员进行，主要检查连接点处有无过热、打火现象，绝缘子表面有无闪络等的巡视。

d）故障巡视：由运行人员进行，以查明线路和设备发生故障的地点和原因为目的的巡视。

7.2.2 巡视范围

7.2.2.1 定期巡视的主要范围。

a） 光伏组件、汇流箱、逆变器、箱式变压器。
b） 升压站系统内的所有高压电气设备。
c） 站内集电线路（电缆）。
d） 防雷与接地装置。
e） 公用系统设备。
f） 各类相关的运行、警示标识及相关设施。

7.2.2.2 特殊巡视的主要范围。

a） 存在外力破坏可能或在恶劣气象条件下影响安全运行的线路及设备。
b） 设备状态异常维持运行的线路及设备。
c） 重要保电任务期间的线路及设备。
d） 新投运、大修预试后、改造和长期停用后重新投入运行的线路及设备。
e） 特殊运行方式下的线路及设备。

7.2.3 巡视周期

7.2.3.1 定期巡视的周期不应低于表3要求。

表3 定期巡视周期

序号	巡视对象	周　期
1	光伏组件	每季度一次
2	汇流箱	每月一次
3	逆变器	每月一次
4	箱式变压器	每月一次
5	升压站内设备	日常巡视每天一次，夜间巡视每周一次
6	防雷与接地装置	每月一次
7	送出线路	每季度一次

7.2.3.2 重负荷和D级污秽及以上地区线路每周至少进行一次夜间巡视，其余视情况确定。

7.2.3.3 每年雷雨季节前、后应加强对防雷装置的检查，对比避雷器的动作次数变化情况，检查防雷装置是否完好。

7.3 光伏发电单元

7.3.1 光伏组件的巡视检查项目

a） 检查方阵支架间的连接是否牢固，支架与接地系统的连接是否可靠，电缆金属外皮与接地系统的连接是否可靠。

b） 检查光伏组件是否有损坏或异常，如遮挡、破损，栅线消失，热斑等。

c） 检查光伏组件采光面是否清洁，有无积灰、积水现象。

d） 检查光伏组件板间连线有无松动现象，引线绑扎是否牢固。

e） 检查光伏阵列汇线盒内的连线是否牢固。

f） 检查光伏组件接线盒内的旁路二极管是否正常工作。

g） 检查光伏组件的背板接线盒是否正常工作。

h） 定期对光伏组件的转换效率及输出功率等进行检测，保证光伏组件的正常运行。

i） 支架的所有螺栓、焊缝和支架连接应牢固可靠，表面的防腐涂层出现开裂和脱落现象应及时处理。

7.3.2 汇流箱的巡视检查项目

a） 检查汇流箱门是否平整、开启灵活、关闭紧密，汇流箱周围清洁无杂物。

b） 检查电流表是否平衡，有无不稳定或激增现象。

c） 检查接线端子连接是否紧固，有无松脱、锈蚀现象。

d） 检查汇流箱内的防雷保护器是否正常。

e） 通信模块功能检查。

f） 汇流箱进出线过热问题，烧坏绝缘材料。

g） 汇流箱孔洞防火、防灰封堵。

7.3.3 逆变器的巡视检查项目

a） 检查逆变器室是否清洁、有无杂物。

b） 检查逆变器是否有异常振动、异常声音和异常气味。

c） 检查逆变器冷却系统是否运转正常，进风口滤网有无堵塞现象。

d） 检查逆变器柜门锁好，逆变器在运行状态下禁止打开高压柜门对设备进行检查。

e） 检查各引线接头接触是否良好，接触点是否发热，有无烧伤痕迹，引线有无断股、折断现象。

f） 监视触摸屏上的各运行参数，方式开关位置正确。

g） 逆变器室环境温度不得超过设备规定值，室内通风良好。

h） 检查逆变器模块温度不超过设备规定值。

i） 检查触摸屏、各模块及控制柜内各面板上无异常报警显示。

7.3.4 箱式变电站的巡检

7.3.4.1 正常巡视和特殊巡视

根据范围、重点和周期的不同分为正常巡视和特殊巡视。正常巡视，即各箱式变压器每月一次正常巡视；特殊巡视，即遇有下列情况，应进行特殊巡视：

a） 过负荷时。

b） 有重大缺陷的设备。

c） 新安装投运和大修后投运的设备。
d） 恶劣气候情况时，如大风、大雾、冰雪、高温等。
e） 由调度发布的特殊命令时。

7.3.4.2 巡视内容

7.3.4.2.1 基础部分

箱式变压器基础完整，无裂缝、箱式变压器电缆沟内是否清洁、有无杂物，通风孔洞通风是否顺畅，金属部分有无锈蚀，接地是否良好。

7.3.4.2.2 箱体部分

a） 箱体外壳有无锈蚀、变形及较大缝隙。
b） 雨雪天气检查箱式变压器内有无渗漏水、冻霜现象。
c） 箱式变压器外部保持整洁无粘贴物，箱式变压器门锁完好且配置正确。
d） 箱式变压器箱体接地及铭牌完好。
e） 箱式变压器外壳有无脱漆、锈蚀，焊口有无裂纹、渗油。

7.3.4.2.3 低压部分

a） 各种表计均应指示正常。
b） 各开关分合闸指示及标示应正确。
c） 低压空气开关应无碰触裸露导体部分的可能。
d） 各低压空气开关上相应的标示应完整、正确。
e） 机械联锁装置完整可靠。
f） 机构箱门关闭严密。
g） 电缆进出孔洞封堵严密。
h） 电缆均挂电缆牌，且电缆牌上数据详尽、正确。
i） 各低压空气开关、电缆连接处有无发热及放电现象。
j） 电缆、隔离开关、断路器、电流互感器等元件及接线等标示应正确、清晰。
k） 传动杆件及机构各部分有变色、锈蚀或脱落等现象。

7.3.4.2.4 高压部分

a） 隔离开关名称、编号应正确。
b） 隔离开关的位置指示及标示应正确。
c） 电缆接头接触是否紧密完好。
d） 避雷器清洁无损、无放电现象。
e） 带电指示器及短路故障指示器指示是否正确。
f） 高压室门关闭严密。
g） 高压进出线电缆孔洞应封堵严密。

7.3.4.2.5 变压器部分

a） 变压器正常运行无异音。
b） 散热装置清洁、完好，无破损。
c） 变压器外壳温度有无异常。
d） 套管是否清洁，有无裂纹、损伤、放电痕迹。
e） 各个电气连接点有无锈蚀、过热和烧损现象。
f） 各部螺栓是否完整，有无松动。
g） 变压器运行时，外壳接地、中性点接地、防雷接地的接地线应接在一起，共同完好接地。
h） 变压器各部位密封圈（垫）有无老化、开裂，缝隙有无渗油、漏油现象。
i） 变压器本体油温、本体及套管油位是否正常，有无异声、异味，在正常情况下，上层油温不超过 85℃，最高不得超过 95℃，应核对就地与监控系统的变压器温度显示是否一致。
j） 呼吸器是否正常、有无堵塞，硅胶有无变色现象。

7.4 升压站

7.4.1 变压器的巡视

7.4.1.1 新投或大修后的变压器运行前的检查

a） 气体继电器或集气盒及各排气孔内无气体。
b） 附件完整安装正确，试验、检修、二次回路、继电保护验收合格、整定值正确。
c） 各侧引线安装合格，接头接触良好，各安全距离满足规定。
d） 变压器外壳接地可靠，钟罩式变压器上、下体连接良好。
e） 强油风冷变压器的冷却装置油泵及油流指示、风扇电动机转动正确。
f） 电容式套管的末屏端子、铁芯、夹件、变压器中性线接地点接地可靠。
g） 变压器消防设施齐全可靠，室内安装的变压器通风设备完好。
h） 有载调压装置升、降操作灵活可靠，远方操作和就地操作正确一致。
i） 油箱及附件无渗漏油现象，储油柜、套管油位正常，变压器各阀门位置正确。
j） 防爆管的呼吸孔畅通，防爆隔膜完好，压力释放阀的信号触点和动作指示杆应复位。
k） 核对有载调压或无励磁调压分接开关位置，检查冷却器及气体继电器的阀门应处于打开位置，气体继电器的防雨罩应严密。

7.4.1.2 变压器的日常巡视检查

a） 变压器的油温和温度计应正常，储油柜的油位应与温度标界相对应，各部位无渗油、漏油现象，套管油位应正常，套管外部无破损裂纹、无严重油污、无放电痕迹及其他异常现象。
b） 变压器的冷却装置运转正常，运行状态相同的冷却器手感温度应相近，风扇、油泵运转正常，油流继电器工作正常，指示正确。

c） 变压器导线、接头、母线上无异物，引线接头、电缆、母线无过热。

d） 压力释放阀、安全气道及其防爆隔膜应完好无损。

e） 有载分接开关的分接位置及电源指示应正常。

f） 变压器声响正常，气体继电器或集气盒内应无气体。

g） 各控制箱和二次端子箱无受潮，驱潮装置正确投入，吸湿器完好，吸附剂干燥。

h） 根据变压器的结构特点在光伏发电站运行规程中补充检查的其他项目。

7.4.1.3 变压器的定期巡视检查

a） 消防设施应完好。

b） 各冷却器、散热器阀门开闭位置应正确。

c） 进行冷却装置电源自动切换试验。

d） 各部位的接地完好，定期测量铁芯和夹件的接地电流。

e） 利用红外测温仪或红外成像仪检查高峰负载时的接头发热情况。

f） 贮油池和排油设施应保持良好状态，无堵塞、无积水。

g） 各种温度计在检定周期内，温度报警信号应正确可靠。

h） 冷却装置电气回路各接头螺栓每年应进行检查。

7.4.1.4 变压器的特殊巡视

7.4.1.4.1 在下列情况下应对变压器进行特殊巡视检查：

a） 有严重缺陷时。

b） 变压器过负载运行时。

c） 高温季节、高峰负载期间。

d） 雷雨季节，特别是附近区域有雷电活动时。

e） 新投入或经过大修、改造的变压器在投运 72h 内。

f） 气象突变（如大风、大雾、大雪、冰雹、寒潮等）时。

7.4.1.4.2 异常天气时的巡视项目：

a） 气温骤变时，应检查储油柜油位和瓷套管油位是否有明显变化，各侧连接引线是否有断股或接头处发红现象，各密封处是否有渗漏油现象。

b） 雷雨、冰雹后，检查引线摆动情况及有无断股，设备上有无其他杂物，瓷套管有无放电痕迹及破裂现象；记录和比对避雷器动作情况。

c） 浓雾、毛毛雨、下雪时，瓷套管有无沿表面闪络和放电，各接头在小雨中和下雪后不应有水蒸气上升或立即熔化现象，否则表示该接头运行温度比较高，应用红外线测温仪进一步检查其实际情况。

d） 大雾天气检查套管有无放电打火现象，重点监视污秽瓷质部分。

e） 下雪天气应根据积雪融化情况检查接头发热部位，检查引线积雪情况，为防止套管因过度受力引起套管破裂和渗漏油等现象，应及时处理引线积雪过多和冰柱。

f） 高温天气应检查油温、油位、油色和冷却器运行是否正常，必要时可启动备用冷却器。

7.4.2 高压配电设备的巡视检查

7.4.2.1 断路器

7.4.2.1.1 断路器巡视检查的内容：

a） 无异味、无异常响声。

b） 分、合闸位置与实际运行工况相符。

c） 引线应无松股、断股、过紧、过松等异常情况。

d） 操作箱、机构箱内部整洁，箱门关闭严密。

e） 引线、端子接头等导电部位接触良好，红外测温无异常。

f） 套管、绝缘子无裂痕，无闪络痕迹。

g） 防雨罩和断路器套管根部的围屏牢固，无锈蚀和损坏。

h） 真空断路器的绝缘支持物清洁无损，表面无放电、电晕等异常现象。

i） SF_6断路器气体压力应正常，管道无漏气声。

7.4.2.1.2 液压机构的检查：

a） 机构箱内无异味、无积水、无凝露。

b） 液压机构的压力在合格范围之内。

c） 油箱油位正常，工作缸储压筒及各阀门管道无渗油、漏油现象。

d） 无打压频繁现象，油泵动作计数器指示无突增，驱潮装置正常。

7.4.2.1.3 弹簧机构的储能电动机电源应在合闸位置，“储能位置”信号显示正确；机械位置应正常；机构金属部分无锈蚀；储能电动机行程开关触点无卡涩和变形，分、合闸线圈无冒烟异味。

7.4.2.1.4 气动机构的空气压缩机润滑油油色、油位正常，安全阀良好；空气压缩机启动后运转应正常，无异常声响和过热现象；压缩空气系统气压正常，气泵动作计数器指示无突增，驱潮装置正常。

7.4.2.2 隔离开关

a） 电气及机械连锁装置应完整可靠，隔离开关的辅助转换开关应完好。

b） 构架底座应无变形、倾斜、变位，接地良好。

c） 支持绝缘子应清洁、完整、无破损、无裂纹和放电痕迹。

d） 触头接触良好，各部分螺钉、边钉、销子齐全紧固。

e） 操动机构箱内无锈蚀，内部整洁，关闭严密，接地良好，机械传动部位润滑良好。

f） 接头无过热、无变色、无氧化、无断裂、无变形。

7.4.2.3 互感器

a） 外绝缘表面应清洁、无裂纹及放电痕迹。

b） 油位、油色应正常，呼吸器应畅通，吸潮剂无潮解变色。

c） 无异常振动、异常响声及异味，外壳、阀门和法兰无渗油、漏油、漏气现象。

d） 二次引线接触良好，接头无过热，接地可靠。

e）底座、支架牢固，无倾斜变形，金属部分无严重锈蚀。

f）防爆阀、膨胀器应无渗油、漏油或异常变形现象。

g）干式互感器表面应无裂纹和明显的老化、受潮现象。

7.4.2.4 避雷器和接地引下线

a）接地引下线无锈蚀、无脱焊。

b）避雷器一次连线良好，接头牢固，接地可靠。

c）内部无放电响声，放电计数器和泄漏电流监测仪指示无异常，并比较前后数据变化。

d）避雷器外绝缘应清洁完整、无裂纹和放电、电晕及闪络痕迹，法兰无裂纹、锈蚀、进水。

7.4.2.4.1 遇有雷雨、大风、冰雹等特殊天气，应及时进行下列检查：

a）引线摆动情况。

b）计数器动作情况。

c）计数器内部是否进水。

d）接地线有无烧断或开焊。

e）避雷器、放电间隙的覆冰情况。

7.4.2.5 消弧线圈

a）油温应正常。

b）内部无异响。

c）吸潮剂无潮解。

d）设备标示正确、清晰。

e）套管应清洁无破损和裂纹。

f）引线接触牢固，接地线良好。

g）油面正常，无渗油、漏油现象。

h）消弧线圈固定遮栏安全可靠，接地良好。

7.4.2.6 电缆

7.4.2.6.1 电缆通道的巡视检查内容如下：

a）通道周边有无挖掘、打桩、拉管、顶管等施工迹象，检查路径沿线各种标识标志是否齐全。

b）电缆通道上方有无违章建筑物，是否堆置可燃物、杂物、重物、腐蚀物等。

c）地面是否存在沉降。

d）电缆工作井盖是否丢失、破损或被掩埋。

e）电缆沟盖板是否齐全完整并排列紧密。

f）隧道进出口设施是否完好，巡视和检修通道是否畅通，沿线通风口是否完好。

7.4.2.6.2 电缆终端头的巡视检查内容如下：

a）连接部位是否良好，有无过热现象。

b）电缆终端头和支持绝缘子的瓷件或硅橡胶伞裙套有无脏污、损伤、裂纹和闪络痕迹。
c）电缆终端头和避雷器固定是否牢固。
d）电缆上杆部分保护管及其封口是否完整。
e）电缆终端有无放电现象。
f）充油终端瓷套管是否完整，有无渗油、漏油，交联电缆终端热缩、冷缩或预制件有无开裂、积灰、电蚀或放电痕迹。
g）相色是否清晰齐全。
h）接地是否良好。

7.4.3 公用系统的巡视

7.4.3.1 直流系统

a）检查蓄电池是否渗液，接线柱是否有腐蚀痕迹。
b）检查蓄电池室温度、湿度是否正常，通风是否良好。
c）检查蓄电池电压是否正常，浮充电流是否正常。
d）检查直流电源箱、直流屏各项指示灯信号是否正常，开关位置是否正确，液晶屏显示是否正常。
e）检查各充电模块显示屏是否正常，工作状态指示灯是否正确。
f）直流充电器显示屏主画面显示的直流系统母线电压、电流，蓄电池电压、电流，充电机电压、电流是否正常，是否有故障及异常报警。
g）智能高频开关电源模块充电装置各元件无过热现象。
h）直流系统的绝缘检测装置运行是否正常，是否有异常报警信号。
i）绝缘检测装置显示屏直流母线正、负极对地电压是否基本一致。
j）绝缘检测装置显示屏各支路对地绝缘是否正常，是否有绝缘低报警。

7.4.3.2 不间断电源（Uninterruptible Power System，UPS）

a）现场观察 UPS 显示控制操作面板，确认 UPS 电源显示单元都处于正常运行状态，所有电源的运行参数都处于正常值范围内，在显示的记录内没有出现任何故障和报警信息。
b）检查是否有明显的过热痕迹。
c）观察 UPS 所带负载量和电池后备时间是否有变化，如有变化检查有无增加负载、负载现在的运行情况和负载是否有不明故障。
d）注意倾听噪声是否有可疑的变化，特别注意听 UPS 的输入、输出隔离变压器的响声。当出现异常的“吱吱”声时，则可能存在接触不良或匝间绕组绝缘不良；当出现有低频的“铍铍”声可能变压器有偏磁现象。
e）确保位于机柜上风扇排空气的过滤网没有任何堵塞物。

7.4.3.3 升压站

a）设备区内严禁存放可燃物和爆炸物品。

b） 站内防火警示牌齐全。

c） 主控室、配电室、变压器室、电缆夹层宜安装一定数量的烟感、温感报警装置，消防报警监控装置运行正常，无报警信号。

d） 消防器材应定期检查校验，放置地点应固定、整齐、有明显标志，禁止挪作他用。

7.4.4 二次设备的巡视

7.4.4.1 继电保护及安全自动装置

a） 检查保护装置面板有无报警灯亮。

b） 检查保护装置电压、电流、功率等模拟量采样是否正确。

c） 检查保护压板投退是否正确。

d） 检查并记录零序电流、开口三角电压是否正常，有无上升趋势。

e） 检查保护定值与最新定值单是否一致，控制字是否正确。

f） 检查柜内接线有无松动，照明是否良好。

7.4.4.2 微机监控系统

a） 打印机工作情况。

b） 装置自检信息正常。

c） 不间断电源（UPS）工作正常。

d） 装置上的各种信号指示灯正常。

e） 运行设备的环境温度、湿度符合设备要求。

f） 显示屏、监控屏上的遥信、遥测信号正常。

g） 对音响及与“五防”闭锁等装置通信功能进行必要的测试。

7.4.5 无功补偿设备的巡视

对无功补偿设备的巡视每周应至少进行一次，做好设备运行记录。巡视检查内容如下：

a） 电容器箱体外部有无变形、漆层脱落或锈蚀现象。

b） 电容器箱体连接处有无漏油现象。

c） 电容器套管表面是否清洁，无脏污。

d） 检查信号继电器及指示灯显示是否准确可靠。

e） 检查核对无功表和电流表与电容器组的容量与负荷是否一致。

f） 电容、电抗器投退情况与实际保护动作是否一致。

g） 测量电容器安装地点的温度。

h） 操动机构的机械位置与指示灯显示是否一致。

i） 调压挡位与实际位置是否相符。

j） 电抗器绕组层间通风道是否通畅。

k） 设备连接点是否有发热、火花放电或电晕放电等现象。

l） 油枕指示的油位、油色、油温是否正常，有无渗漏现象。

m） 其他设备是否正常。

8 光伏发电站的运行异常处理

8.1 基本要求

8.1.1 当光伏发电站设备在运行过程中出现异常时，当班负责人统一指挥，坚持“保人身、保电网、保设备”的原则，立即组织人员查找异常原因，采取相应措施，及时处理设备缺陷，保障设备正常运行。

8.1.2 当光伏发电站设备在运行过程中发生故障时，运行人员应立即采取措施，防止故障扩大，并及时上报。若发生人身触电、设备爆炸起火时，运行人员可先切断电源进行抢救和处理，然后上报相关部门。

8.1.3 同类型故障在短时间内连续发生多次，应根据厂家故障处理要求，通知相关人员现场查明原因，确认无误后方可启动运行，未查清原因前不得投入运行。

8.1.4 事故发生在交接班过程中，停止交接班，交班人员坚守岗位，接班人员协助处理事故，待设备和系统运行稳定后，方可进行交接班。

8.1.5 事故处理完毕后，当值人员将事故发生的经过和处理情况，如实记录在交接班记录上。根据计算机记录（如 SCADA 监控系统、升压站监控系统、故障录波装置等）的运行数据，对保护、信号及自动装置动作情况进行分析，查明事故原因，制定防范措施，并写出书面报告，汇报上级并存档。

8.2 光伏发电单元的异常处理

8.2.1 光伏组件串的异常处理

8.2.1.1 因外力因素造成光伏组件损坏，光伏组件出现的输出功率降低、输出电流减少，应用相同型号的组件替换原损坏的组件，或将损坏的组件所在组串断开。

8.2.1.2 由于组串中某块组件的旁路二极管损坏，造成方阵的输出功率降低，输出电压出现异常，应及时查出开路电压异常的组件。若组件的二极管故障则立即进行更换，如若不能更换，则更换组件。

8.2.1.3 因组件质量原因出现的异常主要有：电池热斑，层压问题引起的组件脱层，组件装框密封不良引起脱层，电池片隐裂引起裂纹（爬痕），光伏电池片出现破片、气泡，光伏组件黄变等，需及时进行更换。

8.2.2 汇流箱的异常处理

8.2.2.1 汇流箱出现通信异常时，注意检查如下事项：

a） 检查汇流箱设备地址。

b） 汇流箱的通信模块或通信电源故障，应及时进行更换。

c） 汇流箱的传感器是否正常，接线是否牢固。

8.2.2.2 汇流箱的防雷器出现变色，应及时进行更换。

8.2.2.3 汇流箱检测到光伏组件串出现倒灌电流时，应立即退出故障组串。

8.2.3 逆变器设备异常处理

8.2.3.1 当逆变器不能按照预期输出或发电量发生异常变化时，注意检查如下事项：

a） 观看天气状况，是否因飘云引起。

b）检查逆变器的运行状态，是否处于限功率运行状态。

c） 对逆变器的进行能效测试。

8.2.3.2 逆变器 IGBT 模块出现温度异常信号时，逆变器内部温度可能高于允许值，根据情况进行限功率运行或将逆变器全部断电，检查逆变器的冷却风扇。

8.2.3.3 逆变器内部温度异常时，应首先降低逆变器负荷，核查逆变器内部温度，确定为传感器故障后，将逆变器完全断电，更换同型号的传感器。

8.2.3.4 逆变器室内温度过高，检查更换冷却风扇，降低控制室温度，清洁通风滤网。

8.2.3.5 逆变器本体有异常声音时，检查功率是否在正常范围内，查看并网电流、电压是否正常。

8.2.3.6 上位机通信异常时，检查所有接线是否正常，更换液晶面板上的通信模块。

8.2.3.7 逆变器出现绝缘降低信号时，断开该逆变器以及与之连接的汇流箱和光伏组串的所有电源，检查光伏组件、接线盒、直流电缆、逆变器、交流电缆、接线端子等地方电缆是否对地短路或绝缘损坏，或者接线端子和接线外壳密封不严，导致受潮。

8.2.3.8 光伏组件串因为衰减造成的容量下降，根据光伏发电站实际情况，可增加光伏组件或修改光伏组件串连接结构或批量更换光伏组件，使其满足逆变器的容量要求。

8.3 变压器运行异常及处理

8.3.1 值班人员在变压器运行中发现不正常现象时，应做好记录并及时上报，设法尽快消除。

8.3.2 变压器有下列情况之一者应立即停运，若有运行中的备用变压器，应尽可能先将其投入运行。

a） 套管有严重的破损和放电现象。

b） 防爆管或压力释放阀启动喷油，变压器冒烟着火。

c） 变压器声响明显增大，且可听见内部有爆裂或放电声。

d） 严重漏油或喷油，使油面下降到低于油位计的指示限度。

e） 在正常负载和冷却的条件下，因非油温计故障引起的变压器上层油温异常且不断升高。

f） 干式变压器温度突升至 120℃。

8.3.3 接地故障。

8.3.3.1 铁芯多点接地导致接地电流较大时，应安排处理。

8.3.3.2 系统发生单相接地时，应监视消弧线圈和接有消弧线圈的变压器的运行情况。

8.3.4 油温和油位异常。

8.3.4.1 变压器油温指示异常时，运行值班人员应按以下步骤检查处理：

a） 检查变压器的负荷电流和冷却介质的温度与在同一负载和冷却介质温度下正常的温度核对。

b） 核对温度测量装置。

c）检查变压器冷却装置或变压器室的通风情况。

d）若温度升高的原因是由于冷却系统的故障，且在运行中无法修理的，应将变压器停运修理，若不能立即停运修理，值班人员应按现场运行规程的规定调整变压器负载至允许运行温度下的相应容量。

e）在正常负载和冷却条件下，变压器温度不正常并下断上升，应查明原因，必要时应立即将变压器停运。

f）变压器在各种超额定电流方式下运行，若顶层油温超过 105℃时，应立即降低负荷运行。

8.3.4.2 变压器中的油因低温凝滞时，应不投冷却器空载运行，同时监视顶层油温，逐步增加负荷，直至投入相应数量冷却器后转入正常运行。

8.3.4.3 当发现变压器的油面较当时油温所应有的油位显著降低时，应查明原因。补油时应遵守变压器厂家的规定，禁止从变压器下部补油。

8.3.4.4 变压器油位随温度上升有可能高出油位指示极限，经查明不是假油位所致时，应放油并使油位降至与当时油温相对应的高度，以免溢油。

8.3.5 气体继电器动作。

8.3.5.1 轻瓦斯保护动作发信时，应立即对变压器进行检查，查明动作的原因，是否因积聚空气、油位降低、二次回路故障或是变压器内部故障造成的。如气体继电器内有气体，则应记录气量，观察气体的颜色及试验是否可燃，并取气样及油样做色谱分析，可根据有关规程和导则判断变压器的故障性质。

a）若气体继电器内的气体为无色、无臭且不可燃，色谱分析判断为空气，则变压器可继续运行。

b）若气体是可燃的或油中溶解气体分析结果异常，应综合判断确定变压器是否停运。

8.3.5.2 瓦斯保护动作跳闸时，在查明原因消除故障前不得将变压器投入运行，为查明原因应重点考虑以下因素，做出综合判断：

a）是否呼吸不畅或排气未尽。

b）保护及直流等二次回路是否正常。

c）变压器外观有无明显反映故障性质的异常现象。

d）气体继电器中积集气体量，是否可燃。

e）气体继电器中的气体和油中溶解气体的色谱分析结果。

f）必要的电气试验结果。

g）变压器其他继电保护装置动作情况。

8.3.6 冷却装置故障。

8.3.6.1 油浸（自然循环）风冷和干式风冷变压器，风扇停止工作时，允许的负载和运行时间，应按制造厂的规定执行。油浸风冷变压器当冷却系统部分故障停风扇后，顶层油温不超过 65℃时，允许带额定负载运行。

8.3.6.2 强油循环风冷变压器，在运行中发生冷却系统故障切除全部冷却器时，变压器在额定负载下允许运行时间不大于 20min；当油面温度尚未达到 75℃时，允许上升到 75℃，但冷却器全停时的最长运行时间不得超过 1h。

8.3.7 有载调压装置失灵。

8.3.7.1 调压装置在电动调压过程中发生“连动”时应立即拉开调压装置电源，如分接开关在过渡状态，可手动摇至就近的分接开关挡位。
8.3.7.2 在调压过程中发现分接指示器变化，而电压无变化时，禁止进行调压操作。
8.3.7.3 单相有载调压变压器其中有一相分接开关不同步时，应立即在分相调压箱上将该相分接开关调至所需位置，若该相分接开关拒动，则应将其他相调回原位。
8.3.8 变压器跳闸和着火。
8.3.8.1 变压器跳闸后，应立即查明原因。如综合判断证明变压器跳闸不是由于内部故障所引起的，可重新投入运行。若变压器有内部故障的迹象时，应做进一步检查。
8.3.8.2 装有潜油泵的变压器跳闸后，应立即停止油泵的运行。
8.3.8.3 变压器承受短路冲击跳闸后，应记录并上报保护动作信息、短路电流峰值、短路电流持续时间，必要时应开展绕组变形测试、直流电阻测量、油色谱分析等试验。
8.3.8.4 变压器着火时，应立即断开电源，停运冷却器，并迅速采取灭火措施，防止火势蔓延。

8.4 高压配电设备异常运行和事故处理

8.4.1 断路器

8.4.1.1 发生下列情况之一的，应报告调度并采取措施退出运行：
a） 引线接头过热。
b） 断路器内部有爆裂声。
c） 套管有严重破损和放电现象。
d） 油断路器严重漏油，看不见油位。
e） 少油断路器灭弧室冒烟或内部有异常声响。
f） 空气、液压机构失压，弹簧机构储能弹簧损坏。
g） SF_6断路器本体漏气严重，发出操作闭锁信号。
8.4.1.2 SF_6气体压力突然降低，发出分、合闸闭锁信号时，严禁对该断路器进行操作；进入开关室内应提前开启排风设备，必要时应佩戴防毒面具。
8.4.1.3 真空断路器合闸送电时，发生弹跳现象应停止操作，不得强行试送。
8.4.1.4 当断路器所配液压机构打压频繁或突然失压时应申请停电处理，必须带电处理时，在未采取可靠防慢分措施前，严禁人为启动油泵。

8.4.2 气体绝缘金属封闭电器

8.4.2.1 有下列情况之一者，应立即报告调度，申请停运：
a） 设备外壳破裂或严重变形、过热、冒烟。
b） 防爆隔膜或压力释放器动作。
8.4.2.2 运行中发生SF_6气体泄漏时，应进行以下处理：
a） 以发泡液法或气体检漏仪对管道接口、阀门、法兰罩、盆式绝缘子等进行漏气部位查找。
b） 确认有泄漏，将情况报告调度并加强监视。

c） 发出“压力异常”“压力闭锁”信号时，应检查表计读数，判断是否属于误报。

d） 如确认气体压力下降发出“压力异常”信号，应对漏气室及其相关连接的管道进行检查；在确认泄漏气室后，关闭与该气室相连接的所有气室管道阀门，并监视该气室的压力变化，尽快采取措施处理。如确认气体压力下降发出“压力闭锁”信号且已闭锁操作回路，应将操作电源拉开，并锁定操动机构，立即上报。

8.4.2.3 SF_6气体大量外泄，进行紧急处理时的注意事项：

a） 工作人员进入漏气设备室或户外设备10m内，应穿防护服、戴防护手套及防毒面具。

b） 室内开启排风装置15min后方可进入。

c） 在室外时应站在上风处进行工作。

8.4.2.4 储能电动机有下列情况之一，应停用并检查处理：

a） 打压超时。

b） 压缩机超温。

c） 机体内有撞击异声。

d） 电动机过热，有异声、异味或转速不正常。

8.4.3 隔离开关

8.4.3.1 当隔离开关拉不开时，不得强行操作。

8.4.3.2 运行中隔离开关支柱绝缘子断裂时，严禁操作此隔离开关，应立即上报并等待停电处理。

8.4.3.3 操作配置接地开关的隔离开关，当发现接地开关或断路器的机械连锁卡涩不能操作时，应立即停止操作并查明原因。

8.4.3.4 发现隔离开关触头过热、变色时，应立即上报。

8.4.3.5 隔离开关合上后，如发现触头接触不到位，应采取下列方法处理：

a） 属单相或差距不大时，可采用相应电压等级的绝缘棒调整处理。

b） 属三相或单相差距较大时，应停电处理。

8.4.3.6 隔离开关拉、合闸时如发现卡涩，应检查传动机构，找出原因并消除后方可进行操作。

8.4.3.7 隔离开关的电动机电源应在拉、合操作完毕后断开，当电动操作不能进行拉、合时应停止操作，查明原因后再操作；如需要进行就地操作的，须经光伏发电站值长同意后方可进行。

8.4.4 互感器

8.4.4.1 互感器发生下列情况之一者，应立即上报，进行停电处理：

a） 瓷套有裂纹及放电。

b） 油浸式互感器严重漏油。

c） 互感器有焦煳味并有烟冒出。

d） 压力释放装置、膨胀器动作。

e） 声音异常，内部有放电声响。

f） SF_6气体绝缘互感器严重漏气。

g） 干式互感器出现严重裂纹、放电。

h） 经红外测温检查发现内部有过热现象。

i） 电压互感器一次侧熔断器连续熔断。

j） 电容式电压互感器分压电容器出现渗油。

8.4.4.2 当发现电流互感器二次侧开路时，应设法在该互感器附近的端子处将其短路，并进行分段检查。如开路点在电流互感器出口侧或二次感应电压过高，应立即停电处理。

8.4.4.3 互感器内部发生异响、大量漏油、冒烟起火时，应迅速撤离现场，及时上报后用断路器切断故障，严禁用拉开隔离开关将故障电压互感器停用。

8.4.4.4 非有效接地系统发生单相接地时，电压互感器的运行时间一般不得超过 2h，且应监视电压互感器的发热程度。

8.4.4.5 系统发生单相接地或产生谐振时，严禁就地用隔离开关拉、合互感器。

8.4.4.6 因互感器故障可能造成相关保护误动作时，应将相关保护退出。

8.4.5 避雷器

8.4.5.1 避雷器有下列情况之一者，应立即上报，申请退出运行：

a） 绝缘瓷套有裂纹。

b） 发生爆炸或接地时。

c） 内部声响异常或有放电声。

d） 运行电压下泄漏电流严重超标。

8.4.6 消弧线圈

8.4.6.1 发现消弧线圈有下列异常现象时，应及时上报，申请将消弧线圈退出运行：

a） 上层油温超过 95℃。

b） 套管严重破损和闪络。

c） 内部有异响或放电声。

8.4.6.2 消弧线圈冒烟起火时，应将其退出运行并迅速进行灭火。

8.4.6.3 消弧线圈发出动作信号或发生谐振时，应记录动作时间、中性点电压、中性点电流及三相电压的变化，观察小电流选线装置的动作情况，并及时上报。

8.4.7 小电阻接地装置

8.4.7.1 接地变压器异常运行和故障处理可参照 8.3 条的要求进行。

8.4.7.2 电阻接地装置发生故障应立即将其退出运行。

8.4.7.3 系统发生单相接地故障时，应检查接地变压器的一次接线和接头过热情况，电阻柜接线是否烧断。

8.4.7.4 运行中接地变压器出口断路器因零序保护动作跳闸后，应记录各种信号及保护动作情况，并分析、查明原因，及时进行处理。

8.4.8 电力电缆

8.4.8.1 发现下列情况应记录并上报，视具体情况决定是否停运：

a） 电缆过负载发热。

b） 电缆终端与母线连接点过热。

c） 充油电缆终端压力异常发出报警信号。

d） 电缆终端接地线、护套损坏或其他外观异常。

e） 电缆终端外绝缘破损或充油电缆终端严重渗、漏油。

8.4.8.2 下列情况，应立即上报，申请停运处理：

a） 电缆出线与母线连接点严重过热。

b） 电缆出线与母线连接点套管严重破裂。

c） 电缆出线与母线连接点大量漏胶或冒烟。

d） 电缆绝缘损坏造成单相接地。

e） 电缆头内部有异响或严重放电。

f） 电缆着火或水淹至电缆终端头绝缘部分危及安全时。

g） 110kV、220kV 充油电缆油压下降低于规定值时。

8.4.8.3 电缆着火或电缆终端爆炸：

a） 立即切断电源。

b） 用干式灭火器进行灭火。

c） 室内电缆故障，应立即起动事故排风扇。

d） 进入发生事故的电缆层（室）应使用空气呼吸器。

8.5 公用系统异常运行和事故处理

8.5.1 直流系统

8.5.1.1 直流接地故障处理

8.5.1.1.1 直流接地时，应禁止在直流回路上工作，首先检查是否由于人员误碰造成接地。

8.5.1.1.2 有直流接地选检装置的，直流接地应进行复验，确定接地回路，再进行重点查找。

8.5.1.1.3 按下列原则查找接地点：

a） 在直流回路上操作的同时发生直流系统接地，应首先在该回路查找接地点。

b） 先查找事故照明、信号回路、充电机回路，后查找其他回路。

c） 先查找一般回路，后查找重要回路。

d） 寻找直流接地故障点应与维护人员协调进行，试停有关保护装置电源时，应征得调度或主管领导同意，试停时间尽可能要短。

e） 查找直流接地时，应断开直流熔断器或断开由专用端子到直流熔断器的联络点。在操作前，先停用由该直流熔断器或该专用端子所控制的所有保护装置。在直流回路恢复良好后，再恢复有关保护装置的运行。

8.5.1.2 充电装置的故障处理

a） 交流电源中断，若无自动调压装置，应进行手动调压，确保直流母线电压的稳定。交流电源恢复后，应立即手动启动或自动启动充电装置，对蓄电池组按进行恒流限压充电—恒压充电—浮充电方式进行充电。

b） 充电装置控制板工作不正常，应在停机更换备用板后，启动充电装置，调整运行参数后投入运行。

c） 充电装置内部故障跳闸，应及时启动备用充电装置，并及时调整好运行参数。

8.6 二次设备异常运行和事故处理

8.6.1 继电保护及安全自动装置

8.6.1.1 继电保护装置和自动装置在运行中，发现下列情况之一，应及时上报运行值长，并通知维护人员处理：

a） 装置异常声响或冒烟。

b） 微机保护运行监视指示灯灭。

c） 装置异常告警，不能正常运行。

d） 电压回路断线，运行人员不能恢复。

e） 自动装置二次回路发生一点接地无法排除。

f） 继电保护和自动装置误动作。

8.6.1.2 保护动作后的处理：

a） 完整、准确记录报警信号及保护装置屏幕显示的信息。

b） 检查后台机（或打印机）的保护动作事件记录。

c） 打印故障录波器的故障波形，及时从保护装置及故障录波器中导出并保存故障录波数据文件。

d） 及时上报光伏发电站主管领导或调度部门。

e） 详细记录保护动作情况。

f） 分析保护动作的原因，判断保护动作正确性。

g） 积极查找故障点，如有明显设备故障点，应及时保存图片资料。

h） 整理保护动作分析报告，以速报形式上报技术监督管理部门和上级部门。

8.6.1.3 如保护不正确动作，应通知维护人员尽快开展调查及保护检验工作；工作完成后，应将动作分析、结论及相关检验报告及时上报有关部门。

8.6.1.4 定为原因不明的继电保护事故，应经光伏发电站主管领导确定后，报上一级继电保护部门认可。在未定为原因不明前，不得中断检查、分析和检验工作。

8.6.2 远动装置

8.6.2.1 远动装置故障影响监控功能时，按危急缺陷处理。

8.6.2.2 双机监控系统单机运行时，不宜过长，应及时恢复双机运行。

8.6.2.3 当通信通道中断时，如有备用通道应立即投入运行，若无备用通道或短时无法恢复时，应增加巡视次数和巡视时间。

8.6.2.4 在远动装置上工作时，若光伏发电站升压站发生异常情况，无论与本工作有无关系，均应停止工作，保持现状。查明与远动工作及远动设备无关时，经值长同意后，方可继续工作。

8.6.2.5 在远动装置上工作，当有可能造成上传调度数据中断或数据跳变时，应经调度同意后工作。

8.6.3 故障录波器

8.6.3.1 微机故障录波器死机，应重点排查以下原因：

a） 电源故障。

b） 录波器内直流绝缘下降。

c） 硬盘损坏。

d） 程序运行出错。

8.6.3.2 微机故障录波器频繁误启动应排查下列原因：

a） 接线错误。

b） 系统故障。

c） 定值整定错误。

8.7 无功补偿装置异常运行与事故处理

8.7.1 电容器

8.7.1.1 电容器组发现如下异常时，应停运并立即上报：

a） 电容器声响异常。

b） 瓷质部分破损、放电。

c） 三相电流不平衡度在10%以上。

d） 电容器外壳膨胀变形，严重漏油。

e） 电容器引线接头过热。

f） 集合式电容器已看不见油位，压力异常。

8.7.1.2 电容器组保护动作后，应对电容器进行检测，确认无故障后方可再投入运行。

8.7.1.3 电容器爆炸、起火而未跳闸时，应立即将电容器组退出运行。

8.7.1.4 自动投切的电容器组发现自动装置失灵时，应将其停用，改为手动并报告上级部门。

8.7.1.5 母线失压时，联切未动作或无联切装置时，应立即手动将电容器组退出运行。

8.7.1.6 电容器本身温度超过制造厂规定时，应将其退出运行。

8.7.2 电抗器

8.7.2.1 电抗器发现以下异常时，应立即上报，必要时应停运电抗器：

a） 电抗器保护动作跳闸。

b） 干式电抗器表面放电。

c） 电抗器倾斜严重，线圈膨胀变形或接地。

d） 电抗器内部有强烈的放电声，套管出现裂纹或电晕现象。

e） 油浸式电抗器轻瓦斯动作，油温超过最高允许温度，压力释放阀喷油冒烟。

f） 电抗器振动和噪声异常增大。

g） 电抗器过负载时，应观察运行情况，定期记录电抗器电流、系统电压和顶层油温。

管理标准篇

电力技术监督管理办法

2015－05－01 发布

2015－05－01 实施

目　次

前 言

电力技术监督是提高发电设备可靠性，保证电厂安全、经济、环保运行的重要基础。为了加强中国华能集团公司的电力技术监督工作，建立、健全技术监督管理体系，确保国家、行业、集团公司相关发电技术标准、规范的落实和执行，进一步促进集团公司发电设备运行安全、可靠性的提高，预防重大事故的发生。根据国家能源局《电力工业技术监督管理规定》和集团公司生产经营管理特点，制定本办法。

本办法是中国华能集团公司及所属产业公司、区域公司和发电企业电力技术监督工作管理的主要依据，是强制性企业标准。

本办法由中国华能集团公司安全监督与生产部提出。

本办法由中国华能集团公司安全监督与生产部归口并解释。

本办法起草单位：中国华能集团公司安全监督与生产部。

本办法批准人：寇伟。

电力技术监督管理办法

1 范围

本办法规定了中国华能集团公司（以下简称“集团公司”）电力技术监督（以下简称“技术监督”）管理工作的机构职责、监督范围和管理要求。

本办法适用于集团公司及所属产业公司、区域公司和发电企业的技术监督管理工作。

2 规范性引用文件

下列文件对于本文件的应用是必不可少的。凡是注日期的引用文件，仅所注日期的版本适用于本文件。凡是不注日期的引用文件，其最新版本（包括所有的修改单）适用于本文件。

DL/T 1051 电力技术监督导则

Q/HB–G–08.L01—2009 华能电厂安全生产管理体系要求

国家能源局 电力工业技术监督管理规定（2012 征求意见稿）

华能安〔2011〕271 号 中国华能集团公司电力技术监督专责人员上岗资格管理办法（试行）

3 总则

3.1 技术监督管理的目的是通过建立高效、通畅、快速反应的技术监督管理体系，确保国家及行业有关技术法规的贯彻实施，确保集团公司有关技术监督管理指令畅通；通过采用有效的测试和管理手段，对发电设备的健康水平及与安全、质量、经济、环保运行有关的重要参数、性能、指标进行监测与控制，及时发现问题，采取相应措施尽快解决问题，提高发电设备的安全可靠性，最终保证集团公司发电设备及相关电网安全、可靠、经济、环保运行。

3.2 技术监督工作要贯彻“安全第一、预防为主”的方针，按照“超前预控、闭环管理”的原则，建立以质量为中心，以相关的法律法规、标准、规程为依据，以计量、检验、试验、监测为手段的技术监督管理体系，对发电布局规划、建设和生产实施全过程技术监督管理。

3.3 集团公司、产业公司、区域公司及所属发电企业应按照《电力工业技术监督管理规定》、DL/T 1051、行业和集团公司技术监督标准开展技术监督工作，履行相应的技术监督职责。

3.4 本办法适用于集团公司、产业公司、区域公司、发电企业（含新、扩建项目）。各产业公司、区域公司及所属发电企业，应根据本办法，结合各自的实际情况，制订相应的技术监督管理标准。

4 机构与职责

4.1 集团公司技术监督工作实行三级管理。第一级为集团公司，第二级为产业公司、区域公司，第三级为发电企业。集团公司委托西安热工院有限公司（以下简称“西安热工院”）对集团公司系统技术监督工作开展情况进行监督管理，并提供技术监督管理技术支持服务。

4.2 集团公司技术监督管理委员会是集团公司技术监督工作的领导机构，技术监督管理委员会下设技术监督管理办公室，设在集团公司安全监督与生产部（以下简称“安生部”），负责归口管理集团公司技术监督工作。集团公司安生部负责已投产发电企业运行、检修、技术改造等方面的技术监督管理工作，基本建设部负责新、扩建发电企业的设计审查、设备监造、安装调试以及试运行阶段的技术监督管理工作。

4.3 各产业公司、区域公司应成立以主管生产的副总经理或总工程师为组长的技术监督领导小组，由生产管理部门归口管理技术监督工作。生产管理部门负责已投产发电企业的技术监督管理工作，基建管理部门负责新、扩建发电企业技术监督管理工作。

4.4 各发电企业是设备的直接管理者，也是实施技术监督的执行者，对技术监督工作负直接责任。应成立以主管生产（基建）的领导或总工程师为组长的技术监督领导小组，建立完善的技术监督网络，设置各专业技术监督专责人，负责日常技术监督工作的开展，包括本企业技术监督工作计划、报表、总结等的收集上报、信息的传递、协调各方关系等。已投产发电企业技术监督工作由生产管理部门归口管理，新建项目的技术监督工作由工程管理部门归口管理。

4.5 集团公司技术监督管理委员会主要职责。

4.5.1 贯彻执行国家、行业有关电力技术监督的方针、政策、法规、标准、规程和制度等，制定、修订集团公司相关技术监督规章制度、标准。

4.5.2 建立集团公司技术监督管理工作体系，落实技术监督管理岗位责任制，协调解决技术监督管理工作各方面的关系。

4.5.3 监督与指导产业公司、区域公司技术监督工作，对产业公司、区域公司技术监督工作实施情况进行检查与评价。

4.5.4 开展技术监督目标管理，制定集团公司技术监督工作规划和年度计划。

4.5.5 收集、审核、分析集团公司技术监督信息，将技术监督管理中反映的突出问题及时反馈给规划、设计、制造、发电、基建等相关单位和部门，形成技术监督管理闭环工作机制。

4.5.6 参与发电企业重大、特大事故的分析调查工作，制订反事故技术措施，组织解决重大技术问题。

4.5.7 开展集团公司技术监督专责人员上岗考试及资格管理工作。

4.5.8 组织开展集团公司重点技术问题的培训，解决共性和难点问题。

4.5.9 定期组织召开集团公司技术监督工作会议，总结、研究技术监督工作。研究、推广技术监督新技术、新方法。

4.6 产业公司、区域公司技术监督主要职责。

4.6.1 贯彻执行国家、行业有关电力技术监督的方针、政策、法规、标准、规程和制度等，以及集团公司有关技术监督规章制度、标准，行使对下属发电企业技术监督的领导职能。

4.6.2 根据产业公司、区域公司具体情况，制定技术监督工作实施细则、考核细则及相关制度。审查所属发电企业技术监督管理标准，并对发电企业的技术监督工作进行指导、监督、检查和考核。

4.6.3 建立健全产业公司、区域公司技术监督管理工作体系，落实技术监督管理岗位责任制。

4.6.4 监督与指导所属发电企业技术监督工作，对发电企业技术监督工作实施和指标完成情况进行检查、评价与考核。

4.6.5 开展技术监督目标管理，制定产业公司、区域公司技术监督工作规划和年度计划。

4.6.6 集团公司委托西安热工院作为发电企业技术监督管理的技术支持服务单位，负责对集团公司系统技术监督工作的开展情况进行监督、检查和技术支持服务，各产业公司、区域公司应与西安热工院签订技术监督管理支持服务合同。

4.6.7 审定所属发电企业的技术监督服务单位，监督发电企业与技术监督服务单位所签合同的执行情况，保证技术监督工作的正常开展。

4.6.8 组织有关专业技术人员，参加新、扩建工程在设计审查、主要设备的监造验收以及安装、调试、生产过程中的技术监督和质量验收工作。

4.6.9 收集、审核、分析和上报所属发电企业的技术监督数据，保证数据的准确性、完整性和及时性，定期向集团公司报送技术监督工作计划、报表和工作总结，报告重大设备隐患、缺陷或事故和分析处理结果。

4.6.10 组织对所属发电企业技术监督动态检查提出问题的整改落实情况和效果进行跟踪检查、复查评估，定期向集团公司报送复查评估报告。

4.6.11 组织并参与发电企业重大隐患、缺陷或事故的分析调查工作，制订反事故技术措施。

4.6.12 签发技术监督预警通知单，对技术监督预警问题进行督办。

4.6.13 组织技术监督专责人员参加集团公司的上岗考试，检查、监督所属发电企业技术监督专责人员持证上岗工作的落实。

4.6.14 组织开展并参加上级单位举办的技术监督业务培训和技术交流活动。

4.6.15 定期组织召开各专业技术监督工作会议，总结技术监督工作，研究、推广、运用技术监督新技术、新方法。

4.7 发电企业技术监督主要职责。

4.7.1 贯彻执行国家、行业、上级单位有关电力技术监督的方针、政策、法规、标准、规程、制度和技术措施等。

4.7.2 根据企业的具体情况，制定相关技术监督管理标准、考核细则及相关制度，明确各项技术监督岗位资格标准和职责。

4.7.3 建立健全企业技术监督工作网络，落实各级技术监督岗位责任制，确保技术监督专责人员持证上岗。

4.7.4 开展技术监督目标管理，制定企业技术监督工作规划和年度计划。

4.7.5 开展全过程技术监督。组织技术监督人员参与企业新、扩建工程的设计审查、设备选型、主要设备的监造验收以及安装、调试阶段的技术监督和质量验收工作。掌握企业设备的运行情况、事故和缺陷情况，认真执行反事故措施，及时消除设备隐患和缺陷。达不到监督指标的，要提出具体改进措施。

4.7.6 按时报送技术监督工作计划、报表、工作总结，确保监督数据真实、可靠。在监督工作中发现设备出现重大隐患、缺陷或事故，及时向上级单位有关部门、技术监督主管部门报告。

4.7.7 组织开展技术监督自我评价，接受技术监督服务单位的动态检查监督评价。

4.7.8 对于技术监督自我评价、动态检查和技术监督预警提出的问题，应按要求及时制定整改计划，明确整改时间、责任部门和人员，实现整改的闭环管理。

4.7.9 组织企业重大设备隐患、缺陷或事故的技术分析、调查工作，制定反事故措施并督促落实。

4.7.10 与技术监督服务单位签订技术监督服务合同，保证合同的顺利执行。

4.7.11 配置必需的检测仪器设备，做好量值传递工作，保证计量量值的统一、准确、可靠。

4.7.12 做好技术监督专责人员的专业培训、上岗资格考试的资质审查和资格申报工作。

4.7.13 开展并参加上级单位举办的技术监督业务培训和技术交流活动。

4.7.14 定期组织召开技术监督工作会议，通报技术监督工作信息，总结、交流技术监督工作经验，推广和采用技术监督新技术、新方法，部署下阶段技术监督工作任务。

4.8 西安热工院技术监督主要职责。

4.8.1 协助集团公司建立和完善技术监督规章制度、标准，定期收集、宣贯国家、行业有关技术监督新标准。

4.8.2 协助集团公司对集团所属产业公司、区域公司及发电企业的技术监督工作进行监督，开展技术监督动态检查工作，并提出评价意见和整改建议。

4.8.3 协助集团公司制定技术监督工作规划和年度计划。

4.8.4 协助集团公司开展重点技术问题研究、分析，解决共性和难点问题。

4.8.5 收集、审核、分析各发电企业上报的技术监督工作计划、报表和工作总结，及时向集团公司报告发现的重大设备隐患、缺陷或事故，并提出预防措施和方案，防止重大恶性事故的发生。定期编辑出版集团公司《电力技术监督报告》和《电力技术监督通讯》。

4.8.6 参加新、扩建工程的设计审查，重要设备的监造验收以及安装、调试、生产等过程中的技术监督和质量验收工作。

4.8.7 参与发电企业重大隐患、缺陷或事故的分析调查工作，提出反事故技术措施。

4.8.8 提出技术监督预警，签发技术监督预警通知单，对预警问题整改情况进行验收。

4.8.9 协助集团公司制定技术监督人员培训计划，对技术监督人员进行定期技术培训。

4.8.10 协助集团公司编制各专业技术监督培训教材和考试题库，做好技术监督专责人员的上岗考试工作。

4.8.11 编写集团公司年度技术监督工作分析总结报告，全面、准确地反映集团公司所属各产业公司、区域公司及发电企业技术监督工作开展情况和设备问题，提出技术监督工作建议。

4.8.12 协助集团公司召开技术监督工作会议，组织开展专业技术交流，研究和推广技术监督新技术、新方法。

4.8.13 完成集团公司委托的其他任务。

4.9 技术监督服务单位主要职责。

4.9.1 贯彻执行国家、行业、集团公司、产业公司、区域公司有关电力技术监督的方针、政策、法规、标准、规程和制度等。

4.9.2 与发电企业签订技术监督服务合同，根据本地区发电企业实际情况，制定技术监督工作实施细则，开展技术监督服务工作。

4.9.3 与产业公司、区域公司及发电企业共同制定技术监督工作规划与年度计划。

4.9.4 了解和掌握发电企业的技术状况，建立、健全主要受监设备的技术监督档案，每年对所服务的发电企业进行 1 次～2 次技术监督现场动态检查，对存在的问题进行研究并提出建议和措施。

4.9.5 参加所服务发电企业重大设备隐患、缺陷和事故的调查，提出反事故技术措施。

4.9.6 发现有违反标准、规程、制度及反事故措施的行为，和有可能造成人身伤亡、设备损坏的事故隐患时，按规定及时提出技术监督预警，签发技术监督预警通知单，并提出整改建议和措施，对预警问题进行督办验收。

4.9.7 组织对所服务发电企业的技术监督人员进行定期技术培训。

4.9.8 组织召开所服务发电企业技术监督工作会议，总结、交流技术监督工作，推广技术监督新技术、新方法。参加集团公司、产业公司、区域公司组织召开的技术监督工作会议。

4.9.9 依靠科技进步，不断完善和更新测试手段，提高服务质量；加强技术监督信息的交流与服务工作；对技术监督关键技术难题，组织科技攻关。

4.9.10 对于技术监督服务合同履约情况，接受集团公司、产业公司、区域公司和发电企业的监督检查。

5 技术监督范围

5.1 火力发电厂的监督范围：绝缘、继电保护及安全自动装置、励磁、电测、电能质量、节能、环保、锅炉、汽轮机、燃气轮机、热工、化学、金属、锅炉压力容器和供热等15项专业监督。

5.2 水力发电厂的监督范围：绝缘、继电保护及安全自动装置、励磁、电测与热工计量、电能质量、节能、环保、水轮机、水工、监控自动化、化学和金属等12项专业监督。

5.3 风力发电场的监督范围：绝缘、继电保护及安全自动装置、电测、电能质量、风力机、监控自动化、化学和金属等8项专业监督。

5.4 光伏电站的监督范围：绝缘、继电保护及安全自动装置、监控自动化、能效等4项专业监督。

6 技术监督管理

6.1 健全监督网络与职责

6.1.1 各产业公司、区域公司应按照本办法规定，编制本公司技术监督管理标准，应成立技术监督领导小组，日常工作由生产管理部门归口管理。每年年初根据人员调动、岗位调整情况，及时补充和任命技术监督管理成员。

6.1.2 各发电企业应按照本办法和《华能电厂安全生产管理体系要求》规定，编制本企业各专业技术监督管理标准，应成立企业技术监督领导小组，明确各专业技术监督岗位资质、分工和职责，责任到人。

6.1.3 发电企业技术监督工作归口职能管理部门在企业技术监督领导小组的领导下，负责全厂技术监督网络的组织建设工作，各专业技术监督专责人负责本专业技术监督日常工作的开展和监督管理。

6.1.4 技术监督工作归口职能管理部门每年年初要根据人员变动情况及时对网络成员进行调整。按照技术监督人员上岗资格管理办法的要求，定期对技术监督专责人和特殊技能岗位人员进行专业和技能培训，保证持证上岗。

6.2 确定监督标准符合性

6.2.1 国家、行业的有关技术监督法规、标准、规程及反事故措施，以及集团公司相关制度和技术标准，是做好技术监督工作的重要依据，各产业公司、区域公司、发电企业应对发电技术监督用标准等资料收集齐全，并保持最新有效。

6.2.2 发电企业应建立、健全各专业技术监督工作制度、标准、规程，制定规范的检验、试验或监测方法，使监督工作有法可依，有标准对照。

6.2.3 各技术监督专责人应根据新颁布的国家、行业标准、规程及上级主管单位的有关规定和受监设备的异动情况，对受监设备的运行规程、检修维护规程、作业指导书等技术文件中监督标准的有效性、准确性进行评估，对不符合项进行修订，履行审批流程后发布实施。

6.3 确认仪器仪表有效性

6.3.1 发电企业应配备必需的技术监督、检验和计量设备、仪表，建立相应的试验室和计量标准室。

6.3.2 发电企业应编制监督用仪器仪表使用、操作、维护规程，规范仪器仪表管理。

6.3.3 发电企业应建立监督用仪器仪表设备台账，根据检验、使用及更新情况进行补充完善。

6.3.4 发电企业应根据检定周期和项目，制定仪器仪表年度检验计划，按规定进行检验、送检和量值传递，对检验合格的可继续使用，对检验不合格的送修或报废处理，保证仪器仪表有效性。

6.4 建立健全监督档案

6.4.1 发电企业应按照集团公司各专业技术监督标准规定的技术监督资料目录和格式要求，建立健全技术监督各项台账、档案、规程、制度和技术资料，确保技术监督原始档案和技术资料的完整性和连续性。

6.4.2 技术监督专责人应建立本专业监督档案资料目录清册，根据监督组织机构的设置和设备的实际情况，明确档案资料的分级存放地点，并指定专人整理保管。

6.5 制定监督工作计划

6.5.1 集团公司、产业公司、区域公司及发电企业应制定年度技术监督工作计划，并对计划实施过程进行监督。

6.5.2 发电企业技术监督专责人每年11月30日前应组织制定下年度技术监督工作计划，报送产业公司、区域公司，同时抄送西安热工院。

6.5.3 发电企业技术监督年度计划的制定依据至少应包括以下主要内容：

a） 国家、行业、地方有关电力生产方面的政策、法规、标准、规程和反措要求；

b） 集团公司、产业公司、区域公司和发电企业技术监督管理制度和年度技术监督动态管理要求；

c） 集团公司、产业公司、区域公司和发电企业技术监督工作规划与年度生产目标；

d） 技术监督体系健全和完善化；

e） 人员培训和监督用仪器设备配备与更新；

f） 机组检修计划；

g） 主、辅设备目前的运行状态；

h） 技术监督动态检查、预警、月（季）报提出问题的整改；

i） 收集的其他有关发电设备设计选型、制造、安装、运行、检修、技术改造等方面的动态信息。

6.5.4 发电企业技术监督工作计划应实现动态化，即各专业应每季度制定技术监督工作计划。年度（季度）监督工作计划应包括以下主要内容：

a） 技术监督组织机构和网络完善；

b） 监督管理标准、技术标准规范制定、修订计划；

c） 人员培训计划（主要包括内部培训、外部培训取证，标准规范宣贯）；

d） 技术监督例行工作计划；

e） 检修期间应开展的技术监督项目计划；

f） 监督用仪器仪表检定计划；

g） 技术监督自我评价、动态检查和复查评估计划；

h） 技术监督预警、动态检查等监督问题整改计划；

i） 技术监督定期工作会议计划。

6.5.5 各产业公司、区域公司每年 12 月 15 日前应制定下年度技术监督工作计划，并将计划报送集团公司，并同时发送西安热工院。

6.5.6 产业公司、区域公司技术监督年度计划的制定依据至少应包括以下几方面：

a） 集团公司、产业公司、区域公司技术监督管理制度和年度技术监督动态管理要求；

b） 集团公司、产业公司、区域公司技术监督工作规划和年度生产目标；

c） 所属发电企业技术监督年度工作计划。

6.5.7 西安热工院每年 12 月 30 日前应制定下年度技术监督工作计划，报集团公司审核批准后发布实施。

6.5.8 集团公司技术监督年度计划的制定依据至少应包括以下几方面：

a） 集团公司技术监督管理制度和年度技术监督动态管理要求；

b） 集团公司技术监督工作规划和年度生产目标；

c） 各产业公司、区域公司技术监督年度工作计划。

6.5.9 产业公司、区域公司和发电企业应根据上级公司下发的年度技术监督工作计划，及时修订补充本单位年度技术监督工作计划，并发布实施。

6.6 监督过程实施

6.6.1 技术监督工作实行全过程、闭环的监督管理方式，要依据相关技术标准、规程、规定和反措在以下环节开展发电设备的技术监督工作。

a） 设计审查；

b） 设备选型与监造；

c） 安装、调试、工程监理；

d） 运行；

e） 检修及停备用；

f） 技术改造；

g） 设备退役鉴定；

h） 仓库管理。

6.6.2 各发电企业对被监督设备（设施）的技术监督要求如下：

a） 应有技术规范、技术指标和检测周期；

b） 应有相应的检测手段和诊断方法；

c） 应有全过程的监督数据记录；

d） 应实现数据、报告、资料等的计算机记录；

e） 应有记录信息的反馈机制和报告的审核、审批制度。

6.6.3 发电企业要严格按技术标准、规程、规定和反措开展监督工作。当国家标准和制造厂标准存在差异时，按高标准执行；由于设备具体情况而不能执行技术标准、规程、规定和反措时，应进行认真分析、讨论并制定相应的监督措施，由发电企业技术监督负责人批准，并报上级技术监督管理部门。

6.6.4 发电企业要积极利用机组检修机会开展技术监督工作。在修前应广泛采集机组运行各项技术数据，分析机组修前运行状态，有针对性地制定大修重点治理项目和技术方案，在检修中组织实施。在检修后要对技术监督工作项目做专项总结，对监督设备的状况给予正确评估，并总结检修中的经验教训。

6.7 工作报告报送管理

6.7.1 技术监督工作实行工作报告管理方式。各产业公司、区域公司、发电企业应按要求及时报送监督速报、监督季报、监督总结等技术监督工作报告。

6.7.2 监督速报报送。

6.7.2.1 发电企业发生重大监督指标异常，受监控设备重大缺陷、故障和损坏事件，火灾事故等重大事件后24h内，技术监督专责人应将事件概况、原因分析、采取措施按照附录B格式，填写速报并报送产业公司、区域公司和西安热工院。

6.7.2.2 西安热工院应分析和总结各发电企业报送的监督速报，编辑汇总后在集团公司《电力技术监督报告》上发布，供各发电企业学习、交流。各发电企业要结合本单位设备实际情况，吸取经验教训，举一反三，认真开展技术监督工作，确保设备健康服役和安全运行。

6.7.3 监督季报报送。

6.7.3.1 发电企业技术监督专责人应按照各专业监督标准规定的季报格式和要求，组织编写上季度技术监督季报，每季度首月5日前报送产业公司、区域公司和西安热工院。

6.7.3.2 西安热工院应于每季度首月25日前编写完成集团公司《电力技术监督报告》，报送集团公司，经集团公司审核后，发送各产业公司、区域公司及发电企业。

6.7.4 监督总结报送。

6.7.4.1 各发电企业每年1月5日前编制完成上年度技术监督工作总结，报送产业公司、区域公司，同时抄送西安热工院。

6.7.4.2 年度监督工作总结主要应包括以下内容：

a） 主要监督工作完成情况、亮点和经验与教训；

b） 设备一般事故、危急缺陷和严重缺陷统计分析；

c） 存在的问题和改进措施；

d） 下一步工作思路及主要措施。

6.7.4.3 西安热工院每年 2 月 25 日前完成上年度集团公司技术监督年度总结报告，并提交集团公司。

6.8 监督预警管理

6.8.1 技术监督工作实行监督预警管理制度。技术监督标准应明确各专业三级预警项目，各发电企业应将三级预警识别纳入日常监督管理和考核工作中。

6.8.2 西安热工院、技术监督服务单位要对监督服务中发现的问题，按照附录 A 集团公司《技术监督预警管理实施细则》的要求及时提出和签发预警通知单，下发至相关发电企业，同时抄报集团公司、产业公司、区域公司。

6.8.3 发电企业接到预警通知单后，按要求编制报送整改计划，安排问题整改。

6.8.4 预警问题整改完成后，发电企业按照验收程序要求，向预警提出单位提出验收申请，经验收合格后，由验收单位填写预警验收单，并抄报集团公司、产业公司、区域公司备案。

6.9 监督问题整改

6.9.1 技术监督工作实行问题整改跟踪管理方式。技术监督问题的提出包括：

a） 西安热工院、技术监督服务单位在技术监督动态检查、预警中提出的整改问题；

b） 《电力技术监督报告》中明确的集团公司或产业公司、区域公司督办问题；

c） 《电力技术监督报告》中明确的发电企业需要关注及解决的问题；

d） 发电企业技术监督专责人每季度对监督计划执行情况进行检查，对不满足监督要求提出的整改问题。

6.9.2 技术监督动态检查问题的整改，发电企业按照 7.3.5 条执行。

6.9.3 技术监督预警问题的整改，发电企业按照 6.7 节执行。

6.9.4 《电力技术监督报告》中明确的督办问题、需要关注及解决的问题的整改，发电企业应结合本单位实际情况，制定整改计划和实施方案。

6.9.5 技术监督问题整改计划应列入或补充列入年度监督工作计划，发电企业按照整改计划落实整改工作，并将整改实施情况及时在技术监督季报中总结上报。

6.9.6 对整改完成的问题，发电企业应保存问题整改相关的试验报告、现场图片、影像等技术资料，作为问题整改情况及实施效果评估的依据。

6.9.7 产业公司、区域公司应加强对所管理发电企业技术监督问题整改落实情况的督促检查和跟踪，组织复查评估工作，保证问题整改落实到位，并将复查评估情况报送集团公司。

6.9.8 集团公司定期组织对发电企业技术监督问题整改落实情况和产业公司、区域公司督办情况的抽查。

6.10 人员培训和持证上岗管理

6.10.1 技术监督工作实行持证上岗制度。技术监督岗位及特殊专业岗位应符合国家、行业和集团公司明确的上岗资格要求，各发电企业应将人员培训和持证上岗纳入日常监督管理和考核工作中。

6.10.2 集团公司、各产业公司、区域公司应定期组织发电企业技术监督和专业技术人员培训工作，重点学习宣贯新制度、标准和规范、新技术、先进经验和反措要求，不断提高技术监督人员水平。发电企业技术监督专责人员应经考核取得集团公司颁发的专业技术监督资格证书。

6.10.3 从事电测、热工计量检测、化学水分析、化学仪表检验校准和运行维护、燃煤采制化和用油气分析检验、金属无损检测人员等，应通过国家或行业资格考试并获得上岗资格证书，每项检测和化验项目的工作人员持证人数不得少于2人。

6.11 监督例会管理

6.11.1 集团公司、各产业公司、区域公司应定期组织召开技术监督工作会议，总结技术监督工作开展情况，分析存在的问题，宣传和推广新技术、新方法、新标准和监督经验，讨论和部署下年度工作任务和要求。

6.11.2 发电企业每年至少召开两次技术监督工作会议，会议由发电企业技术监督领导小组组长主持，检查评估、总结、布置技术监督工作，对技术监督中出现的问题提出处理意见和防范措施，形成会议纪要，按管理流程批准后发布实施。

7 评价与考核

7.1 评价依据和内容

技术监督工作实行动态检查评价制度。技术监督评价依据本办法及相关火电、水电、风电、光伏监督标准，评价内容包括技术监督管理与监督过程实施情况。

7.2 评价标准

7.2.1 被评价的发电企业按得分率高低分为四个级别，即：优秀、良好、合格、不符合。

7.2.2 得分率高于或等于 90%为“优秀”；80%～90%（不含 90%）为“良好”；70%～80%（不含 80%）为“合格”；低于 70%为“不符合”。

7.3 评价组织与考核

7.3.1 技术监督评价包括：集团公司技术监督评价，属地电力技术监督服务单位技术监督评价，发电企业技术监督自我评价。

7.3.2 集团公司定期组织西安热工院和公司系统内部专家，对发电企业开展动态检查评价，评价工作按照各专业技术监督标准执行，分为现场评价和定期评价。

7.3.2.1 技术监督现场评价按照集团公司年度技术监督工作计划中所列的发电企业名单和时间安排进行。发电企业在现场评价实施前应按各专业技术监督工作评价表内容进行自查，编写自查报告。西安热工院在现场评价结束后三周内，应按附录C编制完成评价报告，并将评价报告电子版报送集团公司，同时发送产业公司、区域公司及发电企业。

7.3.2.2 技术监督定期评价按照发电企业生产技术管理情况、机组障碍及非计划停运情况、监督工作报告内容符合性、准确性、及时性等进行评价，通过年度技术监督报告发布评价结果。

7.3.3 技术监督服务单位应对所服务的发电企业每年开展1次～2次技术监督动态检查评价。评价工作按照各专业技术监督标准的规定执行，检查后三周内应参照附录C编制完成评价报告，并将评价报告电子版和书面版报送产业公司、区域公司及发电企业。

7.3.4 西安热工院、技术监督服务单位进行动态检查评价时，要对上次动态检查问题整改计划的完成情况进行核查和统计，并编写上次整改情况总结，附于动态检查评价报告后。

7.3.5 发电企业收到评价报告后两周内，组织有关人员会同西安热工院或技术监督服务单位，在两周内完成整改计划的制订，经产业公司、区域公司生产部门审核批准后，将整改计划书报送集团公司，同时抄送西安热工院、技术监督服务单位。电厂应按照整改计划落实整改工作，并将整改实施情况及时在技术监督季报中总结上报。

7.3.6 集团公司通过《电力技术监督报告》《电力技术监督通讯》等渠道，发布问题整改、复查评估情况。

7.3.7 对严重违反技术监督规定、由于技术监督不当或监督项目缺失、降低监督标准而造成严重后果、对技术监督发现问题不进行整改的电厂，予以通报并限期整改。

7.3.8 各产业公司、区域公司和发电企业应将技术监督工作纳入企业绩效考核体系。

附 录 A
（规范性附录）
技术监督预警管理实施细则

A.1 对于技术监督预警问题，可通过以下技术监督过程进行识别：

A.1.1 设计选型阶段

a） 设计选型资料；

b） 设计选型审查会。

A.1.2 制造阶段

a） 定期报告；

b） 制造质量的监造报告。

A.1.3 安装和试运行阶段

a） 安装质量的定期报告；

b） 安装质量的质检报告；

c） 系统或设备试验和验收报告；

d） 试运行和验收报告。

A.1.4 运行和检修阶段

a） 技术监督年度工作计划、总结，设备台账、检修维护工作总结；

b） 技术监督月报、季报、速报；

c） 技术监督动态检查评价报告；

d） 技术监督定期会议。

A.2 对技术监督过程中发现的问题，按照问题或隐患的风险及危害程度，分为三级管理。其中第一级为严重预警，第二级为重要预警，第三级为一般预警，各监督预警项目参见各专业监督标准。西安热工院、技术监督服务单位对于技术监督过程中发现的符合预警项目的问题，应及时按照A.3条规定的程序提出“技术监督预警通知单”，技术监督预警通知单格式和内容要求见附录A.1。

A.3 技术监督预警提出及签发程序如下：

A.3.1 一级预警通知单由西安热工院提出和签发（对于技术监督服务单位监督服务过程中发现的一级预警问题，技术监督服务单位填写预警通知单后发送西安热工院，由西安热工院签发），同时抄报集团公司，抄送产业公司、区域公司。

A.3.2 二级、三级预警通知单由西安热工院、技术监督服务单位提出和签发，同时抄送产业公司、区域公司。

A.4 发电企业接到技术监督预警通知单后，应认真组织人员研究有关问题，制定整改计划，整改计划中应明确整改措施、责任部门、责任人、完成日期。三级预警问题应在接到通知单后1周内完成整改计划；二级预警应在接到通知单后3天内完成整改计划；一级预警应在接到通知单后1天内完成整改计划；并应在计划规定的时间内完成整改和验收，验收完毕后应填写技术监督预警验收单，预警验收单格式和内容要求见附录A.2。

A.5 技术监督预警问题整改及验收程序如下：

A.5.1 一级预警的整改计划应发送集团公司、产业公司、区域公司、西安热工院技术监督部，整改完成后由发电企业向西安热工院提出验收申请，经验收合格后，由西安热工院填写技术监督预警验收单，同时抄报集团公司、产业公司、区域公司备案。

A.5.2 二级、三级预警的整改计划应发送产业公司、区域公司、西安热工院技术监督部或技术监督服务单位，整改完成后由发电企业向西安热工院或技术监督服务单位提出验收申请，经验收合格后，由西安热工院或技术监督服务单位填写技术监督预警验收单，同时抄报产业公司、区域公司备案。

A.6 对技术监督预警问题整改后验收不合格情况的处理规定如下：

对预警问题整改后验收不合格时，三级预警由验收单位提高到二级预警重新提出预警，一、二级预警由验收单位按原预警级别重新提出预警，预警通知的提出和签发程序按照 A.3 的规定执行，对预警问题的整改和验收按照 A.5 的规定执行。

附　录　A.1
（规范性附录）
技术监督预警通知单

通知单编号：T-　　　　　　　　　　　　　　　　　预警类别：20　　年　　月　　日

发电企业名称			
设备（系统）名称			
异常情况			
可能造成或已造成的后果			
整改建议			
整改时间要求			
提出单位		签发人	

注：通知单编号：T-预警类别编号-顺序号-年度。预警类别编号：一级预警为1，二级预警为2，三级预警为3。

附 录 A.2
（规范性附录）
技术监督预警验收单

验收单编号：Y- 预警类别：20 年 月 日

<table>
<tr><td colspan="2">发电企业名称</td><td colspan="3"></td></tr>
<tr><td colspan="2">设备（系统）名称</td><td colspan="3"></td></tr>
<tr><td>异常情况</td><td colspan="4"></td></tr>
<tr><td>技术监督服务
单位整改建议</td><td colspan="4"></td></tr>
<tr><td>整改计划</td><td colspan="4"></td></tr>
<tr><td>整改结果</td><td colspan="4">（整改见证资料可附后）</td></tr>
<tr><td>验收结论和意见</td><td colspan="4"></td></tr>
<tr><td>验收单位</td><td></td><td>验收人</td><td colspan="2"></td></tr>
</table>

注：验收单编号：Y–预警类别编号–顺序号–年度。预警类别编号：一级预警为 1，二级预警为 2，三级预警为 3。验收结论可分为合格和不合格两种。

附 录 B
（规范性附录）
技术监督信息速报

<table>
<tr><td>单位名称</td><td colspan="3"></td></tr>
<tr><td>设备名称</td><td></td><td>事件发生时间</td><td></td></tr>
<tr><td>事件概况</td><td colspan="3">注：有照片时应附照片说明。</td></tr>
<tr><td>原因分析</td><td colspan="3"></td></tr>
<tr><td>已采取的措施</td><td colspan="3"></td></tr>
<tr><td>监督专责人签字</td><td></td><td>联系电话
传　　真</td><td></td></tr>
<tr><td>生长副厂长或
总工程师签字</td><td></td><td>邮　　箱</td><td></td></tr>
</table>

附　录　C
（规范性附录）
技术监督现场评价报告

C.1　受监设备概况

内容：说明发电机组的数量、单机容量、总容量、投产时间。

C.1.1　受监控设备主要技术参数

C.1.2　受监控设备近年来发生或存在的问题

C.2　评价结果综述

××××年××月××日～××日期间，西安热工院（或技术监督服务单位），依据集团公司《电力技术监督管理办法》，组织各专业技术人员共××人，对××发电厂（以下简称电厂）绝缘等××项技术监督工作进行了现场评价。

查评组通过询问、查阅和分析各部门提供的管理文件、设备台账、检修总结、试验报告等技术资料，以及对电厂生产现场设备巡视等查评方式，对电厂的技术监督组织与职责、标准符合性、仪器仪表、监督计划、监督档案、持续改进、技术监督指标完成情况和监督过程等八个方面进行了检查和评估；针对检查提出的问题，查评组与电厂的领导和各专业管理人员进行了座谈，充分交换了意见，形成最终查评意见和结论。

C.2.1　上次技术监督现场评价提出问题整改情况

××××年度技术监督现场评价共提出××项问题，已整改完成××项，整改完成率××；其中严重问题××项，已整改完成××项，一般问题××项，已整改完成××项。各专业整改完成情况统计结果见表C.1。

表C.1　上次技术监督现场查评提出问题整改情况统计结果

序号	专业名称	应整改问题项数			已完成整改项数			整改完成率 %
		严重问题	一般问题	小计	严重问题	一般问题	小计	
1	绝缘监督							
2								
3								
4								
合　计								

C.2.2 技术监督指标完成情况

C.2.2.1 各专业技术监督指标完成情况

本次各专业对××××年××月××日～××××年××月××日期间的技术监督指标实际完成情况进行了检查，结果见表C.2。

表C.2 技术监督指标完成情况

专业名称	监督指标	本次检查结果	考核值

C.2.2.2 技术监督指标未达标原因及分析

本次对电厂××××年××月××日～××××年××月××日期间的××项技术监督指标完成情况进行了考核，××项考核指标中，有×项指标未达到考核值，达标率为××.×%，×项指标未达标的原因分别是：

C.2.3 本次现场评价发现的严重问题及整改建议

内容：问题描述及整改建议。

C.2.4 本次现场评价结果

本次技术监督评价结果：本次评价应得分数××××、实得分数××××、得分率××%。本次评价共发现××项问题，其中严重问题××项，一般问题××项；对于整改时间长、整改难度较大的问题以建议项提出，本次提出建议项为××项；各专业得分和需纠正或整改问题数、建议项数汇总见表C.3。

表C.3 本次技术监督现场评价得分情况和发现问题数量汇总表

序号	专业名称	应得分	实得分	得分率 %	检查 项目数	扣分 项目数	需纠正或整改问题数		建议 项数
							严重问题	一般问题	
1	绝缘监督								
2									
3									
合计									

C.2.5 对存在问题的纠正整改要求

本次现场评价各专业共提出需纠正或整改问题数××项，按问题性质分类：严重问题××项，一般问题××项；对于整改时间长、整改难度较大的问题以建议项提出，本次提出建议项为××项。针对本次提出的有关问题，给出了相应的解决办法或建议，供电厂参考。

按集团公司《电力技术监督管理办法》规定，电厂在收到技术监督现场查评报告后，应组织有关人员会同西安热工院（或技术监督服务单位），在两周内完成整改计划的制订，经产业公司、区域公司生产部门审核批准后，将整改计划书报送集团公司安生部，同时抄送西安热工院电站技术监督部（或技术监督服务单位）。电厂应按照整改计划落实整改工作，按闭环管理程序要求，将整改实施情况及时在技术监督季报中总结上报。

C.3 各专业现场评价报告

C.3.× ××技术监督评价报告（查评人：×××）

C.3.×.1 评价概况

20××年××月××日～××日期间，西安热工院（或技术监督服务单位），依据集团公司《电力技术监督管理办法》，对××电厂××技术监督工作情况进行了现场评价，并对20××年度技术监督现场查评发现问题的整改情况进行了评估。

“华能电厂××技术监督工作评价表”规定的评价项目共计××项，满分为×××分。本次实际评价项目××项，扣分项目共××项，占实际评价项目的××.×%；本次问题扣分×××分，实得分×××分，得分率为××.×%。得分情况统计结果见表3.×.1；扣分项目及原因汇总见表3.×.2。

表C.3.×.1 本次××技术监督现场评价得分情况统计结果

评价项目	标准分 分	本次得分 分	本次得分率 %	上次得分 分	上次得分率 %

表C.3.×.2 本次××技术监督评价扣分项目及原因汇总

序号	评价项目	标准分	扣分	扣分原因

C.3.×.2 技术监督工作亮点

C.3.×.3 本次现场评价发现的问题

本次现场评价发现问题××项，按问题性质分类：严重问题×项，一般问题××项；对于整改时间长、整改难度较大的问题以建议项提出，本次提出建议项×项。针对本次提出的有关问题，给出了相应的解决办法或建议，供电厂参考。

C.3.×.3.1 严重问题

1）

C.3.×.3.2 一般问题

1）

C.3.×.3.3 建议项

1）

C.3.×.4 上次技术监督评价发现问题整改情况

20××年度技术监督现场评价提出需纠正或整改问题数××项，本次确认完成整改问题数××项，整改完成率为××.×%。其中严重问题×项，已整改完成×项；一般问题×项，已整改完成×项。整改问题未完成的原因和处理意见见3.×.3。

表C.3.×.3 整改问题未完成的原因和处理意见

序号	整改问题	原整改计划	未完成原因	检查组意见

注：对未完成的整改问题，应列入本次检查整改计划，作为下次核对的内容。